Heidelberger Taschenbücher Band 105

Josef Stoer

Einführung in die Numerische Mathematik I

unter Berücksichtigung von Vorlesungen von
F. L. Bauer

Vierte, verbesserte Auflage

Springer-Verlag
Berlin Heidelberg New York Tokyo 1983

Josef Stoer

Institut für Angewandte Mathematik
und Statistik der Universität Würzburg
Am Hubland
8700 Würzburg

AMS Subject Classification (1980)
65–01, 65–02, 65 B05, 65 B15, 65 D05, 65 D30, 65 D32, 65 F05,
65 F20, 65 F25, 65 F35, 65 G05, 65 H05, 65 H10

ISBN 3-540-12536-1 4. Auflage
Springer-Verlag Berlin Heidelberg New York Tokyo
ISBN 0-387-12536-1 4th edition
Springer-Verlag New York Heidelberg Berlin Tokyo

ISBN 3-540-09346-X 3. Auflage
Springer-Verlag Berlin Heidelberg New York Tokyo
ISBN 0-387-09346-X 3rd edition
Springer-Verlag New York Heidelberg Berlin Tokyo

CIP-Kurztitelaufnahme der Deutschen Bibliothek
Stoer, Josef:
Einführung in die Numerische Mathematik: unter Berücks. von Vorlesungen
von F. L. Bauer/Josef Stoer. – Berlin; Heidelberg; New York; Tokyo: Springer
Teil 2 verf. von J. Stoer u. R. Bulirsch. – Teilw. mit d. Erscheinungsorten:
Berlin, Heidelberg, New York
NE: Bulirsch, Roland:
1.–4., verb. Aufl. – 1983.
(Heidelberger Taschenbücher; Bd. 105)
ISBN 3-540-12536-1 (Berlin, Heidelberg, New York, Tokyo)
ISBN 0-387-12536-1 (New York, Heidelberg, Berlin, Tokyo)
NE: GT

Druck- und Bindearbeiten: Brühlsche Universitätsdruckerei, Gießen
2144/3140-543210

Vorwort zur vierten Auflage

Bei der vorliegenden Neuauflage wurden neben den üblichen Berichtigungen wieder einige größere Änderungen und Ergänzungen vorgenommen. So wurde ein neuer Abschnitt über Hermite-Interpolation eingefügt, nicht nur um das Kapitel Interpolation weiter abzurunden, sondern auch wegen der Bedeutung der Hermite-Interpolation in der Theorie und Praxis von Variationsmethoden.

Größere Änderungen fielen im bisher sehr knappen Integrationskapitel an. Sie dienten neben einer breiteren Darstellung elementarer Integrationsformeln und einer besseren Beschreibung von Extrapolationsmethoden auch dazu, um zusätzlich die Peanosche Darstellung des Fehlers von Quadraturformeln anzugeben.

Schließlich wurde in dem Kapitel über lineare Gleichungssysteme die Beschreibung von Phase I der Simplexmethode verbessert.

Zahlreichen Kollegen, insbesondere aber Herrn Prof. Dr. K. Schittkowski, bin ich für Verbesserungsvorschläge und Hinweise auf Druckfehler dankbar.

Nicht zuletzt gilt aber mein Dank Frau I. Brugger für Ihre Hilfe bei den Schreibarbeiten und dem Springer-Verlag für die gewohnte gute Zusammenarbeit.

Würzburg, im Mai 1983 J. Stoer

Vorwort zur dritten Auflage

Aus Anlaß der Neuauflage wurde der Text der zweiten Auflage zwar korrigiert, aber im wesentlichen ohne größere Änderungen übernommen. Eine Ausnahme bildet nur der Abschnitt 2.3.3, Algorithmen zur schnellen Fouriertransformation: Dieser Abschnitt wurde völlig neu gefaßt, um die Prinzipien der für die Anwendungen so bedeutsamen FFT-Verfahren besser als bisher zu beschreiben. Für diesbezügliche Anregungen bin ich den Herren Prof. P. Banderet, Neuchâtel, und Dr. W. Forst, Dortmund, zu Dank verpflichtet. Zahlreichen weiteren Kollegen, unter ihnen besonders Prof. M. B. Spijker, Leiden, und Prof. W. Gautschi, Lafayette, danke ich für die kritische Lektüre, Hinweise auf Druckfehler und viele Verbesserungsvorschläge.

Schließlich gilt wie immer mein Dank Frau I. Brugger für die Ausführung der Schreibarbeiten und dem Springer-Verlag für die ständige gute Zusammenarbeit.

Würzburg, im Januar 1979 J. Stoer

Vorwort zur zweiten Auflage

Bei Gelegenheit der zweiten Auflage wurde der Text an verschiedenen Stellen berichtigt und um einige neue Abschnitte erweitert. So wurden in das Kapitel 4, „lineare Gleichungssysteme", neue Abschnitte über Pseudoinverse (4.8.5), Techniken zur Modifikation von Dreieckszerlegungen und unitären Zerlegungen von Matrizen (4.9), sowie als Anwendung davon, zwei Abschnitte (4.10, 4.11) über die Simplexmethode aufgenommen.
In Kapitel 5 wurde der Abschnitt 5.4 um einen Unterabschnitt (5.4.3) mit Hinweisen zur praktischen Realisierung des modifizierten Newton-Verfahrens und um eine Darstellung eines einschlägigen Rang-1-Verfahrens von Broyden erweitert. Schließlich werden in dem neuen Abschnitt 5.11 wichtige Methoden zur Lösung von Minimierungsproblemen ohne Nebenbedingungen beschrieben.

Schwerpunkt der Ergänzungen ist ohne Frage die Darstellung einiger für die Praxis besonders wichtiger Minimierungsverfahren, soweit sie sich zwanglos in eine Einführung in die numerische Mathematik einfügen. Leider haben diese Verfahren noch nicht in dem Umfang Eingang in die Lehrbücher für numerische Mathematik gefunden, wie es nicht nur nach Meinung des Verfassers wünschenswert und sachlich geboten wäre. Es war ein Ziel, diesen Mangel, auch der ersten Auflage dieser Einführung, zu beheben.

Herrn Professor Dr. R. Bulirsch und Herrn Professor Dr. F. Lempio möchte ich herzlich für die sorgfältige Durchsicht der Ergänzungen und vielen Verbesserungsvorschläge danken.

Schließlich gilt mein Dank Frau I. Brugger für das Schreiben des Manuskripts und dem Springer-Verlag für sein verständnisvolles Eingehen auf alle Ergänzungswünsche.

Würzburg, im März 1976 J. Stoer

Vorwort zur ersten Auflage

Dieses Buch gibt den Stoff des ersten Teils einer zweisemestrigen Einführungsvorlesung in die Numerische Mathematik wieder, die der Verfasser in den letzten Jahren an mehreren Hochschulen halten konnte. Neben der Beschreibung der theoretischen Grundlagen der Probleme und Methoden der numerischen Mathematik waren folgende Ziele für die Auswahl des Stoffes und seine Darstellung maßgeblich: Von den vielen Methoden der numerischen Mathematik sollten hauptsächlich diejenigen behandelt werden, die sich auch leicht auf Digitalrechnern realisieren lassen. Dementsprechend wird auf die algorithmische Beschreibung der Verfahren großer Wert gelegt — kritische Teile von Algorithmen werden häufig in Algol 60 beschrieben. Wenn mehrere Methoden zur Lösung eines Problems vorgestellt werden, wird gleichzeitig nach Möglichkeit versucht, diese Methoden bezüglich ihrer praktischen Brauchbarkeit zu vergleichen und die Grenzen ihrer Anwendbarkeit anzugeben. Bei diesen Vergleichen sollten nicht nur die Anzahl der Operationen, Konvergenzeigenschaften usw. eine Rolle spielen, wichtiger ist es, die numerische Stabilität der Algorithmen zu vergleichen, um einen Einblick in die Gründe für die Zuverlässigkeit oder Unzuverlässigkeit von Verfahren zu geben. Das Einleitungskapitel über Fehleranalyse spielt dabei eine besondere Rolle: In ihm werden die Begriffe der numerischen Stabilität und Gutartigkeit von Algorithmen, die nach Meinung des Verfassers im Zentrum der numerischen Mathematik stehen, präzisiert und ihre Wichtigkeit genauer, als dies vielfach noch üblich ist, begründet und dargestellt. Nicht zuletzt dienen zahlreiche Beispiele und Übungsaufgaben dazu, die numerischen und theoretischen Eigenschaften von Verfahren zu illustrieren.

Da eine auch nur annähernd vollständige Aufzählung und Beschreibung brauchbarer Methoden weder möglich noch beabsichtigt war, sei der interessierte Leser auf folgende Zeitschriften hingewiesen, in denen er zahlreiche weitere Algorithmen teilweise sogar in der Form von Algol- oder Fortran-Programmen beschrieben findet:

Numerische Mathematik, Communications of the ACM, Journal of the ACM, The Computer Journal, Computing, Mathematics of Computation, BIT, SIAM Journal on Numerical Analysis, Zeitschrift für Angewandte Mathematik und Mechanik.
Wegen ihrer Zuverlässigkeit werden insbesondere die Algol-Programme empfohlen, die in der Zeitschrift „Numerische Mathematik" im Rahmen der sog. „Handbook Series" erscheinen.

An Inhalt und Aufbau der diesem Buch zugrunde liegenden Vorlesung haben viele mitgewirkt. Insbesondere möchte ich dankbar den Einfluß von Professor Dr. F. L. Bauer und Professor Dr. R. Baumann anerkennen, auf deren Vorlesungsausarbeitungen ich mich stützen konnte. Darüber hinaus haben sie zusammen mit den Herren Professor Dr. R. Bulirsch und Dr. Chr. Reinsch mit wertvollen Verbesserungsvorschlägen zur Klärung einer Reihe von kritischen Punkten beigetragen.

Eine vorläufige Fassung des Buches entstand 1970 in Form eines Skriptums der Universität Würzburg unter der maßgeblichen Mitwirkung meiner Mitarbeiter Dipl.-Math. K. Butendeich, Dipl.-Phys. G. Schuller und Dipl.-Math. Dr. J. Zowe. Für ihre Einsatzbereitschaft, mit der sie bei der Redaktion der verschiedenen Fassungen des Manuskripts mithalfen, möchte ich Ihnen besonders herzlich danken. Nicht zuletzt gilt mein besonderer Dank Frau I. Brugger, die mit großer Gewissenhaftigkeit und Geduld die umfangreichen Schreibarbeiten ausführte.

Würzburg, im November 1971 J. Stoer

Inhaltsverzeichnis

1 Fehleranalyse 1

1.1 Zahldarstellung 1
1.2 Rundungsfehler und Gleitpunktrechnung 4
1.3 Fehlerfortpflanzung 8
1.4 Beispiele 19
Übungsaufgaben 27
Literatur 30

2 Interpolation 31

2.1 Interpolation durch Polynome 32
2.1.1 Theoretische Grundlagen. Die Interpolationsformel von Lagrange 32
2.1.2 Die Algorithmen von Neville und Aitken . . . 33
2.1.3 Die Newtonsche Interpolationsformel. Dividierte Differenzen 37
2.1.4 Das Restglied bei der Polynominterpolation . . 41
2.1.5 Hermite-Interpolation 44

2.2 Interpolation mit rationalen Funktionen 49
2.2.1 Allgemeine Eigenschaften der rationalen Interpolation 50
2.2.2 Inverse und reziproke Differenzen. Der Thielesche Kettenbruch 53
2.2.3 Neville-artige Algorithmen 57
2.2.4 Anwendungen und Vergleich der beschriebenen Algorithmen 61

2.3 Trigonometrische Interpolation 63
2.3.1 Theoretische Grundlagen 63
2.3.2 Die Algorithmen von Goertzel und Reinsch . . 67
2.3.3 Algorithmen zur schnellen Fouriertransformation 71
2.3.4 Anwendungen: Näherungsweise Berechnung von Fourierkoeffizienten mittels Abminderungsfaktoren 76

2.4 Spline-Interpolation 81
2.4.1 Theoretische Grundlagen 82
2.4.2 Die Berechnung von Splinefunktionen 85
2.4.3 Konvergenzeigenschaften der Splinefunktionen 91
Übungsaufgaben 95
Literatur 104

3 Integration von Funktionen 106

3.1 Elementare Integrationsformeln. Fehlerabschätzungen. 106
3.2 Die Euler-Maclaurinsche Summenformel 114
3.3 Anwendung der Extrapolation auf die Integration . . 117
3.4 Allgemeines über Extrapolationsverfahren 122
3.5 Die Gaußsche Integrationsmethode 127
3.6 Integrale mit Singularitäten 136
Übungsaufgaben 138
Literatur 140

4 Lineare Gleichungssysteme 141

4.1 Gauß-Elimination. Dreieckszerlegung einer Matrix . . 141
4.2 Der Gauß-Jordan-Algorithmus 150
4.3 Das Cholesky-Verfahren 154
4.4 Fehlerabschätzungen 157
4.5 Rundungsfehleranalyse der Gaußschen Eliminationsmethode 165
4.6 Rundungsfehlereinfluß bei der Auflösung von gestaffelten Gleichungssystemen 170
4.7 Orthogonalisierungsverfahren. Die Verfahren von Householder und Schmidt 172
4.8 Ausgleichsrechnung 179
4.8.1 Das lineare Ausgleichsproblem. Die Normalgleichungen 180
4.8.2 Orthogonalisierungsverfahren zur Lösung des linearen Ausgleichsproblems 183
4.8.3 Die Kondition des linearen Ausgleichsproblems 184
4.8.4 Nichtlineare Ausgleichsprobleme 190
4.8.5 Die Pseudoinverse einer Matrix 192
4.9 Modifikationstechniken 194
4.10 Lineare Minimierungsprobleme. Die Simplexmethode . 203
4.11 Phase I der Simplexmethode 214
Übungsaufgaben 217
Literatur 222

5 Nullstellenbestimmung durch Iterationsverfahren. Minimierungsverfahren 224

5.1 Entwicklung von Iterationsverfahren 225
5.2 Allgemeine Konvergenzsätze 228
5.3 Die Konvergenz des allgemeinen Newton-Verfahrens . 232
5.4 Ein modifiziertes Newton-Verfahren 236
5.4.1 Über die Konvergenz von Minimierungsverfahren 237
5.4.2 Anwendung auf das modifizierte Newton-Verfahren 242
5.4.3 Hinweise zur praktischen Realisierung des modifizierten Newton-Verfahrens. Ein Rang-1-Verfahren von Broyden 246
5.5 Nullstellenbestimmung für Polynome. Das Newtonsche Verfahren 249
5.6 Sturmsche Ketten und Bisektionsverfahren 260
5.7 Das Verfahren von Bairstow 264
5.8 Genauigkeitsfragen bei der Nullstellenbestimmung von Polynomen 266
5.9 Interpolationsmethoden zur Bestimmung von Nullstellen 269
5.10 Die Δ^2-Methode von Aitken 274
5.11 Minimierungsprobleme ohne Nebenbedingungen . . . 279
Übungsaufgaben 287
Literatur 291

Namen- und Sachverzeichnis 293

1 Fehleranalyse

Eine der wichtigsten Aufgaben der numerischen Mathematik ist es, die Genauigkeit eines Rechenresultats zu beurteilen. Es gibt verschiedene Arten von Fehlern, die diese Genauigkeit begrenzen, man unterscheidet:

a) Fehler in den Eingabedaten der Rechnung,

b) Rundungsfehler,

c) Abbrechfehler („truncation error“).

Fehler in den Eingangsdaten lassen sich nicht vermeiden, wenn z. B. die Eingangsdaten Meßwerte von nur beschränkter Genauigkeit sind. Rundungsfehler entstehen, wenn man, wie es in aller Regel geschieht, nur mit Zahlen einer endlichen aber festen Stellenzahl rechnet. Viele Methoden liefern jedoch selbst bei rundungsfehlerfreier Rechnung die gewünschte Lösung in endlich vielen Schritten zwar beliebig genau, aber nie exakt. Da man notwendigerweise nach endlich vielen Schritten die Rechnung abbrechen muß, erhält man einen Abbrechfehler.

Beispiel: Berechnung der Zahl e mit Hilfe der unendlichen Reihe

$$e = 1 + \frac{1}{1!} + \frac{1}{2!} + \frac{1}{3!} + \dots$$

In den folgenden Abschnitten werden wir die Auswirkung der Eingangs- und Rundungsfehler einer Rechnung auf das Endresultat untersuchen. Abbrechfehler werden wir bei der Behandlung der einzelnen Methoden diskutieren.

1.1 Zahldarstellung

Aufgrund ihrer verschiedenen Zahldarstellung kann man zwei Arten von Rechengeräten unterscheiden

a) Analogrechner,

b) Digitalrechner.

Beispiele für Analogrechner sind der Rechenschieber, das Planimeter sowie die elektronischen Analogrechner. Bei diesen Geräten werden Zahlen direkt durch physikalische Größen (wie die Länge eines Stabes oder die Größe einer Spannung) ersetzt und das mathematische Problem durch ein physikalisches simuliert, dessen Lösung in einem Experiment gemessen wird und so indirekt die Lösung des mathematischen Problems ergibt.

Beispiel: Auf den Skalen eines Rechenschiebers werden Zahlen durch Strecken der Länge $k \cdot \ln(x)$ dargestellt. Ihre Multiplikation wird daher durch Aneinanderlegen entsprechend langer Stäbe simuliert und das Resultat der Multiplikation als Ergebnis einer Längenmessung abgelesen.

Dementsprechend ist die Genauigkeit von Analogrechnern durch die physikalische Meßgenauigkeit begrenzt.

Bei den Digitalrechnern wird eine Zahl ähnlich der normalen Dezimaldarstellung durch eine endliche Folge diskreter physikalischer Größen dargestellt. Typische Vertreter sind die gewöhnlichen Tischrechenmaschinen und die elektronischen Digitalrechner.

Beispiel:

123101 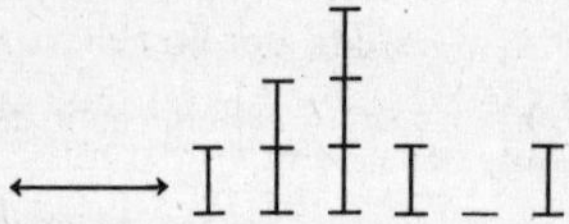

Jeder Ziffer entspricht eine physikalische Größe, z. B. der Ziffer 8 die Spannung 8 V. Da z. B. im Dezimalsystem höchstens 10 verschiedene Ziffern darzustellen sind, sind an die Genauigkeit der Darstellung der Ziffern durch physikalische Größen keine so hohen Ansprüche zu stellen wie bei einem Analogrechner (beispielsweise könnte man für die Darstellung der Ziffer 8 Spannungen zwischen 7.8 und 8.2 V tolerieren): Die Genauigkeit der Digitalrechner ist *nicht* durch die physikalische Meßgenauigkeit beschränkt.

Aus technischen Gründen stützen sich die meisten modernen elektronischen Digitalrechner jedoch nicht auf die übliche Darstellung der Zahlen im Dezimalsystem, sondern auf das Dualsystem, in dem die Koeffizienten α_i der Dualzerlegung

$$x = \pm(\alpha_n 2^n + \alpha_{n-1} 2^{n-1} + \ldots + \alpha_0 2^0 + \alpha_{-1} 2^{-1} + \alpha_{-2} 2^{-2} + \ldots),$$
$$\alpha_i = 0 \quad \text{oder} \quad 1$$

von x zur Darstellung benutzt werden. Um Verwechslungen mit der Dezimaldarstellung von Zahlen zu vermeiden, bezeichnet man in der Dualdarstellung die Zahlen 0 und 1 durch die Ziffern **O** bzw. **L**.

Beispiel: Die Zahl $x = 18.5$ besitzt entsprechend der Zerlegung

$$18.5 = 1 \cdot 2^4 + 0 \cdot 2^3 + 0 \cdot 2^2 + 1 \cdot 2^1 + 0 \cdot 2^0 + 1 \cdot 2^{-1}$$

die Dualdarstellung

LOOLO.L

Der gewohnteren Zahldarstellung wegen verwenden wir im folgenden vorwiegend das Dezimalsystem, weisen jedoch an den entsprechenden Stellen auf Unterschiede zum Dualsystem hin.

Wie das Beispiel 3.999... = 4 zeigt, ist die Dezimaldarstellung einer reellen Zahl x i. a. noch nicht ganz eindeutig. Um solche Mehrdeutigkeiten auszuschließen, soll im folgenden unter der Dezimaldarstellung einer Zahl im Zweifelsfall stets die endliche Darstellung gemeint sein. Ähnliches gilt für Dualdarstellungen.

Bei den Digitalrechnern steht für die interne Darstellung einer Zahl nur eine feste endliche Anzahl n (= Wortlänge) von Dezimalstellen (Dualstellen) zur Verfügung, die durch die Konstruktion der Maschine festgelegt ist und, wenn überhaupt, nur auf ganze Vielfache $2n$, $3n$, ... (doppelte, dreifache ... Wortlänge) von n erweitert werden kann. Die Wortlänge von n Stellen kann auf verschiedene Weise zur Darstellung einer Zahl benutzt werden.

Bei der *Festpunktdarstellung* sind zusätzlich zur Zahl n auch die Zahlen n_1 und n_2 der Stellen vor bzw. nach dem Dezimalpunkt durch die Konstruktion der Anlage fixiert, $n = n_1 + n_2$ (In der Regel ist $n_1 = 0$ oder $n_1 = n$).

Beispiel: Für $n = 10$, $n_1 = 4$, $n_2 = 6$ hätte man die Darstellungen

	n_1	n_2
30.421 →	0030	421000
0.0437 →	0000	043700

Bei dieser Darstellung liegt die Lage des (Dezimal-, Dual-) Punktes fest. Einfache, insbesondere für kaufmännische Rechnungen gedachte Rechenanlagen beschränken sich auch heute noch auf die Festpunktdarstellung von Zahlen. Bedeutsamer, insbesondere für wissenschaftliche Rechnungen, sind Anlagen, in denen die *Gleitpunktdarstellung* von Zahlen realisiert ist. Hier liegt der Punkt nicht für alle Zahlen fest, und man muß sich dementsprechend merken, an der wievielten Stelle nach der 1. Ziffer der Darstellung der Punkt liegt. Die Lage des Punktes wird durch den sog. *Exponenten* angegeben. Dem entspricht, daß sich jede reelle Zahl x in der Form

$$(1.1.1) \qquad x = a \cdot 10^b \text{(bzw. } x = a \cdot 2^b\text{)} \quad \text{mit} \quad |a| < 1, b \text{ ganz}$$

darstellen läßt, etwa 30.421 durch $0.30421 \cdot 10^2$. Durch den Exponenten b und die *Mantisse* a wird die Lage des Dezimalpunktes angegeben. Mit Rutishauser wird häufig die Basis des Exponenten tief gestellt („halblogarithmische Schreibweise"):

$$0.30421_{10}2$$

Analoge Darstellungen hat man im Dualsystem, so

$$\mathbf{O.LOOLOL_2LOL}$$

für die Zahl 18.5. Natürlich stehen in jeder Rechenanlage für die Gleitpunktdarstellung von Zahlen nur eine endliche feste Anzahl t bzw. e von (Dezimal-, Dual-) Stellen für die Darstellung der Mantisse bzw. des Exponenten zur Verfügung, $n = t + e$.

Beispiel: Für $t = 4$, $e = 2$ hätte man im Dezimalsystem für die Zahl 5420 die Gleitpunktdarstellung

$$0.\boxed{5420}\,{}_{10}\boxed{04} \quad \text{oder kurz} \quad \boxed{5420\,|\,04}\,.$$

Die Gleitpunktdarstellung einer Zahl ist i. a. nicht eindeutig. Z. B. hat man im letzten Beispiel wegen $5420 = 0.542_{10}4 = 0.0542_{10}5$ auch die Gleitpunktdarstellung

$$0.\boxed{0542}\,{}_{10}\boxed{05} \quad \text{oder} \quad \boxed{0542\,|\,05}\,.$$

Normalisiert heißt diejenige Gleitpunktdarstellung einer Zahl, für die die erste Ziffer der Mantisse von 0 (bzw. **O**) verschieden ist. In (1.1.1) gilt dann $|a| \geqq 10^{-1}$ bzw. im Dualsystem $|a| \geqq 2^{-1}$. Als *wesentliche Stellen* einer Zahl werden alle Ziffern der Mantisse ohne die führenden Nullen bezeichnet.

Wir wollen uns im folgenden nur noch mit der Gleitpunktdarstellung und der zugehörigen Gleitpunktrechnung befassen. Die Zahlen t und e bestimmen (zusammen mit der Basis $B = 10$ oder $B = 2$ der Zahldarstellung) die Menge $A \subseteq \mathbb{R}$ von reellen Zahlen, die in der Maschine exakt dargestellt werden können, ihre Elemente heißen *Maschinenzahlen*.

1.2 Rundungsfehler und Gleitpunktrechnung

Die Menge A der in einer Maschine darstellbaren Zahlen ist endlich. Damit erhebt sich die Frage, wie man eine Zahl $x \notin A$, die keine Maschinenzahl ist, durch eine Maschinenzahl $g \in A$ approximieren kann. Dieses Problem stellt sich nicht nur bei der Eingabe von Daten in einen Rechner, sondern auch innerhalb des Rechners während des Ablaufs einer Rechnung. Wie einfachste Beispiele zeigen, kann nämlich das Resultat $x \pm y, x \cdot y, x/y$ selbst der einfachen arithmetischen Operationen nicht zu A gehören, obwohl beide Operanden $x, y \in A$ Maschinenzahlen sind.

Von einer vernünftigen Approximation einer Zahl $x \notin A$ durch eine Maschinenzahl $\mathrm{rd}(x) \in A$ wird man verlangen

(1.2.1) $$|x - \mathrm{rd}(x)| \leqq |x - g| \quad \text{für alle} \quad g \in A\,.$$

Man erhält ein solches $\mathrm{rd}(x)$ gewöhnlich durch Rundung.

Beispiel 1: $(t = 4)$

$$\begin{aligned} \mathrm{rd}(0.14285_{10}0) &= 0.1429_{10}0 \\ \mathrm{rd}(3.14159_{10}0) &= 0.3142_{10}1 \\ \mathrm{rd}(0.142842_{10}2) &= 0.1428_{10}2 \end{aligned}$$

Allgemein kann man bei einer t-stelligen Dezimalmaschine $\mathrm{rd}(x)$ so finden: Man stellt zunächst $x \notin A$ in normalisierter Form $x = a \cdot 10^b$ (1.1.1), $|a| \geqq 10^{-1}$, dar. Die Dezimaldarstellung von $|a|$ sei

$$|a| = 0.\alpha_1\alpha_2 \ldots \alpha_t\alpha_{t+1} \ldots, \qquad 0 \leqq \alpha_i \leqq 9, \qquad \alpha_1 \neq 0\,.$$

Man bildet damit

$$a' := \begin{cases} 0.\alpha_1\alpha_2 \ldots \alpha_t & \text{falls} \quad 0 \leqq \alpha_{t+1} \leqq 4 \\ 0.\alpha_1\alpha_2 \ldots \alpha_t + 10^{-t} & \text{falls} \quad \alpha_{t+1} \geqq 5 \end{cases}$$

d. h. man erhöht α_t um 1, falls die $(t + 1)$-te Ziffer $\alpha_{t+1} \geqq 5$ ist, und schneidet nach der t-ten Ziffer ab. Schließlich setzt man

$$\widetilde{\mathrm{rd}}(x) := \operatorname{sign}(x) \cdot a' \cdot 10^b.$$

Offensichtlich gilt für den relativen Fehler von $\widetilde{\mathrm{rd}}(x)$

$$\left|\frac{\widetilde{\mathrm{rd}}(x) - x}{x}\right| \leqq \frac{5 \cdot 10^{-(t+1)}}{|a|} \leqq 5 \cdot 10^{-t}$$

wegen $|a| \geqq 10^{-1}$, oder mit der Abkürzung $\mathrm{eps} := 5 \cdot 10^{-t}$,

(1.2.2) $$\widetilde{\mathrm{rd}}(x) = x(1 + \varepsilon) \quad \text{mit} \quad |\varepsilon| \leqq \mathrm{eps}.$$

Die Zahl $\mathrm{eps} = 5 \cdot 10^{-t}$ heißt *Maschinengenauigkeit*. Für das Dualsystem kann man $\widetilde{\mathrm{rd}}(x)$ analog definieren: Ausgehend von der Zerlegung $x = a \cdot 2^b$ mit $2^{-1} \leqq |a| < 1$ und der Dualdarstellung

$$|a| = 0.\alpha_1 \ldots \alpha_t\alpha_{t+1} \ldots, \qquad \alpha_i = \mathbf{O} \quad \text{oder} \quad \mathbf{L}, \qquad \alpha_1 = \mathbf{L}$$

von $|a|$ bildet man

$$a' := \begin{cases} 0.\alpha_1 \ldots \alpha_t & \text{falls} \quad \alpha_{t+1} = \mathbf{O} \\ 0.\alpha_1 \ldots \alpha_t + 2^{-t} & \text{falls} \quad \alpha_{t+1} = \mathbf{L} \end{cases}$$

$$\widetilde{\mathrm{rd}}(x) := \operatorname{sign}(x) \cdot a' \cdot 2^b.$$

Auch hier gilt (1.2.2), wenn man die Maschinengenauigkeit durch $\mathrm{eps} := 2^{-t}$ definiert.

Sofern $\widetilde{\mathrm{rd}}(x) \in A$ eine Maschinenzahl ist, besitzt $\widetilde{\mathrm{rd}}$ die Eigenschaft (1.2.1) einer korrekten Rundung rd, so daß man $\mathrm{rd}(x) := \widetilde{\mathrm{rd}}(x)$ für alle x mit $\widetilde{\mathrm{rd}}(x) \in A$ definieren kann. Leider gibt es aber wegen der endlichen Anzahl e der für die Exponentendarstellung vorgesehenen Stellen stets Zahlen $x \notin A$ mit $\widetilde{\mathrm{rd}}(x) \notin A$.

Beispiel 2: $(t = 4, e = 2)$

a) $\widetilde{\mathrm{rd}}(0.31794_{10}110) \quad = 0.3179_{10}110 \quad \notin A$

b) $\widetilde{\mathrm{rd}}(0.99997_{10}99) \quad = 0.1000_{10}100 \quad \notin A$

c) $\widetilde{\mathrm{rd}}(0.012345_{10}{-99}) = 0.1235_{10}{-100} \quad \notin A$

d) $\widetilde{\mathrm{rd}}(0.54321_{10}{-110}) = 0.5432_{10}{-110} \quad \notin A$

In den Fällen a) und b) ist der Exponent zu groß: *Exponentenüberlauf.* Fall b) ist besonders pathologisch: Hier tritt der Exponentenüberlauf erst nach dem

Aufrunden ein. Die Fälle c) und d) sind Beispiele für *Exponentenunterlauf*, der Exponent der darzustellenden Zahl ist zu klein. In den Fällen c) und d) kann man sich durch die Definitionen

$$\text{(1.2.3)}\qquad \begin{aligned} \operatorname{rd}(0.012345_{10}-99) &= 0.0123_{10}-99 \in A \\ \operatorname{rd}(0.54321_{10}-110) &= 0 \in A \end{aligned}$$

vor einem Exponentenunterlauf retten, doch dann gilt für rd statt $\widetilde{\operatorname{rd}}$ nicht mehr (1.2.2), der relative Fehler von $\operatorname{rd}(x)$ kann größer als eps sein! Alle Rechenanlagen melden einen Exponentenüberlauf als Fehler. Ein Exponentenunterlauf wird (in der Regel) nicht als Fehler gemeldet, sondern es wird $\operatorname{rd}(x)$ ähnlich wie in Beispiel (1.2.3) gebildet. In den übrigen Fällen, $\widetilde{\operatorname{rd}}(x) \in A$, wird gewöhnlich (nicht bei allen Anlagen!) $\operatorname{rd}(x) := \widetilde{\operatorname{rd}}(x)$ als Rundung genommen.

Da Exponentenüber- und -unterläufe verhältnismäßig seltene Ereignisse sind (bei den heutigen Anlagen ist e ausreichend groß), die man überdies durch geeignete Umskalierung der Daten vermeiden kann, wollen wir für die folgende Diskussion die idealisierte Annahme $e = \infty$ machen, so daß für die Rundungsabbildung $\operatorname{rd} := \widetilde{\operatorname{rd}}$ gilt

$$\text{(1.2.4)}\qquad \begin{aligned} &\operatorname{rd}: \mathbb{R} \to A, \\ &\operatorname{rd}(x) = x(1+\varepsilon) \ \text{ mit } \ |\varepsilon| \leqq \text{eps} \quad \text{für alle } x \in \mathbb{R}. \end{aligned}$$

Dementsprechend wird bei den künftigen Beispielen nur noch die Mantissenlänge t angegeben.

Da das Resultat einer arithmetischen Operation $x \pm y$, $x \times y$, x/y nicht eine Maschinenzahl sein muß, selbst wenn es die Operanden x und y sind, kann man bestenfalls erwarten, daß statt der exakten Operationen $+, -, \times, /$ Ersatzoperationen $+^*, -^*, \times^*, /^*$, sog. *Gleitpunktoperationen*, realisiert sind, die man etwa mit Hilfe der Rundung rd für $x, y \in A$ so definieren kann

$$\text{(1.2.5)}\qquad \left.\begin{aligned} x +^* y &:= \operatorname{rd}(x+y) \\ x -^* y &:= \operatorname{rd}(x-y) \\ x \times^* y &:= \operatorname{rd}(x \times y) \\ x /^* y &:= \operatorname{rd}(x/y) \end{aligned}\right. \quad \text{für} \quad x, y \in A,$$

so daß wegen (1.2.4) gilt

$$\text{(1.2.6)}\qquad \left.\begin{aligned} x +^* y &= (x+y)(1+\varepsilon_1) \\ x -^* y &= (x-y)(1+\varepsilon_2) \\ x \times^* y &= (x \times y)(1+\varepsilon_3) \\ x /^* y &= (x/y)(1+\varepsilon_4) \end{aligned}\right\} \quad |\varepsilon_i| \leqq \text{eps}.$$

Bei den heutigen Anlagen sind die Gleitpunktoperationen $\pm^*, \ldots$ häufig nicht genau durch (1.2.5) definiert, doch in aller Regel so, daß trotzdem (1.2.6) mit evtl. etwas schlechteren Schranken $|\varepsilon_i| \leqq k \cdot \mathrm{eps}$, $k \geqq 1$ eine kleine ganze Zahl, gilt. Da dies für das folgende unwesentlich ist, nehmen wir der Einfachheit halber an, daß die Gleitpunktoperationen durch (1.2.5) definiert sind und deshalb die Eigenschaft (1.2.6) haben.

Es sei darauf hingewiesen, daß die Gleitpunktoperationen nicht den üblichen Gesetzen der arithmetischen Operationen genügen. So ist z. B.

$$x +^* y = x \quad \text{falls} \quad |y| < \frac{\mathrm{eps}}{B}|x|, \qquad x, y \in A,$$

wobei B die Basis des Zahlsystems ist. Die Maschinengenauigkeit eps kann man z.B. als die kleinste positive Maschinenzahl g mit $1 +^* g > 1$ definieren,

$$\mathrm{eps} = \min\{g \in A \mid \ 1 +^* g > 1 \quad \text{und} \quad g > 0\}.$$

Ferner sind für die Gleitpunktoperationen die Assoziativ- und Distributivgesetze falsch:

Beispiel 3: ($t = 8$) Mit

$$\begin{aligned} a &:= \ \ 0.23371258_{10}-4 \\ b &:= \ \ 0.33678429_{10}\,2 \\ c &:= -0.33677811_{10}\,2 \end{aligned}$$

ist

$$\begin{aligned} a +^*(b +^*c) &= 0.23371258_{10}-4 +^*0.61800000_{10}-3 \\ &= 0.64137126_{10}-3 \\ (a +^*b) +^*c &= 0.33678452_{10}2 -^*0.33677811_{10}2 \\ &= 0.64100000_{10}-3. \end{aligned}$$

Das exakte Resultat ist

$$a + b + c = 0.641371258_{10}-3.$$

Bemerkenswert ist der Fall der *Auslöschung* bei der Subtraktion von Zahlen $x, y \in A$, die das gleiche Vorzeichen haben: Dieser Fall liegt vor, wenn die Zahlen x, y, wie in dem Beispiel

$$\begin{aligned} x &= 0.315876_{10}1 \\ y &= 0.314289_{10}1, \end{aligned}$$

Darstellungen (1.1.1) mit dem gleichen Exponenten besitzen und eine oder mehrere führende Ziffern in den Mantissen übereinstimmen. Bei der Subtraktion $x - y$ tritt „Auslöschung" der gemeinsamen führenden Ziffern der Mantisse ein, das exakte Resultat $x - y$ läßt sich als Maschinenzahl darstellen, sofern x und y Maschinenzahlen waren, so daß bei der Ausführung der Subtraktion kein *neuer* Rundungsfehler anfällt: $x -^* y = x - y$. In diesem Sinne ist die Subtraktion im Falle der Auslöschung eine sehr harmlose Operation. Wir werden im nächsten Abschnitt jedoch sehen, daß im Falle von Auslöschung eine außerordentlich gefährliche Situation vorliegt, was die Fortpflanzung der *alten* Fehler angeht, die man bei der Berechnung von x bzw. y bereits *vor* Ausführung der Subtraktion $x - y$ begangen hat.

Für das Ergebnis von Gleitpunktrechnungen hat sich eine bequeme aber etwas unpräzise Schreibweise eingebürgert, die wir im folgenden öfters benutzen wollen: Steht für einen arithmetischen Ausdruck E fest, wie er berechnet werden soll (dies wird evtl. durch geeignete Klammerung vorgeschrieben), so wird durch $\mathrm{gl}(E)$ der Wert des Ausdrucks bezeichnet, den man bei Gleitpunktrechnung erhält.

Beispiel 4:

$$\mathrm{gl}(x \times y) := x \times^* y$$
$$\mathrm{gl}(a + (b + c)) := a +^* (b +^* c)$$
$$\mathrm{gl}((a + b) + c) := (a +^* b) +^* c$$

Man benutzt diese Schreibweise auch in Fällen wie $\mathrm{gl}(\sqrt{x})$, $\mathrm{gl}(\cos(x))$ etc., wenn auf einer Rechenanlage die betreffenden exakten Funktionen $\sqrt{\ }$, cos... durch Ersatzfunktionen $\sqrt{\ }^*$, cos* realisiert sind, $\mathrm{gl}(\sqrt{x}) := \sqrt{x}^*$ usw.

1.3 Fehlerfortpflanzung

Im letzten Abschnitt sahen wir bereits (s. Beispiel 3), daß zwei verschiedene, aber mathematisch äquivalente Methoden, $(a + b) + c$, $a + (b + c)$, zur Auswertung des Ausdruckes $a + b + c$ bei Gleitpunktrechnung zu unterschiedlichen Resultaten führen können. Es ist deshalb aus numerischen Gründen wichtig, genau zwischen verschiedenen mathematisch äquivalenten Formulierungen einer Rechenmethode zu unterscheiden: Wir bezeichnen als *Algorithmus* eine der Reihenfolge nach eindeutig festgelegte Sequenz von endlich vielen „elementaren Operationen" (wie sie etwa in einem Algol-Programm gegeben ist), die vorschreibt, wie aus gewissen Eingabedaten die Lösung eines Problems berechnet werden soll.

Wir setzen voraus, daß das Problem darin besteht, aus endlich vielen Eingabedaten, gewissen reellen Zahlen $x_1, \ldots, x_n$, nur endlich viele Resultatdaten, nämlich weitere reelle Zahlen $y_1, \ldots, y_m$, zu berechnen. Ein Problem dieser Art zu lösen heißt, den Wert $y = \varphi(x)$ einer gewissen Funktion $\varphi: D \to \mathbb{R}^m$, $D \subseteq \mathbb{R}^n$ zu bestimmen, wobei $y \in \mathbb{R}^m$, $x \in \mathbb{R}^n$ und φ durch m reelle Funktionen φ_i

$$y_i = \varphi_i(x_1, \ldots x_n), \qquad i = 1, \ldots, m$$

gegeben ist. Ein Algorithmus ist eine eindeutige Rechenvorschrift zur Berechnung von $\varphi(x)$; die endliche Sequenz der „elementaren Operationen" des Algorithmus entspricht einer endlichen Sequenz von elementaren Abbildungen

$$(1.3.1)\qquad \begin{aligned} &\varphi^{(i)}: D_i \to D_{i+1}, \quad i = 0, 1, \ldots, r, \quad D_j \subseteq \mathbb{R}^{n_j} \quad \text{mit} \\ &\varphi = \varphi^{(r)} \circ \varphi^{(r-1)} \circ \ldots \circ \varphi^{(0)}, \quad D_0 = D, \quad D_{r+1} \subseteq \mathbb{R}^{n_{r+1}} = \mathbb{R}^m. \end{aligned}$$

Unter den „elementaren Operationen" kann man in erster Linie die elementaren arithmetischen Operationen verstehen. Wir werden jedoch gelegentlich darunter auch kompliziertere Operationen verstehen, wie die Berechnung von $\sqrt{\alpha}$, $\cos(\alpha)$, $\operatorname{arctg}(\alpha)$ etc. Natürlich können solche Operationen nicht in Strenge realisiert werden, da z. B. die Berechnung von $\sqrt{2}$ unendlich viele arithmetische Operationen erfordert und man daher $\sqrt{2}$ nur bis auf einen Abbrechfehler berechnen kann. Wichtig für die folgende Diskussion ist aber lediglich, daß zu den elementaren Abbildungen $\varphi^{(i)}$ auf der Rechenmaschine realisierte Ersatzabbildungen $\mathrm{gl}(\varphi^{(i)})$ vorliegen. Analog zu den elementaren arithmetischen Operationen werden wir den Fehler $\mathrm{gl}(\varphi^{(i)})(x^{(i)}) - \varphi^{(i)}(x^{(i)})$ als den „Rundungsfehler" betrachten, der bei der Berechnung von $\varphi^{(i)}(x^{(i)})$ auf dem Rechner entsteht.

Beispiel 1: Für $\varphi(a, b, c) = a + b + c$ hat man die beiden Algorithmen

$$\begin{aligned} \eta &:= a + b \\ y &:= c + \eta \end{aligned} \qquad \text{bzw.} \qquad \begin{aligned} \eta &:= b + c \\ y &:= a + \eta \end{aligned}$$

Die Zerlegungen (1.3.1) sind hier gegeben durch

$$\varphi^{(0)}(a, b, c) := \begin{bmatrix} a + b \\ c \end{bmatrix} \in \mathbb{R}^2 \qquad \varphi^{(0)}(a, b, c) = \begin{bmatrix} a \\ b + c \end{bmatrix} \in \mathbb{R}^2$$

$$\text{bzw.}$$

$$\varphi^{(1)}(u, v) = u + v \in \mathbb{R} \qquad \varphi^{(1)}(u, v) = u + v \in \mathbb{R}$$

Beispiel 2: Wegen $a^2 - b^2 = (a + b)(a - b)$ hat man für die Berechnung von $\varphi(a, b) := a^2 - b^2$ die beiden Algorithmen:

Algorithmus 1: $\eta_1 := a \times a$, $\eta_2 := b \times b$, $y := \eta_1 - \eta_2$

Algorithmus 2: $\eta_1 := a + b$, $\eta_2 := a - b$, $y := \eta_1 \times \eta_2$

Die zugehörigen Zerlegungen (1.3.1) sind gegeben durch

Algorithmus 1: $\varphi^{(0)}(a, b) := \begin{bmatrix} a^2 \\ b \end{bmatrix}, \quad \varphi^{(1)}(u, v) = \begin{bmatrix} u \\ v^2 \end{bmatrix}, \quad \varphi^{(2)}(u, v) := u - v$

Algorithmus 2: $\varphi^{(0)}(a, b) := \begin{bmatrix} a + b \\ a - b \end{bmatrix}, \quad \varphi^{(1)}(u, v) = u \cdot v\,.$

(Eine andere einfachere Zerlegung für Algorithmus 1 wäre:

$$\bar{\varphi}^{(0)}(a, b) = \begin{bmatrix} a^2 \\ b^2 \end{bmatrix}, \quad \bar{\varphi}^{(1)}(u, v) := u - v.$$

Wir wollen nun die Gründe dafür untersuchen, weshalb verschiedene Algorithmen zur Lösung eines Problems i. a. unterschiedliche Resultate liefern, um insbesondere Kriterien für die Beurteilung der Güte von Algorithmen zu gewinnen. Dabei spielt die Fortpflanzung der Rundungsfehler eine wichtige Rolle, wie wir zunächst an dem Beispiel der mehrfachen Summe $y = a + b + c$ sehen werden (s. Beispiel 3 von 1.2). Bei Gleitpunktrechnung erhält man statt

y einen Näherungswert $\tilde{y} = \text{gl}((a+b)+c)$, für den wegen (1.2.6) gilt

$$\begin{aligned}
\eta &:= \text{gl}(a+b) = (a+b)(1+\varepsilon_1), \\
\tilde{y} &:= \text{gl}\,(\eta + c) = (\eta + c)(1+\varepsilon_2) \\
&= [(a+b)(1+\varepsilon_1) + c](1+\varepsilon_2) \\
&= (a+b+c)\left[1 + \frac{a+b}{a+b+c}\varepsilon_1(1+\varepsilon_2) + \varepsilon_2\right].
\end{aligned}$$

Für den relativen Fehler $\varepsilon_y := (\tilde{y} - y)/y$ von $\tilde{y}$ gilt daher

$$\varepsilon_y = \frac{a+b}{a+b+c}\varepsilon_1(1+\varepsilon_2) + \varepsilon_2$$

oder in 1. Näherung bei Vernachlässigung von Termen höherer Ordnung wie $\varepsilon_1\varepsilon_2$

$$\varepsilon_y \doteq \frac{a+b}{a+b+c}\varepsilon_1 + 1 \cdot \varepsilon_2 .$$

Die Verstärkungsfaktoren $(a+b)/(a+b+c)$ bzw. 1 geben an, wie stark sich die Rundungsfehler ε_1, ε_2 im relativen Fehler ε_y des Resultats auswirken. Der kritische Faktor ist $(a+b)/(a+b+c)$: Je nachdem, ob $|a+b|$ oder $|b+c|$ kleiner ist, ist es günstiger („numerisch stabiler") die Summe $a+b+c$ nach der Formel $(a+b)+c$ bzw. $a+(b+c)$ zu bilden.

Im Beispiel 3 des letzten Abschnitts ist

$$\frac{a+b}{a+b+c} = \frac{0.33\ldots_{10}2}{0.64\ldots_{10}-3} \approx \tfrac{1}{2}10^5,$$

$$\frac{b+c}{a+b+c} = \frac{0.618\ldots_{10}-3}{0.64\ldots_{10}-3} \approx 0.97,$$

was die höhere Genauigkeit von $\text{gl}(a+(b+c))$ erklärt.

Diese Methode, die Fortpflanzung spezieller Fehler durch Vernachlässigung von Größen höherer Ordnung zu studieren, läßt sich systematisch zu einer *differentiellen Fehleranalyse* eines Algorithmus (1.3.1)

$$\varphi = \varphi^{(r)} \circ \varphi^{(r-1)} \circ \ldots \circ \varphi^{(0)}$$

zur Berechnung von $\varphi(x)$ ausbauen. Dazu müssen wir untersuchen, wie sich die Eingangsfehler Δx von x und die im Laufe des Algorithmus begangenen Rundungsfehler auf das Endresultat $y = \varphi(x)$ auswirken. Wir wollen dies zunächst nur für die Eingangsfehler Δx ausführen und die dabei gewonnenen Ergebnisse später auf die Fortpflanzung der Rundungsfehler anwenden. Wir setzen dazu voraus, daß die Funktion

$$\varphi: D \to \mathbb{R}^m, \qquad \varphi(x) = \begin{bmatrix} \varphi_1(x_1, \ldots, x_n) \\ \vdots \\ \varphi_m(x_1, \ldots, x_n) \end{bmatrix}$$

auf einer offenen Teilmenge D des $\mathbb{R}^n$ definiert ist und daß die Komponentenfunktionen φ_i, $i = 1, \ldots, n$, von φ auf D stetig differenzierbar sind. Sei $\tilde{x}$ ein Näherungswert für x. Mit

$$\Delta x_i := \tilde{x}_i - x_i, \qquad \Delta x := \tilde{x} - x$$

bezeichnen wir dann den *absoluten Fehler* von $\tilde{x}_i$ bzw. $\tilde{x}$. Als *relativen Fehler* von $\tilde{x}_i$ bezeichnen wir die Größe

$$\varepsilon_{x_i} := \frac{\tilde{x}_i - x_i}{x_i}, \quad \text{falls} \quad x_i \neq 0 .$$

Ersetzt man die Eingabedaten x durch $\tilde{x}$, so erhält man als Resultat $\tilde{y} := \varphi(\tilde{x})$ statt $y = \varphi(x)$. Durch Taylor-Entwicklung ergibt sich unter Vernachlässigung von Größen höherer Ordnung

$$\text{(1.3.2)} \qquad \begin{aligned} \Delta y_i := \tilde{y}_i - y_i = \varphi_i(\tilde{x}) - \varphi_i(x) &\doteq \sum_{j=1}^{n} (\tilde{x}_j - x_j) \cdot \frac{\partial \varphi_i(x)}{\partial x_j} \\ &= \sum_{j=1}^{n} \frac{\partial \varphi_i(x)}{\partial x_j} \Delta x_j, \quad i = 1, \ldots, m \end{aligned}$$

oder in Matrixschreibweise

$$\text{(1.3.3)} \qquad \Delta y = \begin{bmatrix} \Delta y_1 \\ \vdots \\ \Delta y_m \end{bmatrix} \doteq \begin{bmatrix} \frac{\partial \varphi_1}{\partial x_1} & \cdots & \frac{\partial \varphi_1}{\partial x_n} \\ \vdots & & \vdots \\ \frac{\partial \varphi_m}{\partial x_1} & \cdots & \frac{\partial \varphi_m}{\partial x_n} \end{bmatrix} \begin{bmatrix} \Delta x_1 \\ \vdots \\ \Delta x_n \end{bmatrix} = D\varphi(x) \cdot \Delta x$$

mit der Funktionalmatrix $D\varphi(x)$.

Dabei soll „$\doteq$" statt „$=$" andeuten, daß die betr. Gleichungen nur in 1. Näherung richtig sind. Der Proportionalitätsfaktor $\partial \varphi_i(x)/\partial x_j$ mißt die Empfindlichkeit, mit der y_i auf absolute Änderungen Δx_j von x_j reagiert.

Ist $y_i \neq 0$ und $x_j \neq 0$ für $i = 1, \ldots, m$, so kann man analog zu (1.3.2) auch eine Fehlerfortpflanzungsformel für relative Fehler ableiten:

$$\text{(1.3.4)} \qquad \varepsilon_{y_i} \doteq \sum_{j=1}^{n} \frac{x_j}{\varphi_i(x)} \cdot \frac{\partial \varphi_i(x)}{\partial x_j} \cdot \varepsilon_{x_j}$$

Wiederum gibt der Faktor $\frac{x_j}{\varphi_i} \cdot \frac{\partial \varphi_i}{\partial x_j}$ an, wie stark sich ein relativer Fehler in x_j auf den relativen Fehler von y_i auswirkt. Die Verstärkungsfaktoren $\frac{x_j}{\varphi_i} \frac{\partial \varphi_i}{\partial x_j}$ für die relativen Fehler haben den Vorteil, daß sie von der Skalierung der y_i und x_j unabhängig sind. Man nennt sie *Konditionszahlen.* Sind sie dem Betrage nach groß, spricht man von einem *schlecht konditionierten*, andernfalls von einem *gut konditionierten* Problem. Bei schlechtkonditionierten Problemen bewirken kleine relative Fehler in den Eingangsdaten x große relative Fehler in den Resultaten $y = \varphi(x)$.

Die hier gegebene Definition der Konditionszahlen hat den Nachteil, daß sie nur für nichtverschwindende y_i, x_j sinnvoll ist. Außerdem ist sie für viele Zwecke zu unpraktisch (die Kondition von φ wird durch $m \cdot n$ Zahlen beschrieben). Es werden daher häufig auch andere einfachere Definitionen für die Kondition eines Problems gegeben. So ist es z. B. in der linearen Algebra vielfach üblich, Zahlen c, für die bzgl. einer geeigneten Norm $\|\cdot\|$ gilt

$$\frac{\|\varphi(\tilde{x}) - \varphi(x)\|}{\|\varphi(x)\|} \leqq c \cdot \frac{\|\tilde{x} - x\|}{\|x\|}$$

als Konditionszahlen zu bezeichnen.

Beispiel 3: Für $y = \varphi(a, b, c) := a + b + c$ hat man nach (1.3.4):

$$\varepsilon_y \doteq \frac{a}{a+b+c} \varepsilon_a + \frac{b}{a+b+c} \varepsilon_b + \frac{c}{a+b+c} \varepsilon_c .$$

Das Problem ist gut konditioniert, falls jeder Summand a, b, c klein gegenüber $a + b + c$ ist.

Beispiel 4: Sei $y = \varphi(p, q) := -p + \sqrt{p^2 + q}$. Es ist

$$\frac{\partial \varphi}{\partial p} = -1 + \frac{p}{\sqrt{p^2+q}} = \frac{-y}{\sqrt{p^2+q}}, \qquad \frac{\partial \varphi}{\partial q} = \frac{1}{2\sqrt{p^2+q}},$$

so daß

$$\varepsilon_y \doteq \frac{-p}{\sqrt{p^2+q}} \varepsilon_p + \frac{q}{2y\sqrt{p^2+q}} \varepsilon_q = -\frac{p}{\sqrt{p^2+q}} \varepsilon_p + \frac{p + \sqrt{p^2+q}}{2\sqrt{p^2+q}} \varepsilon_q .$$

Wegen

$$\left|\frac{p}{\sqrt{p^2+q}}\right| \leqq 1, \qquad \left|\frac{p + \sqrt{p^2+q}}{2\sqrt{p^2+q}}\right| \leqq 1 \quad \text{für} \quad q > 0$$

ist φ gut konditioniert, falls $q > 0$, und schlecht konditioniert, falls etwa $q \approx -p^2$.

Für die arithmetischen Operationen erhält man aus (1.3.4) die Fehlerfortpflanzungsformeln (für $x \neq 0$, $y \neq 0$)

(1.3.5)

$$\begin{aligned}
&1.\quad \varphi(x, y) := x \cdot y: && \varepsilon_{xy} \doteq \varepsilon_x + \varepsilon_y \\
&2.\quad \varphi(x, y) := x/y: && \varepsilon_{x/y} \doteq \varepsilon_x - \varepsilon_y \\
&3.\quad \varphi(x, y) := x \pm y: && \varepsilon_{x \pm y} = \frac{x}{x \pm y}\varepsilon_x \pm \frac{y}{x \pm y}\varepsilon_y, \quad \text{falls} \quad x \pm y \neq 0 \\
&4.\quad \varphi(x) := \sqrt{x}: && \varepsilon_{\sqrt{x}} \doteq \tfrac{1}{2}\varepsilon_x
\end{aligned}$$

Es folgt, daß das Multiplizieren, Dividieren und Wurzelziehen keine gefährlichen Operationen sind: Die relativen Fehler der Eingabedaten pflanzen sich nicht stark in das Resultat fort. Diesselbe Situation liegt bei der Addition vor, sofern die Operanden x und y gleiches Vorzeichen haben: Die Konditionszahlen $\frac{x}{x+y}$, $\frac{y}{x+y}$ liegen zwischen 0 und 1 und ihre Summe ist 1, somit gilt

$$|\varepsilon_{x+y}| \leqq \max\{|\varepsilon_x|, |\varepsilon_y|\}.$$

Ist ein Operand klein gegenüber dem anderen und ist er mit einem großen relativen Fehler behaftet, so hat trotzdem das Resultat $x + y$ nach (1.3.5) nur einen kleinen relativen Fehler, wenn der größere Operand einen kleinen relativen Fehler hat. Man spricht dann von *Fehlerdämpfung*. Wenn dagegen bei der Addition die Operanden x und y verschiedenes Vorzeichen haben, ist mindestens einer der Faktoren $\left|\frac{x}{x+y}\right|$, $\left|\frac{y}{x+y}\right|$ größer als 1, und es wird mindestens einer der relativen Fehler ε_x, ε_y verstärkt. Diese Verstärkung ist dann besonders groß, wenn $x \approx -y$ und damit Auslöschung bei Bildung von $x + y$ auftritt.

Wir wollen nun die allgemeine Formel (1.3.3) benutzen, um speziell die Fortpflanzung von Rundungsfehlern bei einem gegebenen Algorithmus zu studieren. Ein Algorithmus zur Berechnung der Funktion $\varphi: D \to \mathbb{R}^m$, $D \subseteq \mathbb{R}^n$, für gegebenes $x = (x_1, \ldots, x_n) \in D$ entspricht einer bestimmten Zerlegung der Abbildung φ in elementare Abbildungen $\varphi^{(i)}$ (1.3.1) und führt von $x^{(0)} := x$ über eine Kette von Zwischenergebnissen

(1.3.6) $$x = x^{(0)} \to \varphi^{(0)}(x^{(0)}) = x^{(1)} \to \ldots \to \varphi^{(r)}(x^{(r)}) = x^{(r+1)} = y$$

zum Resultat y. Wir nehmen für die folgende Diskussion wieder an, daß jedes $\varphi^{(i)}$ eine stetig differenzierbare Funktion auf D_i ist und bezeichnen mit $\psi^{(i)}$ die „Restabbildung"

$$\psi^{(i)} = \varphi^{(r)} \circ \varphi^{(r-1)} \circ \ldots \circ \varphi^{(i)}: D_i \to \mathbb{R}^m, \qquad i = 0, 1, 2, \ldots, r.$$

Es ist dann $\psi^{(0)} \equiv \varphi$. Mit $D\varphi^{(i)}$ bzw. $D\psi^{(i)}$ bezeichnen wir die Funktionalmatrizen der Abbildungen $\varphi^{(i)}$ bzw. $\psi^{(i)}$. Da sich bekanntlich die Funktionalmatrizen multiplizieren, wenn man Abbildungen zusammensetzt

$$D(f \circ g)(x) = Df(g(x)) \cdot Dg(x),$$

hat man

$$\text{(1.3.7)} \quad \begin{aligned} &\text{a)}\ D\varphi(x) = D\varphi^{(r)}(x^{(r)}) \cdot D\varphi^{(r-1)}(x^{(r-1)}) \ldots D\varphi^{(0)}(x), \\ &\text{b)}\ D\psi^{(i)}(x^{(i)}) = D\varphi^{(r)}(x^{(r)}) \cdot D\varphi^{(r-1)}(x^{(r-1)}) \ldots D\varphi^{(i)}(x^{(i)}), \qquad i = 0, 1, \ldots, r. \end{aligned}$$

In Gleitpunktarithmetik erhält man unter dem Einfluß der Eingangsfehler Δx und der Rundungsfehler statt der exakten Zwischenresultate $x^{(i)}$ Näherungswerte $\tilde{x}^{(i)}$ mit $\tilde{x}^{(i+1)} = \text{gl}(\varphi^{(i)}(\tilde{x}^{(i)}))$. Für die Fehler $\Delta x^{(i)} = \tilde{x}^{(i)} - x^{(i)}$ gilt daher

$$\text{(1.3.8)} \quad \Delta x^{(i+1)} = [\text{gl}(\varphi^{(i)}(\tilde{x}^{(i)})) - \varphi^{(i)}(\tilde{x}^{(i)})] + [\varphi^{(i)}(\tilde{x}^{(i)}) - \varphi^{(i)}(x^{(i)})].$$

Nun ist wegen (1.3.3) in 1. Näherung

$$\text{(1.3.9)} \quad \varphi^{(i)}(\tilde{x}^{(i)}) - \varphi^{(i)}(x^{(i)}) \doteq D\varphi^{(i)}(x^{(i)}) \cdot \Delta x^{(i)}.$$

Wenn $\varphi^{(i)}$ so beschaffen ist, daß man ähnlich wie bei den elementaren arithmetischen Operationen (s. (1.2.6)) bei der Gleitpunktauswertung von $\varphi^{(i)}$ das gerundete exakte Resultat erhält, so gilt

$$\text{(1.3.10)} \quad \text{gl}(\varphi^{(i)}(u)) = \text{rd}(\varphi^{(i)}(u)).$$

Man beachte, daß die Abbildung $\varphi^{(i)}: D_i \to D_{i+1} \subseteq \mathbb{R}^{n_{i+1}}$ durch einen Vektor

$$\varphi^{(i)}(u) = \begin{bmatrix} \varphi_1^{(i)}(u) \\ \vdots \\ \varphi_{n_{i+1}}^{(i)}(u) \end{bmatrix}$$

von reellen Funktionen $\varphi_j^{(i)}: D_i \to \mathbb{R}$ gegeben ist, und daß (1.3.10) komponentenweise zu lesen ist:

$$\text{(1.3.11)} \quad \begin{aligned} &\text{gl}(\varphi_j^{(i)}(u)) = \text{rd}(\varphi_j^{(i)}(u)) = (1 + \varepsilon_j) \cdot \varphi_j^{(i)}(u), \\ &|\varepsilon_j| \leqq \text{eps}, \quad j = 1, 2, \ldots, n_{i+1}. \end{aligned}$$

Dabei ist ε_j der bei der Berechnung der j-ten Komponente von $\varphi^{(i)}$ in Gleitpunktarithmetik auftretende neue relative Rundungsfehler. (1.3.10) läßt sich also in der Form

$$\text{gl}(\varphi^{(i)}(u)) = (I + E_{i+1}) \cdot \varphi^{(i)}(u)$$

mit der Einheitsmatrix I und der diagonalen Fehlermatrix

$$E_{i+1} := \begin{bmatrix} \varepsilon_1 & & & 0 \\ & \varepsilon_2 & & \\ & & \ddots & \\ 0 & & & \varepsilon_{n_{i+1}} \end{bmatrix}, \qquad |\varepsilon_j| \leqq \text{eps}$$

schreiben. Damit läßt sich die erste Klammer in (1.3.8) umformen:

$$\text{gl}\left(\varphi^{(i)}(\tilde{x}^{(i)})\right) - \varphi^{(i)}(\tilde{x}^{(i)}) = E_{i+1} \cdot \varphi^{(i)}(\tilde{x}^{(i)}).$$

Da $\tilde{x}^{(i)}$ in 1. Näherung gleich $x^{(i)}$ ist, gilt ebenso in 1. Näherung

$$\text{(1.3.12)} \quad \text{gl}\left(\varphi^{(i)}(\tilde{x}^{(i)})\right) - \varphi^{(i)}(\tilde{x}^{(i)}) \doteq E_{i+1} \cdot \varphi^{(i)}(x^{(i)}) = E_{i+1} \cdot x^{(i+1)} =: \alpha_{i+1}.$$

α_{i+1} läßt sich als der bei der Auswertung von $\varphi^{(i)}$ in Gleitpunktarithmetik neu entstehende absolute Rundungsfehler, die Diagonalelemente von E_{i+1} als die entsprechenden relativen Rundungsfehler interpretieren.
Für $\Delta x^{(i+1)}$ gilt daher wegen (1.3.8), (1.3.9) und (1.3.12) in 1. Näherung

$$\Delta x^{(i+1)} \doteq \alpha_{i+1} + D\varphi^{(i)}(x^{(i)}) \cdot \Delta x^{(i)} = E_{i+1} \cdot x^{(i+1)} + D\varphi^{(i)}(x^{(i)}) \cdot \Delta x^{(i)},$$
$$i \geqq 0, \qquad \Delta x^{(0)} := \Delta x.$$

Man erhält daraus

$$\Delta x^{(1)} \doteq D\varphi^{(0)}(x)\Delta x + \alpha_1$$
$$\Delta x^{(2)} \doteq D\varphi^{(1)}(x^{(1)})\left[D\varphi^{(0)}(x) \cdot \Delta x + \alpha_1\right] + \alpha_2$$
$$\cdots\cdots\cdots$$
$$\Delta y = \Delta x^{(r+1)} \doteq D\varphi^{(r)} \ldots D\varphi^{(0)} \cdot \Delta x + D\varphi^{(r)} \ldots D\varphi^{(1)} \cdot \alpha_1 + \ldots + \alpha_{r+1}.$$

Wegen (1.3.7) bekommt man so schließlich für den Einfluß des Eingangsfehlers Δx und der Rundungsfehler α_i auf das Resultat $y = x^{(r+1)} = \varphi(x)$ die Formeln

$$\begin{aligned} \Delta y &\doteq D\varphi(x) \cdot \Delta x + D\psi^{(1)}(x^{(1)}) \cdot \alpha_1 + \ldots + D\psi^{(r)}(x^{(r)}) \cdot \alpha_r + \alpha_{r+1} \\ \text{(1.3.13)} \qquad &= D\varphi(x) \cdot \Delta x + D\psi^{(1)}(x^{(1)}) \cdot E_1 x^{(1)} + \ldots + D\psi^{(r)}(x^{(r)}) \cdot E_r \cdot x^{(r)} + \\ &\quad + E_{r+1} \cdot y. \end{aligned}$$

Die Größe der Funktionalmatrix $D\psi^{(i)}$ der Restabbildung $\psi^{(i)}$ ist also entscheidend für den Einfluß des bei der Berechnung von $x^{(i)}$ begangenen Rundungsfehlers α_i bzw. E_i.

Beispiel 5: Für die in Beispiel 2 eingeführten zwei Algorithmen zur Berechnung von $y = \varphi(a, b) := a^2 - b^2$ hat man

Algorithmus 1:

$$x = x^{(0)} = \begin{bmatrix} a \\ b \end{bmatrix}, \qquad x^{(1)} = \begin{bmatrix} a^2 \\ b \end{bmatrix}, \qquad x^{(2)} = \begin{bmatrix} a^2 \\ b^2 \end{bmatrix}, \qquad x^{(3)} = y = a^2 - b^2$$

$$\psi^{(1)}(u,v) = u - v^2, \qquad \psi^{(2)}(u,v) = u - v$$

$$D\varphi(x) = (2a, \, -2b)$$

$$D\psi^{(1)}(x^{(1)}) = (1, -2b), \qquad D\psi^{(2)}(x^{(2)}) = (1, -1)$$

$$\alpha_1 = \begin{bmatrix} \varepsilon_1 a^2 \\ 0 \end{bmatrix}, \quad E_1 = \begin{bmatrix} \varepsilon_1 & 0 \\ 0 & 0 \end{bmatrix} \text{ wegen } \operatorname{gl}(\varphi^{(0)}(x^{(0)})) - \varphi^{(0)}(x^{(0)}) = \begin{bmatrix} a \times^* a \\ b \end{bmatrix} - \begin{bmatrix} a^2 \\ b \end{bmatrix}$$

$$\alpha_2 = \begin{bmatrix} 0 \\ \varepsilon_2 b^2 \end{bmatrix}, \quad E_2 = \begin{bmatrix} 0 & 0 \\ 0 & \varepsilon_2 \end{bmatrix}$$

$$\alpha_3 = \varepsilon_3(a^2 - b^2), \qquad |\varepsilon_i| \leqq \text{eps} \quad \text{für} \quad i = 1, 2, 3.$$

Für (1.3.13) erhält man mit $\Delta x = \begin{bmatrix} \Delta a \\ \Delta b \end{bmatrix}$

(1.3.14) $$\Delta y \doteq 2a\Delta a - 2b\Delta b + a^2\varepsilon_1 - b^2\varepsilon_2 + (a^2 - b^2)\,\varepsilon_3 .$$

Für Algorithmus 2 erhält man analog

$$x = x^{(0)} = \begin{bmatrix} a \\ b \end{bmatrix}, \qquad x^{(1)} = \begin{bmatrix} a + b \\ a - b \end{bmatrix}, \qquad x^{(2)} = y = a^2 - b^2$$

$$\psi^{(1)}(u,v) = u \cdot v$$

$$D\varphi(x) = (2a, -2b), \qquad D\psi^{(1)}(x^{(1)}) = (a - b, a + b)$$

$$\alpha_1 = \begin{bmatrix} \varepsilon_1 \, (a + b) \\ \varepsilon_2 \, (a - b) \end{bmatrix}, \qquad E_1 = \begin{bmatrix} \varepsilon_1 & 0 \\ 0 & \varepsilon_2 \end{bmatrix},$$

$$\alpha_2 = \varepsilon_3(a^2 - b^2), \qquad |\varepsilon_i| \leqq \text{eps},$$

und damit aus (1.3.13)

(1.3.15) $$\Delta y \doteq 2a\Delta a - 2b\Delta b + (a^2 - b^2)(\varepsilon_1 + \varepsilon_2 + \varepsilon_3).$$

Wählt man einen anderen Algorithmus, d. h. eine andere Zerlegung von φ in Elementarabbildungen $\varphi^{(i)}$, so ändert sich zwar $D\varphi$ nicht, wohl aber i. a. die Matrizen $D\psi^{(i)}$, die die Fortpflanzung der Rundungsfehler messen, und damit auch der gesamte Einfluß aller Rundungsfehler, der durch

(1.3.16) $$D\psi^{(1)}\alpha_1 + \ldots + D\psi^{(r)}\alpha_r + \alpha_{r+1}$$

gegeben ist.

Man nennt einen Algorithmus *numerisch stabiler* als einen zweiten Algorithmus zur Berechnung von $\varphi(x)$, falls der Gesamteinfluß der Rundungsfehler bei dem ersten Algorithmus kleiner ist als bei dem zweiten.

Beispiel: Der gesamte Rundungsfehlereinfluß von Algorithmus 1 in Beispiel 2 ist wegen (1.3.14)

(1.3.17) $$|a^2\varepsilon_1 - b^2\varepsilon_2 + (a^2 - b^2)\varepsilon_3| \leqq (a^2 + b^2 + |a^2 - b^2|)\,\mathrm{eps},$$

der von Algorithmus 2 wegen (1.3.15)

(1.3.18) $$|(a^2 - b^2)(\varepsilon_1 + \varepsilon_2 + \varepsilon_3)| \leqq 3\mathrm{eps}\,|a^2 - b^2|\,.$$

Genau für $1/3 \leqq |a/b|^2 \leqq 3$ gilt $3|a^2 - b^2| \leqq a^2 + b^2 + |a^2 - b^2|$: Algorithmus 2 ist deshalb für $1/3 < |a/b|^2 < 3$ numerisch stabiler als Algorithmus 1, für die übrigen a, b is Algorithmus 1 numerisch stabiler.

Z. B. erhält man für $a := 0.3237$, $b := 0.3134$ bei 4-stelliger Rechnung ($t = 4$):

Algorithmus 1: $a \times^* a = 0.1048,\quad b \times^* b = 0.9822_{10}-1$
$(a \times^* a) -^* (b \times^* b) = 0.6580_{10}-2$

Algorithmus 2: $a +^* b = 0.6371,\quad a -^* b = 0.1030_{10}-1$
$(a +^* b) \times^* (a -^* b) = 0.6562_{10}-2$

Exaktes Resultat: $a^2 - b^2 = 0.656213_{10}-2$

In der Fehlerfortpflanzungsformel (1.3.13) gilt unabhängig von dem benutzten Algorithmus zur Berechnung von $y = \varphi(x)$ für den letzten Term die Abschätzung

$$|E_{r+1}y| \leqq \mathrm{eps}\,|y|\,.$$[1]

Bei jedem Algorithmus muß man deshalb mindestens mit einem Fehler Δy dieser Größenordnung eps $|y|$ rechnen. Weiter beachte man, daß bei Verwendung einer t-stelligen Maschine allein durch das Runden der Eingabedaten $x = (x_1, \ldots, x_n)^T$ auf t Stellen ein Eingangsfehler $\Delta^{(0)}x$ mit

$$|\Delta^{(0)}x| \leqq \mathrm{eps}\,|x|$$

entsteht, es sei denn, die Eingabedaten, etwa nicht zu große ganze Zahlen, sind bereits Maschinenzahlen und damit exakt darstellbar. Aus diesem Grunde muß man bei jedem Algorithmus zur Berechnung von $y = \varphi(x)$ ebenfalls mindestens mit einem weiteren Fehler der Größenordnung $D\varphi(x) \cdot \Delta^{(0)}x$ rechnen, so daß insgesamt bei *jedem* Algorithmus mit einem Fehler der Größe

(1.3.19) $$\Delta^{(0)}y := \mathrm{eps}\,[|D\varphi(x)| \cdot |x| + |y|]$$

zu rechnen ist. $\Delta^{(0)}y$ heiße der *unvermeidbare Fehler* von y. Da man ohnehin mit einem Fehler dieser Größenordnung zu rechnen hat, wäre es unbillig, von einem Rundungsfehler α_i bzw. E_i eines Algorithmus zu verlangen, daß sein Beitrag zum Gesamtfehler wesentlich kleiner als $\Delta^{(0)}y$ ist. Wir nennen deshalb einen Rundungsfehler α_i bzw. E_i eines Algorithmus zur Berechnung von $\varphi(x)$ *harmlos*, falls in (1.3.13) sein Beitrag zum Gesamtfehler Δy höchstens dieselbe Größenordnung wie der unvermeidbare Fehler $\Delta^{(0)}y$ (1.3.19) besitzt:

$$|D\psi^{(i)}(x^{(i)}) \cdot \alpha_i| = |D\psi^{(i)}(x^{(i)}) \cdot E_i x^{(i)}| \approx \Delta^{(0)}y\,.$$

---

[1] Betragszeichen für Vektoren, Matrizen etc. sind komponentenweise zu verstehen, z. B. $|y| = (|y_1|, \ldots, |y_m|)^T$.

Wenn alle Rundungsfehler eines Algorithmus harmlos sind, heißt der Algorithmus *gutartig* (vgl. Bauer [1]). Eine der wichtigsten Aufgaben der numerischen Mathematik ist es, gutartige Algorithmen zu finden.

Beispiel 6: Beide Algorithmen von Beispiel 2 sind gutartig. Für den unvermeidbaren Fehler $\Delta^{(0)}y$ hat man nämlich

$$\Delta^{(0)}y = \text{eps}\left([2|a|, 2|b|] \cdot \begin{bmatrix} |a| \\ |b| \end{bmatrix} + |a^2 - b^2|\right) = \text{eps}\left(2(a^2 + b^2) + |a^2 - b^2|\right).$$

Ein Vergleich mit (1.3.17), (1.3.18) zeigt sogar, daß der *gesamte* Rundungsfehlereinfluß beider Algorithmen dem Betrage nach höchstens gleich $\Delta^{(0)}y$ ist.

Weitere Beispiele für die eingeführten Begriffe findet man im nächsten Abschnitt.

Ein Mittel dazu, für einen Algorithmus die Gutartigkeit nachzuweisen, ist die sog. *backward-analysis*, die von Wilkinson zur Analyse der Algorithmen der linearen Algebra benutzt wurde. Bei dieser Technik wird zunächst versucht zu zeigen, daß das Resultat $\tilde{y} = y + \Delta y$ eines Algorithmus zur Berechnung von $y = \varphi(x)$, das man in Gleitpunktarithmetik bei der Auswertung von $\varphi(x)$ erhält, sich in der Form $\tilde{y} = \varphi(x + \Delta x)$ schreiben läßt und damit als Resultat einer exakten Rechnung mit abgeänderten Eingabedaten $x + \Delta x$ interpretiert werden kann. Kann man zusätzlich zeigen, daß Δx höchstens dieselbe Größenordnung wie $|\Delta^{(0)}x| \leqq \text{eps}|x|$ hat, so ist damit die Gutartigkeit des Algorithmus gezeigt.

Zum Schluß soll noch kurz anhand eines Beispiels dargestellt werden, wie man das Fehlerverhalten eines Algorithmus statt durch (1.3.13) auch mit Hilfe eines Graphen veranschaulichen kann. Die Algorithmen 1 und 2 von Beispiel 2 werden so durch folgende Graphen beschrieben:

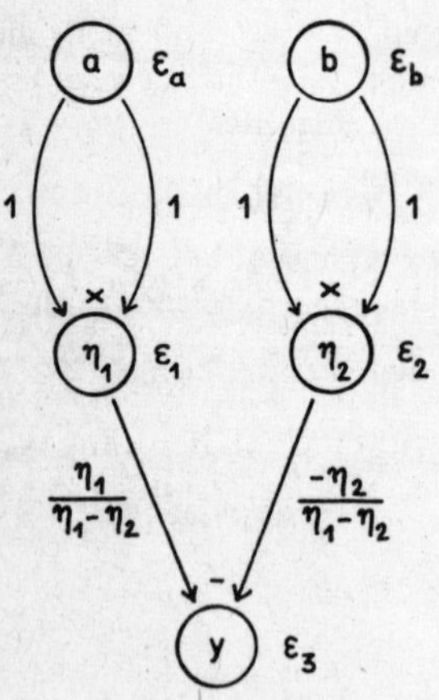

Algorithmus 1

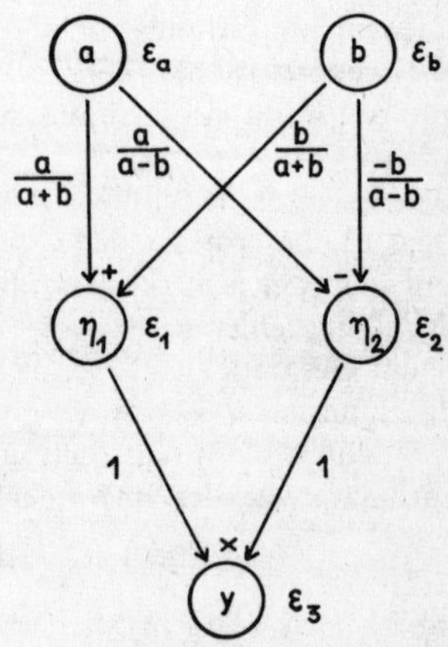

Algorithmus 2

Die Knoten entsprechen den Zwischenresultaten. Knoten i wird mit Knoten j durch eine gerichtete Kante verbunden, falls das Zwischenresultat von Knoten i direkt in das Zwischenresultat von Knoten j eingeht. Dementsprechend entsteht an jedem Knoten ein neuer relativer Rundungsfehler, der neben den betreffenden Knoten geschrieben wird. Die Zahlen an den Kanten geben die Verstärkungsfaktoren für die relativen Fehler an. Z. B. kann man vom Graphen des Algorithmus 1 folgende Beziehungen ablesen:

$$\varepsilon_{\eta_1} = 1 \cdot \varepsilon_a + 1 \cdot \varepsilon_a + \varepsilon_1\,, \qquad \varepsilon_{\eta_2} = 1 \cdot \varepsilon_b + 1 \cdot \varepsilon_b + \varepsilon_2$$

$$\varepsilon_y = \frac{\eta_1}{\eta_1 - \eta_2} \cdot \varepsilon_{\eta_1} - \frac{\eta_2}{\eta_1 - \eta_2} \cdot \varepsilon_{\eta_2} + \varepsilon_3\,.$$

Will man den Faktor wissen, mit dem multipliziert der Rundungsfehler von Knoten i zum relativen Fehler des Zwischenresultats von Knoten j beiträgt, hat man für jeden gerichteten Weg von i nach j die Kantenfaktoren zu multiplizieren und diese Produkte zu summieren. Z. B. besagt der Graph von Algorithmus 2, daß zum Fehler ε_y der Eingangsfehler ε_a den Beitrag

$$\left(\frac{a}{a+b} \cdot 1 + \frac{a}{a-b} \cdot 1\right) \cdot \varepsilon_a$$

liefert.

1.4 Beispiele

Beispiel 1 schließt sich an Beispiel 4 des letzten Abschnittes an. Es sei $p > 0$, $q > 0$, $p \gg q$ gegeben. Man bestimme die Wurzel

$$y = -p + \sqrt{p^2 + q}$$

kleinsten Betrages der quadratischen Gleichung

$$y^2 + 2py - q = 0\,.$$

Eingangsdaten: p, q. Resultat: $y = \varphi(p, q) = -p + \sqrt{p^2 + q}$.

Im letzten Abschnitt sahen wir, daß das Problem $\varphi(p, q)$ zu berechnen, für $p > 0$, $q > 0$ gut konditioniert ist, und die relativen Eingangsfehler ε_p, ε_q zum relativen Fehler des Resultates y folgenden Beitrag leisten

$$\frac{-p}{\sqrt{p^2+q}}\,\varepsilon_p + \frac{q}{2y\sqrt{p^2+q}}\,\varepsilon_q = \frac{-p}{\sqrt{p^2+q}}\,\varepsilon_p + \frac{p + \sqrt{p^2+q}}{2\sqrt{p^2+q}}\,\varepsilon_q\,.$$

Wegen

$$\left|\frac{p}{\sqrt{p^2+q}}\right| \leqq 1\,, \qquad \left|\frac{p + \sqrt{p^2+q}}{2\sqrt{p^2+q}}\right| \leqq 1$$

genügt der unvermeidbare Fehler $\Delta^{(0)}y$ des Resultates $y = \varphi(p, q)$ den Ungleichungen

$$\text{eps} \leqq \varepsilon_y^{(0)} := \frac{\Delta^{(0)} y}{y} \leqq 3\,\text{eps}.$$

Algorithmus 1: $s := p^2$

$t := s + q$

$u := \sqrt{t}$

$y := -p + u$

Wie man sieht, tritt wegen $p \gg q$ bei $y := -p + u$ Auslöschung auf, und es steht zu erwarten, daß der Rundungsfehler

$$\Delta u := \varepsilon \cdot \sqrt{t} = \varepsilon \cdot \sqrt{p^2 + q},$$

der bei der Gleitpunktberechnung der Quadratwurzel

$$\text{gl}(\sqrt{t}) = \sqrt{t} \cdot (1 + \varepsilon), \qquad |\varepsilon| \leqq \text{eps}$$

neu entsteht, verstärkt wird. In der Tat verursacht dieser Fehler folgenden relativen Fehler von y:

$$\varepsilon_y \doteq \frac{1}{y} \Delta u = \frac{\sqrt{p^2 + q}}{-p + \sqrt{p^2 + q}} \cdot \varepsilon$$

$$= \frac{1}{q} (p\sqrt{p^2 + q} + p^2 + q)\, \varepsilon = k \cdot \varepsilon.$$

Wegen $p, q > 0$ gilt für den Verstärkungsfaktor k die Abschätzung

$$k > \frac{2p^2}{q} > 0.$$

Er kann für $p \gg q$ sehr groß sein und zeigt, daß der vorgeschlagene Algorithmus nicht gutartig ist, weil allein der Einfluß des Rundungsfehlers ε, der bei der Berechnung von $\sqrt{p^2 + q}$ auftritt, viel größer als der relative unvermeidbare Fehler $\varepsilon_y^{(0)}$ ist.

Algorithmus 2: $s := p^2$

$t := s + q$

$u := \sqrt{t}$

$v := p + u$

$y := q/v$

Bei diesem Algorithmus tritt bei der Berechnung von v keine Auslöschung auf. Der bei der Berechnung von $u = \sqrt{t}$ entstehende Rundungsfehler $\Delta u = \varepsilon\sqrt{p^2 + q}$ steuert, durch die entsprechende Restabbildung $\psi(u)$

$$u \to p + u \to \frac{q}{p + u} = \psi(u)$$

verstärkt, folgenden Betrag zum relativen Fehler von y bei:

$$\varepsilon_y \doteq \frac{1}{y}\,\frac{\partial\psi}{\partial u}\,\Delta u = \frac{-q}{y(p+u)^2}\cdot\Delta u$$

$$= \frac{-q\sqrt{p^2+q}}{(-p+\sqrt{p^2+q})(p+\sqrt{p^2+q})^2}\cdot\varepsilon$$

$$= -\frac{\sqrt{p^2+q}}{p+\sqrt{p^2+q}}\cdot\varepsilon = k\varepsilon.$$

Der Verstärkungsfaktor k ist klein, $|k| < 1$, Algorithmus 2 ist gutartig.

Das folgende *Zahlenbeispiel* illustriert den Unterschied zwischen den Algorithmen 1 und 2 (wie bei weiteren numerischen Beispielen mit 40 Binär-Mantissenstellen gerechnet, was etwa 12 Dezimalstellen entspricht):

$p = 1000, \quad q = 0.018\,000\,000\,081$

Resultat für y nach Algorithmus 1: $0.900\,0\underline{30}\ \underline{136}\ \underline{108}\ {}_{10}{-5}$

Resultat für y nach Algorithmus 2: $0.899\,999\ 999\,99\underline{9}\ {}_{10}{-5}$

Exakter Wert von y : $0.900\,000\ 000\,000\ {}_{10}{-5}$

Beispiel 2: Mit Hilfe der Formel

$$\cos(m+1)\,x = 2\cos x\cdot\cos mx - \cos(m-1)\,x$$

kann man für festes x und ganzzahliges k rekursiv $\cos kx$ berechnen. Man hat dazu nur einmal mit $c = \cos x$ eine trigonometrische Funktion auszuwerten. Sei nun $|x| \neq 0$ eine kleine Zahl. Bei der Berechnung von c entstehe ein kleiner Rundungsfehler,

$$\tilde{c} = (1+\varepsilon)\cos x, \qquad |\varepsilon| \leqq \mathrm{eps}\,.$$

Wie wirkt sich dieser Rundungsfehler auf $\cos kx$ aus?

Antwort: $\cos kx$ hängt in folgender Weise von c ab:

$$\cos kx = \cos(k \arccos c) =: f(c)\,.$$

Wegen

$$\frac{df}{dc} = \frac{k \sin kx}{\sin x}$$

bewirkt der Fehler $\varepsilon\cdot\cos x$ von c in 1. Näherung einen absoluten Fehler

$$\Delta \cos kx \doteq \varepsilon\,\frac{\cos x}{\sin x}\,k \sin kx = \varepsilon\cdot k\cdot \operatorname{ctg} x\cdot \sin kx \tag{1.4.1}$$

von $\cos kx$.

Der unvermeidbare Fehler $\Delta^{(0)}c_k$ (1.3.19) des Resultats $c_k := \cos kx$ ist dagegen

$$\Delta^{(0)}c_k = \mathrm{eps}\,[k\cdot|x \sin kx| + |\cos kx|]\,.$$

Ein Vergleich mit (1.4.1) zeigt, daß $\Delta \cos kx$ für kleines $|x|$ wesentlich größer als $\Delta^{(0)} c_k$ sein kann: Der Algorithmus ist nicht gutartig.

Beispiel 3: Für eine gegebene Zahl x und eine „große" ganze Zahl k sollen $\cos kx$ und $\sin kx$ rekursiv mit Hilfe der Formeln

$$\begin{aligned}\cos mx &:= \cos x \cdot \cos (m-1)x - \sin x \cdot \sin (m-1)x\\ \sin mx &:= \sin x \cdot \cos (m-1)x + \cos x \cdot \sin (m-1)x, \qquad m = 1, 2, \ldots, k\end{aligned}$$

berechnet werden.

Wie wirken sich kleine Fehler $\varepsilon_c \cos x$, $\varepsilon_s \sin x$ bei der Berechnung von $\cos x$, $\sin x$ auf die Endresultate $\cos kx$, $\sin kx$ aus? Setzt man zur Abkürzung $c_m :=$ $= \cos mx$, $s_m := \sin mx$, $c := \cos x$, $s := \sin x$, so ist in Matrixschreibweise mit der unitären Matrix

$$U := \begin{bmatrix} c & -s \\ s & c \end{bmatrix},$$

die einer Drehung um den Winkel x entspricht,

$$\begin{bmatrix} c_m \\ s_m \end{bmatrix} = U \begin{bmatrix} c_{m-1} \\ s_{m-1} \end{bmatrix}, \qquad m = 1, \ldots, k$$

und daher

$$\begin{bmatrix} c_k \\ s_k \end{bmatrix} = U^k \cdot \begin{bmatrix} c_o \\ s_o \end{bmatrix} = U^k \cdot \begin{bmatrix} 1 \\ 0 \end{bmatrix}.$$

Nun ist

$$\frac{\partial U}{\partial c} = \begin{bmatrix} 1 & 0 \\ 0 & 1 \end{bmatrix}, \qquad \frac{\partial U}{\partial s} = \begin{bmatrix} 0 & -1 \\ 1 & 0 \end{bmatrix} =: A$$

und daher

$$\begin{aligned}\frac{\partial}{\partial c} U^k &= k \cdot U^{k-1}\\ \frac{\partial}{\partial s} U^k &= A\,U^{k-1} + U\,A\,U^{k-2} + \ldots + U^{k-1} A\\ &= k\,A\,U^{k-1},\end{aligned}$$

weil A mit U vertauschbar ist. Da U einer Drehung im $\mathbb{R}^2$ um den Winkel x entspricht, ist schließlich

$$\frac{\partial}{\partial c} U^k = k \begin{bmatrix} \cos (k-1)x & -\sin (k-1)x \\ \sin (k-1)x & \cos (k-1)x \end{bmatrix}$$

$$\frac{\partial}{\partial s} U^k = k \begin{bmatrix} -\sin (k-1)x & -\cos (k-1)x \\ \cos (k-1)x & -\sin (k-1)x \end{bmatrix}$$

Die relativen Fehler ε_c, ε_s von $c = \cos x$ und $s = \sin x$ bewirken daher bei $\cos kx$, $\sin kx$ folgende absolute Fehler:

$$
(1.4.2)\qquad
\begin{aligned}
\begin{bmatrix} \Delta c_k \\ \Delta s_k \end{bmatrix} &\doteq \left[\frac{\partial}{\partial c} U^k\right]\begin{bmatrix} 1 \\ 0 \end{bmatrix} \cdot \varepsilon_c \cos x + \left[\frac{\partial}{\partial s} U^k\right]\begin{bmatrix} 1 \\ 0 \end{bmatrix} \cdot \varepsilon_s \sin x \\
&= \varepsilon_c\, k \cos x \begin{bmatrix} \cos(k-1)x \\ \sin(k-1)x \end{bmatrix} + \varepsilon_s\, k \sin x \begin{bmatrix} -\sin(k-1)x \\ \cos(k-1)x \end{bmatrix}
\end{aligned}
$$

Die unvermeidbaren Fehler (1.3.19) $\Delta^{(0)}c_k$ und $\Delta^{(0)}s_k$ von $c_k = \cos kx$ und $s_k = \sin kx$ sind dagegen

$$
(1.4.3)\qquad
\begin{aligned}
\Delta^{(0)}c_k &= \text{eps}\left[k \cdot |x \cdot \sin kx| + |\cos kx|\right] \\
\Delta^{(0)}s_k &= \text{eps}\left[k \cdot |x \cdot \cos kx| + |\sin kx|\right].
\end{aligned}
$$

Ein Vergleich mit (1.4.2) zeigt, daß für großes k und $|k \cdot x| \approx 1$ im Gegensatz zum Rundungsfehler ε_s der Einfluß von ε_c auf das Resultat wesentlich größer als die unvermeidbaren Fehler sind. Der Algorithmus ist nicht gutartig, obwohl er als Algorithmus zur Berechnung von c_k allein numerisch stabiler als der Algorithmus von Beispiel 2 ist.

Beispiel 4: Die numerische Stabilität des Algorithmus in Beispiel 3 zur Berechnung von $c_m = \cos mx$, $s_m = \sin mx$, $m = 1, 2, \ldots$ für kleines $|x|$ läßt sich weiter verbessern: Es ist

$$
\begin{aligned}
\cos(m+1)x &= \cos x \cos mx - \sin x \sin mx \\
\sin(m+1)x &= \sin x \cos mx + \cos x \sin mx
\end{aligned}
$$

und daher

$$
\begin{aligned}
dc_{m+1} &:= \cos(m+1)x - \cos mx \\
&= 2(\cos x - 1) \cdot \cos mx - \sin x \cdot \sin mx - \cos x \cdot \cos mx + \cos mx \\
&= -4\left(\sin^2 \frac{x}{2}\right) \cdot \cos mx + [\cos mx - \cos(m-1)x] \\
ds_{m+1} &:= \sin(m+1)x - \sin mx \\
&= 2(\cos x - 1) \cdot \sin mx + \sin x \cdot \cos mx - \cos x \cdot \sin mx + \sin mx \\
&= -4\left(\sin^2 \frac{x}{2}\right) \sin mx + [\sin mx - \sin(m-1)x].
\end{aligned}
$$

Man hat daher folgenden Algorithmus zur Berechnung von c_k, s_k für $x > 0$:

$$
\begin{aligned}
&dc_1 := -2\sin^2 \frac{x}{2}; \qquad t := 2dc_1; \\
&ds_1 := \sqrt{-dc_1(2 + dc_1)}; \\
&s_0 := 0; \qquad c_0 := 1;
\end{aligned}
$$

für $m := 1, 2, \ldots, k$:

$$c_m := c_{m-1} + dc_m; \qquad dc_{m+1} := t \cdot c_m + dc_m;$$

$$s_m := s_{m-1} + ds_m; \qquad ds_{m+1} := t \cdot s_m + ds_m.$$

c_k und s_k sind gewisse Funktionen von $s = \sin \frac{x}{2}$:

$$c_k = \cos(2k \cdot \arcsin s) =: \varphi_1(s)$$
$$s_k = \sin(2k \cdot \arcsin s) =: \varphi_2(s)$$

Ein Fehler $\triangle s = \varepsilon_s \cdot \sin \frac{x}{2}$ bei der Berechnung von s bewirkt daher in 1. Näherung folgende Fehler in c_k, s_k:

$$\triangle c_k \doteq \frac{\partial \varphi_1}{\partial s} \varepsilon_s \cdot \sin \frac{x}{2} = \varepsilon_s \cdot \frac{-2k \sin kx}{\cos \frac{x}{2}} \cdot \sin \frac{x}{2}$$

$$= -2k \cdot \operatorname{tg} \frac{x}{2} \cdot \sin kx \cdot \varepsilon_s$$

$$\triangle s_k \doteq \frac{\partial \varphi_2}{\partial s} \cdot \varepsilon_s \cdot \sin \frac{x}{2} = 2k \cdot \operatorname{tg} \frac{x}{2} \cdot \cos kx \cdot \varepsilon_s$$

Ein Vergleich mit den unvermeidbaren Fehlern (1.4.3) zeigt, daß der Algorithmus für kleines $|x|$ gutartig ist, jedenfalls was den Einfluß des Fehlers ε_s angeht.

Zahlenbeispiel:
$x = 0.001, \quad k = 1000$

Algorithmus	Resultat für $\cos kx$	relativer Fehler
Beispiel 2	0.540 302 <u>121</u> <u>124</u>	$-0.34_{10}-6$
Beispiel 3	0.540 302 305 <u>776</u>	$-0.17_{10}-9$
Beispiel 4	0.540 302 305 86<u>5</u>	$-0.58_{10}-11$
Exakter Wert:	0.540 302 305 868 140 ...	

Beispiel 5: Dieses Beispiel nimmt einige Resultate vorweg, die bei der Analyse der Algorithmen zur Gleichungsauflösung in Abschnitt 4.5 nützlich sind. Gegeben seien die Zahlen $c, a_1, \ldots, a_n, b_1, \ldots, b_{n-1}$ mit $a_n \neq 0$. Gesucht ist die Lösung β_n der linearen Gleichung

(1.4.4) $$c - a_1 b_1 - \ldots - a_{n-1} b_{n-1} - a_n \beta_n = 0.$$

Bei Gleitpunktrechnung erhält man statt der exakten Lösung β_n einen Näherungswert

(1.4.5) $$b_n = \operatorname{gl}((c - a_1 b_1 - \ldots - a_{n-1} b_{n-1})/a_n)$$

auf die folgende Weise

$$s_0 := c$$

(1.4.6)
$$\text{für} \quad j = 1, 2, \ldots, n-1$$
$$s_j := \text{gl}(s_{j-1} - a_j b_j) = \big(s_{j-1} - a_j b_j (1 + \mu_j)\big)(1 + \alpha_j)$$
$$b_n := \text{gl}(s_{n-1}/a_n) = (1 + \delta)\, s_{n-1}/a_n$$

mit $|\mu_j|, |\alpha_j|, |\delta| \leqq \text{eps}$. Häufig ist in den Anwendungen $a_n = 1$, in diesem Fall ist $\delta = 0$, wegen $b_n := s_{n-1}$. Wir wollen zwei verschiedene nützliche Abschätzungen für das Residuum

$$r := c - a_1 b_1 - \ldots - a_n b_n$$

geben. Durch Summation der aus (1.4.6) folgenden Gleichungen

$$s_0 - c = 0$$
$$s_j - (s_{j-1} - a_j b_j) = s_j - \left(\frac{s_j}{1 + \alpha_j} + a_j b_j \mu_j\right)$$
$$= s_j \frac{\alpha_j}{1 + \alpha_j} - a_j b_j \mu_j, \qquad j = 1, 2, \ldots, n-1$$
$$a_n b_n - s_{n-1} = \delta\, s_{n-1}$$

erhält man

$$r = c - \sum_{i=1}^{n} a_i b_i = \sum_{j=1}^{n-1} \left(- s_j \frac{\alpha_j}{1 + \alpha_j} + a_j b_j \mu_j\right) - \delta\, s_{n-1}$$

und damit die erste der gesuchten Abschätzungen

(1.4.7)
$$|r| \leqq \frac{\text{eps}}{1 - \text{eps}} \cdot \left[\delta' \cdot |s_{n-1}| + \sum_{j=1}^{n-1} (|s_j| + |a_j b_j|)\right]$$
$$\delta' := \begin{cases} 0 & \text{falls} \quad a_n = 1 \\ 1 & \text{sonst.} \end{cases}$$

Die folgende Abschätzung ist gröber als (1.4.7). Aus (1.4.6) folgt

(1.4.8)
$$b_n = \left[c \cdot \prod_{k=1}^{n-1} (1 + \alpha_k) - \sum_{j=1}^{n-1} a_j b_j (1 + \mu_j) \cdot \prod_{k=j}^{n-1} (1 + \alpha_k)\right] (1 + \delta)/a_n .$$

Durch Auflösen nach c erhält man

(1.4.9)
$$c = \sum_{j=1}^{n-1} a_j b_j (1 + \mu_j) \prod_{k=1}^{j-1} (1 + \alpha_k)^{-1} + a_n b_n (1 + \delta)^{-1} \prod_{k=1}^{n-1} (1 + \alpha_k)^{-1} .$$

Durch vollständige Induktion nach r zeigt man nun leicht, daß aus

$$(1+\sigma) = \prod_{k=1}^{r} (1+\sigma_k)^{\pm 1}, \quad |\sigma_k| \leqq \text{eps}, \quad r \cdot \text{eps} < 1$$

folgt

$$|\sigma| \leqq \frac{r \cdot \text{eps}}{1 - r \cdot \text{eps}}.$$

Wegen (1.4.8) ergibt dies die Existenz von Zahlen ε_j mit

$$\begin{gathered} c = \sum_{j=1}^{n-1} a_j b_j (1 + j \cdot \varepsilon_j) + a_n b_n (1 + (n-1+\delta')\varepsilon_n) \\ |\varepsilon_j| \leqq \frac{\text{eps}}{1 - n \cdot \text{eps}}, \quad \delta' := \begin{cases} 0 & \text{falls} \quad a_n = 1 \\ 1 & \text{sonst} \end{cases}, \end{gathered} \tag{1.4.10}$$

so daß für $r = c - a_1 b_1 - a_2 b_2 - \ldots - a_n b_n$ gilt

$$|r| \leqq \frac{\text{eps}}{1 - n \cdot \text{eps}} \left[\sum_{j=1}^{n-1} j \cdot |a_j b_j| + (n-1+\delta') |a_n b_n| \right]. \tag{1.4.11}$$

Aus (1.4.8) folgt insbesondere die Gutartigkeit unseres Algorithmus β_n zu berechnen. In 1. Näherung liefert nämlich z. B. der Rundungsfehler α_r folgenden Beitrag zum absoluten Fehler von β_n

$$[(c - a_1 b_1 - a_2 b_2 - \ldots - a_r b_r)/a_n] \alpha_r.$$

Dieser Beitrag ist höchstens gleich dem Einfluß

$$\begin{aligned} &|(c \cdot \varepsilon_c - a_1 b_1 \varepsilon_{a_1} - \ldots - a_r b_r \varepsilon_{a_r})/a_n| \\ &\leqq \text{eps} \left(|c| + \sum_{i=1}^{r} |a_i b_i| \right) \Big/ |a_n|, \end{aligned}$$

den allein Eingangsfehler ε_c, ε_{a_i} von c bzw. a_i, $i = 1, \ldots, r$ mit $|\varepsilon_c|$, $|\varepsilon_{a_i}| \leqq$ eps haben. Ähnlich kann man für die übrigen Rundungsfehler μ_k und δ argumentieren.

Gewöhnlich zeigt man die Gutartigkeit dadurch, daß man (1.4.10) im Sinne der backward-analysis interpretiert: Das berechnete b_n ist exakte Lösung der Gleichung

$$c - \bar{a}_1 b_1 - \ldots - \bar{a}_n b_n = 0,$$

deren Koeffizienten

$$\begin{aligned} \bar{a}_j &:= a_j (1 + j \cdot \varepsilon_j), \quad 1 \leqq j \leqq n-1 \\ \bar{a}_n &:= a_n (1 + (n-1+\delta')\varepsilon_n) \end{aligned}$$

gegenüber den a_j nur leicht abgeändert sind.

Bei dieser Art von Analyse hat man die Schwierigkeit, erklären zu müssen, für wie große n Fehler der Form $n\varepsilon$, $|\varepsilon| \leqq$ eps, noch als Fehler von der Größenordnung der Maschinengenauigkeit eps gelten.

Übungsaufgaben zu Kapitel 1

1. Man zeige, daß bei t-stelliger dezimaler Gleitpunktrechnung analog zu (1.2.2) gilt

$$\operatorname{rd}(a) = \frac{a}{1+\varepsilon} \quad \text{mit} \quad |\varepsilon| \leqq 5 \cdot 10^{-t}.$$

(Daher gilt neben (1.2.6) auch $\operatorname{gl}(a * b) = (a * b)/(1+\varepsilon)$ mit $|\varepsilon| \leqq 5 \cdot 10^{-t}$ für alle arithmetischen Operationen $* = +, -, \times, /$.)

2. a, b, c seien Festkommazahlen mit N Dezimalstellen hinter dem Komma und $0 < a, b, c < 1$.
Das Produkt $a * b$ sei wie folgt erklärt: Zu $a \cdot b$ wird $10^{-N}/2$ addiert, danach werden die $(N+1)$-te und die folgenden Dezimalstellen weggelassen.
   a) Geben Sie eine Schranke für $|(a * b) * c - abc|$ an!
   b) Um wieviele Einheiten der N-ten Stelle können sich $(a * b) * c$ und $a * (b * c)$ unterscheiden?

3. Bei der Gleitpunktberechnung von $\sum_{i=1}^{n} a_i$ kann ein beliebig großer relativer Fehler auftreten. Sind jedoch alle a_i von gleichem Vorzeichen, so ist er beschränkt. Leiten Sie unter Vernachlässigung von Gliedern höherer Ordnung eine grobe Schranke für ihn her.

4. Die folgenden Ausdrücke sollen so umgeformt werden, daß ihre Auswertung gutartig ist:

$$\frac{1}{1+2x} - \frac{1-x}{1+x} \quad \text{für } |x| \ll 1$$

$$\sqrt{x + \frac{1}{x}} - \sqrt{x - \frac{1}{x}} \quad \text{für } x \gg 1$$

$$\frac{1 - \cos x}{x} \quad \text{für } x \neq 0, |x| \ll 1$$

5. Für die Auswertung der Funktion $\arcsin y$ in t-stelliger dezimaler Gleitpunktarithmetik stehe ein Programmstück zur Verfügung, das für $|y| \leqq 1$ den Funktionswert mit einem relativen Fehler ε liefert, wobei $|\varepsilon| \leqq 5 \cdot 10^{-t}$ ist. Entsprechend der Identität

$$\arctan x = \arcsin \frac{x}{\sqrt{1+x^2}}$$

könnte dieses Programmstück auch zur Auswertung von $\arctan x$ eingesetzt werden. Zeigen Sie durch eine Abschätzung des relativen Fehlers, für welche Werte x diese Methode gutartig ist.

6. Zu gegebenem z kann $\tan\frac{z}{2}$ durch

$$\tan\frac{z}{2} = \pm\left(\frac{1-\cos z}{1+\cos z}\right)^{1/2}$$

berechnet werden. Ist die Auswertung dieser Formel für $z \approx 0$, $z \approx \frac{\pi}{2}$ gutartig? Nötigenfalls gebe man gutartige Methoden an.

7. Es soll ein Verfahren zur Berechnung der Funktion

$$f(\varphi, k_c) := \frac{1}{\sqrt{\cos^2\varphi + k_c^2 \sin^2\varphi}}$$

für $0 \leqq \varphi \leqq \frac{\pi}{2}$, $0 < k_c \leqq 1$ angegeben werden. Die Methode

$$k^2 := 1 - k_c^2;$$

$$f(\varphi, k_c) = \frac{1}{\sqrt{1 - k^2 \sin^2\varphi}}$$

vermeidet die Auswertung von $\cos\varphi$ und ist somit schneller. Vergleichen Sie diesen Weg mit der direkten Auswertung des gegebenen Ausdrucks für $f(\varphi, k_c)$ im Hinblick auf die Gutartigkeit.

8. Für die lineare Funktion $f(x) := a + b \cdot x$ mit $a \neq 0$, $b \neq 0$ soll die 1. Ableitung $f'(0) = b$ nach der Differentiationsformel

$$D_h f(0) = \frac{f(h) - f(-h)}{2h}$$

in dualer Gleitpunktarithmetik berechnet werden. Dabei seien a und b gegebene duale Gleitpunktzahlen, h sei eine Potenz von 2, so daß Multiplikation mit h und Division durch $2h$ exakt ausgeführt werden.
Geben Sie eine Schranke für den relativen Fehler von $D_h f(0)$ an! Wie verhält sich diese Schranke für $h \to 0$?

9. Die Quadratwurzel $\pm(u + iv)$ einer komplexen Zahl $x + iy$ mit $y \neq 0$ kann nach den Formeln

$$u = \pm\sqrt{\frac{x + \sqrt{x^2 + y^2}}{2}}$$

$$v = \frac{y}{2u}$$

berechnet werden. Vergleichen Sie die Fälle $x \geqq 0$ und $x < 0$ im Hinblick auf Gutartigkeit. Ändern Sie die Formeln nötigenfalls ab, um sie gutartig zu machen.

10. Zu den Meßwerten $x_1, \ldots, x_n$ soll ein Schätzwert S^2 für die Streuung berechnet werden. Welche der Formeln

$$S^2 = \frac{1}{n-1}\left(\sum_{i=1}^{n} x_i^2 - n\bar{x}^2\right)$$

$$S^2 = \frac{1}{n-1} \sum_{i=1}^{n} (x_i - \bar{x})^2 \quad \text{mit} \quad \bar{x} := \frac{1}{n} \sum_{i=1}^{n} x_i$$

ist numerisch stabiler?

11. a) Die Koeffizienten a_r, b_r $(r = 0, \ldots, n)$ seien für festes x wie folgt miteinander verknüpft:

$$(*) \qquad \begin{cases} b_n := a_n \\ \text{für} \quad r = n-1, n-2, \ldots, 0: \\ b_r := x \cdot b_{r+1} + a_r \end{cases}$$

Man zeige, daß für die Polynome

$$A(z) := \sum_{r=0}^{n} a_r z^r, \qquad B(z) := \sum_{r=1}^{n} b_r z^{r-1}$$

gilt:

$$A(z) = (z - x) \cdot B(z) + b_0$$

b) $A(x) = b_0$ soll nach der Rekursion $(*)$ für festes x in Gleitpunktarithmetik berechnet werden, das Resultat sei b'_0. Zeigen Sie unter Verwendung der Formeln (vgl. Aufg. 1)

$$\text{gl}(u + v) = \frac{u + v}{1 + \sigma}, \qquad |\sigma| \leqq \text{eps},$$

$$\text{gl}(u \cdot v) = \frac{u \cdot v}{1 + \pi}, \qquad |\pi| \leqq \text{eps},$$

daß für b'_0 die Abschätzung

$$|A(x) - b'_0| \leqq \frac{\text{eps}}{1 - \text{eps}} (2e_0 - |b'_0|)$$

gilt, wo e_0 durch folgende Rekursion gewonnen wird:

$$e_n := |a_n|/2,$$

$$\text{für} \quad r = n-1, n-2, \ldots, 0:$$

$$e_r := |x| e_{r+1} + |b'_r|$$

Hinweis: Mit

$$\left.\begin{aligned} b'_n &:= a_n \\ p_r &:= \mathrm{gl}\,(xb'_{r+1}) = \frac{xb'_{r+1}}{1+\pi_{r+1}} \\ b'_r &:= \mathrm{gl}\,(p_r + a_r) = \frac{p_r + a_r}{1+\sigma_r} = xb'_{r+1} + a_r + \delta_r \end{aligned}\right\} r = n-1, \ldots, 0$$

zeige man zunächst

$$\delta_r = -xb'_{r+1}\frac{\pi_{r+1}}{1+\pi_{r+1}} - \sigma_r b'_r \qquad (r = n-1, \ldots, 0),$$

zeige dann, daß $b'_0 = \sum_{k=0}^{n} (a_k + \delta_k)x^k$, $\delta_n := 0$, und schätze $\sum_{0}^{n} |\delta_k|\,|x|^k$ ab.

Literatur zu Kapitel 1

[1] Bauer, F. L., Heinhold, J., Samelson, K., Sauer, R.: Moderne Rechenanlagen. Stuttgart: Teubner 1965.

[2] Wilkinson, J. H.: Rounding errors in algebraic processes. London 1963. Deutsche Übersetzung: Rundungsfehler. Heidelberger Taschenbucher, Band 44, Berlin-Heidelberg-New York: Springer 1969.

[3] —: The algebraic eigenvalue problem. Oxford: Clarendon Press 1965.

Weitere Literatur, die auch Material für die übrigen Kapitel enthält:

Conte, S.D., de Boor, C.: Elementary numerical analysis, an algorithmic approach. New York: McGraw-Hill 1972.

Dahlquist, G., Björck, Å.: Numerical methods. Englewood Cliffs, N.J.: Prentice-Hall 1974.

Hämmerlin, G.: Numerische Mathematik I. BI-Hochschultaschenbuch 498.

Henrici, P.: Elements of numerical analysis. New York: John Wiley and Sons 1964.

Householder, A. S.: Principles of numerical analysis. New York: McGraw-Hill 1953.

Isaacson, E., Keller, H. B.: Analysis of numerical methods. New York: John Wiley and Sons 1966. Deutsche Übersetzung: Analyse numerischer Verfahren, Frankfurt: Harri Deutsch 1973.

Ralston, A.: A first course in numerical analysis. New York: McGraw-Hill 1965.

Rutishauser, H.: Vorlesungen über Numerische Mathematik, Bd. 1, 2. Basel: Birkhäuser 1976.

Stiefel, E.: Einführung in die numerische Mathematik. Stuttgart: Teubner 1961.

Stummel, F., Hainer, K.: Praktische Mathematik, Stuttgart: Teubner 1971

Todd, J.: Basic numerical mathematics. Vol. 2: Numerical algebra. Basel: Birkhäuser 1977.

Werner, H.: Praktische Mathematik I, Methoden der linearen Algebra. Berlin-Heidelberg-New York: Springer 1975

—, Schaback, R.: Praktische Mathematik II, Methoden des Analysis. Berlin-Heidelberg-New York: Springer 1979

2 Interpolation

Gegeben sei eine Funktion

$$\Phi(x; a_0, \ldots, a_n),$$

die von $n + 1$ Parametern $a_0, \ldots, a_n$ abhängt. Ein Interpolationsproblem für Φ liegt dann vor, wenn die Parameter a_i so bestimmt werden sollen, daß für $n + 1$ gegebene Paare von reellen oder komplexen Zahlen (x_i, f_i), $i = 0, \ldots, n$, $x_i \neq x_k$ für $i \neq k$, gilt

$$\Phi(x_i; a_0, \ldots, a_n) = f_i, \qquad i = 0, \ldots, n.$$

Die Paare (x_i, f_i) werden als *Stützpunkte* bezeichnet.

Ein *lineares Interpolationsproblem* liegt vor, wenn Φ linear von den Parametern a_i abhängt:

$$\Phi(x; a_0, \ldots, a_n) \equiv a_0\Phi_0(x) + a_1\Phi_1(x) + \ldots + a_n\Phi_n(x).$$

Zu diesen linearen Problemen gehören das Problem der *Interpolation durch Polynome*

$$\Phi(x; a_0, \ldots, a_n) \equiv a_0 + a_1 x + a_2 x^2 + \ldots + a_n x^n$$

und der *trigonometrischen Interpolation*

$$\Phi(x; a_0, \ldots, a_n) \equiv a_0 + a_1 e^{xi} + a_2 e^{2xi} + \ldots + a_n e^{nxi} \qquad (i^2 = -1).$$

Während die Polynominterpolation früher häufig zur Interpolation von Funktionswerten aus Tafelwerken benutzt wurde, ist ihre heutige Verwendung für diesen Zweck seit dem Aufkommen der modernen elektronischen Digitalrechner stark zurückgegangen.

Sie wurde früher ebenfalls verwandt, um Formeln für die numerische Integration von Funktionen abzuleiten. Neuerdings benutzt man sie und die rationale Interpolation (s. u.) häufig zur Gewinnung von Algorithmen, um die Konvergenz gewisser Folgen zu beschleunigen (Richardson-Verfahren, Extrapolationsalgorithmen).

Die trigonometrische Interpolation wird in ausgedehntem Maße zur numerischen Fourieranalyse von Meßreihen benutzt.

Ebenfalls zu den linearen Interpolationsproblemen gehört die sog. „Spline-Interpolation", bei der (im Fall der kubischen Spline-Interpolation) Funktionen Φ benutzt werden, die

1) 2 mal stetig differenzierbar für $x \in [x_0, x_n]$ sind, und
2) in jedem Teilintervall $[x_i, x_{i+1}]$ mit einem Polynom 3. Grades übereinstimmen.

Solche Funktionen werden (kubische) Splinefunktionen genannt. Hier ist natürlich vorausgesetzt, daß die Interpolationsabszissen x_i, $i = 0, \ldots, n$, reelle Zahlen sind mit $x_0 < x_1 < \ldots < x_n$.

Die Splineinterpolation ist eine neuere Entwicklung von wachsender Bedeutung. Sie wird verwandt zur zeichnerischen Darstellung von Kurven, die „möglichst glatt" durch vorgegebene Punkte (x_i, f_i) gehen sollen. In steigendem Maße werden Splinefunktionen auch bei der numerischen Behandlung von gewöhnlichen und partiellen Differentialgleichungen eingesetzt.

Zu den nichtlinearen Interpolationsproblemen gehören die Interpolation durch rationale Funktionen

$$\Phi(x; a_0, \ldots, a_n, b_0, \ldots, b_m) \equiv \frac{a_0 + a_1 x + \ldots + a_n x^n}{b_0 + b_1 x + \ldots + b_m x^m}$$

und durch Exponentialsummen

$$\Phi(x; a_0, \ldots, a_n, \lambda_0, \ldots, \lambda_n) \equiv a_0 e^{\lambda_0 x} + a_1 e^{\lambda_1 x} + \ldots + a_n e^{\lambda_n x}.$$

Rationale Interpolation verwendet man heute wieder stärker im Rahmen von konvergenzbeschleunigenden Algorithmen. Die Exponentialsummen-Interpolation wird häufig in der Physik und Chemie zur Analyse von Zerfallsreihen benutzt.

2.1 Interpolation durch Polynome

2.1.1 Theoretische Grundlagen. Die Interpolationsformel von Lagrange

Mit Π_n bezeichnen wir im folgenden die Menge aller reellen oder komplexen Polynome P mit Grad $P \leqq n$:

$$P(x) = a_0 + a_1 x + \ldots + a_n x^n.$$

Wir zeigen zunächst:

(2.1.1.1) **Satz:** *Zu beliebigen $n + 1$ Stützpunkten*

$$(x_i, f_i), \qquad i = 0, \ldots, n, \qquad x_i \neq x_k \quad \text{für} \quad i \neq k$$

gibt es genau ein Polynom $P \in \Pi_n$ mit

$$P(x_i) = f_i \quad \text{für} \quad i = 0, 1, \ldots, n.$$

Beweis: a) Eindeutigkeit. Wäre für 2 Polynome $P_1, P_2 \in \Pi_n$

$$P_1(x_i) = P_2(x_i) = f_i, \qquad i = 0, 1, \ldots, n,$$

so hätte das Polynom $P := P_1 - P_2 \in \Pi_n$ mit Grad $P \leqq n$ mindestens $n + 1$

verschiedene Nullstellen $x_i, i = 0, \ldots, n$, d. h. P muß identisch verschwinden und es gilt $P_1 \equiv P_2$.

b) Existenz. Wir geben das interpolierende Polynom P explizit an. Dazu konstruieren wir nach Lagrange spezielle Interpolationspolynome $L_i \in \Pi_n, i = 0, \ldots, n$ mit den Eigenschaften

$$L_i(x_k) = \delta_{ik} = \begin{cases} 1 & \text{für} \quad i = k \\ 0 & \text{für} \quad i \neq k . \end{cases} \tag{2.1.1.2}$$

Offenbar erfüllen folgende Polynome diese Forderungen:

$$L_i(x) :\equiv \frac{(x - x_0) \ldots (x - x_{i-1})(x - x_{i+1}) \ldots (x - x_n)}{(x_i - x_0) \ldots (x_i - x_{i-1})(x_i - x_{i+1}) \ldots (x_i - x_n)} \tag{2.1.1.3}$$

$$\equiv \frac{\omega(x)}{(x - x_i)\omega'(x_i)} \quad \text{mit} \quad \omega(x) := \prod_{i=0}^{n} (x - x_i).$$

Wegen a) sind die L_i durch (2.1.1.2) eindeutig bestimmt.

Mit Hilfe der L_i kann nun die Lösung P des Interpolationsproblems direkt angegeben werden:

$$P(x) \equiv \sum_{i=0}^{n} f_i L_i(x) = \sum_{i=0}^{n} f_i \prod_{\substack{k \neq i \\ k=0}}^{n} \frac{x - x_k}{x_i - x_k} . \tag{2.1.1.4}$$

(Lagrange'sche Interpolationsformel) □

Diese Formel zeigt, daß P linear von den Stützwerten f_i abhängt. Für praktische Rechnungen ist sie weniger geeignet, falls n eine größere Zahl ist.

Beispiel: Gegeben für $n = 2$:

x_i	0	1	3
f_i	1	3	2

Gesucht: $P(2)$, wobei $P \in \Pi_2$, $P(x_i) = f_i$ für $i = 0, 1, 2$

Lösung: $L_0(x) \equiv \dfrac{(x-1)(x-3)}{(0-1)(0-3)}$, $\quad L_1(x) \equiv \dfrac{(x-0)(x-3)}{(1-0)(1-3)}$,

$$L_2(x) \equiv \frac{(x-0)(x-1)}{(3-0)(3-1)},$$

$$P(2) = 1 \cdot L_0(2) + 3 \cdot L_1(2) + 2 \cdot L_2(2) = 1 \cdot \frac{-1}{3} + 3 \cdot 1 + 2 \cdot \frac{1}{3} = \frac{10}{3}$$

2.1.2 Die Algorithmen von Neville und Aitken

Wir bezeichnen bei gegebenen Stützpunkten (x_i, f_i), $i = 0, 1, \ldots$ mit

$$P_{i_0 i_1 \ldots i_k} \in \Pi_k$$

dasjenige Polynom aus Π_k mit der Eigenschaft

$$P_{i_0 i_1 \dots i_k}(x_{i_j}) = f_{i_j}, \qquad j = 0, 1, \dots, k.$$

Es gilt dann die Rekursionsformel

$$\text{(2.1.2.1)} \qquad \begin{aligned} &\text{a)}\ P_i(x) \equiv f_i, \\ &\text{b)}\ P_{i_0 i_1 \dots i_k}(x) \equiv \frac{(x - x_{i_0}) P_{i_1 i_2 \dots i_k}(x) - (x - x_{i_k}) P_{i_0 \dots i_{k-1}}(x)}{x_{i_k} - x_{i_0}}. \end{aligned}$$

Beweis: a) Ist trivial. b) Wir bezeichnen mit $P(x)$ die rechte Seite von b) und zeigen, daß P die Eigenschaften von $P_{i_0 i_1 \dots i_k}$ besitzt. Natürlich ist Grad $P \leqq k$. Ferner haben wir nach Definition von $P_{i_1 \dots i_k}$ und $P_{i_0 \dots i_{k-1}}$

$$\begin{aligned} P(x_{i_0}) &= P_{i_0 \dots i_{k-1}}(x_{i_0}) = f_{i_0}, \\ P(x_{i_k}) &= P_{i_1 \dots i_k}(x_{i_k}) \quad = f_{i_k}, \end{aligned}$$

und für $j = 1, 2, \dots, k-1$

$$P(x_{i_j}) = \frac{(x_{i_j} - x_{i_0}) f_{i_j} - (x_{i_j} - x_{i_k}) f_{i_j}}{x_{i_k} - x_{i_0}} = f_{i_j}.$$

Wegen der Eindeutigkeit der Polynominterpolation (Satz 2.1.1.1) gilt daher $P = P_{i_0 i_1 \dots i_k}$. □

Der Algorithmus von Neville besteht darin, mit Hilfe von (2.1.2.1) das folgende symmetrische Tableau zu konstruieren, das die Werte der interpolierenden Polynome $P_{i_0 i_1 \dots i_k}$ an einer festen Stelle x enthält:

(2.1.2.2)

	$k = 0$	1	2	3
x_0	$f_0 = P_0(x)$			
		$P_{01}(x)$		
x_1	$f_1 = P_1(x)$		$P_{012}(x)$	
		$P_{12}(x)$		$P_{0123}(x)$
x_2	$f_2 = P_2(x)$		$\boxed{P_{123}(x)}$	
		$P_{23}(x)$		
x_3	$f_3 = P_3(x)$			

$P_{123}(x)$ erhält man z.B. so:

$$P_{123}(x) = \frac{(x - x_1) P_{23}(x) - (x - x_3) P_{12}(x)}{x_3 - x_1}$$

Beispiel: Berechne $P_{012}(2)$ mit denselben Stützpunkten wie im Beispiel von 2.1.1.

	$k = 0$	1	2
$x_0 = 0$	$f_0 = P_0(2) = 1$		
		$P_{01}(2) = 5$	
$x_1 = 1$	$f_1 = P_1(2) = 3$		$P_{012}(2) = \frac{10}{3}$
		$P_{12}(2) = \frac{5}{2}$	
$x_2 = 3$	$f_2 = P_2(2) = 2$		

$$P_{01}(2) = \frac{(2-0)\cdot 3 - (2-1)\cdot 1}{1-0} = 5$$

$$P_{12}(2) = \frac{(2-1)\cdot 2 - (2-3)\cdot 3}{3-1} = \frac{5}{2}$$

$$P_{012}(2) = \frac{(2-0)\cdot 5/2 - (2-3)\cdot 5}{3-0} = \frac{10}{3}$$

Den Nevilleschen Algorithmus kann man auch verwenden, um die Polynome $P_{i,i+1,\dots,i+k}$ selbst, d. h. ihre Koeffizienten zu bestimmen. Dafür ist er aber nicht besonders gut geeignet. Für diese Aufgabe, ein bestimmtes Polynom an der Spitze von (2.1.2.2) zu bestimmen, gibt es sparsamere Algorithmen. Auch wenn die Werte eines einzigen Polynoms, etwa $P_{01\dots k}$, an mehreren festen Stellen x benötigt werden, sind andere Algorithmen vorzuziehen (s. 2.1.3). Häufig schreibt man in den Anwendungen statt $P_{i,i+1,\dots,i+k}(x)$ kürzer $P_{i+k,k}(x)$ oder auch nur $P_{i+k,k}$. Mit dieser Schreibweise wird aus (2.1.2.2) das Tableau:

(2.1.2.3)

$$\begin{array}{c|llll}
x_0 & f_0 = P_{00} & & & \\
 & & P_{11} & & \\
x_1 & f_1 = P_{10} & & P_{22} & \\
 & & P_{21} & & P_{33} \\
x_2 & f_2 = P_{20} & & P_{32} & \\
 & & P_{31} & & \\
x_3 & f_3 = P_{30} & & &
\end{array}$$

Es wird mit Hilfe der Rekursionsformeln (2.1.2.1) aufgebaut:

(2.1.2.4)

a) $P_{i,0} := f_i$

b) $$P_{i,k} := \frac{(x - x_{i-k})P_{i,k-1} - (x - x_i)P_{i-1,k-1}}{x_i - x_{i-k}}$$

$$= P_{i,k-1} + \frac{P_{i,k-1} - P_{i-1,k-1}}{\dfrac{x - x_{i-k}}{x - x_i} - 1}, \qquad 1 \leqq k \leqq i, \qquad i = 0, 1, \dots$$

In ALGOL läßt sich dieser Algorithmus wie folgt formulieren:

```
for i := 0 step 1 until n do
begin t[i] := f[i];
      for k := i - 1 step -1 until 0 do
      t[k] := t[k + 1] + (t[k + 1] - t[k]) × (z - x[i])/(x[i] - x[k])
end;
```

Man erhält nach Ausführung dieser Anweisungen auf der Variablen $t[0]$ den Wert des Interpolationspolynoms $P_{01\ldots n}$ an der Stelle z, d. h. die Größe P_{nn} im Tableau (2.1.2.3).

Die durch den Algorithmus (2.1.2.4) erreichte Genauigkeit des interpolierten Polynomwertes läßt sich noch geringfügig verbessern: Für $i = 0, 1, \ldots$ seien die Größen Q_{ik}, D_{ik} definiert durch

$$Q_{i0} := D_{i0} := f_i\,,$$

$$\left.\begin{aligned} Q_{ik} &:= P_{ik} - P_{i,k-1} \\ D_{ik} &:= P_{ik} - P_{i-1,k-1} \end{aligned}\right\} \quad 1 \leqq k \leqq i\,.$$

Aus (2.1.2.4) gewinnt man die Rekursionsformeln

$$(2.1.2.5) \qquad \left.\begin{aligned} Q_{ik} &:= (D_{i,k-1} - Q_{i-1,k-1}) \frac{x_i - x}{x_{i-k} - x_i} \\ D_{ik} &:= (D_{i,k-1} - Q_{i-1,k-1}) \frac{x_{i-k} - x}{x_{i-k} - x_i} \end{aligned}\right\} \quad 1 \leqq k \leqq i, \qquad i = 0, 1, \ldots$$

mit denen ausgehend von $Q_{i0} := D_{i0} := f_i$ das Tableau der Q_{ik}, D_{ik} berechnet werden kann. Daraus erhält man anschließend

$$P_{nn} := f_n + \sum_{k=1}^{n} Q_{nk}\,.$$

Wenn man die Werte $f_1, \ldots, f_n$ als etwa untereinander gleich voraussetzen kann, wie das gerade bei der Tafel-Interpolation und der Anwendung auf Extrapolationsverfahren oft der Fall ist, sind die Größen Q_{ik} klein im Vergleich zu den f_i. Man wird deshalb zur Vermeidung von unnötigen Rundungsfehlern zunächst die „Korrekturen" $Q_{n1}, \ldots, Q_{nn}$ aufsummieren und erst dann ihre Summe zu f_n addieren (im Gegensatz zu (2.1.2.4)).

Speziell für $x = 0$ wird die Rekursion (2.1.2.4) — bzw. die beschriebene Variante — später in den sog. Extrapolationsalgorithmen angewandt. In diesem Spezialfall erhält man:

$$(2.1.2.6) \qquad \begin{aligned} &\text{a)}\ P_{i0} := f_i \\ &\text{b)}\ P_{ik} := P_{i,k-1} + \frac{P_{i,k-1} - P_{i-1,k-1}}{\dfrac{x_{i-k}}{x_i} - 1}, \qquad 1 \leqq k \leqq i\,. \end{aligned}$$

Aitken's Methode besteht darin, mit Hilfe von (2.1.2.1) folgendes unsymmetrische Tableau spaltenweise zu berechnen:

$$\begin{array}{llllll}
x_0 & f_0 = P_0(x) & & & & \\
x_1 & f_1 = P_1(x) & P_{01}(x) & & & \\
x_2 & f_2 = P_2(x) & P_{02}(x) & P_{012}(x) & & \\
x_3 & f_3 = P_3(x) & P_{03}(x) & P_{013}(x) & P_{0123}(x) & \\
x_4 & f_4 = P_4(x) & P_{04}(x) & P_{014}(x) & P_{0124}(x) & P_{01234}(x) \\
\cdot & \cdot & \cdot & \cdot & \cdot & \cdot \\
\cdot & \cdot & \cdot & \cdot & \cdot & \cdot
\end{array}$$

2.1.3 Die Newtonsche Interpolationsformel. Dividierte Differenzen

Die Verfahren von Neville und Aitken sind unpraktisch, wenn man ein bestimmtes interpolierendes Polynom selbst, oder ein einziges solches Polynom an mehreren Stellen ξ_j ausrechnen will. In diesem Fall ist der Newtonsche Algorithmus vorzuziehen. Nach Newton arbeitet man mit dem Ansatz

(2.1.3.1)
$$P(x) \equiv P_{01..n}(x)$$
$$= a_0 + a_1(x - x_0) + a_2(x - x_0)(x - x_1) + \dots + a_n(x - x_0)\dots(x - x_{n-1})$$

für das interpolierende Polynom $P \in \Pi_n$ mit $P(x_i) = f_i$, $i = 0, 1, \dots, n$. Man beachte, daß man (2.1.3.1) für $x = \xi$ mit einem Horner-artigen Schema auswerten kann:

$$P(\xi) = (\dots(a_n(\xi - x_{n-1}) + a_{n-1})(\xi - x_{n-2}) + \dots + a_1)(\xi - x_0) + a_0 .$$

Die Koeffizienten a_i könnten im Prinzip nacheinander aus den Beziehungen

$$\begin{aligned}
f_0 &= P(x_0) = a_0 \\
f_1 &= P(x_1) = a_0 + a_1(x_1 - x_0) \qquad (2.1.3.2)\\
f_2 &= P(x_2) = a_0 + a_1(x_2 - x_0) + a_2(x_2 - x_0)(x_2 - x_1) \\
&\text{usw.}
\end{aligned}$$

bestimmt werden. Für die Abschnittspolynome

$$Q_k(x) :\equiv a_0 + a_1(x - x_0) + \dots + a_k(x - x_0) \cdot \dots \cdot (x - x_{k-1}),$$
$$k = 0, 1, \dots, n$$

folgt sofort:

(2.1.3.3)

a) Es ist für $k = 0, 1, \dots, n$
$$Q_k(x) \equiv P_{01\dots k}(x)$$

b) $P_{01..k+1}(x) \equiv P_{01\dots k}(x) + a_{k+1}(x - x_0) \cdot \dots \cdot (x - x_k)$

c) a_k ist der Koeffizient von x^k des Polynoms $P_{01..k}(x)$

Gewöhnlich bestimmt man jedoch die Koeffizienten a_k von $P_{01\ldots n}$ in (2.1.3.1) nicht aus (2.1.3.2), sondern mit Hilfe des

Differenzenschemas:

$$
(2.1.3.4) \qquad
\begin{array}{c|cccc}
 & k=0 & 1 & 2 & \\
\hline
x_0 & f_0 = f[x_0] & & & \\
 & & f[x_0, x_1] & & \\
x_1 & f_1 = f[x_1] & & f[x_0, x_1, x_2] & \\
 & & f[x_1, x_2] & & \cdot \\
x_2 & f_2 = f[x_2] & & & \cdot \\
\cdot & \cdot & \cdot & \cdot & \\
\cdot & \cdot & \cdot & \cdot &
\end{array}
$$

Die Größen

$$f[x_i, x_{i+1}, \ldots, x_{i+k}]$$

werden Spalte für Spalte rekursiv berechnet mittels

$$
(2.1.3.5) \qquad
\begin{aligned}
&\text{a)}\ f[x_i] := f_i \\
&\text{b)}\ f[x_i, x_{i+1}, \ldots, x_{i+k}] := \\
&\qquad \frac{f[x_{i+1}, x_{i+2}, \ldots, x_{i+k}] - f[x_i, x_{i+1}, \ldots, x_{i+k-1}]}{x_{i+k} - x_i}.
\end{aligned}
$$

Beispielsweise hat man danach

$$f[x_0, x_1] := \frac{f[x_1] - f[x_0]}{x_1 - x_0}, \qquad f[x_1, x_2] := \frac{f[x_2] - f[x_1]}{x_2 - x_1},$$

$$f[x_0, x_1, x_2] := \frac{f[x_1, x_2] - f[x_0, x_1]}{x_2 - x_0}$$

usw. Man nennt $f[x_i, \ldots, x_{i+k}]$ eine *k-te dividierte Differenz.* Die Koeffizienten a_k aus (2.1.3.1) findet man auf der obersten Schrägzeile von (2.1.3.4),

$$a_k = f[x_0, x_1, \ldots, x_k], \qquad k = 0, 1, 2, \ldots.$$

Wir zeigen etwas allgemeiner den

(2.1.3.6) **Satz:** *Es ist*

$$
\begin{aligned}
P_{i,i+1,\ldots,i+k}(x) = f[x_i] &+ f[x_i, x_{i+1}] \cdot (x - x_i) + \ldots \\
&+ f[x_i, x_{i+1}, \ldots, x_{i+k}] \cdot (x - x_i)(x - x_{i+1}) \ldots (x - x_{i+k-1}).
\end{aligned}
$$

Beweis: Wir zeigen (2.1.3.6) durch vollständige Induktion bezüglich k. Der Satz ist richtig für $k = 0$. Wir nehmen nun an, daß er für $k - 1 \geqq 0$ richtig sei.

Um seine Richtigkeit für k zu beweisen, bemerken wir zunächst, daß wegen (2.1.3.3), b), c) $P_{i,\ldots,i+k}$ in der folgenden Form geschrieben werden kann

$$P_{i,i+1,\ldots,i+k}(x) = P_{i,i+1,\ldots,i+k-1}(x) + a(x - x_i)(x - x_{i+1}) \ldots (x - x_{i+k-1}),$$

wobei der noch unbekannte Koeffizient a gerade der Koeffizient von x^k des Polynoms $P_{i,i+1,\ldots,i+k}$ ist. Für den Induktionsschritt müssen wir somit zeigen, daß

$$a = f[x_i, \ldots, x_{i+k}]$$

gilt. Nun sind nach Induktionsvoraussetzung die höchsten Koeffizienten von $P_{i,i+1,\ldots,i+k-1}$ und $P_{i+1,\ldots,i+k}$ gerade $f[x_i, \ldots, x_{i+k-1}]$ bzw. $f[x_{i+1}, \ldots, x_{i+k}]$:

$$P_{i,\ldots,i+k-1}(x) = \ldots. + f[x_i, \ldots, x_{i+k-1}] \cdot x^{k-1}$$

$$P_{i+1,\ldots,i+k}(x) = \ldots. + f[x_{i+1}, \ldots, x_{i+k}] \cdot x^{k-1}.$$

Die Nevillesche Interpolationsformel (2.1.2.1)b) liefert

$$P_{i,\ldots,i+k}(x) \equiv \frac{(x - x_i)P_{i+1,\ldots,i+k}(x) - (x - x_{i+k})P_{i,\ldots,i+k-1}(x)}{x_{i+k} - x_i}.$$

Der Koeffizient von x^k ist rechts

$$\frac{f[x_{i+1}, \ldots, x_{i+k}] - f[x_i, \ldots, x_{i+k-1}]}{x_{i+k} - x_i},$$

also wegen (2.1.3.5) b) gleich $f[x_i, \ldots, x_{i+k}]$, was zu zeigen war. □

Beispiel: Mit den Zahlen des Beispiels aus 2.1.1, 2.1.2 erhält man

$$\begin{array}{l|lll}
x_0 = 0 & 1 = f[x_0] & & \\
 & & 2 = f[x_0, x_1] & \\
x_1 = 1 & 3 = f[x_1] & & -\frac{5}{6} = f[x_0, x_1, x_2] \\
 & & -\frac{1}{2} = f[x_1, x_2] & \\
x_2 = 3 & 2 = f[x_2] & &
\end{array}$$

$$P_{012}(x) = 1 + 2 \cdot (x - 0) - \tfrac{5}{6}(x - 0)(x - 1)$$

$$P_{012}(2) = (-\tfrac{5}{6} \cdot (2 - 1) + 2)(2 - 0) + 1 = \tfrac{10}{3}.$$

Man kann jetzt leicht einige interessante Beziehungen für die dividierten Differenzen beweisen.

(2.1.3.7) **Satz:** *Die dividierte Differenz $f[x_0, \ldots, x_k]$ ist eine symmetrische Funktion der x_i: Ist $x_{i_0}, \ldots, x_{i_k}$ irgendeine Permutation der Zahlen $x_0, \ldots, x_k$, so gilt*

$$f[x_{i_0}, \ldots, x_{i_k}] = f[x_0, \ldots, x_k].$$

Beweis: Nach (2.1.3.3) ist $f[x_0, \ldots, x_k]$ der Koeffizient der höchsten x-Potenz des interpolierenden Polynoms $P_{0,\ldots,k}(x)$, das durch die Stützpunkte (x_i, f_i), $i = 0, \ldots, k$ geht. Wegen der eindeutigen Lösbarkeit der Interpolationsaufgabe (Satz (2.1.1.1)) gilt $P_{i_0,\ldots,i_k}(x) \equiv P_{0,\ldots,k}(x)$ für beliebige Permutationen $i_0, \ldots, i_k$ der Zahlen $0, 1, \ldots, k$. Insbesondere folgt daraus

$$f[x_{i_0}, \ldots, x_{i_k}] = f[x_0, \ldots, x_k]. \quad \square$$

Die dividierten Differenzen hängen lediglich von den Stützpunkten (x_i, f_i) ab. Gewöhnlich sind die f_i die Funktionswerte $f(x_i) = f_i$ einer Funktion $f(x)$, die man durch Interpolation approximieren will.

Ist diese Funktion $f(x)$ selbst wieder ein Polynom, so gilt der

(2.1.3.8) **Satz:** *Ist $f(x)$ ein Polynom N-ten Grades und ist*

$$f_i = f(x_i), \qquad i = 0, 1, \ldots,$$

so gilt $f[x_0, \ldots, x_k] = 0$ für $k > N$.

Beweis: Nach (2.1.3.3) ist $f[x_0, \ldots, x_k]$ der höchste Koeffizient von $P_{0,\ldots,k}(x)$. Wegen der Eindeutigkeit der Interpolation gilt nun $P_{0,\ldots,k}(x) \equiv f(x)$ für $k \geqq N$. Also gilt $f[x_0, \ldots, x_k] = 0$ für $k > N$. $\square$

Beispiel: $f(x) = x^2$

x_i	$k = 0$	1	2	3	4
0	0				
		1			
1	1		1		
		3		0	
2	4		1		0
		5		0	
3	9		1		
		7			
4	16				

Die Berechnung der Differenzen $a_k = f[x_0, \ldots, x_k]$ aus den Stützpunkten (x_k, f_k), $k = 0, 1, \ldots, n$, läßt sich in ALGOL z. B. so formulieren:

```
for i := 0 step 1 until n do
begin t[i] := f[i];
      for k := i - 1 step -1 until 0 do
            t[k] := (t[k + 1] - t[k])/(x[i] - x[k]);
      a[i] := t[0]
end;
```

Danach kann das Interpolationspolynom (2.1.3.1) an jeder gewünschten Stelle z ausgewertet werden:

```
p := a[n];
for i := n - 1 step -1 until 0 do
      p := p × (z - x[i]) + a[i];
```

Es sei schließlich noch bemerkt, daß die behandelten Methoden alle das gleiche interpolierende Polynom liefern würden, wenn man rundungsfehlerfrei rechnen könnte. Den Rundungsfehlereinfluß kann man jedoch häufig durch einen Trick vermindern: Will man den Wert des Interpolationspolynoms $P_{01\ldots n}$ an einer Stelle x bestimmen, so numeriert man die Stützstellen x_i so um, daß gilt

$$|x - x_i| \leqq |x - x_{i+1}|, \qquad i = 0, 1, \ldots, n-1 .$$

Liegt x ungefähr in der Mitte der Stützstellen x_i, so führt das zu einer Anordnung folgender Art:

$$\ldots < x_4 < x_2 < x_0 < x < x_1 < x_3 < x_5 < \ldots$$

Es ist dann sehr wahrscheinlich, daß die Glieder

$$a_i(x - x_0)(x - x_1) \ldots (x - x_{i-1})$$

des Newtonschen Polynoms mit wachsendem i rasch kleiner werden, so daß bei Verwendung des Horner-Schemas für die Berechnung von $P_{01\ldots n}(x)$ Rundungsfehlerdämpfung eintritt.

Ordnet man im Differenzenschema (2.1.3.4) die Stützstellen x_i der Größe nach an und numeriert sie wie eben beschrieben um, so erhält man die Koeffizienten a_k in (2.1.3.1) nicht mehr in der obersten Schrägzeile, sondern auf einem Zick-Zack-Weg:

$$\begin{array}{c|ccccc}
x_4 & f_4 & & & & \\
 & & f[x_4, x_2] & & & \\
x_2 & f_2 & & f[x_4, x_2, x_0] & & \\
 & & f[x_2, x_0] & & f[x_4, x_2, x_0, x_1] & \\
x_0 & \underline{f_0} & & \underline{f[x_2, x_0, x_1]} & & \underline{f[x_4, x_2, x_0, x_1, x_3]} \\
 & & \underline{f[x_0, x_1]} & & \underline{f[x_2, x_0, x_1, x_3]} & \\
x_1 & f_1 & & f[x_0, x_1, x_3] & & \\
 & & f[x_1, x_3] & & & \\
x_3 & f_3 & & & &
\end{array}$$

2.1.4 Das Restglied bei der Polynominterpolation

Nimmt man an, daß die Stützwerte f_i von einer Funktion $f(x)$ herrühren, die man „interpolieren“ möchte,

$$f_i = f(x_i), \qquad i = 0, 1, \ldots ,$$

so erhebt sich die Frage, wie gut das interpolierende Polynom n-ten Grades $P(x) = P_{0\ldots n}(x)$ mit der Eigenschaft

$$P(x_i) = f_i, \qquad i = 0, \ldots, n$$

$f(x)$ an den Stellen x wiedergibt, die von den Stützstellen x_i verschieden sind. Es ist klar, daß der Fehler

$$f(x) - P(x)$$

für $x \neq x_i$, $i = 0, 1, 2, ..$ bei geeigneter Wahl von f beliebig groß werden kann, wenn man keine weiteren Forderungen an f stellt als $f(x_i) = f_i$, $i = 0, 1, \ldots$. Unter zusätzlichen Bedingungen für f sind jedoch Fehlerabschätzungen möglich:

(2.1.4.1) **Satz:** *Ist f $(n+1)$-mal differenzierbar, so gibt es zu jedem $\bar{x}$ eine Zahl ξ aus dem kleinsten Intervall $I[x_0, \ldots, x_n, \bar{x}]$, das alle x_i und $\bar{x}$ enthält, so daß*

$$f(\bar{x}) - P_{01\ldots n}(\bar{x}) = \frac{\omega(\bar{x}) \cdot f^{(n+1)}(\xi)}{(n+1)!}$$

gilt, wobei

$$\omega(x) = (x - x_0)(x - x_1) \ldots (x - x_n).$$

Beweis: Mit $P(x) := P_{01..n}(x)$ betrachten wir für ein beliebiges festes $\bar{x} \neq x_i$, $i = 0, 1, .., n$ (für $\bar{x} = x_i$ ist nichts zu zeigen) die Funktion

$$F(x) := f(x) - P(x) - K \cdot \omega(x)$$

und bestimmen K derart, daß

$$F(\bar{x}) = 0.$$

Dann besitzt $F(x)$ in $I[x_0, \ldots, x_n, \bar{x}]$ mindestens die $n+2$ Nullstellen

$$x_0, \ldots, x_n, \bar{x}.$$

Nach dem Satz von Rolle besitzt dann $F'(x)$ dort mindestens $n+1$ Nullstellen, $F''(x)$ mindestens n Nullstellen, ..., und schließlich $F^{(n+1)}(x)$ mindestens *eine* Nullstelle $\xi \in I[x_0, \ldots, x_n, \bar{x}]$.

Nun ist aber $P^{(n+1)}(x) \equiv 0$, also

$$F^{(n+1)}(\xi) = f^{(n+1)}(\xi) - K \cdot (n+1)! = 0$$

oder

$$K = \frac{f^{(n+1)}(\xi)}{(n+1)!}.$$

Daraus folgt die Behauptung

$$f(\bar{x}) - P(\bar{x}) = K \cdot \omega(\bar{x}) = \frac{\omega(\bar{x})}{(n+1)!} \cdot f^{(n+1)}(\xi). \quad \square$$

Eine andere Restgliedform ergibt sich aus der Newtonschen Interpolationsformel (2.1.3.6). Wählt man nämlich zusätzlich zu den $n+1$ Stützpunkten

$$(x_i, f_i): \quad f_i = f(x_i), \quad i = 0, 1, \ldots, n$$

einen $(n+2)$-ten Stützpunkt

$$(x_{n+1}, f_{n+1}): \quad x_{n+1} := \bar{x}, \quad f_{n+1} := f(\bar{x}),$$
$$\bar{x} \neq x_i, \quad i = 0, \ldots, n,$$

so folgt

$$f(\bar{x}) = P_{0\ldots n+1}(\bar{x}) = P_{0\ldots n}(\bar{x}) + f[x_0, \ldots, x_n, \bar{x}] \cdot \omega(\bar{x})$$

oder

$$f(\bar{x}) - P_{0\ldots n}(\bar{x}) = \omega(\bar{x}) \cdot f[x_0, \ldots, x_n, \bar{x}]. \tag{2.1.4.2}$$

Durch Vergleich mit der Abschätzung von Satz (2.1.4.1) folgt

$$f[x_0, \ldots, x_n, \bar{x}] = \frac{f^{(n+1)}(\xi)}{(n+1)!} \quad \text{für ein } \xi \in I[x_0, \ldots, x_n, \bar{x}],$$

und damit gilt allgemein

$$f[x_0, \ldots, x_n] = \frac{f^{(n)}(\xi)}{n!} \quad \text{für ein } \xi \in I[x_0, \ldots, x_n] \tag{2.1.4.3}$$

für die n-te dividierte Differenz $f[x_0, \ldots, x_n]$.

Beispiel: $f(x) = \sin x$

$$x_i = \frac{\pi}{10} \cdot i, \qquad i = 0, 1, 2, 3, 4, 5, \qquad n = 5$$

$$\sin x - P(x) = (x - x_0)(x - x_1) \ldots (x - x_5) \cdot \frac{-\sin \xi}{720}, \qquad \xi = \xi(x)$$

$$\succ |\sin x - P(x)| \leqq \frac{1}{720} |(x - x_0)(x - x_1) \ldots (x - x_5)| = \frac{|\omega(x)|}{720}$$

Außerhalb des Intervalls $I[x_0, \ldots, x_n]$ wächst $|\omega(x)|$ sehr schnell an. Eine Verwendung des Interpolationspolynoms P zur Approximation von f an einer Stelle $\bar{x}$ außerhalb des Intervalls $I[x_0, \ldots, x_n]$ — man spricht dann von *Extrapolation*—sollte deshalb nach Möglichkeit vermieden werden.

Sei nun eine reelle Funktion f gegeben, die auf einem festen Intervall $[a, b]$ definiert und hinreichend oft differenzierbar ist. Zu jeder Intervalleinteilung $\Delta = \{a = x_0 < x_1 < \ldots < x_n = b\}$ gibt es ein interpolierendes Polynom $P_\Delta \in \Pi_n$ mit $P_\Delta(x_i) = f_i$ für $x_i \in \Delta$. Eine Folge Δ_m von Intervalleinteilungen

$$\Delta_m = \{a = x_0^{(m)} < x_1^{(m)} < \ldots < x_{n_m}^{(m)}\}$$

gibt zu einer Folge von interpolierenden Polynomen P_{Δ_m} Anlaß. Man könnte nun meinen, daß die Polynome P_{Δ_m} gegen f konvergieren, sofern nur die Feinheit

$$\|\Delta_m\| := \max_i |x_{i+1}^{(m)} - x_i^{(m)}|$$

für $m \to \infty$ gegen 0 konvergiert. Dies ist im allgemeinen falsch. Es gilt sogar der

(2.1.4.4) **Satz** (Faber): *Zu jeder Folge von Intervalleinteilungen Δ_m von $[a, b]$ kann man eine auf $[a, b]$ stetige Funktion f finden, so daß die Polynome P_{Δ_m} für $m \to \infty$ nicht gleichmäßig gegen $f(x)$ konvergieren.*

Lediglich für ganze Funktionen f gilt für alle Zerlegungen Δ_m von $[a, b]$ mit $\|\Delta_m\| \to 0$, daß die P_{Δ_m} gleichmäßig auf $[a, b]$ gegen f konvergieren. Für beliebige stetige Funktionen f gibt es lediglich spezielle Folgen Δ_m, so daß P_{Δ_m} gegen f konvergiert. Eine feste Wahl der Δ_m, etwa die äquidistanten Intervalleinteilungen, $x_i^{(m)} = a + i \cdot \dfrac{b-a}{m}$, $i = 0, \dots, m$, garantiert nicht einmal die punktweise Konvergenz für nicht-ganze Funktionen, wie z. B. bei

$$f(x) = \frac{1}{1+x^2}, \qquad [a, b] = [-5, 5];$$

$$f(x) = \sqrt{x}, \qquad [a, b] = [0, 1].$$

2.1.5 Hermite-Interpolation

Gegeben seien reelle Zahlen ξ_i, $y_i^{(k)}$, $k = 0, 1, \dots, n_i - 1$, $i = 0, 1, \dots, m$ mit

$$\xi_0 < \xi_1 < \dots < \xi_m.$$

Das *Hermitesche Interpolationsproblem* bezüglich dieser Daten, besteht darin, ein Polynom P mit Grad $P \leqq n$, $n + 1 := \sum_{i=0}^{m} n_i$ zu bestimmen, das folgende Interpolationseigenschaften besitzt

(2.1.5.1) $\qquad P^{(k)}(\xi_i) = y_i^{(k)}, \quad k = 0, 1, \dots, n_i - 1, \quad i = 0, 1, \dots, m.$

Im Unterschied zur gewöhnlichen Polynominterpolation, die man als Spezialfall $n_i = 1$ erhält, werden für das gesuchte Polynom nicht nur die Funktionswerte an den Stützabszissen ξ_i sondern auch die ersten $n_i - 1$ Ableitungen vorgeschrieben. Die Bedingungen (2.1.5.1) stellen genau $\sum_{i=0}^{m} n_i = n + 1$ Bedingungen für die gesuchten $n + 1$ Koeffizienten von P dar, so daß die eindeutige Lösbarkeit des Problems zu erwarten ist:

(2.1.5.2) **Satz:** *Zu beliebigen Zahlen* $\xi_0 < \xi_1 < \dots < \xi_m$, $y_i^{(k)}$, $k = 0, 1, \dots, n_i - 1$, $i = 0, 1, \dots, m$, *gibt es genau ein Polynom* $P \in \Pi_n$, $n + 1 := \sum_{i=0}^{m} n_i$, *mit* (2.1.5.1).

Beweis: 1) Wir zeigen zunächst die Eindeutigkeit. Wenn es zwei verschiedene Polynome $P_1, P_2 \in \Pi_n$ mit (2.1.5.1) gäbe, würde für das Differenzpolynom $Q(x) := P_1(x) - P_2(x)$ folgen

1) Grad $Q(x) \leqq n$, $Q \neq 0$,
2) $Q^{(k)}(\xi_i) = 0$ für $k = 0, 1, \dots, n_i - 1$, $i = 0, 1, \dots, m$.

Also wäre ξ_i eine n_i-fache 0-Stelle von Q, so daß Q mindestens $\sum_{i=0}^{m} n_i = n + 1$ 0-Stellen (entsprechend ihrer Vielfachheit gezählt) hätte, im Widerspruch zu $Q \neq 0$, Grad $Q \leqq n$.

2) Die Existenz folgt aus der Eindeutigkeit: Denn (2.1.5.1) stellt ein lineares Gleichungssystem von n Gleichungen für die n unbekannten Koeffizienten c_j von

$P(x) = c_0 + c_1 x + \ldots + c_n x^n$ dar. Die Matrix dieses Gleichungssystems ist nichtsingulär wegen der eben bewiesenen Eindeutigkeit. Also besitzt das lineare Gleichungssystem (2.1.5.1) für beliebige $y_i^{(k)}$ eine eindeutig bestimmte Lösung. □

Es ist möglich, auch für die Hermite-Interpolation analog zur Lagrangeschen Interpolationsformel (2.1.1.4) das interpolierende Polynom $P \in \Pi_n$ mit (2.1.5.1) explizit anzugeben. Es ist

$$(2.1.5.3) \qquad P(x) = \sum_{i=0}^{m} \sum_{k=0}^{n_i - 1} y_i^{(k)} L_{ik}(x).$$

Dabei sind die verallgemeinerten Lagrangepolynome $L_{ik} \in \Pi_n$ auf folgende Weise erklärt: Mit den Hilfspolynomen $l_{ik} \in \Pi_n$ [vgl. (2.1.1.3)]

$$l_{ik}(x) := \frac{(x - \xi_i)^k}{k!} \prod_{\substack{j=0 \\ j \neq i}}^{m} \left(\frac{x - \xi_j}{\xi_i - \xi_j} \right)^{n_j}, \qquad 0 \leqq i \leqq m, \qquad 0 \leqq k < n_i$$

definiert man die L_{ik} ausgehend von

$$L_{i, n_i - 1}(x) := l_{i, n_i - 1}(x), \qquad i = 0, 1, \ldots, m$$

für $k = n_i - 2, n_i - 3, \ldots, 0$ rekursiv durch:

$$L_{ik}(x) := l_{ik}(x) - \sum_{\nu = k+1}^{n_i - 1} l_{ik}^{(\nu)}(\xi_i) L_{i\nu}(x).$$

Durch vollständige Induktion zeigt man leicht der Reihe nach für $k = n_i - 1$, $n_i - 2, \ldots, 0$

$$L_{ik}^{(\sigma)}(\xi_j) = \begin{cases} 1, & \text{falls} \quad i = j \text{ und } k = \sigma \\ 0, & \text{sonst}, \end{cases}$$

so daß in der Tat das Polynom P (2.1.5.3) die Interpolationseigenschaften (2.1.5.1) besitzt.

Um Methoden zur Bestimmung von P zu beschreiben, ist es zweckmäßig, die Daten ξ_i, $y_i^{(k)}$, $i = 0, 1, \ldots, m$, $k = 0, 1, \ldots, n_i - 1$ in einer etwas anderen Form durch eine Folge $\mathscr{F}_n = \{(x_i, f_i)\}_{i=0,\ldots,n}$ von $n+1$ Zahlenpaaren zu beschreiben: Man identifiziert dazu der Reihe nach die Paare

$$(\xi_0, y_0^{(0)}), (\xi_0, y_0^{(1)}), \ldots, (\xi_0, y_0^{(n_0 - 1)}), (\xi_1, y_1^{(0)}), \ldots, (\xi_1, y_1^{(n_1 - 1)}), \ldots, (\xi_m, y_m^{(n_m - 1)})$$

mit den entsprechenden Paaren von $\mathscr{F}_n$:

$$(x_0, f_0), (x_1, f_1), \ldots, (x_{n_0 - 1}, f_{n_0 - 1}), (x_{n_0}, f_{n_0}), \ldots, (x_n, f_n).$$

Man beachte, daß $x_0 \leqq x_1 \leqq \ldots \leqq x_n$ gilt und daß in der Folge $\{x_i\}_{i=0,\ldots,n}$, die Zahl ξ_i genau n_i mal vorkommt.

Beispiel 1: Ist etwa für $m = 2$, $n_0 = 2$, $n_1 = 3$

$$\xi_0 = 0, \quad y_0^{(0)} = -1, \quad y_0^{(1)} = -2; \quad \xi_1 = 1, \quad y_1^{(0)} = 0, \quad y_1^{(1)} = 10, \quad y_1^{(2)} = 40,$$

so wird dieses Problem durch die Folge $\mathscr{F}_4 = \{(x_i, f_i)\}_{i=0,\ldots,4}$ beschrieben:

$$(x_0, f_0) = (0, -1), \quad (x_1, f_1) = (0, -2), \quad (x_2, f_2) = (1, 0), \quad (x_3, f_3) = (1, 10),$$
$$(x_4, f_4) = (1, 40).$$

Umgekehrt beschreibt auch jede Folge $\mathscr{F}_n = \{(x_i, f_i)\}_{i=0,\ldots,n}$ von $n+1$ Zahlenpaaren mit $x_0 \leqq x_1 \leqq \ldots \leqq x_n$ ein bestimmtes Hermitesches Interpolationsproblem (2.1.5.1). Wir wollen deshalb im folgenden kurz von dem Hermiteschen Interpolationsproblem $\mathscr{F}_n$ sprechen. Weiter ist es zweckmäßig mit

$$[\![x - x_0]\!]^j$$

eine kurze Bezeichnung für die Polynome

$$[\![x - x_0]\!]^0 := 1, \quad [\![x - x_0]\!]^j := (x - x_0)(x - x_1) \ldots (x - x_{j-1}) \tag{2.1.5.4}$$

vom Grad j einzuführen. Wir wollen das zu $\mathscr{F}_n$ gehörige interpolierende Polynom P in der Newtonschen Form [vgl. (2.1.3.1)]

$$P(x) = a_0 + a_1[\![x - x_0]\!] + a_2[\![x - x_0]\!]^2 + \ldots + a_n[\![x - x_0]\!]^n \tag{2.1.5.5}$$

darstellen und die Koeffizienten a_i wieder als geeignete dividierte Differenzen bestimmen.

$$a_k = f[x_0, x_1, \ldots, x_k], \quad k = 0, 1, \ldots, n. \tag{2.1.5.6}$$

Die rekursive Definition (2.1.3.5) der dividierten Differenzen können wir nicht ohne weiteres verwenden, da in der Folge $x_0 \leqq x_1 \leqq \ldots \leqq x_n$ evtl. Wiederholungen auftreten, so daß z. B. für $x_0 = x_1$ die Differenz $f[x_0, x_1]$ nicht mehr durch $(f[x_0] - f[x_1])/(x_1 - x_0)$ erklärt werden kann. Die Differenzen $f[x_i, x_{i+1}, \ldots, x_{i+k}]$ mit wiederholten Argumenten können aber durch einen Grenzübergang definiert werden. Sind nämlich $\zeta_i < \zeta_{i+1} < \ldots < \zeta_{i+k}$ verschiedene Zahlen und bezeichnet man mit $f[\zeta_i, \zeta_{i+1}, \ldots, \zeta_{i+k}]$ die k-te dividierte Differenz, die zur Funktion $f(x) := P(x)$, P die Lösung von $\mathscr{F}_n$, gehört, so ist wegen $\zeta_0 < \zeta_1 < \ldots < \zeta_n$ $f[\zeta_i, \ldots, \zeta_{i+k}]$ durch (2.1.3.5) wohldefiniert, wenn man dort $f_i := P(\zeta_i)$ setzt.

$f[\zeta_i, \zeta_{i+1}, \ldots, \zeta_{i+k}]$ ist für $\zeta_i < \zeta_{i+1} < \ldots < \zeta_{i+k}$ eine stetige Funktion der Argumente und es gilt wegen Satz (2.1.3.6) und (2.1.3.5) für alle $\zeta_0 < \zeta_1 < \ldots < \zeta_n$

$$\begin{aligned} &\text{a)}\ P(x) = \sum_{j=0}^{n} a_j [\![x - \zeta_0]\!]^j, \quad a_j := f[\zeta_0, \zeta_1, \ldots, \zeta_j] \\ &\text{b)}\ f[\zeta_i] = P(\zeta_i) \\ &\text{c)}\ f[\zeta_i, \zeta_{i+1}, \ldots, \zeta_{i+k}] = \frac{f[\zeta_{i+1}, \zeta_{i+2}, \ldots, \zeta_{i+k}] - f[\zeta_i, \zeta_{i+1}, \ldots, \zeta_{i+k-1}]}{\zeta_{i+k} - \zeta_i}. \end{aligned} \tag{2.1.5.7}$$

Offensichtlich existieren wegen $x_0 \leqq x_1 \leqq \ldots \leqq x_n$ die Grenzwerte

$$f[x_i, x_{i+1}, \ldots, x_{i+k}] := \lim_{\substack{\zeta_j \to x_j \\ i \leqq j \leqq i+k}} f[\zeta_i, \zeta_{i+1}, \ldots, \zeta_{i+k}]$$

für alle $0 \leqq i \leqq i + k \leqq n$, sofern nur diese Grenzwerte für alle i, k mit $x_i = x_{i+1} = \ldots = x_{i+k}$ existieren. Letzteres folgt aber aus (2.1.4.3):

$$\lim_{\substack{\zeta_j \to x_j \\ i \leqq j \leqq i+k}} f[\zeta_i, \zeta_{i+1}, \ldots, \zeta_{i+k}] = \frac{1}{k!} P^{(k)}(x_i), \quad \text{falls} \quad x_i = x_{i+1} = \ldots = x_{i+k}. \tag{2.1.5.8}$$

Bezeichnen wir mit $r = r(i) \geqq 0$ den kleinsten Index mit

$$x_r = x_{r+1} = \ldots = x_i,$$

so ist wegen der Interpolationseigenschaften von P bzgl. $\mathscr{F}_n$

$$P^{(k)}(x_i) = P^{(k)}(x_r) = f_{r+k},$$

so daß aus (2.1.5.8) folgt

$$f[x_i, x_{i+1}, \ldots, x_{i+k}] = \frac{f_{r(i)+k}}{k!}, \quad \text{falls} \quad x_i = x_{i+1} = \ldots = x_{i+k}.$$

Für die dividierten Differenzen $f[x_i, x_{i+1}, \ldots, x_{i+k}]$ folgt deshalb durch Grenzübergang $\zeta_j \to x_j$ aus (2.1.5.7)

$$\text{(2.1.5.9)} \quad \begin{aligned} &\text{a)}\ P(x) = \sum_{j=0}^{n} a_j [\![x - x_j]\!]^j, \quad a_j := f_j[x_0, x_1, \ldots, x_j] \\ &\text{b)}\ f[x_i, x_{i+1}, \ldots, x_{i+k}] := \frac{f_{r(i)+k}}{k!}, \quad \text{falls} \quad x_i = x_{i+k} \\ &\text{c)}\ f[x_i, x_{i+1}, \ldots, x_{i+k}] \\ &\quad := \frac{f[x_{i+1}, x_{i+2}, \ldots, x_{i+k}] - f[x_i, x_{i+1}, \ldots, x_{i+k-1}]}{x_{i+k} - x_i}, \quad \text{sonst}. \end{aligned}$$

(Man beachte, daß $x_0 \leqq x_1 \leqq \ldots \leqq x_n$ vorausgesetzt wird.) Diese Formeln erlauben es, die dividierten Differenzen und damit auch die Koeffizienten a_j des gesuchten interpolierenden Polynoms P zu berechnen.

Beispiel 2: Wir erläutern die Berechnung der dividierten Differenzen anhand der Zahlen von Beispiel 1 ($m = 2$, $n_0 = 2$, $n_1 = 3$):

$$\mathscr{F}_4 = \{(0, -1), (0, -2), (1, 0), (1, 10), (1, 40)\}.$$

Das Differenzenschema ist dann

$$\begin{array}{llllll}
x_0 = 0 & -1^* = f[x_0] & & & & \\
 & & -2^* = f[x_0, x_1] & & & \\
x_1 = 0 & -1^* = f[x_1] & & 3 = f[x_0, \ldots, x_2] & & \\
 & & 1 = f[x_1, x_2] & & 6 = f[x_0, \ldots, x_3] & \\
x_2 = 1 & 0^* = f[x_2] & & 9 = f[x_1, \ldots, x_3] & & 5 = f[x_0, \ldots, x_4] \\
 & & 10^* = f[x_2, x_3] & & 11 = f[x_1, \ldots, x_4] & \\
x_3 = 1 & 0^* = f[x_3] & & 20^* = f[x_2, \ldots, x_4] & & \\
 & & 10^* = f[x_3, x_4] & & & \\
x_4 = 1 & 0^* = f[x_4] & & & &
\end{array}$$

Die mit *) gekennzeichneten Werte sind über (2.1.5.9)b) aus den Daten berechnet worden, die übrigen mittels (2.1.5.9)c). Die Koeffizienten des interpolierenden Polynoms P stehen wieder in der obersten Schrägzeile:

$$\begin{aligned} P(x) &= -1 - 2[\![x - x_0]\!] + 3[\![x - x_0]\!]^2 + 6[\![x - x_0]\!]^3 + 5[\![x - x_0]\!]^4 \\ &= -1 - 2x + 3x^2 + 6x^2(x-1) + 5x^2(x-1)^2. \end{aligned}$$

Den Interpolationsfehler kann man bei der Hermite-Interpolation genau so abschätzen wie bei der gewöhnlichen Polynominterpolation. Man beweist den folgenden Satz völlig analog zu Satz (2.1.4.1):

(2.1.5.10) **Satz:** *Sei f auf $[a,b]$ $n+1$ mal differenzierbar und $\xi_0 < \xi_1 < \ldots < \xi_m$, $\xi_i \in [a,b]$. Das Polynom $P(x)$ besitze höchstens den* Grad *n und erfülle die $n+1$ Interpolationsbedingungen*

$$P^{(k)}(\xi_i) = f^{(k)}(\xi_i) \quad \text{für} \quad k=0,1,\ldots,n_i-1, \quad i=0,1,\ldots,m,$$

wobei $\sum_{i=0}^{m} n_i = n+1$. Dann gibt es zu jedem $\bar{x} \in [a,b]$ ein $\bar{\xi}$ aus dem kleinsten Intervall $I[\xi_0,\ldots,\xi_m,\bar{x}]$, das alle ξ_i und $\bar{x}$ enthält mit der Eigenschaft

$$f(\bar{x}) - P(\bar{x}) = \frac{\omega(\bar{x}) \cdot f^{(n+1)}(\bar{\xi})}{(n+1)!},$$

wobei $\omega(x) := (x-\xi_0)^{n_0}(x-\xi_1)^{n_1}\ldots(x-\xi_m)^{n_m}$.

Man benutzt die Hermite-Interpolation häufig, um zu einer gegebenen Zerlegung

$$\Delta: a = \xi_0 < \xi_1 < \ldots < \xi_m = b$$

eines Intervalls $[a,b]$ eine hinreichend oft differenzierbare Funktion $f:[a,b] \to \mathbb{R}$ durch eine Funktion φ aus einem sog. Hermiteschen Funktionsraum $H_\Delta^{(\nu)}$ zu approximieren. Dabei wird unter $H_\Delta^{(\nu)}$ die Menge aller Funktionen $\varphi:[a,b] \to \mathbb{R}$ mit folgenden Eigenschaften verstanden

1) $\varphi \in C^{\nu-1}[a,b]$: φ ist auf $[a,b]$ $\nu-1$ mal stetig differenzierbar.

(2.1.5.11) 2) Auf dem Teilintervall $I_i := [\xi_i, \xi_{i+1}]$, $i=0,1,\ldots,m-1$, stimmt φ mit einem Polynom höchstens $(2\nu-1)$-ten Grades überein, $\varphi | I_i \in \Pi_{2\nu-1}$.

φ ist also stückweise so aus Polynomen $(2\nu-1)$-ten Grades zusammengesetzt, daß φ auf $[a,b]$ noch $\nu-1$ mal stetig differenzierbar ist. Eine Funktion $f \in C^{\nu-1}[a,b]$ kann man auf folgende Weise mittels Hermitescher Interpolation durch ein $\varphi \in H_\Delta^{(\nu)}$ approximieren: Man wähle die Teilpolynome $P_i = \varphi | I_i$ von φ aus $\Pi_{2\nu-1}$ so, daß die P_i für $i=0,1,\ldots,m$ die Interpolationsbedingungen

$$P_i^{(k)}(\xi_i) = f^{(k)}(\xi_i), \quad P_i^{(k)}(\xi_{i+1}) = f^{(k)}(\xi_{i+1}), \quad k=0,1,\ldots,\nu-1$$

erfüllen. Die so resultierenden P_i approximieren f für $x \in I_i$ wegen (2.1.5.10) bis auf einen Fehler

$$\text{(2.1.5.12)} \qquad |f(x) - P_i(x)| \leq \frac{|(x-\xi_i)(x-\xi_{i+1})|^\nu}{(2\nu)!} \max_{\zeta \in I_i} |f^{(2\nu)}(\zeta)|$$

$$\leq \frac{|\xi_{i+1}-\xi_i|^{2\nu}}{2^{2\nu} \cdot (2\nu)!} \max_{\zeta \in I_i} |f^{(2\nu)}(\zeta)|,$$

falls $f \in C^{2\nu}[a,b]$, so daß für diese Funktion und das so konstruierte $\varphi \in H_\Delta^{(\nu)}$

(2.1.5.13) $$\|f-\varphi\|_\infty := \max_{x\in[a,b]} |f(x)-\varphi(x)| \leqq \frac{1}{2^{2\nu}(2\nu)!} \|f^{(2\nu)}\|_\infty \|\Delta\|^{2\nu}$$

gilt, wobei $\|\Delta\| = \max\limits_{0 \leqq i \leqq m-1} |\xi_{i+1} - \xi_i|$ die Feinheit der Zerlegung Δ ist: Der Approximationsfehler geht also mit der (2ν)-ten Potenz der Feinheit $\|\Delta_j\|$ gegen 0, wenn man $[a,b]$ immer feiner durch Zerlegungen Δ_j mit $\|\Delta_j\| \to 0$, teilt.

Ciarlet, Schultz und Varga konnten dieses Resultat noch verschärfen und zeigen, daß auch die ersten ν Ableitungen von φ noch die entsprechenden Ableitungen von f gut approximieren. Es gilt nämlich (für einen Beweis s. Ciarlet, Schultz, Varga [23]) für $f \in C^{2\nu}[a,b]$ statt (2.1.5.12) schärfer

(2.1.5.14) $$|f^{(k)}(x) - P_i^{(k)}(x)| \leqq \frac{|(x-\xi_i)(x-\xi_{i+1})|^{\nu-k}}{k!(2\nu-2k)!} \cdot (\xi_{i+1}-\xi_i)^k \cdot \max_{\xi\in I_i} |f^{(2\nu)}(\xi)|$$

für alle $x \in I_i$, $k = 0, 1, \ldots, \nu$, $i = 0, 1, \ldots, m-1$ und deshalb über (2.1.5.13) hinaus

(2.1.5.15) $$\|f^{(k)} - \varphi^{(k)}\|_\infty \leqq \frac{\|\Delta\|^{2\nu-k}}{2^{2\nu-2k} k!(2\nu-2k)!} \|f^{(2\nu)}\|_\infty$$

für $k = 0, 1, \ldots, \nu$.

2.2 Interpolation mit rationalen Funktionen

Gegeben seien wieder Stützpunkte (x_i, f_i), $i = 0, 1, 2, \ldots$. Wir wollen nun versuchen, zur Interpolation rationale Funktionen

$$\Phi^{\mu,\nu}(x) \equiv \frac{P^{\mu,\nu}(x)}{Q^{\mu,\nu}(x)} \equiv \frac{a_0 + a_1 x + \ldots + a_\mu x^\mu}{b_0 + b_1 x + \ldots + b_\nu x^\nu}$$

heranzuziehen, deren Zählergrad höchstens μ und deren Nennergrad höchstens ν ist. $\Phi^{\mu,\nu}$ ist durch seine $\mu + \nu + 2$ Koeffizienten

$$a_0, a_1, \ldots, a_\mu, b_0, b_1, \ldots, b_\nu$$

bestimmt. Andererseits sind diese Koeffizienten durch $\Phi^{\mu,\nu}$ offenbar nur bis auf einen gemeinsamen Faktor $\rho \neq 0$ bestimmt. Es liegt deshalb nahe, $\Phi^{\mu,\nu}$ durch $\mu + \nu + 1$ Interpolationsbedingungen

(2.2.1) $$\Phi^{\mu,\nu}(x_i) = f_i, \qquad i = 0, 1, \ldots, \mu + \nu$$

festzulegen. Wir wollen der Kürze halber mit $A^{\mu,\nu}$ die Aufgabe bezeichnen, eine rationale Funktion $\Phi^{\mu,\nu}$ mit der Eigenschaft (2.2.1) zu bestimmen. Es liegt nahe, die Koeffizienten a_r, b_s von $\Phi^{\mu,\nu}$ als Lösung des homogenen linearen Gleichungssystems

(2.2.2) $$P^{\mu,\nu}(x_i) - f_i Q^{\mu,\nu}(x_i) = 0, \qquad i = 0, 1, \ldots, \mu + \nu$$

oder ausgeschrieben

$$a_0 + a_1 x_i + \ldots + a_\mu x_i^\mu - f_i(b_0 + b_1 x_i + \ldots + b_\nu x_i^\nu) = 0$$

zu bestimmen. Dieses System bezeichnen wir mit $S^{\mu,\nu}$.

Auf den ersten Blick scheint die Ersetzung von $A^{\mu,\nu}$ durch $S^{\mu,\nu}$ unproblematisch zu sein. Ein Beispiel soll zeigen, daß dies leider nicht zutrifft und daß im Gegensatz zur Polynominterpolation bei der rationalen Interpolation kompliziertere Verhältnisse vorliegen.

Beispiel: Für die Stützpunkte

x_i	0	1	2
f_i	1	2	2

und $\mu = \nu = 1$ findet man als Lösung von $S^{1,1}$

$$\begin{aligned} a_0 \quad\quad &- 1 \cdot b_0 &= 0 \\ a_0 + a_1 &- 2(b_0 + b_1) &= 0 \\ a_0 + 2a_1 &- 2(b_0 + 2b_1) &= 0, \end{aligned}$$

bis auf einen gemeinsamen Faktor $\neq 0$ die Koeffizienten

$$a_0 = 0, \qquad b_0 = 0, \qquad a_1 = 2, \qquad b_1 = 1$$

und damit die Funktion

$$\Phi^{1,1}(x) \equiv \frac{2x}{x},$$

die für $x = 0$ den unbestimmten Ausdruck $\frac{0}{0}$ ergibt, die jedoch in der gekürzten Form

$$\tilde{\Phi}^{1,1} \equiv 2$$

nicht die Interpolationsaufgabe $A^{1,1}$ löst.

2.2.1 Allgemeine Eigenschaften der rationalen Interpolation

Das letzte Beispiel zeigt, daß die rationale Interpolationsaufgabe $A^{\mu,\nu}$ nicht immer lösbar ist. Insbesondere folgt, daß zwar jede Lösung von $A^{\mu,\nu}$ auch $S^{\mu,\nu}$ löst, aber nicht notwendig umgekehrt. Um diese Verhältnisse näher zu untersuchen, müssen wir zwischen verschiedenen Darstellungen einer rationalen Funktion $\Phi^{\mu,\nu}$, die man durch Kürzen bzw. Erweitern auseinander erhält, unterscheiden. Wir sagen, daß zwei rationale Ausdrücke

$$\Phi_1(x) :\equiv \frac{P_1(x)}{Q_1(x)}, \qquad \Phi_2(x) :\equiv \frac{P_2(x)}{Q_2(x)}$$

gleich sind, in Zeichen

$$\Phi_1(x) \equiv \Phi_2(x),$$

wenn sie durch Kürzen einer Konstanten $a \neq 0$ ineinander überführt werden können:

$$P_1(x) \equiv a \cdot P_2(x), \qquad Q_1(x) \equiv a \cdot Q_2(x).$$

Wir nennen Φ_1 und Φ_2 *äquivalent*

$$\Phi_1 \sim \Phi_2,$$

wenn man sie durch Kürzen ineinander überführen kann, d. h. wenn

$$P_1(x) \cdot Q_2(x) \equiv P_2(x) \cdot Q_1(x).$$

Mit $\tilde{\Phi}$ bezeichnen wir den rationalen Ausdruck, den man aus Φ durch möglichst weitgehendes Kürzen erhält, dessen Zähler und Nenner also teilerfremd sind. Wir sagen schließlich, daß ein rationaler Ausdruck $\Phi^{\mu,\nu}$ Lösung von $S^{\mu,\nu}$ ist, wenn seine Koeffizienten Lösung von $S^{\mu,\nu}$ sind.

Wenn $\Phi^{\mu,\nu}$ Lösung von $A^{\mu,\nu}$ ist, so ist $\Phi^{\mu,\nu}$ auch Lösung von $S^{\mu,\nu}$. Die Umkehrung bereitet Schwierigkeiten. Zunächst gilt:

(2.2.1.1) **Satz:** a) *$S^{\mu,\nu}$ hat stets nichttriviale Lösungen*

$$\Phi^{\mu,\nu} \equiv \frac{P^{\mu,\nu}(x)}{Q^{\mu,\nu}(x)} \quad \textit{mit} \quad Q^{\mu,\nu}(x) \not\equiv 0.$$

b) *Wenn Φ_1 und Φ_2 Lösungen von $S^{\mu,\nu}$ sind, so gilt $\Phi_1 \sim \Phi_2$, d. h. sie bestimmen dieselbe rationale Funktion.*

Beweis: a) $S^{\mu,\nu}$ besitzt als homogenes lineares Gleichungssystem mit $\mu + \nu + 1$ Gleichungen für $\mu + \nu + 2$ Unbekannte stets nichttriviale Lösungen

$$(a_0, a_1, \ldots, a_\mu, b_0, \ldots, b_\nu) \neq (0, \ldots, 0, 0, \ldots, 0).$$

Nimmt man an, daß für eine solche Lösung

$$Q^{\mu,\nu}(x) \equiv b_0 + b_1 x + \ldots + b_\nu x^\nu \equiv 0$$

gilt, so folgt für $P^{\mu,\nu}(x) \equiv a_0 + a_1 x + \ldots + a_\mu x^\mu$

$$P^{\mu,\nu}(x_i) = 0 \quad \text{für} \quad i = 0, 1, \ldots, \mu + \nu,$$

d. h. das Polynom $P^{\mu,\nu}$ von höchstens μ-tem Grad hat mindestens $\mu + 1 \leqq \leqq \mu + \nu + 1$ verschiedene Nullstellen. Daraus folgt $P^{\mu,\nu}(x) \equiv 0$ im Widerspruch zu

$$(a_0, a_1, \ldots, a_\mu, b_0, \ldots, b_\nu) \neq (0, \ldots\ldots, 0).$$

b) Sind $\Phi_1(x) \equiv \dfrac{P_1(x)}{Q_1(x)}$ und $\Phi_2(x) \equiv \dfrac{P_2(x)}{Q_2(x)}$ beide Lösungen von $S^{\mu,\nu}$, so folgen sofort für das Polynom

$$P(x) :\equiv P_1(x) \cdot Q_2(x) - P_2(x) \cdot Q_1(x)$$

die Beziehungen

$$\begin{aligned} P(x_i) &= P_1(x_i) Q_2(x_i) - P_2(x_i) Q_1(x_i) \\ &= f_i Q_1(x_i) Q_2(x_i) - f_i Q_2(x_i) Q_1(x_i) \\ &= 0, \qquad i = 0, 1, \ldots, \mu + \nu, \end{aligned}$$

sowie Grad $P \leqq \mu + \nu$. Also muß $P(x)$ identisch verschwinden und es folgt

$$\Phi_1(x) \sim \Phi_2(x). \quad \square$$

Ist nun $\Phi^{\mu,\nu}(x) \equiv \dfrac{P^{\mu,\nu}(x)}{Q^{\mu,\nu}(x)}$ Lösung von $S^{\mu,\nu}$, so können für ein $i \in \{0, 1, \ldots, \mu + \nu\}$ zwei Fälle eintreten:

$$1)\quad Q^{\mu,\nu}(x_i) \neq 0$$

$$2)\quad Q^{\mu,\nu}(x_i) = 0$$

Im ersten Fall folgt sofort $\Phi^{\mu,\nu}(x_i) = f_i$. Im zweiten Fall folgt zunächst wegen $S^{\mu,\nu}$

$$P^{\mu,\nu}(x_i) = 0\,,$$

d. h. $\Phi^{\mu,\nu}$ ist durch den Faktor $x - x_i$ kürzbar. In diesem Fall ist $\Phi^{\mu,\nu}$ für eine beliebige Wahl von f_i Lösung von $S^{\mu,\nu}$. Wählt man speziell $f_i \neq \tilde{\Phi}^{\mu,\nu}(x_i)$, so besitzt zwar $S^{\mu,\nu}$ nach wie vor die Lösung $\Phi^{\mu,\nu}$, aber die Interpolationsaufgabe $A^{\mu,\nu}$ ist mit diesem f_i unlösbar. Man nennt dann (x_i, f_i) einen *unerreichbaren Punkt.* Für den Fall, daß der Rang von $S^{\mu,\nu}$ gleich dem Höchstrang $\mu + \nu + 1$ ist, gibt der folgende Satz Kriterien für das Vorliegen unerreichbarer Punkte:

(2.2.1.2) **Satz:** *Es sei Rang $S^{\mu,\nu} = \mu + \nu + 1$ (Höchstrang) und $\Phi^{\mu,\nu}$ eine Lösung von $S^{\mu,\nu}$. Dann gilt:*

a) *Wenn $\Phi^{\mu,\nu} \equiv \tilde{\Phi}^{\mu,\nu}$, so treten keine unerreichbaren Punkte auf und $\Phi^{\mu,\nu}$ ist Lösung von $A^{\mu,\nu}$.*

b) *Wenn $\Phi^{\mu,\nu} \not\equiv \tilde{\Phi}^{\mu,\nu}$, dann ist $\tilde{\Phi}^{\mu,\nu}$ weder Lösung von $S^{\mu,\nu}$ noch von $A^{\mu,\nu}$ und es treten unerreichbare Punkte auf.*

Beweis: Fall a) ist nach dem Vorhergehenden klar.

b) Sei $\Phi^{\mu,\nu} \not\equiv \tilde{\Phi}^{\mu,\nu}$. Wegen Rang $S^{\mu\nu} = \mu + \nu + 1$ muß für jede Lösung $\Psi^{\mu,\nu}$ von $S^{\mu,\nu}$ gelten $\Psi^{\mu,\nu} \equiv \Phi^{\mu,\nu}$, also kann $\tilde{\Phi}^{\mu,\nu}$ nicht Lösung von $S^{\mu,\nu}$ und damit auch nicht Lösung von $A^{\mu,\nu}$ sein, also treten unerreichbare Punkte auf. □

Wir nehmen im Folgenden an, daß keine Ausartungsfälle vorliegen, daß also keine unerreichbaren Punkte auftreten und daß die Punkte (x_i, f_i) so gewählt sind, daß das System $S^{\mu,\nu}$ Höchstrang besitzt. Die zu besprechenden Algorithmen zur Lösung von $A^{\mu,\nu}$ bzw. $S^{\mu,\nu}$ sind rekursiver Natur. Entsprechend den beiden Freiheitsgraden μ und ν kann man die von dem betreffenden Algorithmus benutzten (μ, ν)-Kombinationen durch einen Weg in der (μ, ν)-Ebene kennzeichnen:

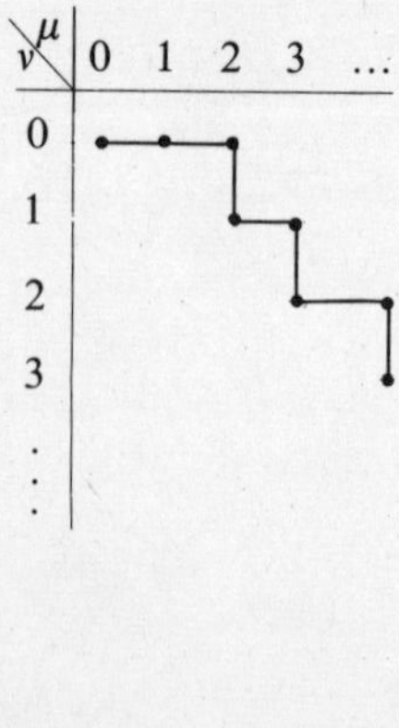

Wir unterscheiden zwei Typen von Algorithmen. Beim ersten wird analog zum Newtonschen Interpolationsverfahren zunächst ein Differenzenschema berechnet, mit dessen Hilfe die Koeffizienten eines interpolierenden rationalen Ausdrucks gewonnen werden. Der zweite Algorithmus entspricht dem Neville-Aitken-Algorithmus. Er verknüpft die $\Phi^{\mu,\nu}$ direkt miteinander.

2.2.2 Inverse und reziproke Differenzen. Der Thielesche Kettenbruch

Die in diesem Abschnitt zu besprechenden Algorithmen dienen dazu, die rationalen Ausdrücke längs der Hauptdiagonalen der μ, ν-Ebene zu berechnen:

(2.2.2.1)

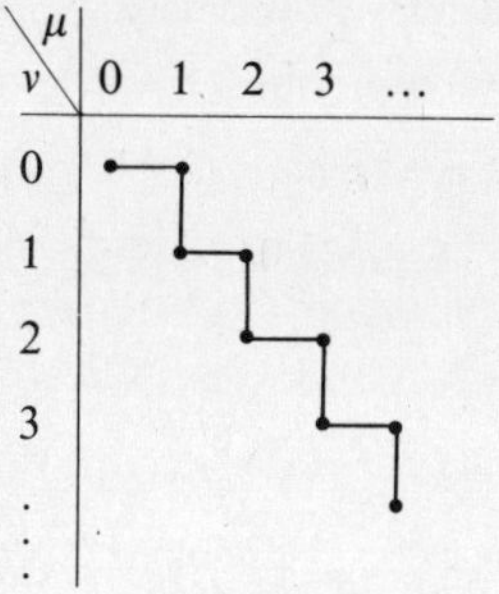

Dazu berechnet man ausgehend von den Stützpunkten (x_i, f_i), $i = 0, 1, \ldots$ zunächst eine Tafel von sog. *inversen Differenzen*:

i	x_i	f_1			
0	x_0	f_0			
1	x_1	f_1	$\varphi(x_0, x_1)$		
2	x_2	f_2	$\varphi(x_0, x_2)$	$\varphi(x_0, x_1, x_2)$	
3	x_3	f_3	$\varphi(x_0, x_3)$	$\varphi(x_0, x_1, x_3)$	$\varphi(x_0, x_1, x_2, x_3)$
⋮	⋮	⋮	⋮	⋮	⋮

Diese sind definiert durch die Formeln

$$\varphi(x_i, x_j) = \frac{x_i - x_j}{f_i - f_j},$$

(2.2.2.2) $$\varphi(x_i, x_j, x_k) = \frac{x_j - x_k}{\varphi(x_i, x_j) - \varphi(x_i, x_k)},$$

$$\ldots\,.$$

$$\varphi(x_i, \ldots, x_l, x_m, x_n) = \frac{x_m - x_n}{\varphi(x_i, \ldots, x_l, x_m) - \varphi(x_i, \ldots, x_l, x_n)}.$$

Dabei kann es vorkommen, daß gewisse Differenzen ∞ werden, weil die Nenner in (2.2.2.2) verschwinden.

Die inversen Differenzen sind *keine* symmetrischen Funktionen ihrer Argumente.

Im Folgenden bezeichnen wir mit P^μ, Q^ν jeweils Polynome mit Grad $P^\mu \leqq \mu$, Grad $Q^\nu \leqq \nu$. Wir versuchen nun, mit Hilfe der inversen Differenzen einen rationalen Ausdruck

$$\Phi^{n,n}(x) = \frac{P^n(x)}{Q^n(x)}$$

zu bestimmen mit

$$\Phi^{n,n}(x_i) = f_i \quad \text{für} \quad i = 0, 1, \ldots, 2n.$$

Aus dieser Eigenschaft folgt zunächst:

$$\begin{aligned}\frac{P^n(x)}{Q^n(x)} &= f_0 + \frac{P^n(x)}{Q^n(x)} - \frac{P^n(x_0)}{Q^n(x_0)} \\ &= f_0 + (x - x_0)\frac{P^{n-1}(x)}{Q^n(x)} = f_0 + \cfrac{(x - x_0)}{\cfrac{Q^n(x)}{P^{n-1}(x)}}\end{aligned}$$

Der rationale Ausdruck $\dfrac{Q^n(x)}{P^{n-1}(x)}$ erfüllt also die Beziehungen

$$\frac{Q^n(x_i)}{P^{n-1}(x_i)} = \frac{x_i - x_0}{f_i - f_0} = \varphi(x_0, x_i) \quad \text{für} \quad i = 1, 2, \ldots, 2n.$$

Es folgt wiederum

$$\begin{aligned}\frac{Q^n(x)}{P^{n-1}(x)} &= \varphi(x_0, x_1) + \frac{Q^n(x)}{P^{n-1}(x)} - \frac{Q^n(x_1)}{P^{n-1}(x_1)} \\ &= \varphi(x_0, x_1) + (x - x_1)\frac{Q^{n-1}(x)}{P^{n-1}(x)} \\ &= \varphi(x_0, x_1) + \cfrac{x - x_1}{\cfrac{P^{n-1}(x)}{Q^{n-1}(x)}}\end{aligned}$$

und deshalb

$$\frac{P^{n-1}(x_i)}{Q^{n-1}(x_i)} = \frac{x_i - x_1}{\varphi(x_0, x_i) - \varphi(x_0, x_1)} = \varphi(x_0, x_1, x_i), \qquad i = 2, 3, \ldots, 2n.$$

Fährt man auf diese Weise fort, so erhält man für $\Phi^{n,n}(x)$ den Ausdruck

$$\Phi^{n,n}(x) = \frac{P^n(x)}{Q^n(x)} = f_0 + \cfrac{x - x_0}{\cfrac{Q^n(x)}{P^{n-1}(x)}}$$

$$= f_0 + \cfrac{x - x_0}{\varphi(x_0, x_1) + \cfrac{x - x_1}{\cfrac{P^{n-1}(x)}{Q^{n-1}(x)}}} = \ldots\ldots$$

$$= f_0 + \cfrac{x - x_0}{\varphi(x_0, x_1) + \cfrac{x - x_1}{\varphi(x_0, x_1, x_2) + \cfrac{x - x_2}{\varphi(x_0, x_1, x_2, x_3) + \begin{array}{c} \cdot \\ \cdot \\ \cdot \end{array} + \cfrac{x - x_{2n-1}}{\varphi(x_0, \ldots, x_{2n})}}}}.$$

$\Phi^{n,n}(x)$ ist somit in der Form eines *Kettenbruchs* dargestellt:

(2.2.2.3) $$\Phi^{n,n}(x) = f_0 + \underline{x - x_0}/\overline{\varphi(x_0, x_1)} + \underline{x - x_1}/\overline{\varphi(x_0, x_1, x_2)} + \\ + \underline{x - x_2}/\overline{\varphi(x_0, x_1, x_2, x_3)} + \ldots \\ + \underline{x - x_{2n-1}}/\overline{\varphi(x_0, x_1, \ldots, x_{2n})}$$

Man prüft leicht nach, daß die Teilbrüche dieses Kettenbruchs gerade die rationalen Ausdrücke $\Phi^{\mu,\mu}(x)$ bzw. $\Phi^{\mu+1,\mu}(x)$, $\mu = 0, 1, \ldots, n-1$ mit der Eigenschaft (2.2.1) sind, die im Tableau (2.2.2.1) markiert sind, also

$$\Phi^{0,0}(x) = f_0,$$

$$\Phi^{1,0}(x) = f_0 + \underline{x - x_0}/\overline{\varphi(x_0, x_1)},$$

$$\Phi^{1,1}(x) = f_0 + \underline{x - x_0}/\overline{\varphi(x_0, x_1)} + \underline{x - x_1}/\overline{\varphi(x_0, x_1, x_2)}, \quad \text{usw.}$$

Beispiel:

i	x_i	f_i	$\varphi(x_0, x_i)$	$\varphi(x_0, x_1, x_i)$	$\varphi(x_0, x_1, x_2, x_i)$
0	0	0			
1	1	-1	-1		
2	2	$-\frac{2}{3}$	-3	$-\frac{1}{2}$	
3	3	9	$\frac{1}{3}$	$\frac{3}{2}$	$\frac{1}{2}$

$$\Phi^{2,1}(x) = 0 + \underline{x}/\overline{-1} + \underline{x - 1}/\overline{-1/2} + \underline{x - 2}/\overline{1/2} = (4x^2 - 9x)/(-2x + 7)$$

Wegen der fehlenden Symmetrie der inversen Differenzen nimmt man häufig stattdessen die sog. *reziproken Differenzen*

$$\rho(x_i, x_{i+1}, \ldots, x_{i+k}),$$

die durch die Rekursionsformeln

$$\begin{aligned}
&\rho(-) := 0, \qquad \rho(x_i) := f_i, \\
&\rho(x_i, x_k) := \frac{x_i - x_k}{f_i - f_k}, \\
&\quad \cdots\cdots \\
&\rho(x_i, x_{i+1}, \ldots, x_{i+k}) := \\
&\frac{x_i - x_{i+k}}{\rho(x_i, \ldots, x_{i+k-1}) - \rho(x_{i+1}, \ldots, x_{i+k})} + \rho(x_{i+1}, \ldots, x_{i+k-1})
\end{aligned} \tag{2.2.2.4}$$

definiert sind. Man kann zeigen, daß die reziproken Differenzen symmetrische Funktionen der Argumente sind. Für einen Beweis siehe etwa Milne-Thompson [13].

Sie hängen mit den inversen Differenzen auf folgende Weise zusammen:

(2.2.2.5) **Satz:** *Für* $p = 1, 2, \ldots$ *gilt*

$$\varphi(x_0, x_1, \ldots, x_p) = \rho(x_0, \ldots, x_p) - \rho(x_0, \ldots, x_{p-2}).$$

Beweis: Durch vollständige Induktion nach p. Für $p = 1$ ist (2.2.2.5) richtig wegen $\rho(-) = 0$. Schritt $p \to p + 1$:

$$\begin{aligned}
\varphi(x_0, x_1, \ldots, x_{p+1}) &= \frac{x_p - x_{p+1}}{\varphi(x_0, \ldots, x_p) - \varphi(x_0, \ldots, x_{p-1}, x_{p+1})} \\
&\qquad \text{(Induktionsvoraussetzung)} \\
&= \frac{x_p - x_{p+1}}{\rho(x_0, \ldots, x_p) - \rho(x_0, \ldots, x_{p-1}, x_{p+1})}
\end{aligned}$$

Wegen der Symmetrie der $\rho(\ldots)$ erhält man daraus mit (2.2.2.4)

$$\varphi(x_0, x_1, \ldots, x_{p+1}) = \rho(x_0, \ldots, x_{p+1}) - \rho(x_0, \ldots, x_{p-1}),$$

was zu zeigen war. □

Die reziproken Differenzen ordnet man in einer Tafel wie folgt an:

	x_0	$\underline{f_0}$			
			$\underline{\rho(x_0, x_1)}$		
	x_1	f_1		$\underline{\rho(x_0, x_1, x_2)}$	
(2.2.2.6)			$\rho(x_1, x_2)$		$\underline{\rho(x_0, x_1, x_2, x_3)}$
	x_2	f_2		$\rho(x_1, x_2, x_3)$	.
			$\rho(x_2, x_3)$	.	.
	x_3	f_3	.	.	
	.	.			
	.	.			

Aus (2.2.2.3) wird bei Verwendung reziproker Differenzen wegen (2.2.2.5) der sog. *Thielesche Kettenbruch*:

(2.2.2.7) $$\Phi^{n,n}(x) = f_0 + \underline{x - x_0}/\overline{\rho(x_0, x_1)} + \underline{x - x_1}/\overline{\rho(x_0, x_1, x_2) - \rho(x_0)} + \dots + \underline{x - x_{2n-1}}/\overline{\rho(x_0, \dots, x_{2n}) - \rho(x_0, \dots, x_{2n-2})}$$

2.2.3 Neville-artige Algorithmen

Wir wollen nun einen Algorithmus zur rationalen Interpolation herleiten, der dem Nevilleschen Algorithmus zur Polynominterpolation entspricht.

Es sei daran erinnert, daß wir im Anschluß an die Beschreibung der möglichen Ausartungsfälle in 2.2.1 generell vorausgesetzt haben, daß bei der nachfolgenden Herleitung von Interpolationsalgorithmen diese Fälle nicht vorliegen. Diese etwas willkürlich erscheinende Annahme wird dadurch gerechtfertigt, daß in der praktischen Anwendung dieser Algorithmen Ausartungsfälle außerordentlich selten sind.

Wir bezeichnen mit

$$\Phi_s^{\mu,\nu}(x) \equiv \frac{P_s^{\mu,\nu}(x)}{Q_s^{\mu,\nu}(x)}$$

den rationalen Ausdruck mit

$$\Phi_s^{\mu,\nu}(x_i) = f_i \quad \text{für} \quad i = s, s+1, \dots, s+\mu+\nu .$$

Dabei sind $P_s^{\mu,\nu}$, $Q_s^{\mu,\nu}$ Polynome mit

$$\operatorname{Grad} P_s^{\mu,\nu} \leqq \mu , \qquad \operatorname{Grad} Q_s^{\mu,\nu} \leqq \nu ,$$

ihre höchsten Koeffizienten nennen wir $p_s^{\mu,\nu}$ bzw. $q_s^{\mu,\nu}$:

$$P_s^{\mu,\nu}(x) = p_s^{\mu,\nu} x^\mu + \dots$$

$$Q_s^{\mu,\nu}(x) = q_s^{\mu,\nu} x^\nu + \dots$$

Wir schreiben zur Abkürzung α_i für $x - x_i$ und

$$T_s^{\mu,\nu}(x, y) := P_s^{\mu,\nu}(x) - y \cdot Q_s^{\mu,\nu}(x) ,$$

es gilt also

$$T_s^{\mu,\nu}(x_i, f_i) = 0 , \qquad i = s, s+1, \dots, s+\mu+\nu .$$

(2.2.3.1) **Satz:** *Mit den Startwerten*

$$P_s^{0,0}(x) = f_s , \qquad Q_s^{0,0}(x) = 1$$

gelten die folgenden Rekursionsformeln.

a) *Übergang* $(\mu - 1, \nu) \to (\mu, \nu)$:

$$P_s^{\mu,\nu}(x) = \alpha_s q_s^{\mu-1,\nu} P_{s+1}^{\mu-1,\nu}(x) - \alpha_{s+\mu+\nu}\, q_{s+1}^{\mu-1,\nu} P_s^{\mu-1,\nu}(x)$$

$$Q_s^{\mu,\nu}(x) = \alpha_s q_s^{\mu-1,\nu} Q_{s+1}^{\mu-1,\nu}(x) - \alpha_{s+\mu+\nu}\, q_{s+1}^{\mu-1,\nu} Q_s^{\mu-1,\nu}(x)$$

b) *Übergang* $(\mu, \nu-1) \to (\mu, \nu)$:

$$P_s^{\mu,\nu}(x) = \alpha_s p_s^{\mu,\nu-1} P_{s+1}^{\mu,\nu-1}(x) - \alpha_{s+\mu+\nu} p_{s+1}^{\mu,\nu-1} P_s^{\mu,\nu-1}(x)$$
$$Q_s^{\mu,\nu}(x) = \alpha_s p_s^{\mu,\nu-1} Q_{s+1}^{\mu,\nu-1}(x) - \alpha_{s+\mu+\nu} p_{s+1}^{\mu,\nu-1} Q_s^{\mu,\nu-1}(x)$$

Beweis: Wir zeigen nur a), der Beweis für b) verlaüft analog. Dazu nehmen wir an, daß die rationalen Ausdrücke $\Phi_s^{\mu-1,\nu}$ und $\Phi_{s+1}^{\mu-1,\nu}$ die Interpolationsforderungen erfüllen, d. h.

$$\text{(2.2.3.2)} \qquad \begin{aligned} T_s^{\mu-1,\nu}(x_i, f_i) &= 0 \quad \text{für} \quad i = s, \ldots, s+\mu+\nu-1, \\ T_{s+1}^{\mu-1,\nu}(x_i, f_i) &= 0 \quad \text{für} \quad i = s+1, \ldots, s+\mu+\nu \end{aligned}$$

Definiert man $P_s^{\mu,\nu}(x)$, $Q_s^{\mu,\nu}(x)$ durch (2.2.3.1) a), so gilt

$$\text{Grad } P_s^{\mu,\nu} \leqq \mu,$$
$$\text{Grad } Q_s^{\mu,\nu} \leqq \nu, \quad \text{denn der Koeffizient von } x^{\nu+1} \text{ ist } 0,$$
$$T_s^{\mu,\nu}(x,y) = \alpha_s q_s^{\mu-1,\nu} T_{s+1}^{\mu-1,\nu}(x,y) - \alpha_{s+\mu+\nu} q_{s+1}^{\mu-1,\nu} T_s^{\mu-1,\nu}(x,y).$$

Daraus folgt mit (2.2.3.2)

$$T_s^{\mu,\nu}(x_i, f_i) = 0 \quad \text{für} \quad i = s, \ldots, s+\mu+\nu.$$

Unter der generellen Voraussetzung, daß für keine Kombination (μ, ν, s) unerreichbare Punkte auftreten, erhalten wir also in (2.2.3.1) a) tatsächlich Zähler und Nenner von $\Phi_s^{\mu,\nu}$. □

In der Rekursionsformeln von (2.2.3.1) treten leider noch die Koeffizienten $p_s^{\mu,\nu-1}$, $q_s^{\mu-1,\nu}$ usw. auf, die Formeln sind deshalb in dieser Form noch nicht als Algorithmus zur Berechnung von $\Phi_s^{m,n}(x)$ für ein festes gegebenes x brauchbar. Man kann diese Koeffizienten jedoch eliminieren, dazu dient der folgende Satz.

(2.2.3.3) **Satz:** *Es gilt*

a) $$\Phi_s^{\mu-1,\nu}(x) - \Phi_{s+1}^{\mu-1,\nu-1}(x) = k_1 \frac{(x-x_{s+1})\ldots(x-x_{s+\mu+\nu-1})}{Q_s^{\mu-1,\nu}(x) Q_{s+1}^{\mu-1,\nu-1}(x)}$$

mit $k_1 = -p_{s+1}^{\mu-1,\nu-1} q_s^{\mu-1,\nu}$,

b) $$\Phi_{s+1}^{\mu-1,\nu}(x) - \Phi_{s+1}^{\mu-1,\nu-1}(x) = k_2 \frac{(x-x_{s+1})\ldots(x-x_{s+\mu+\nu-1})}{Q_{s+1}^{\mu-1,\nu}(x) Q_{s+1}^{\mu-1,\nu-1}(x)}$$

mit $k_2 = -p_{s+1}^{\mu-1,\nu-1} q_{s+1}^{\mu-1,\nu}$.

Beweis: Zum Beweis von a) beachte man, daß der Zähler von

$$\Phi_s^{\mu-1,\nu}(x) - \Phi_{s+1}^{\mu-1,\nu-1}(x) = \frac{P_s^{\mu-1,\nu}(x) Q_{s+1}^{\mu-1,\nu-1}(x) - P_{s+1}^{\mu-1,\nu-1}(x) Q_s^{\mu-1,\nu}(x)}{Q_s^{\mu-1,\nu}(x) Q_{s+1}^{\mu-1,\nu-1}(x)}$$

ein Polynom höchstens $(\mu - 1 + \nu)$-ten Grades ist, dessen höchster Koeffizient gerade $-p_{s+1}^{\mu-1,\nu-1} q_s^{\mu-1,\nu} = k_1$ ist und das nach Definition von $\Phi_s^{\mu-1,\nu}$ und $\Phi_{s+1}^{\mu-1,\nu-1}$ an den $\mu + \nu - 1$ Stellen

$$x_i, \qquad i = s+1, s+2, \ldots, s+\mu+\nu-1$$

verschwindet. Teil b) wird analog bewiesen. □

(2.2.3.4) **Satz:** *Für $\mu \geqq 1$, $\nu \geqq 1$ gelten die Rekursionsformeln*

$$\text{a)} \quad \Phi_s^{\mu,\nu}(x) = \Phi_{s+1}^{\mu-1,\nu}(x) + \frac{\Phi_{s+1}^{\mu-1,\nu}(x) - \Phi_s^{\mu-1,\nu}(x)}{\dfrac{\alpha_s}{\alpha_{s+\mu+\nu}}\Bigg[1 - \underbrace{\dfrac{\Phi_{s+1}^{\mu-1,\nu}(x) - \Phi_s^{\mu-1,\nu}(x)}{\Phi_{s+1}^{\mu-1,\nu}(x) - \Phi_{s+1}^{\mu-1,\nu-1}(x)}}_{*}\Bigg] - 1}$$

$$\text{b)} \quad \Phi_s^{\mu,\nu}(x) = \Phi_{s+1}^{\mu,\nu-1}(x) + \frac{\Phi_{s+1}^{\mu,\nu-1}(x) - \Phi_s^{\mu,\nu-1}(x)}{\dfrac{\alpha_s}{\alpha_{s+\mu+\nu}}\Bigg[1 - \dfrac{\Phi_{s+1}^{\mu,\nu-1}(x) - \Phi_s^{\mu,\nu-1}(x)}{\Phi_{s+1}^{\mu,\nu-1}(x) - \Phi_{s+1}^{\mu-1,\nu-1}(x)}\Bigg] - 1}$$

Beweis: a) Nach (2.2.3.1) a) hat man

$$\Phi_s^{\mu,\nu}(x) = \frac{\alpha_s q_s^{\mu-1,\nu} P_{s+1}^{\mu-1,\nu}(x) - \alpha_{s+\mu+\nu} q_{s+1}^{\mu-1,\nu} P_s^{\mu-1,\nu}(x)}{\alpha_s q_s^{\mu-1,\nu} Q_{s+1}^{\mu-1,\nu}(x) - \alpha_{s+\mu+\nu} q_{s+1}^{\mu-1,\nu} Q_s^{\mu-1,\nu}(x)}.$$

Wir nehmen an, daß $p_{s+1}^{\mu-1,\nu-1} \neq 0$ ist, erweitern mit

$$\frac{-p_{s+1}^{\mu-1,\nu-1}(x - x_{s+1})(x - x_{s+2}) \ldots (x - x_{s+\mu+\nu-1})}{Q_{s+1}^{\mu-1,\nu}(x) Q_s^{\mu-1,\nu}(x) Q_{s+1}^{\mu-1,\nu-1}(x)}$$

und erhalten unter Beachtung von (2.2.3.3)

$$(2.2.3.5) \qquad \Phi_s^{\mu,\nu}(x) = \frac{\alpha_s \Phi_{s+1}^{\mu-1,\nu}(x)[\quad]_1 - \alpha_{s+\mu+\nu}\Phi_s^{\mu-1,\nu}(x)[\quad]_2}{\alpha_s[\quad]_1 - \alpha_{s+\mu+\nu}[\quad]_2}$$

mit

$$[\quad]_1 = \Phi_s^{\mu-1,\nu}(x) - \Phi_{s+1}^{\mu-1,\nu-1}(x),$$

$$[\quad]_2 = \Phi_{s+1}^{\mu-1,\nu}(x) - \Phi_{s+1}^{\mu-1,\nu-1}(x).$$

Durch einfache Umformung folgt daraus die Formel a). b) läßt sich analog herleiten. □

Man kann nun mit den Formeln (2.2.3.4) a) und b) nacheinander rationale Ausdrücke (für festes x) berechnen, deren Zähler- und Nennergrad abwechselnd um 1 steigen, was in der (μ, ν)-Tafel einem Zick-Zack-Weg entspricht:

(2.2.3.6)

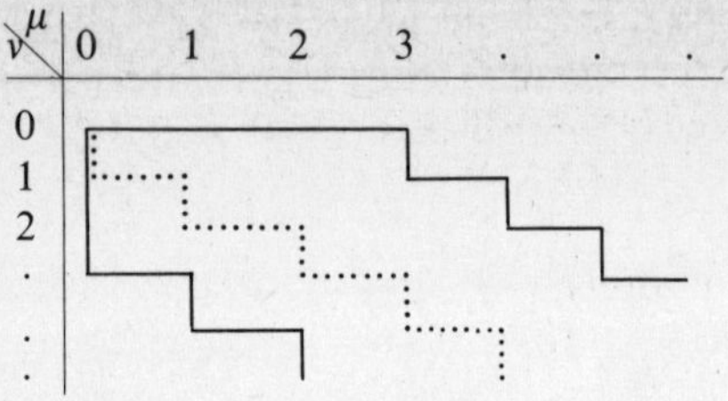

Dazu benötigt man allerdings noch spezielle Formeln für Schritte auf dem linken und dem oberen Rand der Tafel:

Solange für $\nu = 0$ nur μ erhöht wird, handelt es sich um reine Polynominterpolation. Man rechnet dann mit den Nevilleschen Formeln

$$\Phi_s^{0,0}(x) := f_s,$$

$$\Phi_s^{\mu,0}(x) := \frac{\alpha_s \Phi_{s+1}^{\mu-1,0}(x) - \alpha_{s+\mu}\Phi_s^{\mu-1,0}(x)}{\alpha_s - \alpha_{s+\mu}}, \qquad \mu = 1, 2, \ldots,$$

die für $\nu = 0$ mit unter (2.2.3.4) a) fallen, wenn man dort den mit (*) gekennzeichneten Quotienten zu Null setzt, d. h. formal $\Phi_{s+1}^{\mu-1,-1} := \infty$.

Wird für $\mu = 0$ nur ν erhöht, so kann man dies offenbar auf Polynominterpolation mit den Stützpunkten $(x_i, 1/f_i)$ zurückführen und deshalb mit den Formeln

(2.2.3.7)
$$\Phi_s^{0,0}(x) := f_s,$$

$$\Phi_s^{0,\nu}(x) := \frac{\alpha_s - \alpha_{s+\nu}}{\dfrac{\alpha_s}{\Phi_{s+1}^{0,\nu-1}(x)} - \dfrac{\alpha_{s+\nu}}{\Phi_s^{0,\nu-1}(x)}}, \qquad \nu = 1, 2, \ldots$$

rechnen, die in (2.2.3.4) b) enthalten sind, wenn man dort $\Phi_{s+1}^{-1,\nu-1}(x) := 0$ setzt.

Für die praktische Anwendung der Formeln (2.2.3.4) hat sich die (μ, ν)-Sequenz

$$(0,0) \to (0,1) \to (1,1) \to (1,2) \to (2,2) \to \ldots$$

als besonders günstig erwiesen (punktierte Linie in (2.2.3.6)). Das gilt insbesondere für das wichtige Anwendungsgebiet der Extrapolationsverfahren (s. 3.3, 3.4), bei denen man speziell an den Werten $\Phi_s^{\mu,\nu}(x)$ für $x = 0$ interessiert ist. Verwendet man diese (μ, ν)-Sequenz, so genügt die Angabe von $\mu + \nu$ statt μ und ν und man schreibt kürzer

$$T_{i,k} := \Phi_s^{\mu,\nu}(x) \quad \text{mit} \quad i = s + \mu + \nu, \qquad k = \mu + \nu.$$

Aus den Formeln (2.2.3.4) a) und b) sowie (2.2.3.7) wird dann der Algorithmus

(2.2.3.8)
$$T_{i,0} := f_i, \qquad T_{i,-1} := 0,$$
$$T_{i,k} := T_{i,k-1} + \frac{T_{i,k-1} - T_{i-1,k-1}}{\dfrac{x - x_{i-k}}{x - x_i}\left[1 - \dfrac{T_{i,k-1} - T_{i-1,k-1}}{T_{i,k-1} - T_{i-1,k-2}}\right] - 1}$$
$$\text{für} \quad 1 \leqq k \leqq i, \qquad i = 0, 1, \ldots$$

Man beachte, daß sich diese Rekursionsformel nur durch die eckige Klammer von der entsprechenden Formel (2.1.2.4) für die Polynominterpolation unterscheidet, wo die Klammer durch 1 ersetzt wird.

Ordnet man die Werte $T_{i,k}$ wie folgt in einem Tableau an, so sind durch die Rekursionsformel immer die 4 Ecken eines Rhombus miteinander verknüpft:

$$\begin{array}{lllll}
(\mu, \nu) = & (0,0) & (0,1) & (1,1) & (1,2) \quad \ldots \\
\hline
 & f_0 = T_{0,0} & & & \\
0 = T_{0,-1} & & T_{1,1} & & \\
 & f_1 = T_{1,0} & & T_{2,2} & \\
0 = T_{1,-1} & & T_{2,1} & \longrightarrow & T_{3,3} \\
 & f_2 = T_{2,0} & & T_{3,2} & \cdot \\
0 = T_{2,-1} & & T_{3,1} & \cdot & \cdot \\
\cdot & f_3 = T_{3,0} & \cdot & \cdot & \cdot \\
\cdot & \cdot & \cdot & \cdot & \\
\cdot & \cdot & \cdot & & \\
 & \cdot & & &
\end{array}$$

2.2.4 Anwendungen und Vergleich der beschriebenen Algorithmen

Interpolationsformeln werden benutzt, um eine an gewissen Stellen x_i, z. B. durch eine Tafel, gegebene Funktion $f(x)$ mit Hilfe der Werte $f_i = f(x_i)$ auch an anderen Stellen $x \neq x_i$ näherungsweise zu bestimmen. Für gewöhnlich gibt die Interpolation mit Polynomen genügend genaue Resultate. Anders ist es, wenn die Stelle x, für die man einen Näherungswert für $f(x)$ durch Interpolation bestimmen will, in der Nähe eines Pols von $f(x)$ liegt, z. B. wenn tg x für ein nahe bei $\frac{\pi}{2}$ gelegenes x bestimmt werden soll. In solchen Fällen liefert die Polynominterpolation völlig ungenügende Werte, während die rationale Interpolation wegen ihrer größeren Flexibilität (Möglichkeit von Polen einer rationalen Funktion) durchaus befriedigende Resultate liefert.

Beispiel: (entnommen aus: Bulirsch/Rutishauser [3])

Für die Funktion $f(x) = \text{ctg } x$ liegen in einer Tafel die Werte für ctg 1°, ctg 2°,... vor. Durch Interpolation soll daraus ein Näherungswert für ctg 2°30′ berechnet werden.

Polynom-Interpolation 4. Ordnung nach den Formeln (2.1.2.4) ergibt das Tableau

x_i	$f_i = \text{ctg}(x_i)$				
1°	57.28996163				
		14.30939911			
2°	28.63625328		21.47137102		
		23.85869499		22.36661762	
3°	19.08113669		23.26186421		22.63519158
		21.47137190		23.08281486	
4°	14.30066626		22.18756808		
		18.60658719			
5°	11.43005230				

Rationale Interpolation mit $(\mu,\nu) = (2,2)$ nach den Formeln (2.2.3.8) ergibt demgegenüber:

1°	57.28996163				
		22.90760673			
2°	28.63625328		22.90341624		
		22.90201805		22.90369573	
3°	19.08113669		22.90411487		22.90376552
		22.91041916		22.90384141	
4°	14.30066626		22.90201975		
		22.94418151			
5°	11.43005230				

Der exakte Wert ist ctg 2°30′ = 22.9037655484...

Interessiert man sich nur für die interpolierende rationale Funktion selbst, d. h. für ihre Koeffizienten, so sind die Methoden aus 2.2.2 (inverse Differenzen etc.) vorzuziehen. Interessieren dagegen nur die Werte der interpolierenden Funktionen für ein bestimmtes x, so ist der durch die Formeln (2.2.3.4) gegebene Neville-artige Algorithmus vorteilhafter. Insbesondere liegt diese Situation bei der Anwendung dieses Algorithmus auf die modernen Extrapolationsverfahren zur Konvergenzbeschleunigung vor (s. Romberg-Integration, Lösung von Diff.-gleichungen durch Extrapolationsmethoden). Es hat sich gezeigt, daß Extrapolation mit rationalen Funktionen durchweg bessere Resultate liefert, als die auf der Polynominterpolation beruhenden Extrapolationsmethoden. Aus diesem Grunde sind die „Extrapolationsformeln" (2.2.3.8) von besonderer Bedeutung für die Praxis.

2.3 Trigonometrische Interpolation

2.3.1 Theoretische Grundlagen

Gegeben sei das Intervall $I = [0,2\pi]$, sowie Stützpunkte (x_k, f_k), $k = 0, 1, \ldots, N-1$ mit $x_k = k \cdot \frac{2\pi}{N}$, f_k komplex, N fest. Mit i bezeichnen wir im folgenden stets die imaginäre Einheit. Das Problem der trigonometrischen Interpolation besteht darin, ein „trigonometrisches Polynom"

(2.3.1.1) $$p(x) := \beta_0 + \beta_1 e^{xi} + \beta_2 e^{2xi} + \ldots + \beta_{N-1} e^{(N-1)xi},$$

β_j komplex, zu finden mit

$$p(x_k) = f_k, \qquad k = 0, 1, \ldots, N-1.$$

Wegen der Periodizität von e^{ix} ist es klar, daß dann auch

$$p(x_k) = f_k, \qquad k = \ldots -2, -1, 0, 1, 2, \ldots$$

gilt, wenn man generell $x_k := k \frac{2\pi}{N}$ für alle ganzen Zahlen k setzt und die f_k mittels

$$f_{k+s\cdot N} = f_k, \qquad s \text{ ganz}$$

„periodisch" über das Intervall I hinaus fortsetzt.

Mit den Abkürzungen

$$\omega := e^{ix}$$

$$\omega_k := e^{ix_k} = e^{2k\pi i/N} \qquad (\text{also } \omega_j \neq \omega_k \text{ für } j \neq k, 0 \leqq j, k \leqq N-1)$$

$$P(\omega) := \beta_0 + \beta_1\omega + \ldots + \beta_{N-1}\omega^{N-1}$$

ist es klar, daß das oben betrachtete trigonometrische Interpolationsproblem mit dem Interpolationsproblem identisch ist, ein (komplexes) Polynom P mit Grad $P \leqq N-1$ und

$$P(\omega_k) = f_k, \qquad k = 0, 1, \ldots, N-1$$

zu finden. Wegen Satz (2.1.1.1) hat man daher den

(2.3.1.2) **Satz:** *Zu beliebigen komplexen Zahlen f_k, $k = 0, 1, \ldots, N-1$ und $x_k := \frac{2k\pi}{N}$, N ganz, gibt es genau ein trigonometrisches Polynom*

$$p(x) = \beta_0 + \beta_1 e^{xi} + \ldots + \beta_{N-1} e^{(N-1)xi}$$

mit $p(x_k) = f_k$ für $k = 0, 1, \ldots, N-1$.

Die ω_k haben folgende Eigenschaften:

$$\text{(2.3.1.3)}\qquad \text{a)}\ \omega_k^j = \omega_j^k \quad \text{für ganze Zahlen } j, k$$

$$\text{b)}\ \sum_{k=0}^{N-1} \omega_k^j \omega_k^{-h} = \begin{cases} N & \text{für}\quad j = h \\ 0 & \text{für}\quad j \neq h,\ 0 \leqq j, h \leqq N-1 \end{cases}$$

Beweis: a) ist trivial. Zum Beweis von b) bemerken wir, daß für alle $k = 0, \pm 1, \pm 2, \ldots$ ω_k eine Wurzel von

$$\omega^N - 1 = (\omega - 1)(\omega^{N-1} + \omega^{N-2} + \ldots + 1) = 0$$

ist. Nun ist $\omega_k \neq 1$ für alle $k \neq 0, \pm N, \pm 2N, \ldots$. Also ist

$$\sum_{l=0}^{N-1} \omega_k^l = \begin{cases} N & \text{für}\quad k = 0, \pm N, \pm 2N, \ldots, \\ 0 & \text{sonst.} \end{cases}$$

Daraus folgt die Behauptung. □

Führt man auf dem N-dimensionalen komplexen Vektorraum $\mathbb{C}^N$ aller N-Tupel $f = (f_0, f_1, \ldots, f_{N-1})$ von komplexen Zahlen f_j ein Skalarprodukt ein durch

$$\text{(2.3.1.4)}\qquad [f, g] := \frac{1}{N} \sum_{j=0}^{N-1} f_j \bar{g}_j,$$

so besagt (2.3.1.3), daß die den Funktionen e^{jxi} zugeordneten speziellen N-Tupel

$$w_j := (\omega_0^j, \omega_1^j, \ldots, \omega_{N-1}^j), \qquad j = 0, 1, \ldots, N-1,$$

eine Orthonormalbasis von $\mathbb{C}^N$ bilden

$$\text{(2.3.1.5)}\qquad [w_j, w_h] = \begin{cases} 1 & \text{für}\quad j = h \\ 0 & \text{für}\quad j \neq h,\ 0 \leqq j, h \leqq N-1. \end{cases}$$

Die Beziehungen (2.3.1.3) heißen daher auch Orthogonalitätsrelationen. Mit ihrer Hilfe kann man eine explizite Formel für die Koeffizienten β_j von $p(x)$ beweisen:

(2.3.1.6) **Satz:** *Wenn für das trigonometrische Polynom* $p(x) = \sum_{k=0}^{N-1} \beta_k e^{kxi}$ *gilt* $p(x_k) = f_k$, $k = 0, 1, \ldots, N-1$, *so ist*

$$\text{(2.3.1.7)}\qquad \beta_j = \frac{1}{N} \sum_{k=0}^{N-1} f_k \omega_k^{-j} = \frac{1}{N} \sum_{k=0}^{N-1} f_k \exp\left\{-\frac{2\pi jki}{N}\right\}, \quad j = 0, \ldots, N-1.$$

Beweis: Mit der Bezeichnung (2.3.1.4) hat man wegen $p(x_k) = f_k$ und (2.3.1.5)

$$\frac{1}{N} \sum_{k=0}^{N-1} f_k \omega_k^{-j} = [f, w_j] = [\beta_0 w_0 + \beta_1 w_1 + \ldots + \beta_{N-1} w_{N-1}, w_j] = \beta_j. \ \square$$

Ebenso folgt für die Abschnitte

$$p_s(x) := \beta_0 + \beta_1 e^{xi} + \beta_2 e^{2xi} + \ldots + \beta_s e^{sxi}, \qquad s \leqq N-1$$

des interpolierenden trigonometrischen Polynoms $p(x)$ eine interessante Minimaleigenschaft:

(2.3.1.8) **Satz:** *Unter allen trigonometrischen Polynomen q_s der Form*

$$q_s(x) = \gamma_0 + \gamma_1 e^{xi} + \ldots + \gamma_s e^{sxi}, \qquad s \leqq N-1$$

minimiert gerade das s-te Abschnittspolynom p_s von p für $s = 0, 1, \ldots, N-1$ *die „Fehlerquadratsumme"*

$$S(q_s) := \sum_{k=0}^{N-1} |f_k - q_s(x_k)|^2.$$

(Insbesondere ist $S(p) = 0$!)

Beweis: Ordnet man den Funktionen p_s und q_s die N-Tupel

$$\underline{p_s} = (p_s(x_0), \ldots, p_s(x_{N-1}))$$

$$\underline{q_s} = (q_s(x_0), \ldots, q_s(x_{N-1}))$$

aus $\mathbb{C}^N$ zu, so folgt

$$\frac{1}{N} S(q_s) = [f - \underline{q_s}, f - \underline{q_s}].$$

Nun ist wegen (2.3.1.6) $\beta_h = [f, w_h]$ für $h = 0, \ldots, N-1$ und daher

$$[f - \underline{p_s}, w_j] = [f - \sum_{h=0}^{s} \beta_h w_h, w_j] = \beta_j - \beta_j = 0, \qquad j = 0, 1, \ldots, s,$$

sowie schließlich

$$[f - \underline{p_s}, \underline{p_s} - \underline{q_s}] = \sum_{j=0}^{s} [f - \underline{p_s}, (\beta_j - \gamma_j) w_j] = 0.$$

Damit gilt aber

$$\begin{aligned} \frac{1}{N} S(q_s) &= [f - \underline{q_s}, f - \underline{q_s}] \\ &= [(f - \underline{p_s}) + (\underline{p_s} - \underline{q_s}), (f - \underline{p_s}) + (\underline{p_s} - \underline{q_s})] \\ &= [f - \underline{p_s}, f - \underline{p_s}] + [\underline{p_s} - \underline{q_s}, \underline{p_s} - \underline{q_s}] \\ &\geqq [f - \underline{p_s}, f - \underline{p_s}] \\ &= \frac{1}{N} S(p_s) \end{aligned}$$

mit Gleichheit nur für $q_s = p_s$. Damit ist (2.3.1.8) bewiesen. □

Wir führen nun als Abkürzungen ein:

$$A_j := \frac{2}{N}\sum_{k=0}^{N-1} f_k \cos\frac{2\pi jk}{N}$$

(2.3.1.9) j ganzzahlig

$$B_j := \frac{2}{N}\sum_{k=0}^{N-1} f_k \sin\frac{2\pi jk}{N}$$

Für reelle f_k sind die A_j, B_j reelle Größen.

Folgende Beziehungen können dann sofort mit Hilfe von (2.3.1.6) verifiziert werden:

$$1)\ \beta_{N-j} = \frac{1}{N}\sum_{k=0}^{N-1} f_k \omega_k^{j-N} = \frac{1}{N}\sum_{k=0}^{N-1} f_k \omega_k^{j}$$

(2.3.1.10) $$2)\ \beta_j = \frac{1}{2}[A_j - iB_j],\ \beta_{N-j} = \frac{1}{2}[A_j + iB_j]$$

$$3)\ \beta_j\omega_k^j + \beta_{N-j}\omega_k^{N-j} = A_j\cos jx_k + B_j \sin jx_k$$

$$j = 0, 1, \ldots, N, \qquad \beta_N \equiv \beta_0 .$$

Damit können wir folgenden Satz über die Interpolation mit trigonometrischen Ausdrücken der Art

$$\Psi(x) = \frac{A_0}{2} + \sum_{k=1}^{M} (A_k \cos kx + B_k \sin kx)$$

beweisen:

(2.3.1.11) **Satz:** *Zu gegebenen* (x_k, f_k), $k = 0, 1, \ldots, N-1$, *mit* $x_k = \dfrac{2\pi k}{N}$ *setze man für ganzes* j

$$A_j := \frac{2}{N}\sum_{k=0}^{N-1} f_k \cos kx_j, \qquad B_j := \frac{2}{N}\sum_{k=0}^{N-1} f_k \sin kx_j .$$

Definiert man für ungerades $N = 2M+1$

(2.3.1.12) $$\Psi(x) := \frac{A_0}{2} + \sum_{k=1}^{M} (A_k \cos kx + B_k \sin kx)$$

bzw. für gerades $N = 2M$

(2.3.1.13) $$\Psi(x) := \frac{A_0}{2} + \sum_{k=1}^{M-1} (A_k \cos kx + B_k \sin kx) + \frac{A_M}{2}\cos Mx,$$

so gilt

$$\Psi(x_k) = f_k, \qquad k = 0, 1, \ldots, N-1.$$

Beweis: Dies folgt für gerades $N=2M$ aus

$$f_k = \sum_{j=0}^{N-1} \beta_j \omega_k^j = \beta_0 + \sum_{j=1}^{M-1} (\beta_j \omega_k^j + \beta_{N-j} \omega_k^{N-j}) + \beta_M \omega_k^M,$$

aus (2.3.1.10) 2), 3) und aus

$$B_0 = \frac{2}{N} \sum_{k=0}^{N-1} f_k \sin \frac{2\pi k \cdot 0}{N} = 0,$$

$$B_M = \frac{2}{N} \sum_{k=0}^{N-1} f_k \sin \frac{2\pi k M}{N} = 0,$$

$$\omega_k^M = \cos M x_k.$$

Für ungerades N geht man ebenso vor. □

2.3.2 Die Algorithmen von Goertzel und Reinsch

Zur Berechnung der Koeffizienten A_j, B_j in (2.3.1.9) sowie zur Auswertung der trigonometrischen Ausdrücke $\Psi(x)$ in (2.3.1.12), (2.3.1.13) für ein Argument $x = \xi$ hat man Summen der Form

$$\sum_{k=0}^{N-1} y_k \cos k\xi, \qquad \sum_{k=1}^{N-1} y_k \sin k\xi$$

für gegebene Zahlen ξ und y_k, $k = 0, \ldots, N-1$, zu berechnen. Für beliebiges N kann man solche Summen leicht mit Hilfe eines von Goertzel [9] angegebenen Algorithmus berechnen, der jedoch leider nicht gutartig ist. Reinsch [14] hat eine gutartige Variante vorgeschlagen.

Es sei jedoch schon hier darauf hingewiesen, daß es für $N = 2^n$ den sehr schnellen Algorithmus von Cooley und Tukey [5] gibt, der im nächsten Abschnitt (2.3.3) besprochen wird und der den hier zu diskutierenden Algorithmen weit überlegen ist.

Goertzel's Algorithmus beruht auf folgendem

(2.3.2.1) **Satz:** *Für* $\xi \neq r\pi$, $r = 0, \pm 1, \pm 2, \ldots$ *gelten für*

$$U_j := \frac{1}{\sin \xi} \sum_{k=j}^{N-1} y_k \sin(k-j+1)\xi, \qquad j = 0, 1, \ldots, N-1$$

$$U_N := U_{N+1} := 0$$

die Rekursionsformeln

a) $U_j = y_j + 2\cos\xi \cdot U_{j+1} - U_{j+2}, \qquad j = N-1, N-2, \ldots, 0.$

Insbesondere gilt

b) $\displaystyle\sum_{k=1}^{N-1} y_k \sin k\xi = U_1 \sin \xi,$

c) $\sum_{k=0}^{N-1} y_k \cos k\xi = y_0 + \cos\xi \cdot U_1 - U_2.$

Beweis: b) folgt sofort aus der Definition von U_1. Zum Beweis von a) sei für ein i mit $0 \leqq i \leqq N-1$

$$A := y_i + 2\cos\xi \cdot U_{i+1} - U_{i+2}.$$

Es ist dann

$$A = y_i + \frac{1}{\sin\xi}\left\{2\cos\xi \sum_{k=i+1}^{N-1} y_k \sin(k-i)\xi - \sum_{k=i+2}^{N-1} y_k \sin(k-i-1)\xi\right\}$$

$$= y_i + \frac{1}{\sin\xi}\sum_{k=i+1}^{N-1} y_k[2\cos\xi\sin(k-i)\xi - \sin(k-i-1)\xi].$$

Nun hat man

$$\begin{aligned} 2\cos\xi\sin(k-i)\xi - \sin(k-i-1)\xi &= \\ = \cos\xi\sin(k-i)\xi &+ \sin\xi\cos(k-i)\xi \\ &+ \cos\xi\sin(k-i)\xi - \cos\xi\sin(k-i)\xi \\ = \sin(k-i+1)\xi, & \end{aligned}$$

und daher

$$A = \frac{1}{\sin\xi}\left[y_i \sin\xi + \sum_{k=i+1}^{N-1} y_k \sin(k-i+1)\xi\right]$$

$$= U_i.$$

Formel c) wird ebenso bewiesen. □

Goertzel's Algorithmus, die Summen

$$s1 = \sum_{k=0}^{N-1} y_k \cos k\xi, \qquad s2 = \sum_{k=1}^{N-1} y_k \sin k\xi$$

zu berechnen, besteht in der einfachen Anwendung der Formeln von Satz (2.3.2.1):

$U_N := U_{N+1} := 0; \qquad c := \cos\xi; \qquad cc := 2\cdot c$

für $i := N-1, N-2, \ldots, 1$:

$\qquad U_i := y_i + cc\cdot U_{i+1} - U_{i+2}$

$s1 := y_0 + U_1\cdot c - U_2$

$s2 := U_1 \cdot \sin\xi$

Leider ist dieser Algorithmus für kleines $|\xi| \ll 1$ nicht gutartig. Nach Berechnung von $c := \cos\xi$ hängt die Größe $s1 = \sum_{k=0}^{N-1} y_k \cos k\xi$ nur noch von c und den y_k ab: $s1 = \varphi(c, y_0, \ldots y_{N-1})$. Es ist

$$\varphi(c, y_0, \ldots, y_{N-1}) = \sum_{k=0}^{N-1} y_k \cos k(\arccos c).$$

Der Rundungsfehler $\Delta c = \varepsilon_c \cdot c, |\varepsilon_c| \leqq \text{eps} = 5 \cdot 10^{-t}$, den man bei der Berechnung von c begeht, bewirkt folgenden absoluten Fehler in $s1$:

$$\begin{aligned}\Delta_c s1 &\doteq \frac{\partial\varphi}{\partial c} \cdot \Delta c = \frac{\varepsilon_c \cos\xi}{\sin\xi} \cdot \sum_{k=0}^{N-1} k y_k \sin k\xi \\ &= \varepsilon_c \operatorname{ctg}\xi \cdot \sum_{k=0}^{N-1} k y_k \sin k\xi\end{aligned}$$

Ein Fehler $\Delta\xi = \varepsilon_\xi \xi, |\varepsilon_\xi| \leqq \text{eps}$ in ξ würde dagegen nur den absoluten Fehler

$$\begin{aligned}\Delta_\xi s1 &\doteq \frac{\partial}{\partial\xi}\left\{\sum_{k=0}^{N-1} y_k \cos k\xi\right\} \cdot \Delta\xi \\ &= -\varepsilon_\xi \cdot \xi \cdot \sum_{k=0}^{N-1} k\, y_k \sin k\xi\end{aligned}$$

in $s1$ bewirken. Für kleine $|\xi|$ ist wegen $\operatorname{ctg}\xi \approx \frac{1}{\xi}$ der Einfluß des bei der Berechnung von c begangenen Rundungsfehlers um Größenordnungen schlimmer als der, den ein entsprechender Fehler in ξ verursachen würde. Der Algorithmus ist daher nicht gutartig.

Von Reinsch [14] stammt eine gutartige Variante. Wir unterscheiden 2 Fälle: a) $\cos\xi > 0$ und b) $\cos\xi \leqq 0$.

a) $\cos\xi > 0$. Mit $\delta U_k := U_k - U_{k+1}$ ist wegen (2.3.2.1) a)

$$\begin{aligned}\delta U_k = U_k - U_{k+1} &= y_k + (2\cos\xi - 2)U_{k+1} + U_{k+1} - U_{k+2} \\ &= y_k + \lambda U_{k+1} + \delta U_{k+1}.\end{aligned}$$

Dabei ist $\lambda := 2(\cos\xi - 1) = -4\sin^2(\xi/2)$. Man hat somit in diesem Fall den Algorithmus:

$$\lambda := -4\sin^2(\xi/2)$$

$$U_{N+1} := \delta U_N := 0$$

für $k := N-1, N-2, \ldots, 0$:

$$U_{k+1} := \delta U_{k+1} + U_{k+2}$$

$$\delta U_k := \lambda \cdot U_{k+1} + \delta U_{k+1} + y_k$$

$$s1 := \delta U_0 - \frac{\lambda}{2} \cdot U_1$$

$$s2 := U_1 \sin\xi$$

Dieser Algorithmus ist gutartig. Ein Rundungsfehler $\Delta\lambda = \varepsilon_\lambda \lambda$, $|\varepsilon_\lambda| \leqq \text{eps}$ bei der Berechnung von λ bewirkt nur folgenden Fehler $\Delta_\lambda s1$ in $s1$:

$$\Delta_\lambda s1 \doteq \frac{\partial s1}{\partial \lambda} \cdot \Delta\lambda = \varepsilon_\lambda \lambda \cdot \frac{\partial s1}{\partial \xi} \Big/ \frac{\partial \lambda}{\partial \xi}$$

$$= -\varepsilon_\lambda \frac{\sin^2(\xi/2)}{\sin\frac{\xi}{2} \cdot \cos\frac{\xi}{2}} \cdot \sum_{k=0}^{N-1} k y_k \sin k\xi$$

$$= -\varepsilon_\lambda \operatorname{tg} \frac{\xi}{2} \sum_{k=0}^{N-1} k y_k \sin k\xi .$$

Für kleines $|\xi|$ ist $\operatorname{tg} \frac{\xi}{2}$ klein!

b) $\cos\xi \leqq 0$. Mit $\delta U_k := U_k + U_{k+1}$ hat man jetzt

$$\delta U_k = U_k + U_{k+1} = y_k + (2\cos\xi + 2)U_{k+1} - U_{k+1} - U_{k+2}$$

$$= y_k + \lambda U_{k+1} - \delta U_{k+1},$$

wobei nun $\lambda := 2(\cos\xi + 1) = 4\cos^2(\xi/2)$ ist. Es folgen die Rekursionsformeln:

$$\lambda := 4\cos^2(\xi/2)$$

$$U_{N+1} := \delta U_N := 0$$

für $k := N-1, N-2, \ldots, 0$:

$$U_{k+1} := \delta U_{k+1} - U_{k+2}$$

$$\delta U_k := \lambda \cdot U_{k+1} - \delta U_{k+1} + y_k$$

$$s1 := \delta U_0 - U_1 \cdot \lambda/2$$

$$s2 := U_1 \cdot \sin\xi$$

Wiederum bestätigt man, daß ein Rundungsfehler $\Delta\lambda = \varepsilon_\lambda \lambda, |\varepsilon_\lambda| \leqq \text{eps}$, bei der Berechnung von λ nur folgenden Fehler Δ_λ $s1$ in $s1$ bewirkt:

$$\Delta_\lambda s1 \doteq \varepsilon_\lambda \cdot \operatorname{ctg}\frac{\xi}{2} \cdot \sum_{k=0}^{N-1} k y_k \sin k\xi .$$

Für $\cos\xi \leqq 0$ ist $\operatorname{ctg}\frac{\xi}{2}$ klein, also ist der Algorithmus gutartig, was die Fortpflanzung des Fehlers ε_λ betrifft.

2.3.3 Algorithmen zur schnellen Fouriertransformation

Zur Berechnung der trigonometrischen Summen [vgl. (2.3.1.7)]

$$\beta_j = \frac{1}{N} \sum_{k=0}^{N-1} f_k \exp(-2\pi i \cdot jk/N), \qquad j = 0, 1, \ldots, N-1 \tag{2.3.3.1}$$

für großes N sind die Verfahren von Abschnitt 2.3.2 nicht geeignet, weil sie $0(N^2)$ Rechenoperationen erfordern. Es ist deshalb von größter praktischer Bedeutung, daß es Verfahren zur „schnellen Fouriertransformation" (Fast-Fourier-Transform; FFT-Verfahren) gibt, die zur Berechnung aller Summen (2.3.3.1) lediglich $0(N \log N)$ Operationen benötigen. Verfahren dieser Art wurden erstmals von Cooley und Tukey [5] angegeben, ein verwandtes Verfahren ist unter dem Namen Sande-Tukey bekannt und in Gentleman, Sande [8] beschrieben. Beide Verfahren beruhen auf der Darstellung von $N = N_1, \ldots, N_n$ als Produkt ganzer Zahlen und reduzieren das Problem auf entsprechend kleinere Probleme. Die Verfahren arbeiten am besten für $N = 2^n$, $n > 0$ ganz, und auf diesen Spezialfall wollen wir uns beschränken. Wir beschreiben zunächst das Verfahren von Sande und Tukey. Mit der Abkürzung $\varepsilon_m := \exp(-2\pi i/2^m)$ läßt sich (2.3.3.1) in der Form

$$\beta_j = \frac{1}{N} \sum_{k=0}^{N-1} f_k \varepsilon_n^{j \cdot k}, \qquad j = 0, 1, \ldots, N-1, \tag{2.3.3.2}$$

schreiben. Bei der Methode von Sande und Tukey faßt man in diesen Summen für $k = 0, 1, \ldots, M-1$, $M := N/2$, die „komplementären" Terme $f_k \cdot \varepsilon_n^{j \cdot k}$ und $f_{k+M} \cdot \varepsilon_n^{j(k+M)}$ zusammen und reduziert so die Summen (2.3.3.2) auf entsprechende Summen halber Länge. Wegen $\varepsilon_n^2 = \varepsilon_{n-1}$, $\varepsilon_n^M = -1$ gilt nämlich

$$\begin{aligned} N \cdot \beta_{2h} &= \sum_{k=0}^{N-1} f_k \varepsilon_n^{2hk} = \sum_{k=0}^{M-1} (f_k + f_{k+M}) \varepsilon_{n-1}^{hk} =: \sum_{k=0}^{M-1} f'_k \varepsilon_{n-1}^{hk} \\ N \cdot \beta_{2h+1} &= \sum_{k=0}^{N-1} f_k \varepsilon_n^{(2h+1)k} = \sum_{k=0}^{M-1} ((f_k - f_{k+M}) \varepsilon_n^k) \varepsilon_{n-1}^{hk} =: \sum_{k=0}^{M-1} f''_k \varepsilon_{n-1}^{hk} \end{aligned} \tag{2.3.3.3}$$

für $h = 0, 1, \ldots, M-1$. Diese Summen der Länge $M = N/2$ lassen sich auf die gleiche Weise weiter verkürzen usw. Man erhält so in Verallgemeinerung von (2.3.3.2), (2.3.3.3) für $m = n, n-1, \ldots, 0$ mit den Abkürzungen $M := 2^{m-1}$, $R := 2^{n-m}$ die Beziehungen

$$N \cdot \beta_{jR+r} = \sum_{k=0}^{2M-1} f_{rk}^{(m)} \varepsilon_m^{jk}, \qquad r = 0, 1, \ldots, R-1, \qquad j = 0, 1, \ldots, 2M-1, \tag{2.3.3.4}$$

wobei die $f_{rk}^{(m)}$ ausgehend von den Startwerten

$$f_{0k}^{(n)} := f_k, \qquad k = 0, 1, \ldots, N-1 \tag{2.3.3.5}$$

rekursiv definiert sind durch

$$
(2.3.3.6) \quad \begin{aligned} f_{rk}^{(m-1)} &= f_{rk}^{(m)} + f_{r,k+M}^{(m)} \\ f_{r+R,k}^{(m-1)} &= (f_{rk}^{(m)} - f_{r,k+M}^{(m)})\varepsilon_m^k \end{aligned} \quad \text{für} \left\{ \begin{array}{l} m = n, n-1, \ldots, 1, \\ r = 0, 1, \ldots, R-1\,;\; R = 2^{n-m} \\ k = 0, 1, \ldots, M-1\,;\; M = 2^{m-1}. \end{array} \right.
$$

Beweis durch Induktion nach m. (2.3.3.4) ist richtig für $m = n$ $(M = N/2, R = 1)$ wegen (2.3.3.2) und (2.3.3.5). Sei nun (2.3.3.4) richtig für ein $m \leqq n$, $M := 2^{m-1}$, $R := 2^{n-m}$, $M' := 2^{m-2} = M/2$, $R' := 2R = 2^{n-m+1}$. Es folgt für $j = 2h$ bzw. $j = 2h+1$ durch Zusammenfassen komplementärer Terme in (2.3.3.4) wegen (2.3.3.6)

$$
N \cdot \beta_{hR'+r} = N\beta_{2hR+r} = \sum_{k=0}^{M-1} (f_{rk}^{(m)} + f_{r,k+M}^{(m)})\varepsilon_m^{2hk} = \sum_{k=0}^{2M'-1} f_{rk}^{(m-1)}\varepsilon_{m-1}^{hk}
$$

$$
N\beta_{hR'+r+R} = N\beta_{(2h+1)R+r} = \sum_{k=0}^{M-1} ((f_{rk}^{(m)} - f_{r,k+M}^{(m)})\varepsilon_m^k)\varepsilon_{m-1}^{hk} = \sum_{k=0}^{2M'-1} f_{r+R,k}^{(m-1)}\varepsilon_{m-1}^{hk}
$$

für $r = 0, 1, \ldots, R-1$, $h = 0, 1, \ldots, M-1$, *d.h.* es gilt (2.3.3.4) auch für $m-1$. □

Für $m = 0$ $(M = \frac{1}{2}, R = N)$ folgt aus (2.3.3.4)

$$
N\beta_r = f_{r,0}^{(0)} \quad \text{für} \quad r = 0, 1, \ldots, N-1,
$$

d.h. mit den Startwerten (2.3.3.5) liefern die Rekursionsformeln (2.3.3.6) schließlich die gewünschten β_r, $r = 0, 1, \ldots, N-1$.

Für die praktische Realisierung des Verfahrens benötigt man nur einen linearen array $\tilde{f}[0:N-1]$ der Länge N zur Speicherung der N Größen $f_{rk}^{(m)}$, $r = 0, 1, \ldots, R-1$, $k = 0, 1, \ldots, 2M-1$, wenn man nach Auswertung von (2.3.3.6) $f_{rk}^{(m)}$ und $f_{r,k+M}^{(m)}$ mit $f_{r,k}^{(m-1)}$ und $f_{r+R,k}^{(m-1)}$ überschreibt. Dies läuft darauf hinaus, daß man $f_{rk}^{(m)} = \tilde{f}[\tau(m,r,k)]$ als s-te Komponente von $\tilde{f}[\;]$ speichert, wobei $s = \tau(m,r,k)$ durch eine Indexabbildung τ gegeben wird, die folgendermaßen rekursiv definiert ist:

$$
(2.3.3.7) \quad \begin{array}{lll} \tau(n,0,k) := k, \quad k = 0, 1, \ldots, N-1 & & \\ \text{für} \quad m = n, n-1, \ldots, 1 (M := 2^{m-1}, R := 2^{n-m}): & & \\ \tau(m-1,r,k) := \tau(m,r,k) & \multirow{2}{*}{\text{für}} & k = 0, 1, \ldots, M-1 \\ \tau(m-1,r+R,k) := \tau(m,r,k+M) & & r = 0, 1, \ldots, R-1. \end{array}
$$

Mit Hilfe der Binärdarstellungen

$$
r = \alpha_{n-1} + \alpha_{n-2} \cdot 2 + \ldots + \alpha_m 2^{n-m-1}, \quad k = \alpha_0 + \alpha_1 2 + \ldots + \alpha_{m-1} 2^{m-1}, \quad \alpha_i = 0, 1,
$$

von r, $0 \leqq r \leqq R-1$, bzw. von k, $0 \leqq k \leqq 2M-1$, läßt sich $\tau(m,r,k)$ explizit angeben: Man überzeugt sich leicht durch Nachprüfen von (2.3.3.7), daß

$$
(2.3.3.8) \quad \begin{aligned} &\tau(m, \alpha_{n-1} + \ldots + \alpha_m 2^{n-m-1}, \alpha_0 + \alpha_1 2 + \ldots + \alpha_{m-1} 2^{m-1}) \\ &= \alpha_0 + \alpha_1 2 + \ldots + \alpha_{m-1} 2^{m-1} + \alpha_m 2^m + \ldots + \alpha_{n-1} 2^{n-1} \end{aligned}
$$

für alle $m=n, n-1, \dots, 0$ und alle $\alpha_i=0,1$ gilt. Für $m=0$ folgt insbesondere

$$\tau(0,r,0)=\varrho(r) \quad \text{für} \quad r=0,1,\dots,N-1,$$

wobei

$$\varrho(\alpha_0+\alpha_1 2+\dots+\alpha_{n-1}2^{n-1}):=\alpha_{n-1}+\alpha_{n-2}2+\dots+\alpha_0 2^{n-1}$$

die sog. Bit-Umkehrabbildung („bit-reversal") ist: Man erhält $\varrho(r)$, indem man die Binärdarstellung von r umkehrt. Aus (2.3.3.7), (2.3.3.8) folgen sofort die Beziehungen

$$\begin{aligned}\tau(m-1,r,k)&=\tau(m,r,k)=k+\varrho(r) & & r=0,1,\dots,R-1=2^{n-m}-1\\ & & \text{für} & \\ \tau(m-1,r+R,k)&=\tau(m,r,k+M)=k+M+\varrho(r) & & k=0,1,\dots,M-1=2^{m-1}-1,\end{aligned}$$

die in dem folgenden Pseudo-Algol-Programm für das Sande-Tukey-Verfahren (2.3.3.6) benutzt werden:

```
for m := n step -1 until 1 do
begin for k := 0 step 1 until 2^(m-1) - 1 do
      begin e := ε_m^k;
            for r := 0 step 2^m until 2^n - 1 do
            begin u := f̃[r+k];     v := f̃[r+k+2^(m-1)];
                  f̃[r+k] := u+v;   f̃[r+k+2^(m-1)] := (u-v) × e
            end
      end
end;
```

Initialisiert man den array $\tilde{f}$ mit den f_k, $\tilde{f}[k]:=f_k$, $k=0,1,\dots,N-1$, so gilt nach Verlassen des Programms

$$\tilde{f}[\varrho(k)]=N\beta_k, \qquad k=0,1,\dots,N-1.$$

Zur Herleitung des Verfahrens von Cooley and Tukey [5] geht man am besten von den Interpolationseigenschaften [Satz (2.3.1.6)]

$$p(x_k)=f_k, \qquad k=0,1,\dots,N-1, \qquad x_k:=2\pi k/N,$$

des Polynoms $p(x):=\beta_0+\beta_1 e^{ix}+\dots+\beta_{N-1}e^{(N-1)ix}$ mit den Koeffizienten β_j (2.3.3.1) aus. Sei wieder $N=2^n$. Ferner seien

$$\begin{aligned}p_0(x)&=\beta_{00}+\beta_{01}e^{ix}+\dots+\beta_{0,M-1}e^{(M-1)ix}\\ p_1(x)&=\beta_{10}+\beta_{11}e^{ix}+\dots+\beta_{1,M-1}e^{(M-1)ix}\end{aligned}$$

diejenigen trigonometrischen Polynome der halben Ordnung $M=N/2$ mit

$$p_0(x_{2h})=f_{2h}, \qquad p_1(x_{2h})=f_{2h+1}, \qquad h=0,1,\dots,M-1.$$

Dann interpoliert $p_0(x)$ an allen *geradzahlig* indizierten Stützpunkten (x_{2h}, f_{2h}) und $q(x) := p_1\left(x - \frac{2\pi}{N}\right) = p_1\left(x - \frac{\pi}{M}\right)$ an allen Stützpunkten (x_{2h+1}, f_{2h+1}) mit *ungeradem* Index. Wegen

$$e^{Mix_k} = e^{\pi ik} = \begin{cases} 1 & \text{für gerades } k \\ -1 & \text{für ungerades } k, \end{cases}$$

interpoliert daher das trigonometrische Polynom

$$\text{(2.3.3.9)} \qquad \tilde{p}(x) := p_0(x)\left(\frac{1+e^{Mix}}{2}\right) + p_1\left(x - \frac{\pi}{M}\right) \cdot \left(\frac{1-e^{Mix}}{2}\right)$$

an *allen* Stützpunkten, $\tilde{p}(x_k) = f_k$, $k = 0, 1, \ldots, N-1$. Da es offensichtlich ein Polynom $(N-1)$-ten Grades in e^{ix} ist, stimmt $\tilde{p}(x)$ mit $p(x)$ überein [Satz (2.3.1.2)]. Wir haben so die Bestimmung von $p(x)$ (d. h. der Koeffizienten β_j) auf die Bestimmung zweier anderer Polynome halben Grades zurückgeführt. Dieses Vorgehen kann man natürlich wiederholen. Man bekommt so ein n-stufiges Rekursionsverfahren: Allgemein hat man für jedes $m = 0, 1, \ldots, n$ $(M := 2^{m-1}, R := 2^{n-m})$ R trigonometrische Polynome vom Grad $2M-1$ der Form

$$\text{(2.3.3.10)} \quad p_r^{(m)}(x) = \beta_{r0}^{(m)} + \beta_{r1}^{(m)} e^{ix} + \ldots + \beta_{r,2M-1}^{(m)} e^{(2M-1)ix}, \qquad r = 0, 1, \ldots, R-1.$$

mit den Interpolationseigenschaften

$$\text{(2.3.3.11)} \quad p_r^{(m)}(x_{Rh}) = f_{Rh+r}, \qquad h = 0, 1, \ldots, 2M-1, \qquad r = 0, 1, \ldots, R-1.$$

Diese Polynome genügen analog zu (2.3.3.9) für $m = 1, 2, \ldots, n$ $(M = 2^{m-1}, R = 2^{n-m})$ den Rekursionsformeln

$$\text{(2.3.3.12)} \quad 2p_r^{(m)}(x) = p_r^{(m-1)}(x) \cdot (1 + e^{Mix}) + p_{R+r}^{(m-1)}\left(x - \frac{\pi}{M}\right) \cdot (1 - e^{Mix}),$$
$$r = 0, 1, \ldots, R-1.$$

Die Polynome $p_r^{(0)}(x) \equiv \beta_{r0}^{(0)}$, $r = 0, 1, \ldots, N-1$ können sofort angegeben werden: (2.3.3.11) ergibt

$$\text{(2.3.3.13)} \qquad \beta_{r0}^{(0)} = f_r, \qquad r = 0, 1, \ldots, N-1.$$

Für die Koeffizienten $\beta_{rk}^{(m)}$ der übrigen Polynome $p_r^{(m)}(x)$ erhält man durch Koeffizientenvergleich aus (2.3.3.12) die Rekursionsformeln:

$$\text{(2.3.3.14)} \quad \begin{aligned} 2\beta_{rk}^{(m)} &= \beta_{rk}^{(m-1)} + \beta_{R+r,k}^{(m-1)} \varepsilon_m^k & & m = 1, 2, \ldots, n, \\ & & \text{für} \quad & k = 0, 1, \ldots, M-1; M := 2^{m-1} \\ 2\beta_{r,M+k}^{(m)} &= \beta_{rk}^{(m-1)} - \beta_{R+r,k}^{(m-1)} \varepsilon_m^k & & r = 0, 1, \ldots, R-1; R := 2^{n-m}, \end{aligned}$$

wobei wieder $\varepsilon_m = \exp(-2\pi i/2^m)$ gesetzt wurde. Ausgehend von den Startwerten (2.3.3.13) liefern diese Formeln für $m = 1, 2, \ldots, n$ schließlich die gesuchten Koeffizienten $\beta_k = \beta_{0k}^{(n)}$, $k = 0, 1, \ldots, N-1$. Zur praktischen Realisierung dieses Verfahrens benötigt man wiederum nur einen linearen array $\tilde{f}[0:N-1]$ zur Speicherung der Koeffizienten $\beta_{r,k}^{(m)}$, wenn man nach der Auswertung von (2.3.3.14) $\beta_{r,k}^{(m-1)}$ und $\beta_{R+r,k}^{(m-1)}$ durch $\beta_{rk}^{(m)}$ bzw. $\beta_{r,M+k}^{(m)}$ überschreibt. Dies läuft auf die Benutzung der gleichen Indexabbildung $\tau(m, r, k)$ hinaus,

$$\tilde{f}[\tau(m, r, k)] = \beta_{r,k}^{(m)},$$

wie sie oben definiert wurde (2.3.3.7), (2.3.3.8).

Insbesondere ist

$$\begin{aligned} \tau(0, r, 0) &= \varrho(r) \\ \tau(n, 0, k) &= k \end{aligned}, \qquad k, r = 0, 1, \ldots, N-1.$$

Wir haben also jetzt wegen der veränderten Laufrichtung der Rekursion (2.3.3.14) gegenüber (2.3.3.6) den *Startvektor* $\tilde{f}[\ ]$ entsprechend $\varrho(\ )$ zu permutieren [vgl. (2.3.3.13)]

$$\tilde{f}[\varrho(r)] := f_r, \qquad r = 0, 1, \ldots, N-1.$$

Das folgende Pseudo-Algol-Programm des Cooley-Tukey Algorithmus liefert dann schließlich

$$\tilde{f}[k] = N\beta_k, \qquad k = 0, 1, \ldots, N-1,$$

in der natürlichen Anordnung. [Der Faktor $N = 2^n$ erklärt sich daraus, daß in dem Programm der Faktor 2 in (2.3.3.14) fortgelassen wurde.]

```
for m := 1 step 1 until n do
begin for k := 0 step 1 until 2^(m-1) - 1 do
      begin e := ε_m^k;
            for r := 0 step 2^m until 2^n - 1 do
            begin u := f̃[r + k];    v := f̃[r + k + 2^(m-1)] × e;
                  f̃[r + k] := u + v;    f̃[r + k + 2^(m-1)] := u - v
            end
      end
end;
```

In Verallgemeinerung des Resultats für $N = 2^n$ kann man auch für $N = N_1 N_2 \ldots N_n$, N_i ganz, ähnlich effektive Verfahren angeben. Siehe dazu Cooley, Tukey [5], Gentleman, Sande [5], Singleton [16], insbesondere Singleton [17] für Algol-Programme. Überdies gibt es analoge Algorithmen für die mehrdimensionale Fouriertransformation. Eine eingehende Behandlung der FFT-Methoden findet man bei Brigham [22] and Bloomfield [21].

Falls alle f_k reell sind und $N=2M$ gerade ist, läßt sich die Berechnung der β_j (2.3.3.1) ebenfalls vereinfachen. Setzt man

$$g_k := f_{2k} + i \cdot f_{2k+1}, \qquad k=0,1,\ldots,M-1$$

sowie

$$\gamma_h := \frac{1}{M} \sum_{k=0}^{M-1} g_k \cdot \exp(-2\pi i h k/M), \qquad h=0,1,\ldots,M-1,$$

so kann man die β_j, $j=0,1,\ldots,N-1$ mit Hilfe der γ_h, $h=0,1,\ldots,M-1$ berechnen. Es gilt nämlich mit $\gamma_M := \gamma_0$, $\beta_N := \beta_0$:

(2.3.3.15)

$$\text{a)}\quad \beta_h = \frac{1}{4}(\gamma_h + \bar{\gamma}_{M-h}) + \frac{1}{4i}(\gamma_h - \bar{\gamma}_{M-h}) \exp(-\pi i j/M), \qquad h=0,1,\ldots,M$$

$$\text{b)}\quad \beta_{N-h} = \bar{\beta}_h.$$

Beweis: Man bestätigt leicht anhand der Definitionen von γ_h und $\bar{\gamma}_{M-h}$

$$\frac{1}{4}(\gamma_h + \bar{\gamma}_{M-h}) = \frac{1}{N} \sum_{k=0}^{M-1} f_{2k} \exp(-2\pi i j \cdot 2k/N)$$

$$\frac{1}{4i}(\gamma_h - \bar{\gamma}_{M-h}) \exp(-\pi i j/M) = \frac{1}{N} \sum_{k=0}^{M-1} f_{2k+1} \exp(-2\pi i j (2k+1)/N),$$

woraus sofort (2.3.3.15) a) folgt. b) ist trivial.

Die Berechnung von Summen (2.3.1.9)

$$A_j := \frac{2}{N} \sum_{k=0}^{N-1} f_k \cos 2\pi j k/N, \qquad B_j := \frac{2}{N} \sum_{k=0}^{N-1} f_k \sin 2\pi j k/N, \qquad j=0,1,\ldots,M$$

für reelles f_k, $N=2M$, führt man mittels (2.3.1.10) auf die β_j (2.3.3.1) zurück: $A_j = 2 \cdot \operatorname{Re} \beta_j$, $B_j = -2 \cdot \operatorname{Im} \beta_j$.

2.3.4 Anwendungen: Näherungsweise Berechnung von Fourierkoeffizienten mittels Abminderungsfaktoren

Sei $\mathscr{F}$ die Menge aller absolutstetigen 2π-periodischen reellen Funktionen $f: \mathbb{R} \to \mathbb{R}$. Es ist bekannt (s. z. B. Achieser [1]), daß sich jede Funktion $f \in \mathscr{F}$ in eine für alle $x \in \mathbb{R}$ gegen $f(x)$ konvergente Fourierreihe

(2.3.4.1)
$$f(x) = \sum_{j=-\infty}^{\infty} c_j e^{jix}$$

mit den Koeffizienten

$$(2.3.4.2) \qquad c_j = c_j(f) := \frac{1}{2\pi} \int_0^{2\pi} f(x)\, e^{-jix}\, dx\,, \qquad j = 0, \pm 1, \pm 2, \ldots$$

entwickeln läßt. Häufig kennt man in der Praxis von der Funktion f nur die Werte

$$f_k := f(x_k), \qquad k = 0, \pm 1, \pm 2, \ldots$$

an äquidistanten Stellen $x_k := \frac{2\pi k}{N}$, wobei N eine gegebene feste ganze Zahl ist, und es stellt sich das Problem, unter diesen Einschränkungen noch vernünftige Näherungswerte für die Fourierkoeffizienten $c_j(f)$ zu berechnen. Die Methoden der trigonometrischen Interpolation lassen sich bei der Lösung dieses Problems folgendermaßen verwenden:

Nach Satz (2.3.1.6) gelten für die Koeffizienten β_j des interpolierenden trigonometrischen Polynoms

$$p(x) = \beta_0 + \beta_1 e^{ix} + \ldots + \beta_{N-1} e^{(N-1)ix}$$

mit

$$p(x_k) = f_k \quad \text{für} \quad k = 0, 1, \ldots, N-1$$

die Formeln

$$\beta_j = \frac{1}{N} \sum_{k=0}^{N-1} f_k e^{-jix_k}, \qquad j = 0, 1, \ldots, N-1\,.$$

Wegen $f_0 = f_N$ läßt sich β_j als eine „Trapezsumme" (s. 3.1, 3.2)

$$\beta_j = \frac{1}{N} \left[\frac{f_0}{2} + f_1\, e^{-jix_1} + \ldots + f_{N-1}\, e^{-jix_{N-1}} + \frac{f_N}{2}\, e^{-jix_N} \right]$$

zur näherungsweisen Berechnung des Integrals (2.3.4.2) auffassen, so daß es nahe liegt, die Summen

$$(2.3.4.3) \qquad \beta_j(f) = \beta_j := \frac{1}{N} \sum_{k=0}^{N-1} f_k\, e^{-jix_k}$$

für alle $j = 0, \pm 1, \pm 2, \ldots$ als Näherungswerte für die gesuchten $c_j(f)$ zu nehmen. Dieses Vorgehen hat zumindest den Vorteil, daß die Summen $\beta_j(f)$ sehr effektiv z. B. mit Hilfe des Algorithmus von Cooley und Tukey (s. 2.3.3) berechnet werden können. Andererseits ist $\beta_j(f)$ zumindest für großes j eine schlechte Approximation für $c_j(f)$, denn offensichtlich gilt $\beta_{j+kN} = \beta_j$ für alle ganzen Zahlen j und k, während $\lim_{|j| \to \infty} c_j = 0$ gilt. Für die Funktionen $f \in \mathscr{F}$ folgt letzteres sofort aus der Konvergenz der Fourierreihe

$$f(0) = \sum_{j=-\infty}^{\infty} c_j\,.$$

Näherhin hängt das asymptotische Verhalten der $c_j(f)$ von den Differenzierbarkeitseigenschaften von f ab:

(2.3.4.4) **Satz:** *Falls f für alle $x \in \mathbb{R}$ $(r-1)$ mal stetig differenzierbar ist und die r-te Ableitung $f^{(r)}$ noch absolutstetig ist, gilt*

$$|c_j| = 0\left(\frac{1}{|j|^{r+1}}\right).$$

Beweis: Durch partielle Integration findet man wegen der Periodizität von f

$$\begin{aligned} c_j &= \frac{1}{2\pi}\int_0^{2\pi} f(x)\, e^{-jix}\, dx \\ &= \frac{1}{2\pi j i}\int_0^{2\pi} f'(x)\, e^{-jix}\, dx \\ &= \ldots \\ &= \frac{1}{2\pi (ji)^r}\int_0^{2\pi} f^{(r)}(x) e^{-jix}\, dx \\ &= \frac{1}{2\pi (ji)^{r+1}}\int_0^{2\pi} e^{-jix}\, df^{(r)}(x)\,. \end{aligned}$$

Daraus folgt die Behauptung. □

Um zumindest Näherungswerte mit dem richtigen asymptotischen Verhalten für die gesuchten $c_j(f)$ zu erhalten, liegt daher folgende Idee nahe: Man bestimme zu den gegebenen Werten f_k, $k = 0, \pm 1, \pm 2, \ldots$, durch ein Interpolations- oder allgemeiner ein Approximationsverfahren eine möglichst einfache Funktion $\varphi \in \mathscr{F}$, die f in einem gewissen Sinne approximieren soll (z. B. f an den Stellen x_k interpoliert, $\varphi(x_k) = f_k$, $k = 0, \pm 1, \ldots$) und diesselbe Differenzierbarkeitsordnung wie f besitzt. Als Näherungswerte für die gesuchten $c_j(f)$ nehme man dann die Fourierkoeffizienten $c_j(\varphi)$ von φ. Es ist nun überraschend, daß man für sehr allgemeine Approximationsverfahren die gesuchten $c_j(\varphi)$ auf einfachste Weise direkt aus den Koeffizienten $\beta_j(f)$ (2.3.4.3) berechnen kann: Es gibt nämlich für diese Approximationsverfahren Konstanten τ_j, $j = 0, \pm 1, \ldots$, die nur von dem Approximationsverfahren und nicht von der Folge f_k, $k = 0, \pm 1, \ldots$ abhängen, mit der Eigenschaft

$$c_j(\varphi) = \tau_j \cdot \beta_j(f), \qquad j = 0, \pm 1, \ldots .$$

Um diese Aussage zu präzisieren, führen wir zusätzlich zu der Menge $\mathscr{F}$ aller absolutstetigen 2π-periodischen reellen Funktionen $f\colon \mathbb{R} \to \mathbb{R}$ noch die Menge

$$\mathbb{F} = \{(f_k)_{k\in\mathbb{Z}} \mid f_k \in \mathbb{R},\ \ f_{k+N} = f_k \quad \text{für alle} \quad k \in \mathbb{Z}\},$$

$$\mathbb{Z} := \{k \mid k \text{ ganz}\}$$

aller N-periodischen reellen Zahlenfolgen

$$f = (\ldots, f_{-1}, f_0, f_1, \ldots)$$

ein. (Der Einfachheit halber benutzen wir dieselbe Bezeichnung f auch für die der Funktion $f \in \mathscr{F}$ zugeordnete Folge $(f_k)_{k \in \mathbb{Z}}$ mit $f_k = f(x_k)$. Die jeweilige Bedeutung folgt aus dem Zusammenhang.) Das Approximationsverfahren ordnet jeder Folge $f \in \mathbb{F}$ eine Funktion $\varphi = P(f)$ aus $\mathscr{F}$ zu und wird somit durch eine Abbildung $P: \mathbb{F} \to \mathscr{F}$ beschrieben. In $\mathscr{F}$ und $\mathbb{F}$ kann man die Addition von Elementen und Multiplikation mit einem Skalar auf die übliche Weise erklären, so daß $\mathscr{F}$ und $\mathbb{F}$ als reelle Vektorräume aufgefaßt werden können. Der Vektorraum $\mathbb{F}$ hat die Dimension N, eine Basis ist z. B. gegeben durch die speziellen Folgen

(2.3.4.5) $$e^{(k)} = (e_j^{(k)})_{j \in \mathbb{Z}}, \qquad k = 0, 1, \ldots, N-1,$$

mit
$$e_j^{(k)} := \begin{cases} 1 & \text{falls} \quad k \equiv j \bmod N \\ 0 & \text{sonst}. \end{cases}$$

Zusätzlich führen wir in $\mathbb{F}$ und $\mathscr{F}$ Translationsoperatoren $E: \mathbb{F} \to \mathbb{F}$ bzw. $E: \mathscr{F} \to \mathscr{F}$ ein (wir bezeichnen sie der Einfachheit halber mit demselben Buchstaben) durch

$$(Ef)_k = f_{k-1} \quad \text{für alle} \quad k \in \mathbb{Z}, \quad \text{falls} \quad f \in \mathbb{F}$$

$$(E\varphi)(x) = \varphi(x-h) \quad \text{für alle} \quad x \in \mathbb{R}, \quad \text{falls} \quad \varphi \in \mathscr{F}, \qquad h := 2\pi/N = x_1.$$

Der Approximationsoperator $P: \mathbb{F} \to \mathscr{F}$ heißt schließlich *translationsinvariant*, falls $P(E(f)) = E(P(f))$ für alle $f \in \mathbb{F}$ (d. h. der „verschobenen" Folge wird die entsprechend „ verschobene" Funktion zugeordnet). Aus $P(E(f)) = E(P(f))$ folgt natürlich sofort $P(E^k(f)) = E^k(P(f))$, wobei $E^2 = E \circ E$, $E^3 = E \circ E \circ E$ u.s.w. Damit können wir folgenden Satz beweisen, der von W. Gautschi und C. Reinsch stammt (weitere Einzelheiten s. W. Gautschi [7]):

(2.3.4.6) **Satz:** *Zu einem Approximationsverfahren $P: \mathbb{F} \to \mathscr{F}$ gibt es von $f \in \mathbb{F}$ unabhängige Zahlen τ_j, $j \in \mathbb{Z}$ mit*

(2.3.4.7) $$c_j(Pf) = \tau_j \beta_j(f) \quad \textit{für alle } j \in \mathbb{Z} \textit{ und alle } f \in \mathbb{F}$$

genau dann, wenn P linear und translationsinvariant ist. Die τ_j heißen „Abminderungsfaktoren".

Beweis: 1) Sei zunächst P linear und translationsinvariant. Jedes $f \in \mathbb{F}$ besitzt in der Basis (2.3.4.5) die Darstellung

$$f = \sum_{k=0}^{N-1} f_k e^{(k)} = \sum_{k=0}^{N-1} f_k E^k e^{(0)}.$$

Also folgt wegen der Linearität und Translationsinvarianz von P

$$\varphi := Pf = \sum_{k=0}^{N-1} f_k E^k P e^{(0)},$$

d. h.

$$\varphi(x) = \sum_{k=0}^{N-1} f_k \eta_0(x - x_k),$$

wenn $\eta_0 := Pe^{(0)}$ die der Folge $e^{(0)}$ durch P zugeordnete Funktion ist. Es folgt wegen der Periodizität von φ sofort

$$\begin{aligned} c_j(Pf) = c_j(\varphi) &= \sum_{k=0}^{N-1} \frac{f_k}{2\pi} \int_0^{2\pi} \eta_0(x - x_k)\, e^{-jix}\, dx \\ &= \sum_{k=0}^{N-1} \frac{f_k}{2\pi} \cdot e^{-jix_k} \cdot \int_0^{2\pi} \eta_0(x)\, e^{-jix}\, dx \\ &= \tau_j \cdot \beta_j(f) \end{aligned}$$

mit

$$\tau_j := N \cdot c_j(\eta_0)\,. \tag{2.3.4.8}$$

2) Sei umgekehrt (2.3.4.7) erfüllt und $f \in \mathbb{F}$ beliebig. Da alle Funktionen aus $\mathscr{F}$ durch ihre Fourierreihen dargestellt werden, folgt wegen $Pf \in \mathscr{F}$ und (2.3.4.7) für Pf die Darstellung

$$(Pf)(x) = \sum_{j=-\infty}^{\infty} c_j(Pf) e^{jix} = \sum_{j=-\infty}^{\infty} \tau_j \beta_j(f) e^{jix}. \tag{2.3.4.9}$$

Offensichtlich gilt nun nach Definition von $\beta_j(f)$ (2.3.4.3) für $f, g \in \mathscr{F}$

$$\beta_j(f + g) = \beta_j(f) + f_j(g)$$

sowie

$$\begin{aligned} \beta_j(Ef) &= \frac{1}{N} \sum_{k=0}^{N-1} f_{k-1} e^{-jix_k} \\ &= \frac{1}{N} e^{-jih} \sum_{k=0}^{N-1} f_k e^{-jix_k} \\ &= e^{-jih} \cdot \beta_j(f)\,. \end{aligned}$$

So folgen aus (2 3.4.9) sofort die Linearität und Translationsinvarianz von P:

$$\begin{aligned} (P(E(f)))(x) &= \sum_{j=-\infty}^{\infty} \tau_j \beta_j(f)\, e^{ji(x-h)} \\ &= (Pf)(x - h) = \big(E(P(f))\big)(x). \end{aligned}$$

Damit ist der Satz bewiesen. □

Als Nebenresultat haben wir die explizite Formel (2.3.4.8) für die Abminderungsfaktoren erhalten. Eine andere Methode, zu einem gegebenen Approximationsoperator P die Abminderungsfaktoren τ_j zu bestimmen, besteht in der Auswertung der Formel

$$\tau_j = \frac{c_j(Pf)}{\beta_j(f)} \tag{2.3.4.10}$$

für ein geeignetes $f \in \mathbb{F}$.

Beispiel 1: Für eine gegebene Folge $f \in \mathbb{F}$ sei $\varphi := Pf$ diejenige stetige Funktion φ mit $\varphi(x_k) = f_k$ für $k = 0, \pm 1, \ldots$, die auf jedem Teilintervall $[x_k, x_{k+1}]$ linear ist. Offensichtlich ist für $f \in \mathbb{F}$ die Funktion $\varphi = Pf$ absolutstetig und 2π-periodisch, also $Pf \in \mathscr{F}$. Ferner sieht man sofort, daß P linear und translationsinvariant ist. Für die spezielle Folge $f = e^{(0)}$ (2.3.4.5) hat man

$$\beta_j(f) = \frac{1}{N}$$

$$Pf(x) = \begin{cases} 1 - \frac{1}{h}|x - x_{kN}| & \text{falls} \quad |x - x_{kN}| \leqq h, k = 0, \pm 1, \ldots \\ 0 & \text{sonst} \end{cases}$$

$$c_j(Pf) = \frac{1}{2\pi} \int_0^{2\pi} Pf(x)\, e^{-jix}\, dx = \frac{1}{2\pi} \int_{-h}^{h} \left(1 - \frac{|x|}{h}\right) e^{-jix}\, dx.$$

Wegen der Symmetrieeigenschaften des Integranden folgt

$$c_j(Pf) = \frac{1}{\pi} \int_0^h \left(1 - \frac{x}{h}\right) \cos jx\, dx$$

$$= \frac{2}{j^2 \pi h} \cdot \sin^2\left(\frac{jh}{2}\right)$$

Mit $h = 2\pi/N$ folgt aus (2.3.4.10) für die Abminderungsfaktoren

$$\tau_j = \left(\frac{N}{\pi j} \cdot \sin \frac{\pi j}{N}\right)^2 \qquad j = 0, \pm 1, \ldots.$$

Beispiel 2: $\varphi = Pf$ sei die kubische periodische Splinefunktion (s. Abschnitt 2.4) mit $\varphi(x_k) = f_k$, $k = 0, \pm 1, \ldots$. Auch in diesem Fall ist P linear und translationsinvariant. Für die τ_j findet man im Prinzip wie eben

$$\tau_j = \left(\frac{\sin z}{z}\right)^4 \cdot \frac{3}{1 + 2\cos^2 z}, \quad \text{wobei} \quad z := \frac{\pi j}{N}.$$

2.4 Spline-Interpolation

Man wendet die Spline-Interpolation hauptsächlich dazu an, um gegebene Punkte—etwa für zeichnerische Zwecke—durch eine „möglichst glatte“ Kurve zu verbinden. Innerhalb der numerischen Mathematik werden Splinefunktionen neuerdings auch als Ansatzfunktionen im Rayleigh-Ritz-Galerkin-Verfahren zur Lösung von Randwertproblemen für gewöhnliche oder partielle Differentialgleichungen verwandt.

2.4.1 Theoretische Grundlagen

Durch $\Delta := \{a = x_0 < x_1 < \ldots < x_n = b\}$ sei eine Unterteilung des Intervalls $[a, b]$ gegeben.

(2.4.1.1) **Def:** *Unter einer zu Δ gehörigen Spline-Funktion S_Δ versteht man eine reelle Funktion $S_\Delta : [a, b] \to \mathbb{R}$ mit den Eigenschaften*

a) $S_\Delta \in C^2 [a, b]$: *S_Δ ist auf $[a, b]$ 2 mal stetig differenzierbar.*

b) *Auf jedem Teilintervall $[x_i, x_{i+1}]$, $i = 0, 1, \ldots, n-1$, stimmt S_Δ mit einem Polynom 3. Grades überein.*

Eine Splinefunktion ist somit stückweise aus n kubischen Polynomen so zusammengesetzt, daß die Funktion S_Δ selbst und ihre beiden ersten Ableitungen an den Stellen x_i, $i = 1, \ldots, n-1$, keine Sprungstellen besitzen. Neben kubischen Splinefunktionen werden in der Literatur auch höhere Splinefunktionen S_Δ^m betrachtet, die stückweise aus Polynomen $(2m + 1)$-ten Grades so zusammengesetzt sind, daß $S_\Delta^m \in C^{2m}(a, b)$ gilt. Der Einfachheit halber beschränken wir uns auf den kubischen Fall $(m = 1)$: Die meisten der folgenden Resultate lassen sich unschwer auf den allgemeinen Fall übertragen.

Wir führen noch einige weitere Bezeichnungen und Definitionen ein.

(2.4.1.2) **Def:** *Mit $\mathcal{K}^n(a, b)$ wird die Menge aller reellen Funktionen f auf $[a, b]$ bezeichnet, für die die Ableitungen $f^{(i)}$, $i = 1, 2, \ldots, n-1$ auf $[a, b]$ existieren und absolutstetig*[1] *sind, und für die $f^{(n)}$ auf $[a, b]$ fast überall existiert und quadratisch integrierbar ist, $f^{(n)} \in L^2 [a, b]$. Unter $\mathcal{K}_p^n(a, b)$ wird die Menge aller Funktionen aus $\mathcal{K}^n(a, b)$ verstanden, für die die Funktionen $f, f', \ldots, f^{(n-1)}$ die Periode $b - a$ besitzen, d. h. $f^{(i)}(a) = f^{(i)}(b)$ für $i = 0, 1, \ldots, n-1$.*

Man beachte, daß $S_\Delta \in \mathcal{K}^3(a, b)$ gilt.

Ist $Y := \{y_0, y_1, \ldots, y_n\}$ eine Menge von $n + 1$ reellen Zahlen, so bezeichnen wir ferner mit $S_\Delta(Y; .)$ eine Splinefunktion S_Δ, für die zusätzlich gilt $S_\Delta(Y; x_i) = y_i$, $i = 0, 1, \ldots, n$. Ist schließlich f eine Funktion auf $[a, b]$ mit $f(x_i) = y_i$, $i = 0, 1, \ldots, n$, so schreiben wir statt $S_\Delta(Y; .)$ auch $S_{\Delta; f}$ für eine Splinefunktion mit $S_{\Delta; f}(x_i) = f(x_i)$ für $i = 0, 1, \ldots, n$.

Eine Splinefunktion S_Δ heißt *periodisch*, falls $S_\Delta \in \mathcal{K}_p^3(a, b)$, d. h. falls

$$S_\Delta^{(i)}(a) = S_\Delta^{(i)}(b) \quad \text{für} \quad i = 0, 1, 2.$$

---

[1] Man nennt eine Funktion f: $[a, b] \to \mathbb{R}$ absolutstetig (totalstetig), wenn zu jedem $\varepsilon > 0$ ein $\delta > 0$ existiert, sodaß für jedes endliche System von Intervallen $[a_i, b_i]$ mit $a \leqq a_1 < b_1 \leqq \leqq a_2 < b_2 \leqq \ldots \leqq a_n < b_n \leqq b$ und $\sum_i |b_i - a_i| < \delta$ gilt $\sum_i |f(b_i) - f(a_i)| < \varepsilon$. Jede absolutstetige Funktion ist stetig und fast überall auf $[a, b]$ differenzierbar.

Für Funktionen $f \in \mathcal{K}^2(a,b)$ bezeichnen wir schließlich mit $\|f\|^2$ die Größe

$$\|f\|^2 := \int_a^b |f''(x)|^2 dx .$$

Man beachte, daß $\|f\| \geqq 0$ ist, daß jedoch $\|f\| = 0$ für Funktionen f mit $f(x) \not\equiv 0$ gelten kann, z. B. für alle linearen Funktionen $f(x) \equiv cx + d$.

Wir zeigen zunächst eine fundamentale Identität, die von Holladay stammt, s. z. B. [2]:

(2.4.1.3) **Satz:** *Ist $f \in \mathcal{K}^2(a,b)$, $\Delta = \{a = x_0 < x_1 < \ldots < x_n = b\}$ eine Unterteilung von $[a,b]$ und S_Δ eine Splinefunktion zu Δ, so gilt*

$$\|f - S_\Delta\|^2 =$$

$$= \|f\|^2 - 2\left[(f'(x) - S'_\Delta(x))S''_\Delta(x)\Big|_a^b - \sum_{i=1}^{n} (f(x) - S_\Delta(x))S'''_\Delta(x)\Big|_{x_{i-1}^+}^{x_i^-}\right] - \|S_\Delta\|^2.$$

Hier wird natürlich unter $g(x)\Big|_v^u$ die in der Integralrechnung übliche Abkürzung für $g(u) - g(v)$ verstanden. Man beachte, daß $S'''_\Delta(x)$ stückweise konstant ist mit den Sprungstellen $x_1, \ldots, x_{n-1}$: Deshalb sind in der obigen Formel an den Stellen x_i bzw. x_{i-1} die links- bzw. rechtsseitigen Grenzwerte zu nehmen.

Beweis: Es ist nach Definition von $\|\cdot\|$

$$\begin{aligned}\|f - S_\Delta\|^2 &= \int_a^b |f''(x) - S''_\Delta(x)|^2 dx \\ &= \|f\|^2 - 2\int_a^b f''(x)S''_\Delta(x)\,dx + \|S_\Delta\|^2 \\ &= \|f\|^2 - 2\int_a^b (f''(x) - S''_\Delta(x))\,S''_\Delta(x)\,dx - \|S_\Delta\|^2.\end{aligned}$$

Partielle Integration ergibt für $i = 1, 2, \ldots, n$

$$\begin{aligned}\int_{x_{i-1}}^{x_i} (f''(x) - S''_\Delta(x))\,S''_\Delta(x)\,dx &= (f'(x) - S'_\Delta(x))S''_\Delta(x)\Big|_{x_{i-1}}^{x_i} - \\ &\quad - \int_{x_{i-1}}^{x_i} (f'(x) - S'_\Delta(x))\,S'''_\Delta(x)\,dx \\ &= (f'(x) - S'_\Delta(x))S''_\Delta(x)\Big|_{x_{i-1}}^{x_i} - (f(x) - S_\Delta(x))S'''_\Delta(x)\Big|_{x_{i-1}^+}^{x_i^-} \\ &\quad + \int_{x_{i-1}}^{x_i} (f(x) - S_\Delta(x))\,S^{(4)}_\Delta(x)\,dx .\end{aligned}$$

Nun ist $S^{(4)}(x) \equiv 0$ auf den Teilintervallen (x_{i-1}, x_i), und f', S'_Δ, S''_Δ sind stetig auf $[a, b]$. Man erhält daher durch Addition dieser Beziehungen für $i = 1, 2, \ldots, n$ wegen

$$\sum_{i=1}^{n} (f'(x) - S'_\Delta(x))\, S''_\Delta(x) \Big|_{x_{i-1}}^{x_i} = (f'(x) - S'_\Delta(x))\, S''_\Delta(x) \Big|_a^b$$

die Behauptung des Satzes. □

Mit Hilfe dieses Satzes kann man nun leicht die wichtige *Minimum-Norm-Eigenschaft* der Splinefunktionen nachweisen:

(2.4.1.4) **Satz:** *Gegeben sei* $\Delta := \{a = x_0 < x_1 < \ldots < x_n = b\}$, $Y := \{y_0, \ldots, y_n\}$ *und eine Funktion* $f \in \mathscr{K}^2(a, b)$ *mit* $f(x_i) = y_i$, $i = 0, 1, \ldots, n$. *Dann gilt die Beziehung*

$$\|f - S_\Delta(Y;.)\|^2 = \|f\|^2 - \|S_\Delta(Y;.)\|^2 \geqq 0$$

für jede Splinefunktion $S_\Delta(Y;.)$, *die zusätzlich eine der folgenden drei Bedingungen erfüllt*

$$\text{a)}\quad S''_\Delta(Y; a) = S''_\Delta(Y; b) = 0,$$

$$\text{b)}\quad f \in \mathscr{K}_p^2(a, b),\ S_\Delta(Y;.) \text{ periodisch},$$

$$\text{c)}\quad f'(a) = S'_\Delta(Y; a), f'(b) = S'_\Delta(Y; b).$$

In jedem dieser Fälle ist die Splinefunktion $S_\Delta(Y;.)$ *eindeutig bestimmt.*
(Die Existenz solcher Splinefunktionen wird in 2.4.2 gezeigt)

Beweis: In jedem der Fälle a), b), c) verschwindet in der Identität von (2.4.1.3) der Ausdruck

$$(f'(x) - S'_\Delta(x)) S''_\Delta(x) \Big|_a^b - \sum_{i=1}^{n} (f(x) - S_\Delta(x)) S'''_\Delta(x) \Big|_{x_{i-1}^+}^{x_i^-} = 0,$$

falls $S_\Delta \equiv S_\Delta(Y;.)$. Die Eindeutigkeit von $S_\Delta(Y;.)$ folgt so: Gäbe es eine weitere Splinefunktion $\bar{S}_\Delta(Y;.)$ mit den angegebenen Eigenschaften, so wäre $f(x) := \bar{S}_\Delta(Y; x)$ eine Funktion f der im Satz betrachteten Art. Es ist daher

$$\|\bar{S}_\Delta(Y;.) - S_\Delta(Y;.)\|^2 = \|\bar{S}_\Delta(Y;.)\|^2 - \|S_\Delta(Y;.)\|^2 \geqq 0,$$

und somit, da $S_\Delta(Y;.)$ und $\bar{S}_\Delta(Y;.)$ vertauscht werden können,

$$\|\bar{S}_\Delta(Y;.) - S_\Delta(Y;.)\|^2 = \int_a^b (\bar{S}''_\Delta(Y; x) - S''_\Delta(Y; x))^2\, dx = 0.$$

Da $\bar{S}''_\Delta(Y;.)$ und $S''_\Delta(Y;.)$ beide stetig sind, folgt

$$\bar{S}''_\Delta(Y; x) \equiv S''_\Delta(Y; x),$$

und daher durch Integration

$$\bar{S}_\Delta(Y; x) \equiv S_\Delta(Y; x) + cx + d.$$

Wegen $\bar{S}_\Delta(Y;x) = S_\Delta(Y;x)$ für $x = a, b$ folgt sofort $c = d = 0$ und damit die Eindeutigkeit, $\bar{S}_\Delta(Y;.) = S_\Delta(Y;.)$. □

Satz (2.4.1.4) beschreibt eine Minimaleigenschaft der Splinefunktionen. Beispielsweise folgt im Falle a), daß unter allen Funktionen f aus $\mathscr{K}^2(a, b)$ mit $f(x_i) = y_i$, $i = 0, 1, \ldots, n$, gerade die Splinefunktion $S_\Delta(Y;.)$ mit $S''_\Delta(Y;x) = 0$ für $x = a, b$ das Integral

$$\|f\|^2 = \int_a^b |f''(x)|^2 \, dx$$

minimiert. (Analoge Aussagen gelten in den Fällen b) und c).) Da $|f''(x)|^2$ ein Maß für das Krümmungsverhalten von f an der Stelle x ist[2], zeigt dieses Resultat, daß unter allen auf $[a, b]$ 2mal stetig differenzierbaren Funktionen f mit $f(x_i) = y_i$, $i = 0, 1, \ldots, n$, die Splinefunktion $S\ (Y;.)$ die „glatteste" Funktion in dem Sinne ist, daß sie den kleinstmöglichen Wert für die „Gesamtkrümmung" $\int_a^b |f''(x)|^2 \, dx$ liefert.

2.4.2 Die Berechnung von Splinefunktionen

In diesem Abschnitt sollen Methoden zur Berechnung der Splinefunktionen $S_\Delta(Y;.)$ beschrieben werden, die in Satz (2.4.1.4) eine Rolle spielten, d. h. der Splinefunktionen, die zusätzlich eine der folgenden Eigenschaften besitzen

a) $S''_\Delta(Y;x) = 0$ für $x = a, b$.

(2.4.2.1) b) $S_\Delta(Y;.) \in \mathscr{K}_p^3(a, b)$: $S_\Delta^{(i)}(Y;a) = S_\Delta^{(i)}(Y;b)$ für $i = 0, 1, 2$.

c) $S'_\Delta(Y;a) = y'_0$, $S'_\Delta(Y;b) = y'_n$ für gegebene Zahlen y'_0, y'_n.

Insbesondere wird sich dabei die Existenz solcher Splinefunktionen zeigen; die Eindeutigkeit wurde bereits mit Satz (2.4.1.4) bewiesen. Für das folgende sei $\Delta = \{x_i | i = 0, 1, \ldots, n\}$ eine feste Zerlegung des Intervalls $[a, b]$ mit $a = x_0 < x_1 < \ldots < x_n = b$ und $Y = \{y_i | i = 0, 1, \ldots, n\}$ eine Menge von $n + 1$ reellen Zahlen. Ferner sei $h_{j+1} := x_{j+1} - x_j$, $j = 0, 1, \ldots, n - 1$. Als *Momente* M_j,

(2.4.2.2) $$M_j := S''_\Delta(Y;x_j), \qquad j = 0, 1, \ldots, n,$$

bezeichnen wir die 2. Ableitungen der gesuchten Splinefunktion $S_\Delta(Y;.)$ an den Stellen $x_j \in \Delta$. Wir wollen zeigen, daß sich die M_j als Lösung eines linearen Gleichungssystems berechnen lassen und daß man mit Hilfe der M_j allein die interessierende Splinefunktion $S_\Delta(Y;.)$ leicht angeben kann.

Zur Herleitung von Bestimmungsgleichungen für die M_j beachte man zunächst, daß $S_\Delta(Y;.)$ in jedem Intervall $[x_j, x_{j+1}]$, $j = 0, \ldots, n - 1$, eine kubische

---

[2] Der exakte Wert $\kappa(x) = \dfrac{f''(x)}{\sqrt{1 + f'(x)^2}^3}$ für die Krümmung an der Stelle x ist für kleines $|f'(x)|$ näherungsweise gleich $f''(x)$.

Funktion ist, also $S''_\Delta(Y;.)$ eine lineare Funktion, die man mit Hilfe der M_i so beschreiben kann:

$$(2.4.2.3) \quad S''_\Delta(Y;x) = M_j \frac{x_{j+1} - x}{h_{j+1}} + M_{j+1} \frac{x - x_j}{h_{j+1}} \quad \text{für} \quad x \in [x_j, x_{j+1}]$$

Durch Integration erhält man für $x \in [x_j, x_{j+1}]$, $j = 0, 1, \ldots, n-1$:

$$(2.4.2.4) \quad S'_\Delta(Y;x) = -M_j \frac{(x_{j+1} - x)^2}{2h_{j+1}} + M_{j+1} \frac{(x - x_j)^2}{2h_{j+1}} + A_j$$

$$S_\Delta(Y;x) = M_j \frac{(x_{j+1} - x)^3}{6h_{j+1}} + M_{j+1} \frac{(x - x_j)^3}{6h_{j+1}} + A_j (x - x_j) + B_j$$

mit gewissen Integrationskonstanten A_j, B_j.

Wegen $S_\Delta(Y;x_j) = y_j$, $S_\Delta(Y;x_{j+1}) = y_{j+1}$ erhält man für A_j und B_j die Gleichungen

$$M_j \frac{h_{j+1}^2}{6} + B_j = y_j$$

$$M_{j+1} \frac{h_{j+1}^2}{6} + A_j h_{j+1} + B_j = y_{j+1}$$

und daher

$$(2.4.2.5) \quad \begin{aligned} B_j &= y_j - M_j \frac{h_{j+1}^2}{6} \\ A_j &= \frac{y_{j+1} - y_j}{h_{j+1}} - \frac{h_{j+1}}{6}(M_{j+1} - M_j). \end{aligned}$$

Für $S_\Delta(Y;.)$ selbst bekommt man die Darstellung

$$(2.4.2.6) \quad S_\Delta(Y;x) = \alpha_j + \beta_j(x - x_j) + \gamma_j(x - x_j)^2 + \delta_j(x - x_j)^3$$

$$\text{für} \quad x \in [x_j, x_{j+1}]$$

mit

$$(2.4.2.7) \quad \begin{aligned} \alpha_j &:= y_j \\ \gamma_j &:= \frac{M_j}{2} \\ \beta_j &:= S'_\Delta(Y;x_j) = -\frac{M_j h_{j+1}}{2} + A_j \\ &= \frac{y_{j+1} - y_j}{h_{j+1}} - \frac{2M_j + M_{j+1}}{6} h_{j+1} \\ \delta_j &:= \frac{S'''_\Delta(Y;x_j+)}{6} = \frac{M_{j+1} - M_j}{6h_{j+1}}. \end{aligned}$$

Damit ist $S_\Delta(Y;.)$ mit Hilfe der M_j ausgedrückt und es bleibt nur noch das Problem, die $M_j, j = 0, 1, \ldots, n$, zu berechnen. $n - 1$ Bestimmungsgleichungen für die M_j erhält man, indem man die Stetigkeit von $S'_\Delta(Y;.)$ an den Stellen $x = x_j$, $j = 1, 2, \ldots, n - 1$, ausnutzt: $S'_\Delta(Y; x_j-) = S'_\Delta(Y; x_j+)$.

Setzt man die Werte (2.4.2.5) für A_j und B_j in (2.4.2.4) ein, so erhält man zunächst die Darstellung

$$(2.4.2.8) \qquad S'_\Delta(Y; x) = -M_j \frac{(x_{j+1} - x)^2}{2h_{j+1}} + M_{j+1} \frac{(x - x_j)^2}{2h_{j+1}} + \frac{y_{j+1} - y_j}{h_{j+1}} - \frac{h_{j+1}}{6}(M_{j+1} - M_j).$$

Also gilt für $j = 1, 2, \ldots, n - 1$

$$S'_\Delta(Y; x_j-) = \frac{y_j - y_{j-1}}{h_j} + \frac{h_j}{3} M_j + \frac{h_j}{6} M_{j-1},$$

$$S'_\Delta(Y; x_j+) = \frac{y_{j+1} - y_j}{h_{j+1}} - \frac{h_{j+1}}{3} M_j - \frac{h_{j+1}}{6} M_{j+1},$$

und daher wegen $S'_\Delta(Y; x_j+) = S'_\Delta(Y; x_j-)$

$$(2.4.2.9) \qquad \frac{h_j}{6} M_{j-1} + \frac{h_j + h_{j+1}}{3} M_j + \frac{h_{j+1}}{6} M_{j+1} = \frac{y_{j+1} - y_j}{h_{j+1}} - \frac{y_j - y_{j-1}}{h_j} \quad \text{für } j = 1, 2, \ldots, n - 1.$$

Dies sind $n - 1$ Bedingungen für die $n + 1$ Unbekannten $M_0, M_1, \ldots, M_n$. Je zwei weitere Bedingungen erhält man aus (2.4.2.1).

Fall a): $\quad S''_\Delta(Y; a) = M_0 = 0 = M_n = S''_\Delta(Y; b)$

Fall b): $\quad S''_\Delta(Y; a) = S''_\Delta(Y; b) \succ M_0 = M_n$

$$S'_\Delta(Y; a) = S'_\Delta(Y; b) \succ \frac{h_n}{6} M_{n-1} + \frac{h_n + h_1}{3} M_n + \frac{h_1}{6} M_1 = \frac{y_1 - y_n}{h_1} - \frac{y_n - y_{n-1}}{h_n}.$$

Letztere Bedingung ist mit (2.4.2.9) für $j = n$ identisch, wenn man

$$h_{n+1} := h_1, \qquad M_{n+1} := M_1, \qquad y_{n+1} := y_1$$

setzt. Man beachte, daß $y_n = y_0$ in (2.4.2.1) b) verlangt wird.

Fall c): $\quad S'_\Delta(Y; a) = y'_0 \succ \frac{h_1}{3} M_0 + \frac{h_1}{6} M_1 = \frac{y_1 - y_0}{h_1} - y'_0$

$$S'_\Delta(Y;b) = y'_n \succ \frac{h_n}{6} M_{n-1} + \frac{h_n}{3} M_n = y'_n - \frac{y_n - y_{n-1}}{h_n}$$

Die letzten Gleichungen sowie die Gleichungen (2.4.2.9) lassen sich übersichtlicher schreiben, wenn man folgende Abkürzungen einführt:

$$\lambda_j := \frac{h_{j+1}}{h_j + h_{j+1}}, \qquad \mu_j := 1 - \lambda_j = \frac{h_j}{h_j + h_{j+1}}$$

$$(2.4.2.10) \qquad\qquad j = 1, 2, \ldots, n-1$$

$$d_j := \frac{6}{h_j + h_{j+1}} \left\{ \frac{y_{j+1} - y_j}{h_{j+1}} - \frac{y_j - y_{j-1}}{h_j} \right\}$$

Damit wird aus (2.4.2.9)

$$\mu_j M_{j-1} + 2M_j + \lambda_j M_{j+1} = d_j, \qquad j = 1, 2, \ldots, n-1 .$$

Definiert man zusätzlich im Fall a)

$$\lambda_0 := 0, \qquad d_0 := 0,$$

$$(2.4.2.11)$$

$$\mu_n := 0, \qquad d_n := 0,$$

bzw. im Fall c)

$$\lambda_0 := 1, \qquad d_0 := \frac{6}{h_1}\left(\frac{y_1 - y_0}{h_1} - y'_0 \right),$$

$$(2.4.2.12)$$

$$\mu_n := 1, \qquad d_n := \frac{6}{h_n}\left(y'_n - \frac{y_n - y_{n-1}}{h_n} \right),$$

so erhält man in den Fällen a) und c) als Bestimmungsgleichungen für die M_i

$$\begin{aligned}
2M_0 + \lambda_0 M_1 \qquad\qquad &= d_0 \\
\mu_1 M_0 + 2M_1 + \lambda_1 M_2 \qquad\qquad &= d_1 \\
\cdots \qquad\qquad &\quad \vdots \\
\mu_{n-1} M_{n-2} + 2M_{n-1} + \lambda_{n-1} M_n &= d_{n-1} \\
\mu_n M_{n-1} + 2M_n &= d_n
\end{aligned}$$

oder in Matrixschreibweise:

$$
(2.4.2.13) \qquad \begin{bmatrix} 2 & \lambda_0 & & & 0 \\ \mu_1 & 2 & \lambda_1 & & \\ & \mu_2 & \cdot & \cdot & \\ & & \cdot & \cdot & \cdot \\ & & \cdot & 2 & \lambda_{n-1} \\ 0 & & & \mu_n & 2 \end{bmatrix} \begin{bmatrix} M_0 \\ M_1 \\ \cdot \\ \cdot \\ \cdot \\ M_n \end{bmatrix} = \begin{bmatrix} d_0 \\ d_1 \\ \cdot \\ \cdot \\ \cdot \\ d_n \end{bmatrix}.
$$

Im periodischen Fall b) erhält man mit den zusätzlichen Abkürzungen

$$
(2.4.2.14) \qquad \begin{aligned} \lambda_n &:= \frac{h_1}{h_n + h_1}, \qquad \mu_n := 1 - \lambda_n = \frac{h_n}{h_n + h_1} \\ d_n &:= \frac{6}{h_n + h_1} \left\{ \frac{y_1 - y_n}{h_1} - \frac{y_n - y_{n-1}}{h_n} \right\} \end{aligned}
$$

das folgende lineare Gleichungssystem für $M_1, M_2, \ldots, M_n (= M_0)$:

$$
(2.4.2.15) \qquad \begin{bmatrix} 2 & \lambda_1 & & & & \mu_1 \\ \mu_2 & 2 & \lambda_2 & & & \\ & \mu_3 & \cdot & \cdot & & \\ & & \cdot & \cdot & \cdot & \\ & & & \cdot & 2 & \lambda_{n-1} \\ \lambda_n & & & & \mu_n & 2 \end{bmatrix} \begin{bmatrix} M_1 \\ M_2 \\ \cdot \\ \cdot \\ \cdot \\ M_n \end{bmatrix} = \begin{bmatrix} d_1 \\ d_2 \\ \cdot \\ \cdot \\ \cdot \\ d_n \end{bmatrix}
$$

Die Koeffizienten λ_i, μ_i, d_i in (2.4.2.13), (2.4.2.15) sind dabei durch (2.4.2.10), (2.4.2.11), (2.4.2.12) bzw. (2.4.2.14) wohlbestimmt. Insbesondere beachte man, daß in (2.4.2.13) und (2.4.2.15) für alle λ_i, μ_i gilt

$$
(2.4.2.16) \qquad \lambda_i \geqq 0, \qquad \mu_i \geqq 0, \qquad \lambda_i + \mu_i = 1
$$

und daß die λ_i, μ_i nur von der Zerlegung Δ abhängen und nicht von den $y_i \in Y$ (bzw. von y'_0, y'_n im Fall c)). Dies kann man zum Beweis des folgenden Satzes benutzen.

(2.4.2.17) **Satz:** *Die Matrizen der Gleichungssysteme* (2.4.2.13), (2.4.2.15) *sind für jede Zerlegung* Δ *von* $[a, b]$ *nichtsingulär.*

Damit sind diese Gleichungen für beliebige rechte Seiten eindeutig lösbar und das Problem der Splineinterpolation besitzt in den Fällen a), b), c) (2.4.2.1) stets eine eindeutig bestimmte Lösung.

Beweis: Sei A die $(n+1)\times(n+1)$-Matrix

$$A = \begin{bmatrix} 2 & \lambda_0 & & & & 0 \\ \mu_1 & 2 & \lambda_1 & & & \\ & \mu_2 & \cdot & \cdot & & \\ & & \cdot & \cdot & \cdot & \\ & & & \cdot & 2 & \lambda_{n-1} \\ 0 & & & & \mu_n & 2 \end{bmatrix}$$

des Gleichungssystems (2.4.2.13). Wir zeigen zunächst, daß A folgende Eigenschaft besitzt: Für jedes Paar von Vektoren $x = (x_0, \ldots, x_n)^T$, $y = (y_0, \ldots, y_n)^T$, $x, y \in \mathbb{R}^{n+1}$ gilt

(2.4.2.18) $$Ax = y \succ \max_i |x_i| \leqq \max_i |y_i| .$$

Dazu sei r so gewählt, daß $|x_r| = \max_i |x_i|$. Wegen $Ax = y$ ist

$$\mu_r x_{r-1} + 2x_r + \lambda_r x_{r+1} = y_r \qquad (\mu_0 := \lambda_n := 0) .$$

Nach Definition von r und wegen $\mu_r + \lambda_r \leqq 1$ ist also

$$\begin{aligned} \max_i |y_i| \geqq |y_r| &\geqq 2|x_r| - \mu_r|x_{r-1}| - \lambda_r|x_{r+1}| \\ &\geqq 2|x_r| - \mu_r|x_r| - \lambda_r|x_r| \\ &= (2 - \mu_r - \lambda_r)|x_r| \\ &\geqq |x_r| = \max_i |x_i| . \end{aligned}$$

Wäre nun A singulär, dann gäbe es eine Lösung $x \neq 0$ von $Ax = 0$. Mit (2.4.2.18) führt das zu dem Widerspruch

$$0 < \max_i |x_i| \leqq 0 .$$

Die Nichtsingularität der Matrix von (2.4.2.15) zeigt man analog. □

Die Gleichungen (2.4.2.13) werden durch Elimination gelöst: Man subtrahiert zunächst das $\mu_1/2$-fache der 1. Gleichung von der zweiten, um μ_1 zu eliminieren, dann ein geeignetes Vielfaches der so erhaltenen 2. Gleichung von der 3., um μ_2 zu eliminieren, usw. Allgemein erhält man die Lösung M_k, $k = 0, 1, \ldots, n$ auf folgende Weise:

$$
\begin{aligned}
&q_0 := -\lambda_0/2; \qquad u_0 := d_0/2; \qquad \lambda_n := 0\\
&\text{für } k := 1, 2, \ldots, n:\\
&\qquad p_k := \mu_k q_{k-1} + 2\\
&\qquad q_k := -\lambda_k/p_k\\
&\qquad u_k := (d_k - \mu_k u_{k-1})/p_k\\
&M_n := u_n\\
&\text{für } k := n-1, n-2, \ldots, 0:\\
&\qquad M_k := q_k M_{k+1} + u_k
\end{aligned}
\tag{2.4.2.19}
$$

Im Fall b) kann man (2.4.2.15) nach dem gleichen Prinzip lösen, allerdings nicht ganz so einfach.

Ein Algol-Programm, das von C. Reinsch stammt, findet man in Bulirsch, Rutishauser [3].

Für die Berechnung der höheren Splinefunktionen $S_\Delta^m, m \geqq 2$, die stückweise aus Polynomen $(2m+1)$-ten Grades zusammengesetzt sind, findet man Algorithmen in Greville [10], de Boor [19], Algol-Programme in Herriot, Reinsch [11], Fortran-Programme in de Boor [18].

2.4.3 Konvergenzeigenschaften der Splinefunktionen

Entgegen dem Grenzverhalten von interpolierenden Polynomen konvergieren Splinefunktionen gegen die Funktion, die sie interpolieren, sofern man die Unterteilungen Δ immer feiner wählt. Sei etwa $\Delta_m = \{a = x_0^{(m)} < x_1^{(m)} < \ldots < x_{n_m}^{(m)} = b\}$ eine Folge von Unterteilungen des Intervalls $[a, b]$. der Feinheit $\|\Delta_m\| := \max_i x_{i+1}^{(m)} - x_i^{(m)}$.

$$\|\Delta_m\| := \max_i x_{i+1}^{(m)} - x_i^{(m)} .$$

Mit diesen Bezeichnungen gilt dann (s. Hall, Meyer [24] für schärfere Resultate)

(2.4.3.1) **Satz:** *Sei $f \in C^4(a, b)$, $|f^{(4)}(x)| \leqq L$ für $x \in [a, b]$, $\Delta_m = \{a = x_0^{(m)} < x_1^{(m)} < \cdots < x_{n_m}^{(m)} = b\}$ eine Zerlegungsfolge von $[a, b]$ mit*

$$\sup_{m,j} \frac{\|\Delta_m\|}{x_{j+1}^{(m)} - x_j^{(m)}} \leqq K < +\infty .$$

Seien ferner S_{Δ_m} die zu f gehörigen Splinefunktionen mit

$$S_{\Delta_m}(\xi) = f(\xi) \quad \text{für} \quad \xi \in \Delta_m, \qquad S'_{\Delta_m}(x) = f'(x) \quad \text{für} \quad x = a, b.$$

Dann gibt es von Δ_m unabhängige Konstanten $C_i (\leqq 2)$, so daß für $x \in [a, b]$ gilt

$$|f^{(i)}(x) - S_{\Delta_m}^{(i)}(x)| \leqq C_i L K \|\Delta_m\|^{4-i}, \qquad i = 0, 1, 2, 3 .$$

Beweis: Wir betrachten eine feste Zerlegung $\Delta = \{a = x_0 < x_1 < \ldots < x_n = b\}$ von $[a, b]$. Nach (2.4.2.13) gilt für die Momente $M_j := S''_\Delta(Y; x_j)$

einer Splinefunktion S_Δ mit $S'_\Delta(Y;a) = y'_0$, $S'_\Delta(Y;b) = y'_n$ die Gleichung

$$AM = d$$

mit

$$A = \begin{bmatrix} 2 & \lambda_0 & & & 0 \\ \mu_1 & 2 & \ddots & & \\ & \ddots & \ddots & \ddots & \\ & & \ddots & \ddots & \lambda_{n-1} \\ 0 & & & \mu_n & 2 \end{bmatrix}, \qquad M = \begin{bmatrix} M_0 \\ \cdot \\ \cdot \\ \cdot \\ \cdot \\ \cdot \\ M_n \end{bmatrix}, \qquad d = \begin{bmatrix} d_0 \\ \cdot \\ \cdot \\ \cdot \\ \cdot \\ \cdot \\ d_n \end{bmatrix},$$

$$\lambda_0 = \mu_n = 1, \qquad \lambda_j = \frac{h_{j+1}}{h_j + h_{j+1}}, \qquad \mu_j = 1 - \lambda_j = \frac{h_j}{h_j + h_{j+1}}$$

für $j = 1, 2, \ldots, n-1$ und

$$d_0 = \frac{6}{h_1}\left(\frac{y_1 - y_0}{h_1} - y'_0\right), \qquad d_n = \frac{6}{h_n}\left(y'_n - \frac{y_n - y_{n-1}}{h_n}\right),$$

$$d_j = \frac{6}{h_j + h_{j+1}}\left(\frac{y_{j+1} - y_j}{h_{j+1}} - \frac{y_j - y_{j-1}}{h_j}\right) \quad \text{für} \quad j = 1, 2, \ldots, n-1.$$

Seien nun F und r die Vektoren

$$F := \begin{bmatrix} f''(x_0) \\ f''(x_1) \\ \cdot \\ \cdot \\ f''(x_n) \end{bmatrix}, \qquad r := d - AF = A(M - F).$$

Mit $\|z\| := \max_i |z_i|$ für Vektoren z zeigen wir zunächst die Abschätzung

(2.4.3.2) $$\|M - F\| \leqq \|r\| \leqq \tfrac{3}{4} L \|\Delta\|^2.$$

Beweis von (2.4.3.2):
Es ist $r_0 = d_0 - 2f''(x_0) - f''(x_1)$. Taylorentwicklung um x_0 ergibt

$$r_0 = \frac{6}{h_1}\left(\frac{y_1 - y_0}{h_1} - y'_0\right) - 2f''(x) - f''(x_1)$$

$$= \frac{6}{h_1}\left[f'(x_0) + \frac{h_1}{2}f''(x_0) + \frac{h_1^2}{6}f'''(x_0) + \frac{h_1^3}{24}f^{(4)}(\tau_1) - f'(x_0)\right] -$$

$$- 2f''(x_0) - \left[f''(x_0) + h_1 f'''(x_0) + \frac{h_1^2}{2} f^{(4)}(\tau_2) \right]$$

$$= \frac{h_1^2}{4} f^{(4)}(\tau_1) - \frac{h_1^2}{2} f^{(4)}(\tau_2) \quad \text{mit} \quad \tau_1, \tau_2 \in [x_0, x_1].$$

Also ist

$$|r_0| \leqq \tfrac{3}{4} L \|\Delta\|^2 .$$

Analog erhält man für

$$r_n = d_n - f''(x_{n-1}) - 2f''(x_n)$$

die Abschätzung

$$|r_n| \leqq \tfrac{3}{4} L \|\Delta\|^2 .$$

Entsprechend erhält man durch Taylorentwicklung um x_j für $j = 1, 2, \ldots, n-1$:

$$r_j = d_j - \mu_j f''(x_{j-1}) - 2f''(x_j) - \lambda_j f''(x_{j+1})$$

$$= \frac{6}{h_j + h_{j+1}} \left[\frac{y_{j+1} - y_j}{h_{j+1}} - \frac{y_j - y_{j-1}}{h_j} \right]$$

$$- \frac{h_j}{h_j + h_{j+1}} f''(x_{j-1}) - 2f''(x_j) - \frac{h_{j+1}}{h_j + h_{j+1}} f''(x_{j+1})$$

$$= \frac{1}{h_j + h_{j+1}} \left\{ 6 \left[f'(x_j) + \frac{h_{j+1}}{2} f''(x_j) + \frac{h_{j+1}^2}{6} f'''(x_j) + \frac{h_{j+1}^3}{24} f^{(4)}(\tau_1) \right. \right.$$

$$\left. - f'(x_j) + \frac{h_j}{2} f''(x_j) - \frac{h_j^2}{6} f'''(x_j) + \frac{h_j^3}{24} f^{(4)}(\tau_2) \right]$$

$$- h_j \left[f''(x_j) - h_j f'''(x_j) + \frac{h_j^2}{2} f^{(4)}(\tau_3) \right]$$

$$- 2f''(x_j)(h_j + h_{j+1})$$

$$\left. - h_{j+1} \left[f''(x_j) + h_{j+1} f'''(x_j) + \frac{h_{j+1}^2}{2} f^{(4)}(\tau_4) \right] \right\}$$

$$= \frac{1}{h_j + h_{j+1}} \left[\frac{h_{j+1}^3}{4} f^{(4)}(\tau_1) + \frac{h_j^3}{4} f^{(4)}(\tau_2) \right.$$

$$\left. - \frac{h_j^3}{2} f^{(4)}(\tau_3) - \frac{h_{j+1}^3}{2} f^{(4)}(\tau_4) \right].$$

Dabei ist $\tau_i \in [x_{j-1}, x_{j+1}]$ für $i = 1, 2, 3, 4$. Also gilt für $j = 1, 2, \ldots, n-1$

$$|r_j| \leqq \frac{3}{4} L \frac{1}{h_j + h_{j+1}} [h_{j+1}^3 + h_j^3] \leqq \frac{3}{4} L \|\Delta\|^2.$$

Insgesamt folgt

$$\|r\| \leqq \tfrac{3}{4} L \|\Delta\|^2$$

und daraus wegen $r = A(M - F)$ und (2.4.2.18)

$$\|M - F\| \leqq \|r\| \leqq \tfrac{3}{4} L \|\Delta\|^2.$$

Wir zeigen nun die Behauptung des Satzes für $i = 3$.

Für $x \in [x_{j-1}, x_j]$ ist

$$\begin{aligned} S_\Delta'''(x) - f'''(x) &= \frac{M_j - M_{j-1}}{h_j} - f'''(x) \\ &= \frac{M_j - f''(x_j)}{h_j} - \frac{M_{j-1} - f''(x_{j-1})}{h_j} \\ &\quad + \frac{f''(x_j) - f''(x) - [f''(x_{j-1}) - f''(x)]}{h_j} - f'''(x), \end{aligned}$$

durch Taylorentwicklung um x ergibt sich also wegen (2.4.3.2)

$$\begin{aligned} |S_\Delta'''(x) - f'''(x)| &\leqq \frac{3}{2} L \frac{\|\Delta\|^2}{h_j} + \frac{1}{h_j} \left| (x_j - x) f'''(x) + \frac{(x_j - x)^2}{2} f^{(4)}(\eta_1) \right. \\ &\qquad \left. - (x_{j-1} - x) f'''(x) - \frac{(x_{j-1} - x)^2}{2} f^{(4)}(\eta_2) - h_j f'''(x) \right| \\ &\leqq \frac{3}{2} L \frac{\|\Delta\|^2}{h_j} + \frac{L}{2} \frac{\|\Delta\|^2}{h_j}, \qquad \eta_1, \eta_2 \in [x_{j-1}, x_j] \\ &\leqq 2 LK \|\Delta\|, \end{aligned}$$

da $\dfrac{\|\Delta\|}{h_j} \leqq K$ nach Voraussetzung für alle j gilt.

Die restliche Behauptung des Satzes ergibt sich auf folgende Weise: Für jedes $x \in (a, b)$ gibt es ein $x_j = x_j(x)$, so daß $|x_j(x) - x| \leqq \frac{1}{2} \|\Delta\|$. Es folgt daher aus

$$f''(x) - S_\Delta''(x) = f''(x_j(x)) - S_\Delta''(x_j(x)) + \int_{x_j(x)}^{x} (f'''(t) - S_\Delta'''(t))\, dt$$

sofort mit Hilfe der eben bewiesenen Abschätzungen und wegen $K \geqq 1$

$$\begin{aligned} |f''(x) - S''_\Delta(x)| &\leqq \tfrac{3}{4} L\|\Delta\|^2 + \tfrac{1}{2}\|\Delta\| \cdot 2LK\|\Delta\| \\ &\leqq \tfrac{7}{4} LK\|\Delta\|^2, \qquad x \in [a,b]. \end{aligned}$$

Weiter ist

$$f(x_{j-1}) = S_\Delta(x_{j-1}), \qquad f(x_j) = S_\Delta(x_j).$$

Außer den Randpunkten $\xi_0 := a$, $\xi_{n+1} := b$ existieren also nach dem Satz von Rolle weitere n Stellen $\xi_j \in (x_{j-1}, x_j)$, $j = 1, \ldots, n$, mit

$$f'(\xi_j) = S'_\Delta(\xi_j), \qquad j = 0, 1, \ldots, n+1,$$

derart, daß es für jedes $x \in [a, b]$ ein $\xi_j(x)$ gibt mit

$$|\xi_j(x) - x| < \|\Delta\|.$$

Für $x \in [a, b]$ gilt daher

$$f'(x) - S'_\Delta(x) = \int_{\xi_j(x)}^{x} \left(f''(t) - S''_\Delta(t)\right) dt,$$

und daher für alle $x \in [a, b]$

$$|f'(x) - S'_\Delta(x)| \leqq \tfrac{7}{4} LK\|\Delta\|^2 \cdot \|\Delta\| = \tfrac{7}{4} LK\|\Delta\|^3.$$

Auf dieselbe Weise folgt schließlich für $x \in [a, b]$

$$f(x) - S_\Delta(x) = \int_{x_j(x)}^{x} \left(f'(t) - S'_\Delta(t)\right) dt,$$

so daß für alle $x \in [a, b]$ gilt

$$|f(x) - S_\Delta(x)| \leqq \tfrac{7}{4} LK\|\Delta\|^3 \cdot \tfrac{1}{2}\|\Delta\| = \tfrac{7}{8} LK\|\Delta\|^4. \quad \square$$

Übungsaufgaben zu Kapitel 2

1. Zu den Stützstellen $x_0, \ldots, x_n$ mit $x_i \neq x_j$ für $i \neq j$ seien $L_i(x)$ die Lagrange-Polynome aus (2.1.1.2) und $c_i := L_i(0)$. Man zeige:

$$\sum_{i=0}^{n} c_i x_i^j = \begin{cases} 1 & \text{für} \quad j = 0 \\ 0 & \text{für} \quad j = 1, 2, \ldots, n \\ (-1)^n x_0 x_1 \ldots x_n & \text{für} \quad j = n+1 \end{cases}$$

$$\sum_{i=0}^{n} L_i(x) \equiv 1.$$

2. Die Funktion $\ln(x)$ werde quadratisch interpoliert, Stützstellen seien $x = 10, 11, 12$.

a) Schätzen Sie für $x = 11.1$ den Interpolationsfehler ab!
b) Wie hängt das Vorzeichen dieses Fehlers von x ab?

3. Die auf $I = [-1, 1]$ zweimal stetig differenzierbare Funktion f werde durch ein lineares Polynom an den Stellen $(x_i, f(x_i))$, $i = 0, 1$, mit $x_0, x_1 \in I$ interpoliert. Dann ist

$$\alpha = \tfrac{1}{2} \cdot \max_{\xi \in I} |f''(\xi)| \cdot \max_{x \in I} |(x - x_0)(x - x_1)|$$

eine obere Schranke für den maximalen absoluten Interpolationsfehler auf I. Wie hat man x_0, x_1 zu wählen, damit α möglichst klein wird? Welcher Zusammenhang besteht zwischen $(x - x_0)(x - x_1)$ und $\cos(2 \arccos x)$?

4. Eine Funktion $f(x)$ werde auf dem Intervall $[a, b]$ durch ein Polynom $P_n(x)$ höchstens n-ten Grades interpoliert, Stützstellen seien $x_0, \ldots, x_n$ mit $a \leqq x_0 < x_1 < \ldots < x_n \leqq b$. f sei auf $[a, b]$ beliebig oft differenzierbar und es gelte $|f^{(i)}(x)| \leqq M$ für $i = 0, 1, 2, \ldots$ und alle $x \in [a, b]$. Konvergiert $P_n(x)$ für $n \to \infty$ (ohne weitere Voraussetzung über die Lage der Stützstellen) gleichmäßig auf $[a, b]$ gegen $f(x)$?

5. a) Die Besselsche Funktion nullter Ordnung

$$J_0(x) = \frac{1}{\pi} \int_0^{\pi} \cos(x \sin t)\, dt$$

soll an äquidistanten Stellen $x_i = x_0 + ih$, $i = 0, 1, 2, \ldots$ tabelliert werden. Welche Schrittweite h ist zu wählen, wenn bei linearer Interpolation mit Hilfe dieser Tafel der Interpolationsfehler kleiner als 10^{-6} ausfallen soll?

b) Wie verhält sich der Interpolationsfehler

$$\max_{0 \leqq x \leqq 1} |P_n(x) - J_0(x)|$$

für $n \to \infty$, wenn P_n das Interpolationspolynom höchstens n-ten Grades mit

$$P_n(x) = J_0(x) \quad \text{für} \quad x = x_i^{(n)} := \frac{i}{n}, \qquad i = 0, 1, \ldots, n$$

ist.

Hinweis: Es genügt zu zeigen, daß $|J_0^{(k)}(x)| \leqq 1$ für $k = 0, 1, \ldots$

c) Vergleichen Sie dieses Resultat mit dem Verhalten des Fehlers

$$\max_{0 \leqq x \leqq 1} |S_{\Delta_n}(x) - J_0(x)|$$

für $n \to \infty$, wo S_{Δ_n} die Splinefunktion zur Zerlegung $\Delta_n = \{x_i^{(n)}\}$ von $[0, 1]$ bezeichnet, für die gilt

$$S_{\Delta_n}(x) = J_0(x) \quad \text{für} \quad x = x_i^{(n)} = \frac{i}{n}, \qquad i = 0, \ldots, n,$$

$$S'_{\Delta_n}(x) = J'_0(x) \quad \text{für} \quad x = 0, 1\,.$$

6. Interpolation auf Produkträumen:

Für die Funktionen $\varphi_0, \varphi_1, \ldots, \varphi_n$ sei jedes lineare Interpolationsproblem eindeutig lösbar, d. h. zu gegebenen Abszissen $x_0, \ldots, x_n$ mit $x_i \neq x_j, i \neq j$ und Stützwerten $f_0, \ldots, f_n$ existiere eindeutig eine Linearkombination

$$\Phi(x) = \sum_{i=0}^{n} \alpha_i \varphi_i(x)$$

mit

$$\Phi(x_k) = f_k, \qquad k = 0, \ldots, n.$$

Zeigen Sie: Ist auch für die Funktionen $\psi_0, \ldots, \psi_m$ jedes lineare Interpolationsproblem eindeutig lösbar, so existiert für jede Wahl von Abszissen

$$x_0, x_1, \ldots, x_n, \qquad x_i \neq x_j, \qquad i \neq j$$

$$y_0, y_1, \ldots, y_m, \qquad y_i \neq y_j, \qquad i \neq j$$

und Stützwerten

$$f_{ik}, \; i = 0, \ldots, n, \qquad k = 0, \ldots, m$$

eindeutig eine Funktion

$$\Phi(x, y) = \sum_{\nu=0}^{n} \sum_{\mu=0}^{m} \alpha_{\nu\mu} \varphi_\nu(x) \cdot \psi_\mu(y)$$

mit

$$\Phi(x_i, y_k) = f_{ik}, \qquad i = 0, 1, \ldots, n, \qquad k = 0, \ldots, m.$$

7. Welche Aussage folgt daraus im Spezialfall der Polynominterpolation? Stellen Sie $\Phi(x, y)$ in diesem Fall explizit dar!

8. Es liegen vor die Abszissen

$$y_0, y_1, \ldots, y_m, \qquad y_i \neq y_j, \qquad i \neq j$$

sowie für $k = 0, \ldots, m$ die Zahlen

$$x_0^{(k)}, x_1^{(k)}, \ldots, x_{n_k}^{(k)}, \qquad x_i^{(k)} \neq x_j^{(k)}, \qquad i \neq j.$$

O. E. d. A. seien die y_k bereits so umnumeriert, daß gilt

$$n_0 \geqq n_1 \geqq \ldots \geqq n_m.$$

Dazu sind Stützwerte

$$f_{ik}, \qquad i = 0, \ldots, n_k, \qquad k = 0, \ldots, m$$

gegeben. Beweisen Sie, daß genau ein Polynom

$$P(x, y) \equiv \sum_{\mu=0}^{m} \sum_{\nu=0}^{n_\mu} \alpha_{\nu\mu} x^\nu y^\mu$$

existiert mit der Eigenschaft

$$P(x_i^{(k)}, y_k) = f_{ik}, \qquad i = 0, \ldots, n_k, \qquad k = 0, \ldots, m.$$

Hinweis: Durch Induktion nach m zu zeigen.

9. Kann das Interpolationsproblem in 8. auch durch andere Polynome

$$P(x, y) = \sum_{\mu=0}^{M} \sum_{\nu=0}^{N_\mu} \alpha_{\nu\mu} x^\nu y^\mu$$

gelöst werden, für die lediglich die Anzahl der Parameter $\alpha_{\nu\mu}$ mit der Anzahl der Stützwerte übereinstimmt, d. h.

$$\sum_{\mu=0}^{m} (n_\mu + 1) = \sum_{\mu=0}^{M} (N_\mu + 1)\,?$$

Hinweis: Untersuchen Sie einfache Beispiele.

10. Berechnen Sie für die Stützpunkte

x_i	0	1	−1	2	−2
f_i	1	3	3/5	3	3/5

die inversen oder reziproken Differenzen und bestimmen Sie damit den rationalen Ausdruck $\Phi^{2,2}(x)$ mit Zählergrad = Nennergrad = 2 und $\Phi^{2,2}(x_i) = f_i$ in der Form eines Kettenbruches. Berechnen Sie daraus auch das Zähler- und das Nennerpolynom.

11. $\Phi^{m,n}$ sei die rationale Funktion, die für gegebene Stützpunkte (x_k, f_k), $k = 0, 1, \ldots, m + n$ Lösung des Systems $S^{m,n}$ ist:

$$(a_0 + a_1 x_k + \ldots + a_m x_k^m) - f_k(b_0 + b_1 x_k + \ldots + b_n x_k^n) = 0$$

$$k = 0, 1, \ldots, m + n$$

Zeigen Sie, daß $\Phi^{m,n}(x)$ sich wie folgt durch Determinanten darstellen läßt:

$$\Phi^{m,n}(x) = \frac{|f_k, x_k - x, \ldots, (x_k - x)^m, (x_k - x) f_k, \ldots, (x_k - x)^n f_k|_{k=0}^{m+n}}{|1, x_k - x, \ldots, (x_k - x)^m, (x_k - x) f_k, \ldots, (x_k - x)^n f_k|_{k=0}^{m+n}}$$

Dabei steht $|\alpha_k, \ldots, \zeta_k|_{k=0}^{m+n}$ zur Abkürzung für

$$\det \begin{bmatrix} \alpha_0 & \ldots\ldots & \zeta_0 \\ \alpha_1 & \ldots\ldots & \zeta_1 \\ \cdot & & \cdot \\ \cdot & & \cdot \\ \cdot & & \cdot \\ \alpha_{m+n} & \ldots\ldots & \zeta_{m+n} \end{bmatrix}.$$

12. Beweisen Sie in Verallgemeinerung von Satz (2.3.1.8):
   a) Zu $2n + 1$ Stützpunkten x_k mit

$$a \leqq x_0 < x_1 < \ldots < x_{2n} < a + 2\pi$$

und Stützwerten $y_0, \ldots, y_{2n}$ existiert eindeutig ein trigonometrisches Polynom

$$T(x) = \tfrac{1}{2}a_0 + \sum_{j=1}^{n} (a_j \cos jx + b_j \sin jx)$$

mit

$$T(x_k) = y_k \quad \text{für} \quad k = 0, 1, \ldots, 2n.$$

b) Sind $y_0, \ldots, y_{2n}$ reell, dann auch die Koeffizienten a_j, b_j.

Hinweis: Führen Sie a) durch die Umformung $T(x) = \sum_{j=-n}^{n} c_j e^{ijx}$ auf die (komplexe) Polynominterpolation zurück. Für b) ist $c_{-j} = \overline{c_j}$ zu zeigen.

13. a) Man zeige, daß für reelle $x_1, \ldots, x_{2n}$ die Funktion

$$t(x) = \prod_{k=1}^{2n} \sin \frac{x - x_k}{2}$$

ein trigonometrisches Polynom der Form

$$\tfrac{1}{2}a_0 + \sum_{j=1}^{n} (a_j \cos jx + b_j \sin jx)$$

mit reellen, a_j, b_j *ist.*

Hinweis: Formen Sie $t(x)$ mit $\sin \phi = \frac{1}{2i}(e^{i\varphi} - e^{-i\phi})$ um in $\sum_{\nu=-n}^{n} c_\nu e^{i\nu x}$.

b) Beweisen Sie mit a), daß das interpolierende trigonometrische Polynom zu den Stützstellen x_k

$$0 \leqq x_0 < x_1 \ldots < x_{2n} < 2\pi$$

und den Stützwerten $y_0, \ldots, y_{2n}$ identisch mit

$$T(x) = \sum_{j=0}^{2n} y_j t_j(x)$$

ist, wobei

$$t_j(x) := \prod_{\substack{k=0 \\ k \neq j}}^{2n} \sin \frac{x - x_k}{2} \Bigg/ \prod_{\substack{k=0 \\ k \neq j}}^{2n} \sin \frac{x_j - x_k}{2}.$$

14. Beweisen Sie, daß zu $n + 1$ Stützstellen x_k mit

$$a \leqq x_0 < x_1 < \ldots < x_n < a + \pi$$

und Werten $y_0, \ldots, y_n$ eindeutig ein „Cosinus-Polynom"

$$C(x) = \sum_{j=0}^{n} a_j \cos jx$$

existiert mit

$$C(x_k) = y_k, \qquad k = 0, 1, \ldots, n.$$

Hinweis: Benützen Sie Aufgabe 12.

15. a) Zeigen Sie für ganzes j und $x_k := \frac{2\pi k}{2m+1}$, $k = 0, 1, \ldots, 2m$

$$\sum_{k=0}^{2m} \cos jx_k = (2m+1)\, h(j),$$

$$\sum_{k=0}^{2m} \sin jx_k = 0.$$

Dabei ist

$$h(j) := \begin{cases} 1 & \text{für} \quad j = 0 \bmod 2m+1, \\ 0 & \text{sonst}. \end{cases}$$

b) Leiten Sie mit a) für ganzzahlige j, k folgende Orthogonalitätsrelationen her:

$$\sum_{i=0}^{2m} \sin jx_i \sin kx_i = \frac{2m+1}{2} [h(j-k) - h(j+k)]$$

$$\sum_{i=0}^{2m} \cos jx_i \cos kx_i = \frac{2m+1}{2} [h(j-k) + h(j+k)]$$

$$\sum_{i=0}^{2m} \cos jx_i \sin kx_i = 0.$$

16. Die Funktion $f: \mathbb{R} \to \mathbb{R}$ habe die Periode 2π und die absolut konvergente Fourierreihe

$$f(x) = \tfrac{1}{2} a_0 + \sum_{j=1}^{\infty} (a_j \cos jx + b_j \sin jx).$$

Für die trigonometrische Interpolationsfunktion

$$\Psi(x) = \tfrac{1}{2} A_0 + \sum_{j=1}^{m} (A_j \cos jx + B_j \sin jx)$$

gelte für $k = 0, 1, \ldots, 2m$

$$\Psi(x_k) = f(x_k) \quad \text{mit} \quad x_k = \frac{2\pi k}{2m+1}.$$

Zeigen Sie:

$$A_k = a_k + \sum_{p=1}^{\infty} [a_{p(2m+1)+k} + a_{p(2m+1)-k}], \qquad 0 \leqq k \leqq m$$

$$B_k = b_k + \sum_{p=1}^{\infty} [b_{p(2m+1)+k} - b_{p(2m+1)-k}], \qquad 1 \leqq k \leqq m.$$

17. Gegeben seien eine Zerlegung $\Delta = \{x_0 < x_1 < \ldots < x_n\}$ und Werte $Y := \{y_0, \ldots, y_n\}$. Beweisen Sie unabhängig von Satz (2.4.1.4) die Eindeutigkeit von $S_\Delta(Y;.)$ mit der Eigenschaft

$$S''_\Delta(Y; x_0) = S''_\Delta(Y; x_n) = 0.$$

Hinweis: Die Annahme der Existenz von 2 verschiedenen derartigen Funktionen S_Δ und $\tilde{S}_\Delta$ führt zu einem Widerspruch, was die Zahl der Nullstellen von $S''_\Delta - \tilde{S}''_\Delta$ betrifft.

18. Die Existenz von $S_\Delta(Y;.)$ in den Fällen a), b), c) (2.4.2.1) läßt sich auch ohne die in 2.4.2 durchgeführte explizite Berechnung von $S_\Delta(Y;.)$ beweisen:
   a) Der Ansatz (2.4.2.6) enthält die $4n$ Parameter $\alpha_j, \beta_j, \gamma_j, \delta_j$. Zeigen Sie, daß man aus ihm in jedem der Fälle a), b), c) ein System von $4n$ linearen Gleichungen für diese Parameter erhält.
   b) Benützen Sie die in 17. gezeigte Eindeutigkeit von $S_\Delta(Y;.)$, um zu beweisen, daß die Matrix dieses Gleichungssystems nichtsingulär ist, womit die Existenz von $S_\Delta(Y;.)$ gesichert ist.

19. Zeigen Sie: Für die in (2.4.2.10), (2.4.2.12) eingeführten Größen d_j gilt

$$d_j = 3f''(x_j) + 0(\|\Delta\|), \quad j = 0, 1, \ldots, n,$$

bei äquidistanter Unterteilung sogar

$$d_j = 3f''(x_j) + 0(\|\Delta\|^2), \quad j = 1, \ldots, n-1.$$

20. Zeigen Sie im Anschluß an Satz (2.4.1.4): Ist die Zerlegung Δ' von $[a, b]$ eine Verfeinerung von Δ, d. h. $\Delta' \supset \Delta$, so gilt in jedem der Fälle a), b), c)

$$\|f\| \geqq \|S_{\Delta'}(Y';.)\| \geqq \|S_\Delta(Y;.)\|.$$

21. Es sei $f \in \mathcal{K}^4(a, b)$ und $S_\Delta(x)$ eine Splinefunktion auf

$$\Delta = \{a = x_0 < x_1 < \ldots < x_n = b\} \text{ mit } S_\Delta(x_i) = f(x_i),\ i = 0, \ldots, n.$$

Beweisen Sie, daß

$$\|f - S_\Delta\|^2 = \int_a^b (f(x) - S_\Delta(x)) f^{(4)}(x)\, dx$$

gilt, falls zusätzlich eine der folgenden Bedingungen erfüllt ist:

a) $f'(x) = S'_\Delta(x)$ für $x = a, b$

b) $f''(x) = S''_\Delta(x)$ für $x = a, b$

c) S_Δ ist periodisch und $f \in \mathcal{K}^4_p(a, b)$

22. Zeigen Sie: Für die Größen p_k, $k = 1, \ldots, n$ des Eliminationsverfahrens (2.4.2.19) gilt $p_k > 1$. Alle Divisionen sind also ausführbar.

23. Die Splinefunktionen S_j seien zur festen Zerlegung $\Delta = \{x_0 < \ldots < x_n\}$ definiert durch

$$S_j(x_k) = \delta_{jk} \quad \text{für} \quad j, k = 0, \ldots, n,$$

$$S_j''(x_0) = S_j''(x_n) = 0.$$

Δ sei eine äquidistante Zerlegung: $x_i = a + ih$, $h > 0$, $i = 0, \ldots, n$. Zeigen Sie: Für die Momente $M_1, \ldots, M_{n-1}$ von S_j gilt

$$M_i = -\frac{1}{\rho_i} M_{i+1} \quad \text{für} \quad i = 1, \ldots, j-2,$$

$$M_i = -\frac{1}{\rho_{n-i}} M_{i-1} \quad \text{für} \quad i = j+2, \ldots, n-1,$$

$$\left.\begin{aligned} M_j &= \frac{-6}{h^2} \frac{2 + 1/\rho_{j-1} + 1/\rho_{n-j-1}}{4 - 1/\rho_{j-1} - 1/\rho_{n-j-1}} \\ M_{j-1} &= \frac{1}{\rho_{j-1}} (6h^{-2} - M_j) \\ M_{j+1} &= \frac{1}{\rho_{n-j-1}} (6h^{-2} - M_j) \end{aligned}\right\} \quad \text{falls} \quad j \neq 0, 1, n-1, n$$

wobei die Zahlen ρ_i durch $\rho_1 := 4$ und

$$\rho_i := 4 - 1/\rho_{i-1}, \qquad i = 2, 3, \ldots$$

erklärt sind. Wie man leicht nachprüft, erfüllen sie die Ungleichungen

$$4 = \rho_1 > \rho_2 > \ldots > \rho_i > \rho_{i+1} > 2 + \sqrt{3} > 3.7, \qquad 0.25 < 1/\rho_i < 0.3.$$

24. Zeigen Sie unter den gleichen Voraussetzungen wie in 23.: Für $j = 2, 3, \ldots, n-2$ und $x \in [x_i, x_{i+1}]$, $j + 1 \leqq i \leqq n - 1$ oder $x \in [x_{i-1}, x_i]$, $1 \leqq i \leqq$ $\leqq j - 1$ gilt

$$|S_j(x)| \leqq \frac{h^2}{8} |M_i|.$$

25. $S_{\Delta;f}$ bezeichne die Splinefunktion, die f an den Stellen $x \in \Delta$ interpoliert und für die gilt

$$S''_{\Delta;f}(x_0) = S''_{\Delta;f}(x_n) = 0.$$

Die Zuordnung $f \to S_{\Delta;f}$ ist linear (!), d. h.

$$S_{\Delta;f+g} = S_{\Delta;f} + S_{\Delta;g},$$

$$S_{\Delta;\alpha f} = \alpha S_{\Delta;f}.$$

Welche Auswirkung die Abänderung eines Wertes $f(x_j)$ auf $S_{\Delta;f}$ hat, hängt deshalb nur vom Verlauf der speziellen Splinefunktion S_j ab, die in 23. definiert wurde. Weisen Sie damit nach, daß die Störung von $S_{\Delta;f}$ in den benachbarten Intervallen rasch „abklingt". Setzen Sie dazu wieder eine äquidistante Zerlegung Δ voraus und verwenden Sie die Resultate von 23. und 24. Zum Vergleich: Wie verhalten sich interpolierende Polynome in dieser Hinsicht? Betrachten Sie dazu die analog definierten Lagrange-Polynome L_i in (2.1.1.2).

26. Es sei $\Delta = \{x_0 < x_1 < \ldots < x_n\}$.

a) Zeigen Sie: Eine Splinefunktion S_Δ mit den Randbedingungen

$$(*) \qquad S_\Delta^{(k)}(x_0) = S_\Delta^{(k)}(x_n) = 0, \qquad k = 0, 1, 2$$

verschwindet für $n < 4$ identisch.

b) Für $n = 4$ existiert zu jedem Wert c eindeutig eine Splinefunktion S_Δ mit (*) und der Normierungsbedingung

$$S_\Delta(x_2) = c\,.$$

Hinweis: Beweisen Sie zunächst die Eindeutigkeit von S_Δ für $c = 0$ durch Abschätzung der Zahl der Nullstellen von S''_Δ in (x_0, x_4). Folgern Sie daraus wie in 18. die Existenz von S_Δ.

c) Berechnen Sie S_Δ explizit für folgenden Spezialfall von b):

$$x_i = -2, -1, 0, 1, 2, \qquad c = 1$$

27. $\mathscr{S}$ sei der Raum aller Splinefunktionen S_Δ zu $\Delta = \{x_0 < x_1 < \ldots < x_n\}$ mit $S''_\Delta(x_0) = S''_\Delta(x_n) = 0$. $S_0, \ldots, S_n$ seien wie in 23. definiert. Zeigen Sie, daß für $Y := \{y_0, \ldots, y_n\}$ gilt

$$S_\Delta(Y; x) \equiv \sum_{j=0}^{n} y_j S_j(x)\,.$$

Welche Dimension hat $\mathscr{S}$?

28. $\tilde{S}_0, \ldots, \tilde{S}_n$ seien Splinefunktionen zu $\Delta = \{x_0 < \ldots < x_n\}$ mit den Eigenschaften

$$\tilde{S}_j(x) \equiv 0 \quad \text{für} \quad x \leqq x_{j-2}, j \geqq 2 \quad \text{und für} \quad x \geqq x_{j+2}, j \leqq n-2,$$

$$\tilde{S}_j(x_j) = 1\,.$$

Für $\tilde{S}_0$, $\tilde{S}_1$ wird zusätzlich verlangt

$$\tilde{S}''_0(x_0) = \tilde{S}''_1(x_0) = 0\,, \qquad \tilde{S}_1(x_0) = 0\,,$$

ebenso für $\tilde{S}_{n-1}, \tilde{S}_n$

$$\tilde{S}''_{n-1}(x_n) = \tilde{S}''_n(x_n) = 0, \qquad \tilde{S}_{n-1}(x_n) = 0\,.$$

a) Beweisen Sie, daß $\tilde{S}_0, \tilde{S}_1, \tilde{S}_{n-1}, \tilde{S}_n$ existieren und eindeutig definiert sind (für $\tilde{S}_2, \ldots, \tilde{S}_{n-2}$ wurde das bereits in 26. gezeigt).

b) Bilden $\tilde{S}_0, \ldots, \tilde{S}_n$ eine Basis für $\mathscr{S}$?

Die Splinefunktionen $\tilde{S}_j$ werden auch als kubische B-splines bezeichnet. Algorithmen zu ihrer Berechnung findet man in de Boor [18, 19].

29. $E_{\Delta,f}(x)$ bezeichne denjenigen Spline, der zu gegebenen λ_i das Funktional

$$E[y] = \sum_{i=0}^{N-1} \int_{x_i}^{x_{i+1}} \left[\left(y''(x) \right)^2 + \lambda_i^2 \left(y'(x) \right)^2 \right] dx$$

über $\mathscr{K}^2(a, b)$ minimiert (Bezeichnungen siehe Satz (2.4.1.4), c.)).

a) Man zeige:
$E_{\Delta,f}$ hat intervallweise die Darstellung:

$$E_{\Delta,f}(x) = \alpha_i + \beta_i(x - x_i) + \gamma_i \psi_i(x - x_i) + \delta_i \varphi_i(x - x_i), \; x_i \leqq x \leqq x_{i+1},$$
$$i = 0, \ldots, N-1$$

$$\psi_i(x) = \frac{2}{\lambda_i^2} [\cos h(\lambda_i x) - 1], \; \varphi_i(x) = \frac{6}{\lambda_i^3} [\sin h(\lambda_i x) - \lambda_i x]$$

$\alpha_i, \beta_i, \gamma_i, \delta_i$ Integrationskonstanten.
$E_{\Delta,f}$ bezeichnet man auch als Exponentialspline.

b) Was erhält man im Grenzfall $\lambda_i \to 0$?

c) Die Figur zeigt das qualitative Verhalten vom kubischen Spline und Exponentialspline.

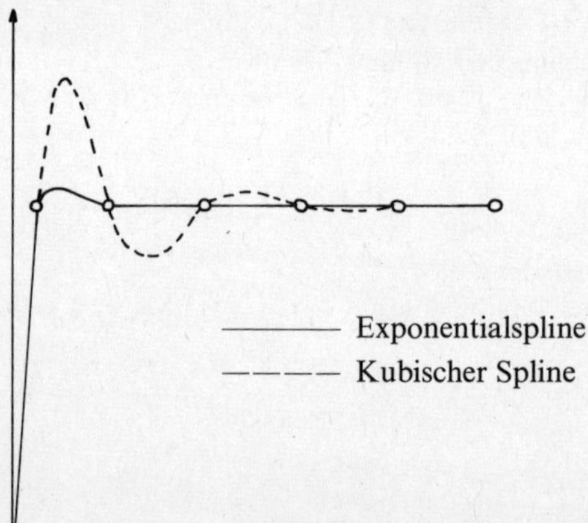

Literatur zu Kapitel 2

[1] Achieser, N. I.: Vorlesungen über Approximationstheorie. Berlin: Akademie-Verlag 1953.

[2] Ahlberg, J., Nilson E., Walsh, J.: The theory of splines and their applications. New York-London: Academic Press 1967.

[3] Bulirsch, R., Rutishauser, H.: Interpolation und genäherte Quadratur. In: [15].
[4] Bulirsch, R., Stoer, J.: Darstellung von Funktionen in Rechenautomaten. In: [15].
[5] Cooley, J. W., Tukey, J. W.: An algorithm for the machine calculation of complex Fourier series. Math. Comput. **19**, 297–301 (1965).
[6] Davis, P. J.: Interpolation and approximation. New York: Blaisdell 1963.
[7] Gautschi, W.: Attenuation factors in practical Fourier analysis. Num. Math. **18**, 373–400 (1972).
[8] Gentleman, W. M., Sande, G.: Fast Fourier transforms—for fun and profit. Proc. AFIPS 1966 Fall Joint Computer Conference, Vol. *29*, 503–578. Washington D.C.: Spartan Books.
[9] Goertzel, G.: An algorithm for the evaluation of finite trigonometric series. Am. Math. Monthly **65** (1958).
[10] Greville, T. N. E.: Introduction to spline functions. In: Theory and applications of spline functions. Edited by T. N. E. Greville, New York: Academic Press, 1–35 (1969).
[11] Herriot, J. G., Reinsch, C.: Algol 60 procedures for the calculation of interpolating natural spline functions. Technical Report No. STAN-CS-71-200 (1971), Computer Science Department, Stanford University California.
[12] Kuntzmann, J.: Méthodes Numériques, Interpolation-Dérivées. Paris: Dunod 1959.
[13] Milne-Thomson, L. M.: The calculus of finite differences. London: Macmillan and Co. 1951.
[14] Reinsch, C.: Unveröffentlichtes Manuskript (Die Methode von Reinsch ist auch in [4] beschrieben).
[15] Sauer, R., Szabó, I. (eds.): Mathematische Hilfsmittel des Ingenieurs, Teil III. Berlin-Heidelberg-New York: Springer 1968.
[16] Singleton, R. C.: On computing the fast Fourier transform. Comm. ACM **10**, 647–654 (1967).
[17] —: Algorithm 338: Algol procedures for the fast Fourier transform. Algorithm 339: An Algol procedure for the fast Fourier transform with arbitrary factors. Comm. ACM **11**, 773–779 (1968).
[18] De Boor, C.: Subroutine Package for Calculating with *B*-Splines. Los Alamos Scientific Laboratory Report LA 4728-MS, 1971.
[19] —: On calculating with *B*-splines. J. Approximation Theory **6**, 50–62 (1972).
[20] Böhmer, K.: Spline-Funktionen. Stuttgart: Teubner 1974.
[21] Bloomfield, P.: Fourier analysis of time series. New York: Wiley 1976
[22] Brigham, E. O.: The fast Fourier transform. Englewood Cliffs, N. J.: Prentice Hall 1974.
[23] Ciarlet, P. G., Schultz, M. H., Varga, R. S.: Numerical methods of high-order accuracy for nonlinear boundary value problems. I. One dimensional problem. Num. Math. **9**, 394–430 (1967).
[24] Hall, C. A., Meyer, W. W.: Optical error bounds for cubic spline interpolation. J. Approximation Theory **16**, 105–122 (1976).

Weitere Literaturangaben am Ende von Kapitel 1

3 Integration von Funktionen

In diesem Abschnitt sollen einige wichtige Verfahren zur näherungsweisen Berechnung eines bestimmten Integrals

$$\int_a^b f(x)\,dx, \qquad a, b \text{ endlich},$$

besprochen werden.

3.1 Elementare Integrationsformeln, Fehlerabschätzungen

Die Integrationsformeln von Newton und Cotes erhält man, indem man den Integranden durch ein passendes interpolierendes Polynom $P(x)$ ersetzt und $\int_a^b P(x)\,dx$ als Näherungswert für $\int_a^b f(x)\,dx$ nimmt. Sei dazu etwa eine äquidistante Intervalleinteilung von $[a, b]$ gegeben durch

$$x_i = a + i \cdot h, \qquad i = 0, \ldots, n$$

mit der Schrittweite $h := \dfrac{b-a}{n}$, $n > 0$ ganz, und sei P_n dasjenige interpolierende Polynom mit

a) Grad $P_n \leqq n$

b) $P_n(x_i) = f_i := f(x_i)$ für $i = 0, 1, \ldots, n$.

Dann gilt wegen der Interpolationsformel von Lagrange (2.1.1.3)

$$P_n(x) \equiv \sum_{i=0}^{n} f_i L_i(x), \qquad L_i(x) = \prod_{\substack{k=0\\k\neq i}}^{n} \frac{x - x_k}{x_i - x_k}.$$

Mit $x = a + hs$ und s als neuer Variablen erhält man

$$L_i(x) = \varphi_i(s) := \prod_{\substack{k=0\\k\neq i}}^{n} \frac{s-k}{i-k}.$$

Durch Integration ergibt sich

$$\int_a^b P_n(x)\,dx = \sum_{i=0}^{n} f_i \int_a^b L_i(x)\,dx =$$
$$= h \sum_{i=0}^{n} f_i \int_0^n \varphi_i(s)\,ds$$
$$= h \sum_{i=0}^{n} f_i \alpha_i .$$

Dabei hängen die Koeffizienten („Gewichte")

$$\alpha_i := \int_0^n \varphi_i(s)\,ds$$

nur von n ab und nicht von der zu integrierenden Funktion f oder den Intervallgrenzen a, b.

Zum Beispiel erhält man für $n = 2$

$$\alpha_0 = \int_0^2 \frac{s-1}{0-1} \cdot \frac{s-2}{0-2}\,ds = \frac{1}{2}\int_0^2 (s^2 - 3s + 2)\,ds = \frac{1}{2}\left(\frac{8}{3} - \frac{12}{2} + 4\right) = \frac{1}{3},$$

$$\alpha_1 = \int_0^2 \frac{s-0}{1-0} \cdot \frac{s-2}{1-2}\,ds = -\int_0^2 (s^2 - 2s)\,ds = -\left(\frac{8}{3} - 4\right) = \frac{4}{3},$$

$$\alpha_2 = \int_0^2 \frac{s-0}{2-0} \cdot \frac{s-1}{2-1}\,ds = \frac{1}{2}\int_0^2 (s^2 - s)\,ds = \frac{1}{2}\left(\frac{8}{3} - \frac{4}{2}\right) = \frac{1}{3}.$$

Man erhält den Näherungswert

$$\int_a^b P_2(x)\,dx = \frac{h}{3}(f_0 + 4f_1 + f_2)$$

für das Integral $\int_a^b f(x)\,dx$. Dies ist gerade die *Simpsonsche Regel.* Allgemein erhält man für alle natürlichen Zahlen n zur näherungsweisen Berechnung von $\int_a^b f(x)\,dx$ Integrationsformeln der Art

$$\text{(3.1.1)} \qquad \int_a^b P_n(x)\,dx = h \sum_{i=0}^{n} f_i \alpha_i, \qquad f_i = f(a + ih), \qquad h := \frac{b-a}{n},$$

die sogenannten *Newton-Cotes-Formeln.* Die Gewichte α_i, $i = 0, 1, \ldots, n$, liegen tabelliert vor. Es sind rationale Zahlen mit der Eigenschaft

$$\text{(3.1.2)} \qquad \sum_{i=0}^{n} \alpha_i = n.$$

Das folgt aus (3.1.1) mit $f(x) :\equiv 1$ also $P_n(x) \equiv 1$ wegen der Eindeutigkeit der Polynominterpolation. Ist s so gewählt, daß die Zahlen $\sigma_i := s\alpha_i$, $i = 0, 1, \ldots, n$, ganze Zahlen sind, wird aus (3.1.1)

$$\int_a^b P_n(x)\,dx = h \sum_{i=0}^{n} f_i \alpha_i = \frac{b-a}{ns} \sum_{i=0}^{n} \sigma_i f_i. \tag{3.1.3}$$

Dabei läßt sich der Fehler zu

$$\int_a^b P_n(x)\,dx - \int_a^b f(x)\,dx = h^{p+1} \cdot K \cdot f^{(p)}(\xi), \qquad \xi \in (a,b), \tag{3.1.4}$$

angegeben (Steffensen [14]), falls f auf $[a, b]$ genügend oft differenzierbar ist. Hierbei hängen p und K natürlich von n aber nicht von f ab.

Für $n = 1, 2, \ldots, 6$ erhält man die folgenden Newton-Cotes-Formeln:

n	σ_i							ns	Fehler	Name
1	1	1						2	$h^3 \frac{1}{12} f^{(2)}(\xi)$	Trapezregel
2	1	4	1					6	$h^5 \frac{1}{90} f^{(4)}(\xi)$	Simpson-Regel
3	1	3	3	1				8	$h^5 \frac{3}{80} f^{(4)}(\xi)$	3/8-Regel („pulcherrima“)
4	7	32	12	32	7			90	$h^7 \frac{8}{945} f^{(6)}(\xi)$	Milne-Regel
5	19	75	50	50	75	19		288	$h^7 \frac{275}{12096} f^{(6)}(\xi)$	—
6	41	216	27	272	27	216	41	840	$h^9 \frac{9}{1400} f^{(8)}(\xi)$	Weddle-Regel.

Für größere Werte von n treten leider negative Gewichte σ_i auf und die Formeln werden numerisch unbrauchbar.

Wenn man bei der Interpolation des Integranden $f(x)$ in $\int_a^b f(x)\,dx$ auf die Äquidistanz der Stützabszissen x_i, $i = 0, \ldots, n$ verzichtet, erhält man u. a. Integrationsregeln, die von Gauß angegeben worden sind: Sie werden in Abschnitt 3.5 näher beschrieben.

Weitere Integrationsregeln erhält man, wenn man bei der Approximation des Integranden f durch Polynome $P_n \in \Pi_n$ Hermite-Interpolation benutzt. Im einfachsten Fall ersetzt man $f(x)$ durch ein Polynom $P \in \Pi_3$ höchstens 3. Grades mit

$$P(\xi) = f(\xi), \quad P'(\xi) = f'(\xi) \quad \text{für} \quad \xi = a, b.$$

Man erhält für P im Spezialfall $a=0$, $b=1$

$$P(t)=f(0)[(t-1)^2+2t(t-1)^2]+f(1)[t^2-2t^2(t-1)]$$
$$+f'(0)t(t-1)^2+f'(1)t^2(t-1).$$

Die Integration von P ergibt

$$\int_0^1 P(t)dt=\frac{1}{2}(f(0)+f(1))+\frac{1}{12}(f'(0)-f'(1)).$$

Für allgemeines a und b erhält man daraus durch Variablentransformation die Regel

$$\text{(3.1.5)}\quad \int_a^b f(x)dx \approx M(h):=\frac{h}{2}(f(a)+f(b))+\frac{h^2}{12}(f'(a)-f'(b)),\qquad h:=b-a.$$

Für den Fehler dieser Regel kann man für $f\in C^4[a,b]$ zeigen (s. Abschnitt 3.2):

$$\text{(3.1.6)}\qquad M(h)-\int_a^b f(x)dx=\frac{-h^5}{720}f^{(4)}(\xi),\qquad \xi\in(a,b),\qquad h:=(b-a).$$

Gewöhnlich benutzt man die Newton-Cotes-Formeln nicht für das gesamte Intervall $[a,b]$, sondern man unterteilt das Intervall $[a,b]$ in eine Reihe kleinerer Intervalle, wendet die Formel auf jedes der Teilintervalle an und addiert die Näherungswerte für die Teilintegrale. Man spricht dann von *wiederholter Anwendung* der betreffenden Formel. Für die Trapezregel ($n=1$) erhält man beispielsweise für das Teilintervall $[x_i, x_{i+1}]$ der Unterteilung $x_i=a+ih$, $i=0,1,\dots,N$, $h:=\dfrac{b-a}{N}$, den Näherungswert $I_i:=\dfrac{h}{2}[f(x_i)+f(x_{i+1})]$. Für das gesamte Intervall $[a,b]$ ergibt sich so der Näherungswert

$$\text{(3.1.7)}\quad T(h):=\sum_{i=0}^{N-1}\frac{h}{2}[f(x_i)+f(x_{i+1})]$$
$$=h\cdot\left[\frac{f(a)}{2}+f(a+h)+f(a+2h)+\dots+f(b-h)+\frac{f(b)}{2}\right],$$

die *Trapezsumme* zur Schrittweite h.

Für jedes Teilintervall $[x_i, x_{i+1}]$ läßt sich der Fehler angeben zu

$$I_i-\int_{x_i}^{x_{i+1}} f(x)\,dx=\frac{h^3}{12}f^{(2)}(\xi_i),\qquad \xi_i\in(x_i,x_{i+1}).$$

Es ist daher für $f\in C^2[a,b]$

$$T(h)-\int_a^b f(x)dx=\frac{h^2}{12}(b-a)\cdot\sum_{i=0}^{N-1}\frac{1}{N}f^{(2)}(\xi_i)$$
$$=\frac{h^2(b-a)}{12}f^{(2)}(\xi)\quad \text{für ein}\quad \xi\in(a,b),$$

da

$$\min_i f^{(2)}(\xi_i) \leqq \frac{1}{N} \sum_{i=0}^{N-1} f^{(2)}(\xi_i) \leqq \max_i f^{(2)}(\xi_i)$$

und es deshalb für stetiges $f^{(2)}(x)$ ein $\xi \in \left(\min_i \xi_i,\ \max_i \xi_i\right)$ geben muß mit

$$f^{(2)}(\xi) = \frac{1}{N} \sum_{i=0}^{N-1} f^{(2)}(\xi_i).$$

Der Fehler der Trapezsumme $T(h)$ geht also bei Verkleinerung der Teilintervalle von $[a,b]$, d.h. Vergrößerung von N, mit h^2 gegen 0: es handelt sich um ein Verfahren *2. Ordnung.*

Ist N gerade, ergibt sich unter Benutzung der Simpsonregel auf jedem der Teilintervalle $[x_{2i}, x_{2i+1}, x_{2i+2}]$, $i = 0, 1, \ldots, \frac{N}{2} - 1$, der Näherungswert $I_i = \frac{h}{3}\big(f(x_{2i}) + 4f(x_{2i+1}) + f(x_{2i+2})\big)$. Durch anschließende Summation erhält man als Näherungswert für das gesamte Intervall

$$S(h) = \frac{h}{3}[f(a) + 4f(a+h) + 2f(a+2h) + 4f(a+3h) + \ldots$$
$$\ldots + 2f(b-2h) + 4f(b-h) + f(b)].$$

Wie für die Trapezsumme zeigt man unter Benutzung des Fehlergliedes für die Simpsonregel für den Fehler von $S(h)$ die Formel

$$S(h) - \int_a^b f(x)dx = \frac{b-a}{180} h^4 f^{(4)}(\xi), \qquad \xi \in (a,b),$$

sofern $f \in C^4[a,b]$. Man hat also ein Verfahren 4. Ordnung vor sich.

Die wiederholte Anwendung der Regel $M(h)$ (3.1.5) ist besonders bemerkenswert, weil sich bei der Summation der Näherungswerte für die Teilintegrale $\int_{x_i}^{x_{i+1}} f(x)dx$ für $i = 0, 1, \ldots, N-1$ alle „inneren" Ableitungen $f'(x_i)$, $0 < i < n$, herausheben. Man erhält für $\int_a^b f(x)dx$ den Näherungswert:

$$U(h) := h\left[\frac{f(a)}{2} + f(a+h) + \ldots + f(b-h) + \frac{f(b)}{2}\right] + \frac{h^2}{12}[f'(a) - f'(b)]$$
$$= T(h) + \frac{h^2}{12}[f'(a) - f'(b)].$$

Diese Formel kann als eine Korrektur der Trapezsumme $T(h)$ angesehen werden; sie hängt eng mit der Euler-Maclaurinschen Summenformel zusammen, die eingehend in Abschnitt (3.2) untersucht wird. Mit Hilfe von (3.1.6) zeigt man wie eben für den Fehler von $U(h)$:

$$(3.1.8) \qquad U(h) - \int_a^b f(x)\,dx = -\frac{(b-a)}{720} h^4 f^{(4)}(\xi), \qquad \xi \in (a,b),$$

falls $f \in C^4[a,b]$. Verglichen mit dem Fehler der Trapezsumme $T(h)$ hat sich die Ordnung des Verfahrens um 2 erhöht, und dies praktisch ohne Mehraufwand: Man hat nur $f'(a)$ und $f'(b)$ zusätzlich zu berechnen. Ersetzt man $f'(a)$, $f'(b)$ durch Differenzenquotienten hinreichend hoher Fehlerordnung, so erhält man einfache Modifikationen der Trapezsumme ("boundary corrections", s. Henrici [11]) mit höherer Ordnung als zwei. So ergibt bereits folgende Variante der Trapezsumme ein Verfahren 3. Ordnung.

$$\hat{T}(h) = h\left(\tfrac{5}{12} f(a) + \tfrac{13}{12} f(a+h) + f(a+2h) + \ldots + f(b-2h) + \tfrac{13}{12} f(b-h) + \tfrac{5}{12} f(b)\right).$$

Für eine Beschreibung weiterer Integrationsverfahren und ihre systematische Untersuchung sei auf die Spezialliteratur verwiesen, z. B. Davis, Rabinowitz [6].

Wir wollen jetzt kurz zeigen, wie man Fehlerabschätzungen für Integrationsformeln gewinnen kann.

Die bisher angegebenen Formeln für die Berechnung von $\int_a^b f(x)\,dx$ haben alle die Gestalt

$$(3.1.9) \quad I(f) := \sum_{k=0}^{m_0} a_{k0} f(x_{k0}) + \sum_{k=0}^{m_1} a_{k1} f'(x_{k1}) + \ldots + \sum_{k=0}^{m_n} a_{kn} f^{(n)}(x_{kn}).$$

Den Fehler

$$R(f) := I(f) - \int_a^b f(x)\,dx$$

kann man als *lineares Funktional* auffassen, das auf einem gewissen linearen Vektorraum V von Funktionen jeder Funktion $f \in V$ eine Zahl, nämlich den Integrationsfehler $R(f)$ zuordnet. Als V kann man dabei beliebige Vektorräume von Funktionen f wählen, für die $R(f)$ definiert ist, z. B. $V = \Pi_n$, die Menge aller Polynome P mit Grad $P \leqq n$, oder $V = C^n[a,b]$, die Menge aller n-mal stetig differenzierbaren reellen Funktionen auf $[a,b]$ usw. Offensichtlich ist R auf solchen Räumen linear:

$$R(\alpha f + \beta g) = \alpha R(f) + \beta R(g) \quad \text{für} \quad f, g \in V, \alpha, \beta \in \mathbb{R}.$$

Von Peano stammt folgende elegante Integraldarstellung von $R(f)$:

(3.1.10) **Satz:** *Für alle Polynome $P(x)$ vom Grad $\leqq n$ gelte $R(P) = 0$. Dann gilt für alle Funktionen $f \in C^{n+1}[a,b]$*

$$R(f) = \int_a^b f^{(n+1)}(t)\, K(t)\,dt$$

mit

$$K(t) := \frac{1}{n!} R_x[(x-t)_+^n],$$

$$(x-t)_+^n := \begin{cases} (x-t)^n & \text{für} \quad x \geqq t \\ 0 & \text{für} \quad x < t. \end{cases}$$

Dabei bedeutet $R_x(x-t)_+^n$, daß das Funktional R auf das Argument $(x-t)_+^n$ aufgefaßt als Funktion von x anzuwenden ist. $K(t)$ heißt *Peano-Kern* des Funktionals R.

Beweis: Die Taylorentwicklung von $f(x)$ um $x = a$ ergibt

(3.1.11) $$f(x) = f(a) + f'(a)(x-a) + \ldots + \frac{f^{(n)}(a)}{n!}(x-a)^n + r_n(x),$$

wobei das Restglied

$$r_n(x) = \frac{1}{n!}\int_a^x f^{(n+1)}(t)(x-t)^n\,dt,$$

nach Definition von $(x-t)_+^n$ in der Form

(3.1.12) $$r_n(x) = \frac{1}{n!}\int_a^b f^{(n+1)}(t)(x-t)_+^n\,dt$$

geschrieben werden kann. Wendet man das Funktional R auf (3.1.11) an, so folgt wegen $R(P) = 0$ für $P \in \Pi_n$ sofort

(3.1.13) $$R(f) = R(r_n) = \frac{1}{n!} R_x\left(\int_a^b f^{(n+1)}(t)(x-t)_+^n\,dt\right).$$

Nun ist der Integrand in $r_n(x)$ eine $(n-1)$ mal stetig differenzierbare Funktion von x. Nach bekannten Sätzen der Analysis über die Vertauschbarkeit von Limiten gilt daher

$$\int_a^b\left[\int_a^b f^{(n+1)}(t)(x-t)_+^n\,dt\right]dx$$
$$= \int_a^b f^{(n+1)}(t)\left[\int_a^b (x-t)_+^n\,dx\right]dt$$

$$\frac{d^k}{dx^k}\left[\int_a^b f^{(n+1)}(t)(x-t)_+^n\,dt\right]$$
$$= \int_a^b f^{(n+1)}(t)\left\{\frac{d^k}{dx^k}[(x-t)_+^n]\right\}dt \quad \text{für} \quad k < n.$$

Letztere Beziehung bleibt auch noch für $k=n$ richtig wegen:

$$\frac{d^n}{dx^n}\left[\int_a^b f^{(n+1)}(t)(x-t)_+^n\,dt\right]$$

$$=\frac{d}{dx}\left[\int_a^b f^{(n+1)}(t)\frac{d^{n-1}}{dx^{n-1}}(x-t)_+^n\,dt\right]$$

$$=\frac{d}{dx}n!\int_a^x f^{(n+1)}(x-t)\,dt = n!\,f^{(n+1)}(x)(x-x)+n!\int_a^x f^{(n+1)}(t)\,dt$$

$$=\int_a^b f^{(n+1)}(t)\left[\frac{d^n}{dx^n}(x-t)_+^n\right]dt.$$

Wegen der Struktur von R (3.1.9) kann daher in (3.1.13) das Funktional R_x mit dem Integral vertauscht werden

$$R(f)=\frac{1}{n!}\int_a^b f^{(n+1)}(t)\,R_x((x-t)_+^n)\,dt,$$

was zu zeigen war.

Anmerkung: Die Integraldarstellung von Peano ist nicht auf Funktionale R der Form (3.1.9) beschränkt. Sie gilt für alle linearen Funktionale R, für die in (3.1.13) der Operator R_x mit dem Integral vertauscht werden kann.

Bei vielen Anwendungen findet man, daß der Peano-Kern $K(t)$ auf $[a,b]$ ein konstantes Vorzeichen besitzt. In diesem Fall läßt sich der Mittelwertsatz der Integralrechnung anwenden und man findet die Darstellung

(3.1.14) $$R(f)=\alpha\cdot f^{(n+1)}(\xi) \quad \text{für ein} \quad \xi\in(a,b),$$

$$\alpha:=\int_a^b K(t)\,dt,$$

wobei sich die Konstante α durch Anwendung von R auf das Polynom $f(x):=x^{n+1}$ berechnen läßt

$$\alpha=\frac{R(x^{n+1})}{(n+1)!}.$$

Beispiel: Wir wollen Satz (3.1.10) auf das Restglied der Trapezregel

$$R(f)=\frac{1}{2}(f(0)+f(1))-\int_0^1 f(x)\,dx$$

anwenden. Nach Definition der Trapezregel ist $R(P)=0$ für alle linearen Polynome. Der letzte Satz ist also für $n=1$ anwendbar und wir erhalten für $0\leqq t\leqq 1$

$$K(t)=R_x((x-t)_+)$$

$$=\frac{1}{2}(-t)_+ + \frac{1}{2}(1-t)_+ - \int_0^1 (x-t)_+\,dx$$

$$=\frac{1}{2}(1-t)-\int_t^1 (x-t)\,dx=\frac{t}{2}(1-t),$$

so daß es wegen $K(t) \geqq 0$ für $0 \leqq t \leqq 1$ ein $\xi \in (0,1)$ gibt mit

$$R(f) = \int_0^1 f''(t)\,K(t)\,dt = f''(\xi) \int_0^1 K(t)\,dt = \frac{1}{12} f''(\xi).$$

3.2 Die Euler-Maclaurinsche Summenformel

Die Fehlerformeln (3.1.6), (3.1.8) sind Spezialfälle der berühmten Euler-Maclaurinschen Summenformel, die in ihrer einfachsten Form für $g \in C^{2m+2}[0,1]$ lautet:

(3.2.1)
$$\int_0^1 g(t)\,dt = \frac{g(0)}{2} + \frac{g(1)}{2} + \sum_{k=1}^{m} \frac{B_{2k}}{(2k)!}\left(g^{(2k-1)}(0) - g^{(2k-1)}(1)\right)$$
$$- \frac{B_{2m+2}}{(2m+2)!} g^{(2m+2)}(\xi), \qquad 0 < \xi < 1.$$

Hier sind die B_k die Bernoullizahlen

(3.2.2)
$$B_2 = \tfrac{1}{6}, \quad B_4 = -\tfrac{1}{30}, \quad B_6 = \tfrac{1}{42}, \quad B_8 = -\tfrac{1}{30}, \ldots,$$

deren allgemeine Definition weiter unten gegeben wird. Bei wiederholter Anwendung von (3.2.1) auf die Integrale $\int_i^{i+1} g(t)\,dt$ und Summation über i, erhält man wie in (3.1) für $g \in C^{2m+2}[0,N]$, $N \geqq 1$ ganz, die übliche Form dieser Summenformel

(3.2.3)
$$\frac{g(0)}{2} + g(1) + \ldots + g(N-1) + \frac{g(N)}{2} = \int_0^N g(t)\,dt$$
$$+ \sum_{k=1}^{m} \frac{B_{2k}}{(2k)!}\left(g^{(2k-1)}(N) - g^{(2k-1)}(0)\right)$$
$$+ \frac{B_{2m+2}}{(2m+2)!} N g^{(2m+2)}(\xi), \qquad 0 < \xi < N.$$

Für ein beliebiges Intervall $[a,b]$ mit äquidistanten Teilpunkten $x_i = a + ih$, $i = 0, \ldots, N$, $h = (b-a)/N$, erhält man aus (3.2.3) für $f \in C^{2m+2}[a,b]$ durch Variablentransformation

(3.2.4)
$$T(h) = \int_a^b f(t)\,dt + \sum_{k=1}^{m} h^{2k} \frac{B_{2k}}{(2k)!}\left(f^{(2k-1)}(b) - f^{(2k-1)}(a)\right)$$
$$+ h^{2m+2} \frac{B_{2m+2}}{(2m+2)!}(b-a) f^{(2m+2)}(\xi), \qquad a < \xi < b,$$

wobei $T(h)$ die Trapezsumme (3.1.7) zur Schrittweite h bedeutet

$$T(h) = h\left(\frac{f(a)}{2} + f(a+h) + \ldots + f(b-h) + \frac{f(b)}{2}\right).$$

Durch (3.2.4) wird eine Entwicklung der Trapezsumme $T(h)$ nach Potenzen von $h=(b-a)/N$ gegeben, die für die Anwendung von „Extrapolationsmethoden" (s. 3.3, 3.4) zur Integration grundlegend ist.

Beweis von (3.2.1): Wir formen $\int_0^1 g(t)dt$ durch partielle Integration sukzessiv um, wobei beginnend mit $B_1(x):=x-\frac{1}{2}$ weitere Polynome $B_k(x)$ vom Grad k auftreten:

$$\int_0^1 g(t)dt = B_1(t)\,g(t)\Big|_0^1 - \int_0^1 B_1(t)\,g'(t)dt$$

(3.2.5) $$\int_0^1 B_1(t)\,g'(t)dt = \frac{1}{2}B_2(t)\,g'(t)\Big|_0^1 - \frac{1}{2}\int_0^1 B_2(t)\,g''(t)dt$$

$$\vdots$$

$$\int_0^1 B_{k-1}(t)\,g^{(k-1)}(t)dt = \frac{1}{k}B_k(t)g^{(k-1)}(t)\Big|_0^1 - \frac{1}{k}\int_0^1 B_k(t)g^{(k)}(t)dt,$$

wobei

(3.2.6) $$B'_{k+1}(x)=(k+1)\,B_k(x),\qquad k=1,2,\dots.$$

Es folgt aus (3.2.6), daß $B_k(x)$ ein Polynom vom Grad k der Form $B_k(x)=x^k+c_{k-1}x^{k-1}+\dots+c_0$ ist. Für gegebenes $B_k(x)$ bestimmt (3.2.6) $B_{k+1}(x)$ bis auf eine additive Integrationskonstante. Wir wählen diese Konstanten so, daß

(3.2.7) $$B_{2k+1}(0)=B_{2k+1}(1)=0\quad \text{für}\quad k>0$$

gilt. Dadurch sind alle $B_k(x)$ eindeutig bestimmt. Denn aus

$$B_{2k-1}(x)=x^{2k-1}+c_{2k-2}x^{2k-2}+\dots+c_1x+c_0$$

folgt durch Integration mit den Integrationskonstanten c, d

$$B_{2k+1}(x)=x^{2k+1}+\frac{(2k+1)2k}{2k(2k-1)}c_{2k-2}x^{2k}+\dots+(2k+1)cx+d.$$

Die Bedingungen $B_{2k+1}(0)=B_{2k+1}(1)=0$ bestimmen c und d eindeutig.

Die so definierten Polynome

$$B_0(x)\equiv 1,\quad B_1(x)\equiv x-\tfrac{1}{2},\quad B_2(x)\equiv x^2-x+\tfrac{1}{6},$$
$$B_3(x)\equiv x^3-\tfrac{3}{2}x^2+\tfrac{1}{2}x,\quad B_4(x)\equiv x^4-2x^3+x^2-\tfrac{1}{30},\dots$$

heißen *Bernoulli-Polynome*, ihre konstanten Terme $B_k:=B_k(0)$ *Bernoulli-Zahlen.* Die $B_k(x)$ genügen der Symmetriebezeichnung

(3.2.8) $$(-1)^k B_k(1-x)=B_k(x).$$

Dies folgt daraus, daß die Polynome $(-1)^k B_k(1-x)$ den gleichen Rekursionsformeln (3.2.6) und (3.2.7) wie $B_k(x)$ genügen und (3.2.8) für $k=0,1$ richtig ist.

Die weitere Beziehung

$$B_k(0) = B_k(1) = B_k \quad \text{für} \quad k > 1, \tag{3.2.9}$$

die nach (3.2.7) für ungerades $k>1$ gilt, ist wegen (3.2.8) auch für gerades k richtig. Daraus folgt:

$$\int_0^1 B_k(t)\,dt = \frac{1}{k+1}(B_{k+1}(1) - B_{k+1}(0)) = 0, \quad \text{für} \quad k \geqq 1. \tag{3.2.10}$$

Wegen (3.2.9) gilt nun in (3.2.5) für $k>1$

$$\left.\frac{1}{k} B_k(t) g^{(k-1)}(t)\right|_0^1 = -\frac{B_k}{k}(g^{(k-1)}(0) - g^{(k-1)}(1)),$$

so daß wegen (3.2.7), $B_{2k+1}=0$, aus (3.2.5) folgt

$$\int_0^1 g(t)\,dt = \frac{1}{2}(g(0)+g(1)) + \sum_{k=1}^{m} \frac{B_{2k}}{(2k)!}(g^{(2k-1)}(0) - g^{(2k-1)}(1)) + r_{m+1},$$

wobei für das Restglied r_{m+1} gilt

$$r_{m+1} := \frac{-1}{(2m+1)!}\int_0^1 B_{2m+1}(t) g^{(2m+1)}(t)\,dt.$$

Nochmalige partielle Integration führt zu

$$\begin{aligned}\int_0^1 B_{2m+1}(t) g^{(2m+1)}(t)\,dt &= \left.\frac{1}{2m+2}(B_{2m+2}(t) - B_{2m+2}) g^{(2m+1)}(t)\right|_0^1 \\ &\quad - \frac{1}{2m+2}\int_0^1 (B_{2m+2}(t) - B_{2m+2}) g^{(2m+2)}(t)\,dt.\end{aligned}$$

Hier verschwindet der erste Term wegen (3.2.9), so daß schließlich

$$r_{m+1} = \frac{1}{(2m+2)!}\int_0^1 (B_{2m+2}(t) - B_{2m+2}) g^{(2m+2)}(t)\,dt. \tag{3.2.11}$$

Um den Beweis von (3.2.1) zu vervollständigen, genügt es zu zeigen, daß $B_{2m+2}(t) - B_{2m+2}$ auf $[0,1]$ das Vorzeichen nicht ändert. Denn dann folgt durch eine Anwendung des Mittelwertsatzes auf (3.2.11) sofort (3.2.1), wenn man $\int_0^1 B_{2m+2}(t)\,dt = 0$, (3.2.10), berücksichtigt. Wir zeigen etwas allgemeiner durch Induktion für $m \geqq 1$

$$\begin{aligned} &\text{a)}\ (-1)^m B_{2m-1}(x) > 0 && \text{für} \quad 0 < x < \tfrac{1}{2} \\ &\text{b)}\ (-1)^m (B_{2m}(x) - B_{2m}) > 0 && \text{für} \quad 0 < x < 1 \\ &\text{c)}\ (-1)^{m+1} B_{2m} > 0. \end{aligned} \tag{3.2.12}$$

Für $m=1$ ist a) richtig. Sei nun a) für ein $m \geqq 1$ bewiesen. Dann gilt für $0 < x \leqq \frac{1}{2}$ wegen (3.2.6)

$$\frac{(-1)^m}{2m}(B_{2m}(x) - B_{2m}) = (-1)^m \int_0^x B_{2m-1}(t)dt > 0.$$

Wegen der Symmetrie (3.2.8) gilt dies auch für $\frac{1}{2} \leqq x < 1$, also b) für den Index m. Zusammen mit (3.2.10) beweist dies ebenfalls Behauptung c) wegen

$$(-1)^{m+1} B_{2m} = (-1)^m \int_0^1 (B_{2m}(t) - B_{2m})dt > 0.$$

Wir zeigen nun a) für den Index $m+1$: Es ist $B_{2m+1}(0) = B_{2m+1}(\frac{1}{2}) = 0$ wegen (3.2.7) und (3.2.8). Würde $B_{2m+1}(x)$ in $(0, \frac{1}{2})$ eine Nullstelle besitzen, so hätte $B''_{2m+1}(x)$, also $B_{2m-1}(x)$ eine Nullstelle $\bar{x}$ in $(0, \frac{1}{2})$, im Widerspruch zur Induktionsvoraussetzung (3.2.12)a). Also besitzt $B_{2m+1}(x)$ auf $(0, \frac{1}{2})$ konstantes Vorzeichen, das durch das Vorzeichen von $B'_{2m+1}(0) = (2m+1)B_{2m}(0) = (2m+1)B_{2m}$ bestimmt ist, nämlich $(-1)^{m+1}$ wegen (3.2.12)c). Dies beweist (3.2.12) und damit auch (3.2.1). □

3.3 Anwendung der Extrapolation auf die Integration

Für eine Funktion $f \in C^{2m+2}[a,b]$ liefert (3.2.4) eine Entwicklung von $T(h)$ nach Potenzen von $h = (b-a)/n$ der Form

(3.3.1) $$T(h) = \tau_0 + \tau_1 h^2 + \tau_2 h^4 + \ldots + \tau_m h^{2m} + \alpha_{m+1}(h) h^{2m+2}.$$

Hier ist $\tau_0 = \int_a^b f(x)dx$ das gesuchte Integral; die Koeffizienten

$$\tau_k := \frac{B_{2k}}{(2k)!}(f^{(2k-1)}(b) - f^{(2k-1)}(a)), \quad k = 1, 2, \ldots, m,$$

sind von h unabhängig, und für $f \in C^{2m+2}[a,b]$ ist der Restgliedkoeffizient

$$\alpha_{m+1}(h) = \frac{B_{2m+2}}{(2m+2)!}(b-a) f^{(2m+2)}(\xi(h)), \quad a < \xi = \xi(h) < b$$

eine beschränkte Funktion von h: Es gibt eine von h unabhängige Konstante M_{m+1}, nämlich

$$M_{m+1} := \left| \frac{B_{2m+2}}{(2m+2)!}(b-a) \right| \max_{x \in [a,b]} |f^{(2m+2)}(x)|,$$

so daß

(3.3.2) $$|\alpha_{m+1}(h)| \leqq M_{m+1} \quad \text{für alle} \quad h = (b-a)/n, \quad n = 1, 2, \ldots.$$

Entwicklungen der Form (3.3.1) heißen *asymptotische Entwicklungen* in h, wenn die Koeffizienten τ_k, $k \leqq m$ von h unabhängig sind und für das Restglied $a_{m+1}(h)$

(3.3.2) gilt. Man beachte, daß selbst für beliebig oft differenzierbare Funktionen $f \in C^\infty[a,b]$, die (3.3.1) für $m = \infty$ formal entsprechende unendliche Reihe

$$\tau_0 + \tau_1 h^2 + \tau_2 h^4 + \ldots$$

für jedes $h \neq 0$ divergieren kann. Trotzdem behält (3.3.1) seinen Wert. (3.3.1) zeigt, daß man $T(h)$ für kleines h als ein Polynom in h^2 auffassen kann, das für $h = 0$ den Wert τ_0 des gesuchten Integrals liefert. Dies legt folgendes Verfahren zur Bestimmung von τ_0 nahe (Diese Integrationsmethode („Romberg-Integration") wurde von Romberg [12] eingeführt und von Bauer, Rutishauser, Stiefel [1] näher untersucht):

Zu einer Reihe von Schrittweiten $h_0 = b - a$, $h_1 = \dfrac{h_0}{n_1}, \ldots, h_m = \dfrac{h_0}{n_m}$, n_i verschiedene ganze Zahlen, bestimme man die zugehörigen Trapezsummen

$$T_{i0} := T(h_i), \qquad i = 0, 1, \ldots, m$$

und weiter durch Interpolation dasjenige Polynom

$$\tilde{T}_{mm}(h) := a_0 + a_1 h^2 + \ldots + a_m h^{2m}$$

in h^2, für das gilt

$$\tilde{T}_{mm}(h_i) = T(h_i), \qquad i = 0, 1, \ldots, m.$$

Der „extrapolierte" Wert $\tilde{T}_{mm}(0)$ wird dann in der Regel ein guter Näherungswert für das gesuchte Integral sein. Er läßt sich mittels des Nevilleschemas wie folgt berechnen (siehe dazu 2.1.2). Für i, k mit $m \geqq i \geqq k \geqq 1$ sei $\tilde{T}_{ik}(h)$ das Polynom vom Grade k in h^2, für das gilt

$$\tilde{T}_{ik}(h_j) = T_{j0}, \qquad j = i - k, i - k + 1, \ldots, i.$$

Es folgt für die extrapolierten Werte $T_{ik} := \tilde{T}_{ik}(0)$ nach (2.1.2.6) (dort ist $x_i = h_i^2$ zu setzen)

(3.3.3)
$$T_{ik} = T_{i,k-1} + \frac{T_{i,k-1} - T_{i-1,k-1}}{\left(\dfrac{h_{i-k}}{h_i}\right)^2 - 1}, \qquad 1 \leqq k \leqq i \leqq m.$$

Die T_{ik} werden wie in (2.1.2.3) zweckmäßig in einem Tableau angeordnet und nach (3.3.3) von der ersten Spalte ausgehend berechnet; jedes Element ergibt sich dabei aus seinen zwei linken Nachbarelementen.

(3.3.4)
$$\begin{array}{c|lccc}
h_0^2 & T(h_0) = T_{00} & & & \\
 & & T_{11} & & \\
h_1^2 & T(h_1) = T_{10} & & T_{22} & \\
 & & T_{21} & & T_{33} \\
h_2^2 & T(h_2) = T_{20} & & T_{32} & \vdots \\
 & & T_{31} & \vdots & \\
h_3^2 & T(h_3) = T_{30} & \vdots & & \\
\vdots & \vdots & & &
\end{array}$$

Jedes T_{ik} im Tableau (3.3.4) stellt eine lineare Integrationsregel zur Schrittweite $h_i = (b-a)/n_i$ der folgenden Form dar

$$T_{ik} = \alpha_0 f(a) + \alpha_1 f(a+h_i) + \ldots + \alpha_{n_i - 1} f(b-h_i) + \alpha_{n_i} f(b).$$

Einige davon (nicht alle) entsprechen gewissen Newton-Cotes-Verfahren (s. 3.1). Z.B erhält man für $h_1 = h_0/2 = (b-a)/2$ für T_{11} die Simpsonregel. Dies folgt aus

$$T_{00} = (b-a)\left(\frac{f(a)}{2} + \frac{f(b)}{2}\right)$$

$$T_{10} = \frac{1}{2}(b-a)\left(\frac{1}{2}f(a) + f\left(\frac{a+b}{2}\right) + \frac{1}{2}f(b)\right),$$

so daß wegen (3.3.3)

$$T_{11} = T_{10} + \frac{T_{10} - T_{00}}{3} = \frac{4}{3}T_{10} - \frac{1}{3}T_{00}$$

$$= \frac{1}{2}(b-a)\left(\frac{1}{3}f(a) + \frac{4}{3}f\left(\frac{a+b}{2}\right) + \frac{1}{3}f(b)\right).$$

Ganz analog erhält man für $h_1 = h_0/3 = (b-a)/3$ in T_{11} gerade die „pulcherrima"-Regel zurück, und für $h_2 = h_1/2 = h_0/4 = (b-a)/4$ in T_{22} die „Milne-Regel".

Gewöhnlich benutzt man bei dem beschriebenen Extrapolationsverfahren als h_i-Folge

(3.3.5)

a) $h_0 = b - a, \quad h_1 = \frac{h_0}{2}, \quad h_2 = \frac{h_1}{2}, \quad h_3 = \frac{h_2}{2}, \ldots$ (*Romberg-Folge*)

oder

b) $h_0 = b - a, \quad h_1 = \frac{h_0}{2}, \quad h_2 = \frac{h_0}{3}, \quad h_3 = \frac{h_0}{4}, \quad h_4 = \frac{h_0}{6},$

$h_5 = \frac{h_0}{8}, \ldots$ (*Bulirsch-Folge*).

Die Folge b) hat den Vorteil, daß bei ihr die Rechenarbeit für die Berechnung neuer $T(h_i)$ nicht so rasch ansteigt wie bei a).

Bei der praktischen Durchführung beachte man, daß bei der Berechnung von $T(h_{i+1})$ auf die schon bei $T(h_i)$ berechneten Funktionswerte zurückgegriffen wird. Z. B. gilt für die Rombergfolge:

$$T(h_{i+1}) = T(\tfrac{1}{2}h_i) = \tfrac{1}{2}h_i\,\{\tfrac{1}{2}f(a) + f(a+h_{i+1}) + f(a+h_i) +$$
$$+ f(a+3h_{i+1}) + \ldots + f(b-h_i) + f(b-h_{i+1}) + \tfrac{1}{2}f(b)\}$$
$$= \tfrac{1}{2}T(h_i) + h_{i+1}\,[f(a+h_{i+1}) + f(a+3h_{i+1}) + \ldots + f(b-h_{i+1})].$$

Eine *ALGOL-Prozedur*, die für die Schrittweitenfolge a) das Tableau (2.1.2.3) berechnet und ausdruckt, wird im folgenden angegeben. Es sei dazu $[a, b]$ das Integrationsintervall, f der Integrand und m die Zahl der Intervallverfeinerungen. Um Speicherplatz zu sparen, wird dabei im Tableau in Schrägzeilen hochgerechnet und jeweils nur die letzte solche Schrägzeile gespeichert.

```
procedure romberg (a, b, f, m);
value a, b, m;
integer m;
real a, b;
real procedure f;
begin real h, s;
          integer i, k, n, q;
          array p[0:m];
          h:= b - a; n:=1;
          p[0]:= 0.5 × h × (f(a) + f(b));
          for k:= 1 step 1 until m do
          begin s:= 0; h:= 0.5 × h; n:= 2 × n; q:= 1;
                    for i:= 1 step 2 until n - 1 do
                    s:= s + f(a + i × h);
                    p[k]:= 0.5 × p[k - 1] + s × h;
                    print (p[k]);
                    for i:= k - 1 step - 1 until 0 do
                    begin q:= q × 4;
                              p[i]:=p[i + 1] + (p[i + 1] - p[i])/(q - 1);
                              print (p[i])
                    end
          end
end;
```

Es sei betont, daß das obige Programm lediglich zur Illustration des beschriebenen Verfahrens dienen soll. Für den praktischen Gebrauch ist es dagegen weniger geeignet, da man z. B. gewöhnlich nicht weiß, wie groß man den Parameter m zu wählen hat, um das Integral mit gewünschter Genauigkeit zu approximieren. Statt des Parameters m benutzt man daher in der Praxis einen Parameter ε, der die gewünschte relative Genauigkeit für das gesuchte Integral angibt, berechnet nur wenige Spalten des Tableaus, z. B. etwa sieben, und beendet die Rechnung, falls das erste Mal $|T_{i,6} - T_{i+1,6}| \leqq \varepsilon \cdot s$ erfüllt ist; dabei nimmt man für s einen groben Näherungswert von $\int_a^b |f(x)| dx$, den man bei der Berechnung der $T(h)$ leicht mitgewinnen kann. Darüber hinaus benutzt man statt der Polynominterpolation besser rationale Interpolation und außerdem die Schrittweitenfolge b) von Bulirsch statt der von Romberg. Ein Programm, das alle diese Modifikationen berücksichtigt, findet sich z. B. in [4].

Beim Arbeiten mit rationaler Interpolation (siehe 2.2) statt mit Polynominterpolation (Beispiele zeigen, daß das oft günstiger ist) erhält man folgende Methode:

Es sei wieder f eine auf dem abgeschlossenen Integrationsintervall mindestens $(2m+2)$mal stetig differenzierbare Funktion. Für i, k mit $1 \leqq k \leqq i \leqq m$ werde mit

$$\tilde{T}_{ik}(h) := \frac{p_0 + p_1 h^2 + \dots + p_\mu h^{2\mu}}{q_0 + q_1 h^2 + \dots + q_\nu h^{2\nu}}, \quad \mu + \nu = k, \quad \mu = \nu \quad \text{oder} \quad \mu = \nu - 1,$$

die rationale Funktion bezeichnet, für die gilt

$$\tilde{T}_{ik}(h_j) = T(h_j), \qquad j = i-k, i-k+1, \dots, i.$$

Setzt man wieder $T_{i0} := T(h_i)$ für $i = 0, 1, \dots, m$, $T_{ik} := \tilde{T}_{ik}(0)$ und definiert formal $T_{i,-1} := 0$ für $i = 0, 1, \dots, m-1$, so lassen sich die T_{ik} nach (2.2.3.8) wie folgt berechnen

(3.3.6)

$$T_{ik} = T_{i,k-1} + \frac{T_{i,k-1} - T_{i-1,k-1}}{\left[\dfrac{h_{i-k}}{h_i}\right]^2 \left[1 - \dfrac{T_{i,k-1} - T_{i-1,k-1}}{T_{i,k-1} - T_{i-1,k-2}}\right] - 1}, \qquad 1 \leqq k \leqq i \leqq m.$$

Dem entspricht das Tableau von Seite 61, wobei sich jedes Element aus seinen linken Nachbarelementen und dem gleichhochstehenden übernächsten linken Nachbarelement ergibt. T_{mm} liefert dann wieder einen Näherungswert für $\int_a^b f(x)\,dx$.

In Abschnitt 3.4 leiten wir allgemeine Fehlerabschätzungen für Extrapolationsverfahren her, die sich auf asymptotische Entwicklungen der Form (3.3.1) stützen. Unter schwachen Voraussetzungen für die Schrittweitenfolge h_0, h_1, $h_2, \dots$ wird es sich zeigen, daß für die Resultate T_{ik} der Polynomextrapolation angewandt auf (3.3.1) für $i \to \infty$ gilt

$$T_{i0} - \tau_0 = O(h_i^2), \qquad T_{i1} - \tau_0 = O(h_{i-1}^2 h_i^2), \dots$$
$$T_{ik} - \tau_0 = O(h_{i-k}^2 h_{i-k+1}^2 \dots h_i^2).$$

Also approximiert für jedes feste k die Folge T_{ik}, $i = k, k+1, \dots$ das Integral τ_0 wie ein Verfahren der Ordnung $2k+2$. Für die spezielle Folge (3.3.5a) kennt man ein schärferes Resultat:

$$(3.3.7) \quad T_{ik} - \int_a^b f(x)\,dx = (b-a) h_{i-k}^2 h_{i-k+1}^2 \dots h_i^2 \frac{(-1)^k B_{2k+2}}{(2k+2)!} f^{(2k+2)}(\xi),$$

für ein $\xi \in (a, b)$ falls $f \in C^{2k+2}[a, b]$ (s. Bauer, Rutishauser, Stiefel [1], Bulirsch [2]).

3.4 Allgemeines über Extrapolationsverfahren

Wie bei der Integration von Funktionen hat man sehr häufig zur näherungsweisen Berechnung der Lösung eines Problems Diskretisierungsverfahren zur Verfügung, die zu einer gegebenen „Schrittweite" $h \neq 0$ ein Resultat $T(h)$ liefern, wobei zu $T(h)$ eine asymptotische Entwicklung in h der Form

$$T(h) = \tau_0 + \tau_1 h^{\gamma_1} + \tau_2 h^{\gamma_2} + \ldots + \tau_m h^{\gamma_m} + h^{\gamma_{m+1}} \alpha_{m+1}(h), \tag{3.4.1}$$
$$0 < \gamma_1 < \gamma_2 < \ldots < \gamma_{m+1},$$

existiert. Hier sind wieder die τ_i von h unabhängig, $\alpha_{m+1}(h)$ ist eine beschränkte Funktion von h,

$$\alpha_{m+1}(h) = \tau_{m+1} + o(1),$$

und $\tau_0 = \lim_{h \to 0} T(h)$ ist die exakte Lösung des Problems.

Beispiel: Numerische Differentiation.
Für $h \neq 0$ ist

$$T(h) = \frac{f(x+h) - f(x-h)}{2h}$$

eine Approximation für $f'(x)$. Durch Taylorentwicklung um den Punkt x findet man für Funktionen $f \in C^{2m+3}[x-a, x+a]$ und $|h| \leqq |a|$

$$\begin{aligned} T(h) = \frac{1}{2h}\Big\{ & f(x) + hf'(x) + \frac{h^2}{2!} f''(x) + \ldots + \frac{h^{2m+3}}{(2m+3)!}[f^{(2m+3)}(x) + o(1)] \\ & - f(x) + hf'(x) - \frac{h^2}{2!} f''(x) + \ldots + \frac{h^{2m+3}}{(2m+3)!}[f^{(2m+3)}(x) + o(1)] \\ = {} & \tau_0 + \tau_1 h^2 + \ldots + \tau_m h^{2m} + h^{2m+2} \alpha_{m+1}(h) \end{aligned}$$

mit $\tau_0 = f'(x)$, $\tau_k = \dfrac{f^{(2k+1)}(x)}{(2k+1)!}$, $k = 1, 2, \ldots, m+1$, und $\alpha_{m+1}(h) = \tau_{m+1} + o(1)$.

Für die einseitige Differenz

$$T(h) := \frac{f(x+h) - f(x)}{h}$$

hätte man dagegen eine Entwicklung der Form

$$T(h) = \tau_0 + \tau_1 h + \tau_2 h^2 + \ldots + \tau_m h^m + h^{m+1}(\tau_{m+1} + o(1))$$

mit

$$\tau_k = \frac{f^{(k+1)}(x)}{(k+1)!}, \qquad k = 0, 1, 2, \ldots, m+1.$$

Es wird sich später zeigen, daß aus Konvergenzgründen die Entwicklung über die zweiseitige Differenz günstiger ist, da dort nur gerade Potenzen von h auftreten.

Weitere wichtige Beispiele liegen bei gewissen Diskretisierungsverfahren zur Lösung von gewöhnlichen Differentialgleichungen vor.

Solche Diskretisierungsverfahren kann man zur Basis eines Extrapolationsverfahren nehmen. Man wählt sich eine Schrittweitenfolge

$$F = \{h_0, h_1, h_2, \ldots\}, \quad h_0 > h_1 > h_2 > \ldots > 0,$$

und berechnet die zugehörigen $T(h_i)$, $i = 0, 1, 2, \ldots$.

Für $i \geqq k$ bezeichnet man dann mit $\tilde{T}_{ik}(h)$ diejenigen Funktionen der Form

$$\tilde{T}_{ik}(h) = b_0 + b_1 h^{\gamma_1} + \ldots + b_k h^{\gamma_k},$$

für die gilt

$$\tilde{T}_{ik}(h_j) = T(h_j), \qquad j = i - k, i - k + 1, \ldots, i$$

und nimmt die Werte

$$T_{ik} := \tilde{T}_{ik} = \tilde{T}_{ik}(0)$$

als Näherungswerte für $\tau_0 = \lim_{h \to 0} T(h)$. Gewöhnlich sind die Exponenten γ_i ganzzahlig, etwa $\gamma_k = k$, $\gamma_k = 2k$ oder allgemein $\gamma_k = k\gamma$. Man kann dann die interessierenden Werte T_{ik} etwa mit Hilfe der Nevilleschen Formel berechnen. Es gibt jedoch auch für allgemeinere Exponentenfolgen bei spezieller Schrittweitenfolge analoge Algorithmen, um die T_{ik} einfach zu bestimmen (s. [3]).

Für den häufig vorkommenden Fall $\gamma_k = k \cdot y$ (bei der Romberg-Integration ist z. B. $\gamma = 2$) kann man leicht den Fehler $T_{ik} - \tau_0$ für den Fall der Polynominterpolation abschätzen. Wir nehmen zunächst $i = k$ an und verwenden die Abkürzungen

$$z := h^\gamma, \qquad z_j := h_j^\gamma, \qquad j = 0, 1, \ldots.$$

Wendet man die Lagrangesche Interpolationsformel (2.1.1.3) auf das Polynom

$$\tilde{T}_{kk}(h) = P_k(z) = b_0 + b_1 z + b_2 z^2 + \ldots + b_k z^k$$

für $z = 0$ an, so erhält man

$$T_{kk} = P_k(0) = \sum_{j=0}^{k} c_j P_k(z_j) = \sum_{j=0}^{k} c_j T(h_j)$$

mit

$$c_j := \prod_{\substack{s=0 \\ s \neq j}}^{k} \frac{z_s}{z_s - z_j}.$$

Nun gilt

$$(3.4.2) \qquad \sum_{j=0}^{k} c_j z_j^\tau = \begin{cases} 1 & \text{für} \quad \tau = 0 \\ 0 & \text{für} \quad \tau = 1, 2, \ldots, k \\ (-1)^k z_0 z_1 \ldots z_k & \text{für} \quad \tau = k+1. \end{cases}$$

Beweis: Nach der Lagrangeschen Interpolationsformel und der Eindeutigkeit der Polynominterpolation gilt

$$p(0) = \sum_{j=0}^{k} c_j p(z_j)$$

für jedes Polynom $p(z)$ vom Grade $\leqq k$. Für $p(z) := z^\tau$, $\tau = 0, 1, \ldots, k$ folgt (3.4.2) für $\tau \leqq k$, und für $p(z) = z^{k+1} - (z - z_0)\ (z - z_1) \ldots (z - z_k)$ die Behauptung für $\tau = k+1$. □

Wenn die Schrittweiten h_j genügend stark gegen 0 konvergieren, etwa wenn

$$(3.4.3) \qquad 0 < h_{j+1}/h_j \leqq b < 1 \quad \text{für alle} \quad j \geqq 0,$$

kann (3.4.2) verschärft werden. Es existiert dann eine Konstante C_k, die nur von b abhängt, so daß

$$(3.4.4) \qquad \sum_{j=0}^{k} |c_j| z_j^{k+1} \leqq C_k z_0 z_1 \ldots z_k.$$

Wir zeigen dies nur für den Spezialfall einer geometrischen Folge $\{h_j\}$ mit

$$h_j = h_0 b^j, \quad 0 < b < 1, \quad j = 0, 1, \ldots$$

(für den allgemeinen Fall s. [3]). Mit der Abkürzung $\theta := b^\gamma$ gilt $z_j^\tau = (h_0 b^j)^{\gamma\tau} = z_0^\tau \theta^{j\tau}$. Wegen (3.4.2) gilt für das Polynom

$$p_k(z) = \sum_{j=0}^{k} c_j z^j$$

die Beziehung

$$p_k(\theta^\tau) = \sum_{j=0}^{k} c_j \theta^{j\tau} = z_0^{-\tau} \sum_{j=0}^{k} c_j z_j^\tau = \begin{cases} 1 & \text{für} \quad \tau = 0 \\ 0 & \text{für} \quad \tau = 1, 2, \ldots, k \end{cases},$$

so daß p_k die k verschiedenen Nullstellen θ^τ, $\tau = 1, 2, \ldots, k$, besitzt. Wegen $p_k(1) = 1$ folgt daher für $p_k(z)$ die Darstellung

$$p_k(z) = \prod_{l=1}^{k} (z - \theta^l)/(1 - \theta^l).$$

Die Koeffizienten von $p_k(z)$ haben also alternierendes Vorzeichen, $c_j c_{j+1} < 0$, so daß

$$\begin{aligned}
\sum_{j=0}^{k} |c_j| z_j^{k+1} &= z_0^{k+1} \sum_{j=0}^{k} |c_j| (\theta^{(k+1)})^j = z_0^{k+1} |p_k(-\theta^{k+1})| \\
&= z_0^{k+1} \prod_{l=1}^{k} (\theta^{k+1} + \theta^l)/(1 - \theta^l) \\
&= z_0^{k+1} \theta^{1+2+\ldots+k} \prod_{l=1}^{k} (1 + \theta^l)/(1 - \theta^l) \\
&= C_k(\theta) z_0 z_1 \ldots z_k
\end{aligned}$$

mit
$$C_k = C_k(\theta) := \prod_{l=1}^{k} (1+\theta^l)/(1-\theta^l).$$

Dies zeigt (3.4.4) für geometrische Folgen $\{h_j\}$.

Wir benutzen nun die asymptotische Entwicklung (3.4.1) für $k \leqq m$ und finden

$$T_{kk} = \sum_{j=0}^{k} c_j T(h_j) = \sum_{j=0}^{k} c_j(\tau_0 + \tau_1 z_j + \tau_2 z_j^2 + \ldots + \tau_k z_j^k + \alpha_{k+1}(h_j) z_j^{k+1}),$$

so daß wegen (3.4.2)

$$T_{kk} = \tau_0 + \sum_{j=0}^{k} c_j \alpha_{k+1}(h_j) z_j^{k+1}. \tag{3.4.5}$$

Die Abschätzungen (3.4.2) und (3.4.4) geben so schließlich für Schrittfolgen $\{h_j\}$ mit (3.4.3)

$$|T_{kk} - \tau_0| \leqq M_{k+1} C_k z_0 z_1 \ldots z_k = M_{k+1} C_k h_0^\gamma h_1^\gamma \ldots h_k^\gamma. \tag{3.4.6}$$

Für $k < m$ ist $\alpha_{k+1}(h_j) = \tau_{k+1} + O(h_j)$. Es folgt daher aus (3.4.2)–(3.4.5)

$$T_{kk} = \tau_0 + (-1)^k z_0 z_1 \ldots z_k (\tau_{k+1} + O(h_0)). \tag{3.4.7}$$

Im allgemeinen Fall $i \geqq k$ erhält man entsprechende Abschätzungen für den Fehler von T_{ik} einfach dadurch, daß man in (3.4.6), (3.4.7) $z_0, z_1, \ldots, z_k$ ersetzt durch $z_{i-k}, z_{i-k+1}, \ldots, z_i$, weil T_{ik} durch Extrapolation aus $T(h_j)$, $j = i-k, i-k+1, \ldots, i$ gewonnen wird. Es gilt also allgemein für Schrittweitenfolgen $\{h_j\}$ mit (3.4.3) für $i \geqq k$ und $k \leqq m$

$$|T_{ik} - \tau_0| \leqq M_{k+1} C_k h_{i-k}^\gamma h_{i-k+1}^\gamma \ldots h_i^\gamma, \tag{3.4.8}$$

und für $k < m$

$$T_{ik} = \tau_0 + (-1)^k h_{i-k}^\gamma h_{i-k+1}^\gamma \ldots h_i^\gamma (\tau_{k+1} + O(h_{i-k})). \tag{3.4.9}$$

Also gilt für festes $k \leqq m$ asymptotisch für $i \to \infty$

$$T_{ik} - \tau_0 = O(h_{i-k}^{(k+1)\gamma}),$$

d. h. die Elemente T_{ik} der $(k+1)$-ten Spalte des (3.3.4) entsprechenden Tableaus konvergieren gegen τ_0 wie bei einem Verfahren der Ordnung $(k+1)\gamma$. Je größer γ ist, desto bessere Resultate liefert der Extrapolationsalgorithmus. Darin liegt die Bedeutung derjenigen Diskretisierungsverfahren, deren asymptotische Entwicklung (3.4.1) nur gerade h-Potenzen enthält [wie z. B. die Entwicklung (3.3.1) der Trapezsumme oder des zweiseitigen Differenzenquotienten in diesem Abschnitt].

Aus der Fehlerformel (3.4.9) kann man ferner schließen, daß der Fehler $T_{ik} - \tau_0$ für festes $k < m$ für genügend großes i konstantes Vorzeichen besitzt, falls $\tau_{k+1} \neq 0$, daß also T_{ik} schließlich für $i \to \infty$ monoton gegen τ_0 konvergiert. Für genügend großes i gilt dann wegen (3.4.9)

$$0 < \frac{T_{i+1,k} - \tau_0}{T_{i,k} - \tau_0} \approx \frac{h_{i+1}^\gamma}{h_{i-k}^\gamma} \leqq b^{\gamma(k+1)}.$$

In vielen Fällen ist nun $b^{\gamma(k+1)} < \frac{1}{2}$. Für die Fehler der Größen

$$U_{ik} := 2T_{i+1,k} - T_{ik}$$

folgt

$$U_{ik} - \tau_0 = 2(T_{i+1,k} - \tau_0) - (T_{ik} - \tau_0)$$

und daher wegen $s := \operatorname{sign}(T_{i+1,k} - \tau_0) = \operatorname{sign}(T_{ik} - \tau_0)$ die Abschätzung

$$s(U_{ik} - \tau_0) = 2|T_{i+1,k} - \tau_0| - |T_{ik} - \tau_0| \approx -|T_{ik} - \tau_0| < 0.$$

Ein Vergleich der Fehler von T_{ik} und U_{ik} zeigt daher, daß für genügend großes i und festes k die Größen $T_{ik} - \tau_0$, $U_{ik} - \tau_0$ ungefähr gleich großen Betrag aber entgegengesetztes Vorzeichen haben, daß also T_{ik} und U_{ik} für genügend großes i das gesuchte Resultat τ_0 einschließen und sogar schließlich von verschiedenen Seiten her monoton gegen τ_0 konvergieren. Man kann dieses Verhalten der T_{ik} und U_{ik} benutzen, um die Größe des Fehlers $T_{ik} - \tau_0$ bzw. $U_{ik} - \tau_0$ abzuschätzen, und damit ein Abbrechkriterium gewinnen.

In dem folgenden Beispiel wurde das Extrapolationsverfahren mit Polynominterpolation und der Schrittweitenfolge von Romberg zur näherungsweisen Berechnung von

$$\int_0^{\pi/2} 5(e^{\pi} - 2)^{-1} e^{2x} \cos x \, dx$$

verwandt. Der exakte Wert des Integrals ist dabei 1. Bei zwölfstelliger Rechnung erhält man für die T_{ik} und die U_{ik} bei Berechnung von 7 Zeilen und 4 Spalten, d. h. $0 \leqq i \leqq 6$ und $0 \leqq k \leqq 3$, die folgenden Werte:

i	T_{i0}	T_{i1}	T_{i2}	T_{i3}
0	0.185755068924			
1	0.724727335089	0.904384757145		
2	0.925565035158	0.992510935182	0.998386013717	
3	0.981021630069	0.999507161706	0.999973576808	0.999998776222
4	0.995232017388	0.999968813161	0.999999589925	1.00000000283
5	0.998806537974	0.999998044836	0.999999993614	1.00000000002
6	0.999701542775	0.999999877709	0.999999999901	1.00000000000

i	U_{i0}	U_{i1}	U_{i2}	U_{i3}
0	1.26369960126			
1	1.12640273523	1.08063711322		
2	1.03647822498	1.00650338823	1.00156113990	
3	1.00944240471	1.00043046462	1.00002560304	1.00000122944
4	1.00238105856	1.00002727651	1.00000039730	0.999999997211
5	1.00059654758	1.00000171058	1.00000000619	0.999999999978
6	1.00014921714	1.00000010700	1.00000000009	1.00000000000

3.5 Die Gaußsche Integrationsmethode

Gegeben sei ein endliches Intervall $[a, b]$, $a < b$, und eine für $x \in [a, b]$ positive stetige Gewichtsfunktion $\omega(x)$.[1] Ferner sei $n \geqq 1$ eine natürliche Zahl. Wir wollen versuchen, durch passende Wahl von $2n$ Zahlen $w_i, x_i, i = 1, \ldots, n$, Integrale des Typs $I(f) := \int_a^b \omega(x) f(x)\, dx$ durch Summen der Form

$$(3.5.1) \qquad \tilde{I}(f) := \sum_{i=1}^{n} w_i f(x_i)$$

zu approximieren. Bereits die Formeln von Newton-Cotes (s. Abschnitt 3.1) hatten diese Gestalt, nur waren dort die Abszissen x_i in $[a, b]$ äquidistant gewählt. Wir wollen uns von dieser Einschränkung befreien und versuchen, die w_i, x_i so zu wählen, daß der Approximationsfehler

$$(3.5.2) \qquad \tilde{I}(f) - I(f)$$

für Polynome möglichst hohen Grades verschwindet. Wir werden sehen, daß dieses Problem eine vernünftige Antwort besitzt. Es gilt nämlich:

1. Zu jedem $n = 1, 2, \ldots$ gibt es eindeutig bestimmte Zahlen $w_i, x_i, i = = 1, \ldots, n$, derart, daß $I(p) = \tilde{I}(p)$ für alle Polynome p mit Grad $p \leqq 2n - 1$.
2. Es ist $w_i > 0$ und $x_i \in (a, b)$ für $i = 1, \ldots, n$.

Wir wollen dies in mehreren Schritten zeigen. Sei dazu

$$\bar{\Pi}_j := \{p \mid p(x) = x^j + a_1 x^{j-1} + \ldots + a_j\}$$

die Menge aller normierten Polynome vom Grad j und weiter

$$\Pi_j := \{p \mid p \text{ Polynom mit Grad } p \leqq j\}.$$

Auf dem reellen Vektorraum $C[a, b]$ aller auf $[a, b]$ stetigen Funktionen führen wir das Skalarprodukt

$$(f, g) := \int_a^b \omega(x) f(x) g(x)\, dx$$

ein. Wir zeigen zunächst (vgl. Abschnitt 6.6.1)

(3.5.3) **Satz:** *Es gibt eindeutig bestimmte Polynome* $p_j \in \bar{\Pi}_j, j = 0, 1, 2, \ldots$ *mit*

---

[1] Diese Voraussetzungen können abgeschwächt werden zu der Forderung, daß $\omega(x)$ auf dem endlichen oder unendlichen Intervall $[a, b]$ nichtnegativ und meßbar ist, daß alle Momente

$$\mu_k := \int_a^b x^k \omega(x)\, dx, \qquad k = 0, 1, \ldots,$$

endlich sind und insbesondere $\mu_0 > 0$ gilt.

(3.5.4) $$(p_i, p_k) = 0 \quad \text{für} \quad i \neq k.$$

Diese Polynome genügen der Rekursionsformel

(3.5.5)
$$\text{a)} \quad p_0(x) = 1$$
$$\text{b)} \quad p_{i+1}(x) = (x - \delta_{i+1})\, p_i(x) - \gamma_{i+1}^2 p_{i-1}(x) \quad \text{für} \quad i \geqq 0,$$

wobei zur Abkürzung

(3.5.6)
$$p_{-1}(x) \equiv 0,$$
$$\delta_{i+1} := (xp_i, p_i)/(p_i, p_i)^1 \quad \text{für} \quad i \geqq 0,$$
$$\gamma_{i+1}^2 := \begin{cases} 0 & \text{für} \quad i = 0 \\ (p_i, p_i)/(p_{i-1}, p_{i-1}) & \text{für} \quad i \geqq 1 \end{cases}$$

gesetzt ist.

Wegen (3.5.4) heißen die p_i die zur Gewichtsfunktion $\omega(x)$ gehörigen *Orthogonalpolynome.*

Beweis: Die Polynome können mit Hilfe des Schmidtschen Orthogonalisierungsverfahrens rekursiv rekonstruiert werden. Offensichtlich muß $p_0(x) \equiv 1$ sein. Wir nehmen induktiv an, daß bereits Polynome $p_j \in \bar{\Pi}_j$ für alle $j \leqq i$ mit den angegebenen Eigenschaften existieren. Wir haben zu zeigen, daß es dann ein eindeutig bestimmtes Polynom $p_{i+1} \in \bar{\Pi}_{i+1}$ gibt mit

(3.5.7) $$(p_{i+1}, p_j) = 0 \quad \text{für} \quad j \leqq i$$

und daß dieses Polynom der Beziehung (3.5.5) b) genügt. Wegen der Normierung der höchsten Koeffiziente in $\bar{\Pi}_j$, läßt sich jedes Polynom $p_{i+1} \in \bar{\Pi}_{i+1}$ in der Form

$$p_{i+1}(x) = (x - \delta_{i+1})\, p_i(x) + c_{i-1}p_{i-1}(x) + c_{i-2}p_{i-2}(x) + \ldots + c_0 p_0(x)$$

mit eindeutig bestimmten Koeffizienten δ_{i+1}, c_k, $k = i-1, \ldots, 0$, schreiben. Wegen $(p_j, p_k) = 0$ für alle $j \neq k$, $j, k \leqq i$, gilt (3.5.7) genau dann, wenn

(3.5.8)
$$\text{a)} \quad (xp_i, p_i) - \delta_{i+1}(p_i, p_i) = 0 \qquad (= (p_{i+1}, p_i))$$
$$\text{b)} \quad (xp_{j-1}, p_i) + c_{j-1}(p_{j-1}, p_{j-1}) = 0 \qquad (= (p_{i+1}, p_{j-1})) \quad \text{für} \quad j \leqq i.$$

Diese Gleichungen sind nach δ_{i+1}, c_{j-1} auflösbar, weil $p_i \not\equiv 0$, $p_{j-1} \not\equiv 0$ und daher wegen $\omega(x) > 0$ auch $(p_i, p_i) > 0$, $(p_{j-1}, p_{j-1}) > 0$ gilt. Aus (3.5.8) a) folgt sofort die angegebene Formel (3.5.6) für δ_{i+1}. Nun ist nach Induktionsvoraussetzung für $j \leqq i$

$$p_j(x) = (x - \delta_j)\, p_{j-1}(x) - \gamma_j^2 p_{j-2}(x)$$

---

[1] (xp_i, p_i) steht kurz für $\int_a^b \omega(x) \cdot x \cdot p_i^2(x)\, dx$.

und es folgt durch Auflösen nach $x \cdot p_{j-1}(x)$ sofort

$$(xp_{j-1}, p_i) = (p_j, p_i) \quad \text{für} \quad j \leqq i.$$

(3.5.8) b) ergibt damit

$$c_{j-1} = -\frac{(p_j, p_i)}{(p_{j-1}, p_{j-1})} = \begin{cases} -\gamma_{i+1}^2 & \text{für} \quad j = i \\ 0 & \text{für} \quad j < i. \end{cases}$$

Damit ist (3.5.3) bewiesen. □

Da sich jedes Polynom $p \in \Pi_k$ als Linearkombination der p_i, $i \leqq k$, schreiben läßt, folgt

(3.5.9) **Korrolar:** *Es ist* $(p, p_n) = 0$ *für alle* $p \in \Pi_{n-1}$.

(3.5.10) **Satz:** *Die Nullstellen* x_i, $i = 1, \ldots, n$, *von* p_n *sind reell und einfach; sie liegen alle im offenen Intervall* (a, b).

Beweis: Es seien $a < x_1 < \ldots < x_l < b$ die Nullstellen von p_n in (a,b), an denen p_n sein Vorzeichen wechselt, d. h. die reellen Nullstellen in (a,b) ungerader Vielfachheit. Wäre $l < n$, so hätte das Polynom $q(x) := \prod_{j=1}^{l} (x - x_j) \in \bar{\Pi}_l$ den Grad $l < n$, so daß wegen (3.5.9) $(p_n, q) = 0$ gelten muß. Andererseits ändert aber $\omega(x) \cdot p_n(x) \cdot q(x)$ auf (a, b) nach Konstruktion von q sein Vorzeichen nicht, so daß $(p_n, q) = \int_a^b \omega(x) p_n(x) q(x) dx \neq 0$ gilt, im Widerspruch zu $(p_n, q) = 0$. Also ist $l = n$, d. h. alle Nullstellen von p_n sind reell, einfach und liegen in (a, b). □

Ferner hat man den

(3.5.11) **Satz:** *Für beliebige* t_i, $i = 1, \ldots, n$, *mit* $t_1 < t_2 < \ldots < t_n$ *ist die* $n \times n$-*Matrix*

$$A := \begin{bmatrix} p_0(t_1) & \ldots & p_0(t_n) \\ \vdots & & \vdots \\ p_{n-1}(t_1) & \ldots & p_{n-1}(t_n) \end{bmatrix}$$

nichtsingulär.

Beweis: Wäre A singulär, so gäbe es einen Zeilenvektor $c^T = (c_0, \ldots, c_{n-1})$, $c \neq 0$, mit $c^T A = 0$, d. h. das Polynom

$$q(x) := \sum_{i=0}^{n-1} c_i p_i(x), \qquad \text{Grad}\, q \leqq n-1,$$

hätte $t_1, \ldots, t_n$ als n verschiedene Nullstellen, also müßte $q(x)$ identisch verschwinden. Da die höchsten Koeffizienten aller p_i gleich 1 sind, folgt aus $q(x) \equiv 0$ sofort der Widerspruch $c = 0$. □

Satz (3.5.11) ist übrigens damit äquivalent, daß das Gleichungssystem $c^T A = f^T$ für beliebige rechte Seiten $f^T = (f_1, \ldots, f_n)$ lösbar ist, d.h. daß die Interpolationsaufgabe, eine Funktion p der Form $p(x) = \sum_{i=0}^{n-1} c_i p_i(x)$ mit $p(t_i) = f_i$, $i = 1, 2, \ldots, n$, zu finden, stets eindeutig lösbar ist. Funktionssysteme mit dieser Eigenschaft, wie hier $p_0, p_1, \ldots$, heißen *Tschebyscheff-Systeme*, der Inhalt des Satzes *Haar-Bedingung.*

Wir kommen nun zu dem Hauptresultat:

(3.5.12) **Satz:** 1) *Es seien $x_1, \ldots, x_n$ die Nullstellen von $p_n(x)$ und $w_1, \ldots, w_n$ die Lösung des linearen Gleichungssystems*

(3.5.13) $$\sum_{i=1}^{n} p_k(x_i)\, w_i = \begin{cases} (p_0, p_0) & \textit{falls} \quad k = 0 \\ 0 & \textit{falls} \quad k = 1, 2, \ldots, n-1. \end{cases}$$

Dann gilt $w_i > 0$ für $i = 1, 2, \ldots, n$ *sowie*

(3.5.14) $$\int_a^b \omega(x)\, p(x)\, dx = \sum_{i=1}^{n} w_i p(x_i)$$

für alle Polynome $p \in \Pi_{2n-1}$.

2) *Ist umgekehrt für gewisse Zahlen* $w_i, x_i, i = 1, \ldots, n$, (3.5.14) *für alle* $p \in \Pi_{2n-1}$ *richtig, so sind die x_i die Nullstellen von p_n und die w_i erfüllen* (3.5.13).

3) *Es gibt keine Zahlen $x_i, w_i, i = 1, \ldots, n$, so daß* (3.5.14) *für alle Polynome* $p \in \Pi_{2n}$ *gilt.*

Beweis: 1) Nach Satz (3.5.10) sind die Nullstellen x_i, $i = 1, \ldots, n$, von p_n verschiedene reelle Zahlen in (a, b), so daß nach (3.5.11) die Matrix

(3.5.15) $$A = \begin{bmatrix} p_0(x_1) & \ldots & p_0(x_n) \\ \vdots & & \vdots \\ p_{n-1}(x_1) & \cdots & p_{n-1}(x_n) \end{bmatrix}$$

nichtsingulär ist und das Gleichungssystem (3.5.13), nämlich

(3.5.16) $$Aw = (p_0, p_0)\, e_1, \qquad w := (w_1, \ldots, w_n)^T, \qquad e_1 = (1, 0, \ldots, 0)^T,$$

genau eine Lösung w besitzt. Sei nun $p \in \Pi_{2n-1}$ beliebig. Dann läßt sich p in der Form

$$p(x) = p_n(x) \cdot q(x) + r(x)$$

schreiben, wobei q, r Polynome aus Π_{n-1} sind und daher die Gestalt

$$q(x) = \sum_{k=0}^{n-1} \alpha_k p_k(x), \qquad r(x) = \sum_{k=0}^{n-1} \beta_k p_k(x)$$

haben. Es folgt wegen (3.5.9) und $p_0(x) \equiv 1$,

$$\int_a^b \omega(x)\, p(x)\, dx = (p_n, q) + (r, p_0)$$
$$= \beta_0 (p_0, p_0).$$

Andererseits ist wegen $p_n(x_i) = 0$ und wegen (3.5.13)

$$\sum_{i=1}^{n} w_i p(x_i) = \sum_{i=1}^{n} w_i r(x_i) = \sum_{k=0}^{n-1} \beta_k \left(\sum_{i=1}^{n} w_i p_k(x_i) \right) = \beta_0 (p_0, p_0),$$

d. h. (3.5.14) ist erfüllt.

Setzt man die speziellen Polynome

$$\text{(3.5.17)} \qquad \bar{p}_i(x) := \prod_{\substack{j=1 \\ j \neq i}}^{n} (x - x_j)^2 \in \Pi_{2n-2}, \qquad i = 1, \ldots, n,$$

in (3.5.14) ein, folgt sofort $w_i > 0$ für $i = 1, \ldots, n$.

2) Seien nun umgekehrt die Zahlen w_i, x_i, $i = 1, \ldots, n$, so beschaffen, daß (3.5.14) für alle $p \in \Pi_{2n-1}$ richtig ist.

Für $p = p_k$, $k = 0, \ldots, n-1$, folgt dann

$$\sum_{i=1}^{n} w_i p_k(x_i) = \int_a^b \omega(x)\, p_k(x)\, dx = (p_k, p_0) = \begin{cases} (p_0, p_0), & \text{falls } k = 0 \\ 0, & \text{falls } k = 1, \ldots, n-1, \end{cases}$$

d. h. die w_i müssen (3.5.13) erfüllen.

Wählt man $p(x) := p_k(x) \cdot p_n(x)$, $k = 0, \ldots, n-1$, in (3.5.14), so folgt

$$0 = (p_k, p_n) = \sum_{i=1}^{n} w_i p_n(x_i) \cdot p_k(x_i), \qquad k = 0, \ldots, n-1,$$

d. h., der Vektor $c := (w_1 p_n(x_1), \ldots, w_n p_n(x_n))^T$ erfüllt das Gleichungssystem

$$Ac = 0,$$

wobei A die Matrix (3.5.15) ist. Aus 3) folgt sofort $x_1 < \cdots < x_n$; damit ist nach (3.5.11) A nichtsingulär, also muß $c = 0$ sein, d. h.

$$\text{(3.5.18)} \qquad w_i p_n(x_i) = 0 \quad \text{für} \quad i = 1, \ldots, n.$$

Wie eben folgt $w_i > 0$ durch Einsetzen von $p = \bar{p}_i$ (3.5.17) in (3.5.14), und daher schließlich wegen (3.5.18) $p_n(x_i) = 0$, $i = 1, \ldots, n$. Damit ist Teil 2) bewiesen.

3) Die Annahme, daß es Zahlen $w_i, x_i, i = 1, \ldots, n$, gibt, so daß (3.5.14) auch für alle $p \in \Pi_{2n}$ richtig ist, führt mit $p(x) := \prod_{j=1}^{n} (x - x_j)^2 \in \Pi_{2n}$ sofort zu einem Widerspruch. □

Für die praktisch wichtigste Gewichtsfunktion $\omega(x) :\equiv 1$ und das Intervall $[-1, 1]$ stammen die Resultate des letzten Satzes von Gauß. Die zugehörigen Orthogonalpolynome

$$(3.5.19) \qquad p_k(x) := \frac{k!}{(2k)!} \frac{d^k}{dx^k}(x^2-1)^k, \qquad k = 0, 1, \ldots,$$

sind bis auf einen Normierungsfaktor gerade die *Legendre-Polynome.* (Für diese p_k ist offensichtlich $p_k \in \bar{\Pi}_k$ und durch partielle Integration verifiziert man sofort $(p_i, p_k) = 0$ für $i \neq k$). Im folgenden sind einige w_i, x_i für diesen Spezialfall tabelliert (für weitere Werte siehe Hochstrasser in M. Abramowitz and I. Stegun, Handbook of mathematical functions):

n	w_i	x_i
1	$w_1 = 2$	$x_1 = 0$
2	$w_1 = w_2 = 1$	$x_2 = -x_1 = 0.57735\ 02692\ldots$
3	$w_1 = w_3 = 5/9$ $w_2 = 8/9$	$x_3 = -x_1 = 0.77459\ 66692\ldots$ $x_2 = 0$
4	$w_1 = w_4 = 0.34785\ 48451\ldots$ $w_2 = w_3 = 0.65214\ 51549\ldots$	$x_4 = -x_1 = 0.86113\ 63116\ldots$ $x_3 = -x_2 = 0.33998\ 10436\ldots$
5	$w_1 = w_5 = 0.23692\ 68851\ldots$ $w_2 = w_4 = 0.47862\ 86705\ldots$ $w_3 = \frac{128}{225} = 0.56888\ 88889\ldots$	$x_5 = -x_1 = 0.90617\ 98459\ldots$ $x_4 = -x_2 = 0.53846\ 93101\ldots$ $x_3 = 0$

Weitere für die Gewinnung von Integrationsformeln praktisch wichtige Beispiele sind in folgender Tabelle aufgeführt:

$[a, b]$	$\omega(x)$	Name der Orthogonalpolynome
$[-1, 1]$	$(1-x^2)^{-1/2}$	$T_n(x)$, Tschebyscheff-Polynome
$[0, \infty]$	e^{-x}	$L_n(x)$, Laguerre-Polynome
$[-\infty, \infty]$	e^{-x^2}	$H_n(x)$, Hermite-Polynome.

Es bleibt die Frage, wie man im allgemeinen Fall die Zahlen w_i, x_i bestimmt. Wir wollen dieses Problem unter der Voraussetzung betrachten, daß die Koeffizienten δ_i, γ_i der Rekursionsformel (3.5.5) bekannt sind. (Eine Bestimmung der δ_i, γ_i ist im übrigen ein numerisch recht schwieriges Problem. Methoden dazu findet man beschrieben in G.H. Golub and J.H. Welsch [8] und in W. Gautschi [7]).

Nach den Resultaten von Teil II, Abschnitt (6.6.1), sind die x_i, $i = 1, \ldots, n$, gerade die Eigenwerte der reellen symmetrischen Tridiagonalmatrix

$$(3.5.20) \qquad J = \begin{bmatrix} \delta_1 & \gamma_2 & & \\ \gamma_2 & \ddots & \ddots & \\ & \ddots & \ddots & \gamma_n \\ & & \gamma_n & \delta_n \end{bmatrix}.$$

Diese Eigenwerte kann man z. B. mit Hilfe des QR-Verfahrens (s. 6.6.6) berechnen. Darüber hinaus gilt für die w_k

(3.5.21) **Satz** (Golub, Welsch [8]): *Es ist*

$$w_k = (v_1^{(k)})^2, \qquad k = 1, \ldots, n,$$

wobei $v^{(k)} := (v_1^{(k)}, \ldots, v_n^{(k)})^T$ *Eigenvektor zum Eigenwert* x_k *von* J (3.5.20)

$$Jv^{(k)} = x_k v^{(k)}$$

mit der Normierung $v^{(k)T} v^{(k)} = (p_0, p_0) = \int_a^b \omega(x)\, dx$ *ist.*

Beweis: Man bestätigt leicht, daß die Rekursionsformeln (3.5.5) für $x = x_k$ äquivalent sind zu

$$J\tilde{v}^{(k)} = x_k \tilde{v}^{(k)}.$$

Dabei ist $\tilde{v}^{(k)}$ der Vektor

$$\tilde{v}^{(k)} = (\rho_0 p_0(x_k), \rho_1 p_1(x_k), \ldots, \rho_{n-1} p_{n-1}(x_k))^T$$

mit

$$\rho_i := \begin{cases} 1 & \text{für} \quad i = 0 \\ 1/(\gamma_2\gamma_3 \ldots \gamma_{i+1}) & \text{für} \quad i = 1, 2, \ldots, n-1. \end{cases}$$

$\tilde{v}^{(k)}$ ist also Eigenvektor von J zum Eigenwert x_k.

Ferner ist das Gleichungssystem (3.5.13) für die w_i wegen $\rho_j \neq 0$, $j = 0, \ldots, n-1$, äquivalent mit

$$(3.5.22) \qquad (\tilde{v}^{(1)}, \ldots, \tilde{v}^{(n)})\, w = (p_0, p_0) \cdot e_1, \quad w := (w_1 \ldots, w_n)^T, \quad e_1 := (1, 0, \ldots 0)^T.$$

Eigenvektoren von symmetrischen Matrizen zu verschiedenen Eigenwerten sind orthogonal zueinander. Wegen $x_i \neq x_k$ für $i \neq k$ folgt daher aus (3.5.22) durch Linksmultiplikation mit $\tilde{v}^{(k)T}$

$$(3.5.23) \qquad (\tilde{v}^{(k)T} \tilde{v}^{(k)}) \cdot w_k = (p_0, p_0) \cdot \tilde{v}^{(k)T} e_1.$$

Der Eigenvektor $\tilde{v}^{(k)}$ läßt sich mit Hilfe des normierten Eigenvektors $v^{(k)}$ ausdrücken

$$\tilde{v}^{(k)} = \alpha_k v^{(k)},$$

$$\tilde{v}^{(k)T} \tilde{v}^{(k)} = \alpha_k^2 \cdot (p_0, p_0).$$

Es folgt wegen $\rho_0 = 1$, $p_0(x) \equiv 1$

$$\tilde{v}^{(k)T} e_1 = 1 = \alpha_k \cdot v_1^{(k)} = \alpha_k^2 (v_1^{(k)})^2.$$

Durch Einsetzen in (3.5.23) erhält man schließlich die Behauptung des Satzes

$$w_k = \frac{(p_0, p_0)\, \alpha_k^2 (v_1^{(k)})^2}{\alpha_k^2 (p_0, p_0)} = (v_1^{(k)})^2. \square$$

Die interessierende 1. Komponente $v_1^{(k)}$ des Eigenvektors $v^{(k)}$ und damit auch w_k kann bei dem QR-Verfahren zur Bestimmung der Eigenwerte leicht mitberechnet werden (s. Golub, Welsch [8]).

Wir wollen schließlich noch eine Abschätzung für den Fehler der Gaußschen Integrationsmethode angeben:

(3.5.24) **Satz:** *Ist f auf $[a, b]$ $2n$-mal stetig differenzierbar, so gilt*

$$\int_a^b \omega(x) f(x)\, dx - \sum_{i=1}^{n} w_i f(x_i) = \frac{f^{(2n)}(\xi)}{(2n)\,!} (p_n, p_n)$$

mit einem ξ aus (a, b).

Beweis: Sind von einer Funktion $f(x)$ nicht nur die Funktionswerte $f(x_i)$ für $i = 1, 2, \ldots, n$ und $x_1 < x_2 < \ldots < x_n$ bekannt sondern auch die Ableitungswerte $f'(x_i)$, so ist, wie man leicht nachprüft,

$$h(x) := \sum_{i=1}^{n} L_i^2(x)\,(c_i x + d_i)\, f(x_i) + \sum_{i=1}^{n} L_i^2(x)\,(x - x_i)\, f'(x_i)$$

mit

$$L_i(x) := \prod_{\substack{k=1 \\ k \neq i}}^{n} \frac{x - x_k}{x_i - x_k}, \qquad c_i := -2 \cdot \sum_{\substack{k=1 \\ k \neq i}}^{n} \frac{1}{x_i - x_k} \quad \text{und} \quad d_i := 1 - c_i x_i$$

ein Polynom vom Grade $2n - 1$, für das gilt

$$h(x_i) = f(x_i), \qquad h'(x_i) = f'(x_i), \qquad i = 1, 2, \ldots, n$$

(sog. *Hermiteinterpolation* s. (2.1.5)).

Für den Rest

$$r(x) := f(x) - h(x)$$

ergibt Satz (2.1.5.10)

$$r(x) = \frac{f^{(2n)}(\xi^*)}{(2n)\,!} \cdot (x - x_1)^2 (x - x_2)^2 \ldots (x - x_n)^2$$

mit $\xi^* = \xi^*(x) \in \left(\min\limits_{1 \leq i \leq n} (x, x_i),\ \max\limits_{1 \leq i \leq n} (x, x_i) \right)$.

Nun sind die x_i die Nullstellen von p_n und wegen $p_n \in \bar{\Pi}_n$ hat man damit

$$r(x) = \frac{f^{(2n)}(\xi^*)}{(2n)\,!} p_n^2(x).$$

Aus $f^{(2n)}(\xi^*(x)) = \frac{f(x) - h(x)}{p_n^2(x)}(2n)!$ folgt, daß $f^{(2n)}(\xi^*(x))$ auf ganz $[a, b]$ definiert und stetig ist. Da weiter $p_n^2(x) \geqq 0$ für alle x gilt, läßt sich der Mittelwertsatz der Integralrechnung auf $\omega(x)\, r(x)$ anwenden

$$\int_a^b \omega(x)\, r(x)\, dx = \frac{f^{(2n)}(\xi)}{(2n)!}(p_n, p_n), \qquad \xi \text{ geeignet aus } (a, b).$$

Beachtet man $h(x) \in \Pi_{2n-1}$ und $h(x_i) = f(x_i)$ für $i = 1, 2, \ldots, n$, zeigt Satz (3.5.12) andererseits

$$\begin{aligned}\int_a^b \omega(x) r(x)\, dx &= \int_a^b \omega(x)\, f(x)\, dx - \int_a^b \omega(x)\, h(x)\, dx \\ &= \int_a^b \omega(x)\, f(x)\, dx - \sum_{i=1}^n w_i h(x_i) \\ &= \int_a^b \omega(x)\, f(x)\, dx - \sum_{i=1}^n w_i f(x_i),\end{aligned}$$

woraus direkt die Behauptung folgt. □

Vergleicht man die verschiedenen Integrationsmethoden (Newton-Cotes-Formeln, Extrapolationsverfahren, Gaußsche Methode) miteinander, so stellt man zunächst fest, daß bei gleichem Rechenaufwand (gemessen an der Zahl der Funktionsauswertungen) die Gaußsche Methode die genauesten Resultate liefert. Wenn man bei einem vorgelegtem Integral $\int_a^b f(x)\, dx$ und gewünschter Genauigkeit ε wüßte, welches n man zu nehmen hätte, um mit der Gauß-Formel zum Index n das Integral mit der Genauigkeit ε zu approximieren, wäre die Gauß-Methode sicherlich den anderen Methoden überlegen. Leider ist es aber meistens unmöglich, etwa mittels der Fehlerformel (3.5.24) ein passendes n zu finden, da es in der Regel sehr schwierig ist, eine vernünftige Abschätzung für $f^{(2n)}(\xi)$, $a \leqq \xi \leqq b$, anzugeben. Deshalb wendet man gewöhnlich die Gauß-Formeln für wachsende Werte n so lange an, bis die Näherungswerte für das Integral mit der gewünschten Genauigkeit übereinstimmen. Dabei ist es sehr nachteilig, daß anders als bei Extrapolationsverfahren die für ein n berechneten Funktionswerte nicht für andere Werte von n wiederverwendet werden können, so daß die theoretischen Vorteile der Gauß-Integration bald verloren gehen. Im Verfahren von Kronrod [12] werden diese Nachteile der Gauß-Integration weitgehend vermieden. In Piessens et al. [13] findet man eine Sammlung von FORTRAN-Programmen zur Integration von Funktionen.

3.6 Integrale mit Singularitäten

Um das Integral $\int_a^b f(x)\,dx$, a, b endlich, mit Hilfe eines Extrapolationsverfahrens (z. B. Rombergintegration) näherungsweise berechnen zu können, muß die Trapezsumme $T(h)$ eine Entwicklung der Form (3.2.8) besitzen und deshalb f genügend oft auf dem abgeschlossenen Intervall $[a, b]$ differenzierbar sein. Nun trit in der Praxis oft das Problem auf, daß die zu integrierende Funktion f an den Intervallenden oder an isolierten Punkten im Inneren des Intervalls $[a, b]$ diese Voraussetzung nicht erfüllt. Helfen kann man sich dann oft wie folgt:

1. $f(x)$ sei eine auf den Teilintervallen $[a_i, a_{i+1}]$, $i = 1, \ldots, m$, mit $a = a_1 < a_2 < a_3 < \ldots < a_{m+1} = b$ hinreichend oft stetig differenzierbare Funktion. Es ist

$$\int_a^b f(x)\,dx = \sum_{i=1}^{m} \int_{a_i}^{a_{i+1}} f_i(x)\,dx$$

mit $f_i(x) :\equiv f(x)$ für $x \in [a_i, a_{i+1}]$. Definiert man die Ableitungen von f_i für a_i als rechts-bzw. für a_{i+1} als linksseitige Grenzwerte der Ableitungen von f, so erfüllt f_i auf $[a_i, a_{i+1}]$ die Voraussetzungen des Satzes (3.2.1).

2. Für ein $\bar{x} \in [a, b]$ mögen auch die einseitigen Grenzwerte der Ableitungen von $f(x)$ nicht existieren, z. B. $f(x) = \sqrt{x} \cdot \sin x$, $\bar{x} = a = 0$, $b > 0$. Wie man leicht sieht, läßt sich f'' für $\bar{x} = 0$ nicht einmal einseitig stetig erklären. Hier führt oft eine Substitution zum Ziel; in unserem Falle ergibt sich mit $t := \sqrt{x}$

$$\int_0^b \sqrt{x} \cdot \sin x\,dx = \int_0^{\sqrt{b}} 2t^2 \cdot \sin t^2 dt.$$

Der Integrand $2t^2 \sin t^2$ ist jetzt auf $[0, \sqrt{b}]$ beliebig oft differenzierbar.

3. Eine andere Möglichkeit, den Fall 2.) zu behandeln, besteht oft in einer Aufspaltung des Integrals:

$$\int_0^b \sqrt{x} \cdot \sin x\,dx = \int_0^\varepsilon \sqrt{x} \cdot \sin x\,dx + \int_\varepsilon^b \sqrt{x} \cdot \sin x\,dx, \qquad \varepsilon > 0.$$

Der zweite Integrand erfüllt die Voraussetzungen von (3.2.1) und das erste Integral läßt sich in eine Reihe entwickeln, die wegen ihrer gleichmäßigen Konvergenz gliedweise ausgewertet werden darf

$$\int_0^\varepsilon \sqrt{x} \cdot \sin x\,dx = \int_0^\varepsilon \sqrt{x} \cdot \left(x - \frac{x^3}{3!} \pm \ldots \right) dx = \sum_{\nu=0}^{\infty} (-1)^\nu \cdot \frac{\varepsilon^{2\nu + 5/2}}{(2\nu + 1)!(2\nu + 5/2)}.$$

Für genügend kleines ε kann man diese Reihe nach wenigen Schritten abbrechen, ohne einen großen Fehler zu begehen. Die Schwierigkeit liegt in der

Wahl von ε: Wählt man nämlich ε zu klein, so wirkt sich bei der Berechnung von $\int_\varepsilon^b \sqrt{x} \cdot \sin x \, dx$ die Singularität bei $x = 0$ sehr störend auf die Konvergenzgeschwindigkeit des benutzten Verfahrens aus.

4. Eine mit 3. verwandte Möglichkeit zur Überwindung der in 2. aufgeführten Schwierigkeit besteht darin, von $f(x)$ eine Funktion zu subtrahieren, deren Stammfunktion bekannt ist und die dieselbe Singularität wie $f(x)$ besitzt. In dem obigen Beispiel leistet das die Funktion $\sqrt{x} \cdot x$:

$$\int_0^b \sqrt{x} \cdot \sin x \, dx = \int_0^b (\sqrt{x} \cdot \sin x - \sqrt{x} \cdot x) \, dx + \int_0^b \sqrt{x} \cdot x \, dx$$

$$= \int_0^b \sqrt{x} \cdot (\sin x - x) \, dx + \tfrac{2}{5} \cdot b^{5/2}.$$

Der neue Integrand ist jetzt dreimal stetig differenzierbar. Wie man jedoch leicht sieht, tritt wegen $x \approx \sin x$ für x nahe bei 0 jetzt bei der Berechnung des Integranden und damit auch bei der Berechnung der $T(h)$ für kleines h die Gefahr der Auslöschung auf.

5. Für gewisse Typen von Singularitäten, etwa bei

$$I = \int_0^b x^\alpha f(x) \, dx, \qquad \alpha > 0,$$

wobei f eine genügend oft auf $[0, b]$ stetig differenzierbare Funktion ist, weiß man, daß die Trapezsumme $T(h)$ für I statt der in Satz (3.2.1) angegebenen Entwicklung eine asymptotische Entwicklung der Form

$$T(h) \sim \tau_0 + \tau_1 h^{\gamma_1} + \tau_2 h^{\gamma_2} + \ldots$$

mit

$$\{\gamma_i\} = \{1 + \alpha, 2, 2 + \alpha, 4, 4 + \alpha, 6, 6 + \alpha, \ldots\}$$

besitzt (s. R. Bulirsch [2]). Statt der in (3.3) beschriebenen Extrapolationsalgorithmen, die auf die „normale" Sequenz $\{\gamma_i\} = \{2, 4, 6, \ldots\}$ abgestellt sind, könnte man in diesem Fall einen anderen Extrapolationsalgorithmus anwenden, der die geänderte Exponentensequenz berücksichtigt. Solche Algorithmen werden in [3] betrachtet.

6. Folgende Methode führt häufig zu überraschend guten Resultaten: Wenn etwa ein Integral $I = \int_a^b f(x) \, dx$ zu berechnen ist und der Integrand nur für $x = a$ nicht oder nicht genügend oft differenzierbar ist, so setze man z. B.

$$a_j := a + \frac{b - a}{j}, \qquad j = 1, 2, \ldots,$$

$$I_j := \int_{a_{j+1}}^{a_j} f(x) \, dx.$$

Jedes der Integrale $I_j, j = 1, 2, \ldots$, kann, etwa mit Hilfe von Extrapolationsverfahren, gewöhnlich schnell und genau berechnet werden, da f auf $[a_{j+1}, a_j]$ nach Voraussetzung genügend oft differenzierbar ist. Nun ist

$$I = I_1 + I_2 + I_3 + \ldots .$$

Die Konvergenz dieser unendlichen Reihe kann häufig mittels eines konvergenzbeschleunigenden Verfahrens (etwa Aitkens $\triangle^2$-Algorithmus, s. 5.10) so stark beschleunigt werden, daß man nur wenige I_j berechnen muß.

Ähnlich kann man auch bei uneigentlichen Integralen vorgehen, indem man z. B. setzt

$$I = \int_0^\infty f(x)\,dx = \sum_{j=1}^{\infty} I_j, \qquad I_j := \int_{a_j}^{a_{j+1}} f(x)\,dx,$$

wobei $0 = a_1 < a_2 < \ldots$ eine passend gewählte divergente Folge von Zahlen ist.

7. **Allgemein läßt sich bei uneigentlichen Integralen das Integrationsintervall durch eine geeignete Substitution endlich machen.** Z. B. wird aus $\int_1^\infty f(x)\,dx$ durch die Substitution $x = \frac{1}{t}$

$$\int_0^1 \frac{1}{t^2} f\left(\frac{1}{t}\right) dt.$$

Besitzt $\frac{1}{t^2} f\left(\frac{1}{t}\right)$ an dem Intervallende 0 jetzt eine Singularität, so wende man eine der vorher besprochenen Methoden an.

Übungsaufgaben zu Kapitel 3

1. Die n-te Newton-Cotes-Formel ist so konstruiert, daß sie für Polynome vom Grad $\leqq n$ den exakten Integralwert liefert. Man zeige, daß für gerades n sogar Polynome $(n+1)$-ten Grades exakt integriert werden.
   Hinweis: Benutzung der Restgliedformel von Satz (2.1.4.1).
2. Für $f \in C^2[a, b]$ läßt sich zeigen:

$$\int_a^b f(x)\,dx = \frac{1}{2}(b-a)\big(f(a) + f(b)\big) - \frac{(b-a)^3}{12} f''(\tilde{x}), \qquad \tilde{x} \in (a, b).$$

   Hinweis: Man benutze, daß in der Restgliedformel (2.1.4.1) $f''(\xi(x))$ stetig von x abhängt (wieso?).
3. Sei durch $a \leqq x_0 < x_1 < x_2 < \ldots < x_n \leqq b$ eine beliebige aber fest vorgegebene Unterteilung des Intervalls $[a, b]$ gegeben. Es soll gezeigt werden, daß es dann eindeutig bestimmte Zahlen $\gamma_0, \gamma_1, \gamma_2, \ldots, \gamma_n$ gibt mit

$$\sum_{i=0}^{n} \gamma_i P(x_i) = \int_a^b P(x)\,dx$$

für alle Polynome $P(x)$ vom Grad $\leqq n$.

Hinweis: $P(x) \equiv 1, x, x^2, \ldots$

4. Es soll die Zahl e mittels eines Extrapolationsverfahrens näherungsweise berechnet werden.

   a) Man zeige: $T(h) = (1 + h)^{1/h}$, $h \neq 0$, $|h| < 1$, besitzt die für alle h, $|h| < 1$, konvergente Entwicklung

   $$T(h) = e + \sum_{i=1}^{\infty} \alpha_i h^i.$$

   b) Welche Vorteile bietet die Entwicklung von

   $$\tilde{T}(h) := \tfrac{1}{2}\big(T(h) + T(-h)\big)?$$

   c) Wie ist $T(h)$ abzuändern, damit Extrapolation für $h = 0$ einen Näherungswert für e^x, x fest, liefert?

5. Mit $T_f(h)$ werde die Trapezsumme zur Schrittweite h für das Integral $\int_0^1 f(x)\,dx$ bezeichnet. Es läßt sich zeigen, daß für $\alpha > 0$ $T_{x^\alpha}(h)$ folgende asymptotische Entwicklung besitzt

   $$T_{x^\alpha}(h) \sim \int_0^1 x^\alpha dx + a_1 h^{1+\alpha} + a_2 h^2 + a_4 h^4 + a_6 h^6 + \ldots .$$

   Man zeige, daß zu jeder analytischen Funktion $f(x)$ dann folgende asymptotische Entwicklung existiert

   $$T_{x^\alpha f(x)}(h) \sim \int_0^1 x^\alpha f(x)\,dx + b_1 h^{1+\alpha} + b_2 h^{2+\alpha} + b_3 h^{3+\alpha} + \ldots\ldots +$$
   $$+ c_2 h^2 + c_4 h^4 + c_6 h^6 + \ldots\ldots .$$

   Hinweis. Es ist f analytisch und es gilt allgemein

   $$T_{\varphi+\psi}(h) = T_\varphi(h) + T_\psi(h).$$

6. Für Funktionen $f, g \in C[-1, 1]$ definiert

   $$(f, g) := \int_{-1}^{1} f(x)\,g(x)\,dx$$

   ein inneres Produkt.

   Man zeige: Sind $f(x)$, $g(x)$ Polynome vom Grade $\leqq n - 1$, x_i, $i = 1, 2, \ldots, n$, die Nullstellen des n-ten Legendrepolynoms und

   $$\gamma_i = \int_{-1}^{1} L_i(x)\,dx \quad \text{mit} \quad L_i(x) = \prod_{\substack{k \neq i \\ k=1}}^{n} \frac{x - x_k}{x_i - x_k}, \qquad i = 1, 2, \ldots, n,$$

so gilt

$$(f, g) = \sum_{i=1}^{n} \gamma_i f(x_i) g(x_i).$$

Literatur zu Kapitel 3

[1] Bauer, F. L., Rutishauser, H., Stiefel, E.: New aspects in numerical quadrature. Proc. of Symposia in Applied Mathematics **15**, 199–218, Amer. Math. Soc. 1963.

[2] Bulrisch, R.: Bemerkungen zur Romberg-Integration. Num. Math. **6**, 6–16 (1964).

[3] — Stoer, J.: Fehlerabschätzungen und Extrapolation mit rationalen Funktionen bei Verfahren vom Richardson-Typus. Num. Math. **6**, 413–427 (1964).

[4] — —: Numerical Quadrature by Extrapolation. Num. Math. **9**, 271–278 (1967).

[5] Davis, Ph. J.: Interpolation and approximation. New York: Blaisdell 1963.

[6] — Rabinowitz, P.: Methods of numerical integration. New York: Academic Press 1975.

[7] Gautschi, W.: On the construction of Gaussian quadrature rules from modified moments. Math. Comp. **24**, 245–260 (1970).

[8] Golub, G. H., Welsch, J. A.: Calculation of Gauss quadrature rules. Math. Comp. **23**, 221–230 (1969).

[9] Romberg, W.: Vereinfachte numerische Integration. Det. Kong. Norske Videnskabers Selskab Forhandlinger **28**, Nr. 7. Trondheim 1955.

[10] Stroud, A. H., Secrest, D.: Gaussian quadrature formulas. Englewood Cliffs. N. J.: Preintice Hall 1966.

[11] Henrici, P.: Elements of numerical analysis. New York: Wiley 1964.

[12] Kronrod, A. S.: Nodes and weights of quadrature formulas. New York: Consultants Bureau 1965.

[13] Piessens, R., de Doncker, E., Überhuber, C. W., Kahaner, D. K.: Quadpack. A subroutine package for automatic integration. Berlin-Heidelberg-New York: Springer 1983.

[14] Steffensen, J. F.: Interpolation. New York: Chelsea 1950.

Weitere Literaturangaben am Ende von Kapitel 1

4 Lineare Gleichungssysteme

In diesem Abschnitt werden direkte Methoden zur Lösung von linearen Gleichungssystemen

$$Ax = b, \qquad A = \begin{bmatrix} a_{11} & \dots & a_{1n} \\ \cdot & & \cdot \\ \cdot & & \cdot \\ \cdot & & \cdot \\ a_{n1} & \dots & a_{nn} \end{bmatrix}, \qquad b = \begin{bmatrix} b_1 \\ \cdot \\ \cdot \\ \cdot \\ b_n \end{bmatrix}$$

dargestellt. Hier ist A eine gegebene $n \times n$-Matrix, b ein gegebener Vektor. Wir nehmen zusätzlich an, daß A und b reell sind, obwohl diese Einschränkung bei den meisten Verfahren unwesentlich ist. Im Gegensatz zu den iterativen Methoden (Kapitel 8), liefern die hier besprochenen direkten Verfahren die Lösung, rundungsfehlerfreie Rechnung vorausgesetzt, in endlich vielen Schritten.

Das gestellte Problem ist eng damit verwandt, die Inverse A^{-1} der Matrix A zu berechnen, sofern diese existiert. Kennt man nämlich A^{-1}, so erhält man die Lösung x von $Ax = b$ als Ergebnis einer Matrixmultiplikation $x = A^{-1}b$; umgekehrt ist die i-te Spalte $\bar{a}_i$ von $A^{-1} = (\bar{a}_1, \dots, \bar{a}_n)$ Lösung $x = \bar{a}_i$ des linearen Gleichungssystems

$$Ax = e_i,$$

wobei $e_i = (0, \dots, 0, 1, 0, \dots, 0)^T$ der i-te Achsenvektor ist.

Algolprogramme für die Problemstellungen dieses Kapitels findet man in [11].

4.1 Gauß-Elimination. Dreieckszerlegung einer Matrix

Beim Gaußschen Eliminationsverfahren zur Lösung eines Gleichungssystems

$$(4.1.1) \qquad Ax = b,$$

A eine $n \times n$-Matrix, $b \in \mathbb{R}^n$, wird durch geeignete Vertauschungen und Linearkombinationen von Gleichungen des gegebenen Systems (4.1.1) schrittweise in ein Gleichungssystem der Form

$$Rx = c, \qquad R = \begin{bmatrix} r_{11} & \cdots & r_{1n} \\ & \ddots & \vdots \\ 0 & & r_{nn} \end{bmatrix}$$

transformiert, das dieselben Lösungen wie (4.1.1) besitzt. R ist eine obere Dreiecksmatrix, $Rx = c$ also ein „gestaffeltes" Gleichungssystem, das man leicht lösen kann (sofern $r_{ii} \neq 0$, $i = 1, \ldots, n$):

$$x_i := \left(c_i - \sum_{k=i+1}^{n} r_{ik} x_k \right) \Big/ r_{ii} \quad \text{für} \quad i = n, n-1, \ldots, 1.$$

Im ersten Schritt des Algorithmus subtrahiert man ein geeignetes Vielfaches der ersten Gleichung von den übrigen Gleichungen, derart, daß die Koeffizienten von x_1 in diesen Gleichungen verschwinden, also die Variable x_1 nur noch in der 1. Gleichung vorkommt. Dies ist natürlich nur dann möglich, wenn $a_{11} \neq 0$ ist, was man ggf. durch Vertauschen der Gleichungen erreichen kann, sofern überhaupt ein $a_{i1} \neq 0$ ist. Statt mit den Gleichungen (4.1.1) selbst zu arbeiten, führt man diese Operationen an der (4.1.1) entsprechenden Matrix

$$(A, b) = \left[\begin{array}{ccc|c} a_{11} & \cdots & a_{1n} & b_1 \\ \vdots & & \vdots & \vdots \\ a_{n1} & \cdots & a_{nn} & b_n \end{array}\right]$$

aus. Der erste Schritt des Gaußschen Eliminationsverfahrens führt zu einer Matrix (A', b') der Form

(4.1.2) $$(A', b') = \begin{bmatrix} a'_{11} & \cdots & & a'_{1n}, & b'_1 \\ 0 & a'_{22} & \cdots & a'_{2n}, & b'_2 \\ \vdots & \vdots & & \vdots & \vdots \\ 0 & a'_{n2} & \cdots & a'_{nn}, & b'_n \end{bmatrix}$$

und kann formal so beschrieben werden:

(4.1.3)

a) *Bestimme ein Element $a_{r1} \neq 0$ und fahre mit b) fort; falls kein solches r existiert, setze $(A', b') := (A, b)$, A ist singulär, stop.*

b) *Vertausche die Zeilen r und 1 von (A, b). Das Resultat ist die Matrix $(\bar{A}, \bar{b})$.*

c) *Subtrahiere für $i = 2, 3, \ldots, n$, das l_{i1}-fache,*

$$l_{i1} := \bar{a}_{i1} / \bar{a}_{11},$$

der Zeile 1 von Zeile i der Matrix $(\bar{A}, \bar{b})$. Als Resultat erhält man die gesuchte Matrix (A', b').

Formal kann man den Übergang $(A, b) \to (\bar{A}, \bar{b}) \to (A', b')$ mit Hilfe von Matrixmultiplikationen beschreiben. Es ist

$$(4.1.4) \qquad (\bar{A}, \bar{b}) = P_1(A, b), \quad (A', b') = G_1(\bar{A}, \bar{b}) = G_1 P_1 (A, b),$$

wobei P_1 eine Permutationsmatrix und G_1 eine untere Dreiecksmatrix ist

$$(4.1.5) \qquad P_1 := \begin{bmatrix} 0 & & & 1 & & & \\ & 1 & & & & & \\ & & \ddots 1 & & & & \\ 1 & & & 0 & & & \\ & & & & 1 & & \\ & & & & & 1 & \\ & & & & & & 1 \end{bmatrix} \leftarrow r, \qquad G_1 := \begin{bmatrix} 1 & & & & 0 \\ -l_{21} & 1 & & & \\ \vdots & & \ddots & & \\ \vdots & & & \ddots & \\ \vdots & & 0 & & \ddots \\ -l_{n1} & & & & 1 \end{bmatrix}.$$

Matrizen wie G_1, die höchstens in einer Spalte von einer Einheitsmatrix verschieden sind, heißen *Frobeniusmatrizen.* Beide Matrizen P_1 und G_1 sind nichtsingulär, es ist

$$P_1^{-1} = P_1, \qquad G_1^{-1} = \begin{bmatrix} 1 & & 0 \\ l_{21} & 1 & \\ \vdots & & \ddots \\ \vdots & & \ddots \\ l_{n1} & 0 & 1 \end{bmatrix}.$$

Aus diesem Grunde besitzen die Gleichungssysteme $Ax = b$ und $A'x = b'$ die gleichen Lösungen: Aus $Ax = b$ folgt $G_1 P_1 Ax = A'x = b' = G_1 P_1 b$ und aus $A'x = b'$ folgt $P_1^{-1} G_1^{-1} A'x = Ax = b = P_1^{-1} G_1^{-1} b'$.

Das Element $a_{r1} = \bar{a}_{11}$, das in a) bestimmt wird, heißt *Pivotelement*, Teilschritt a) selbst *Pivotsuche.* Bei der Pivotsuche kann man theoretisch jedes $a_{r1} \neq 0$ als Pivotelement wählen. Aus Gründen des gutartigen Verhaltens (s. 4.5) empfiehlt es sich, nicht irgend ein $a_{r1} \neq 0$ zu nehmen. Gewöhnlich trifft man folgende Wahl

$$|a_{r1}| = \max_i |a_{i1}|,$$

man wählt unter den in Betracht kommenden Elementen das betragsgrößte. (Bei dieser Methode wird jedoch vorausgesetzt, s. Abschnitt 4.5, daß die Matrix A „equilibriert" ist, d. h., daß die Größenordnung der Elemente von A „ungefähr gleich" ist.) Diese Art der Pivotsuche heißt auch *Teilpivotsuche* oder *Spaltenpivotsuche*, im Gegensatz zur *Totalpivotsuche*, bei der man die Pivotsuche nicht auf die 1. Spalte beschränkt: a) und b) in (4.1.3) werden hier durch a') bzw. b') ersetzt:

a') *Bestimme r und s, so daß*

$$|a_{rs}| = \max_{i,j} |a_{ij}|$$

und fahre fort mit b'), falls $a_{rs} \neq 0$. Andernfalls stop: setze $(A', b') := (A, b)$, A ist singulär.

b') *Vertausche die Zeilen r und 1 sowie die Spalten s und 1 von (A, b). Das Resultat sei die Matrix $(\bar{A}, \bar{b})$.*

Nach dem ersten Eliminationsschritt hat man als Resultat eine Matrix (A', b') der Form (4.1.2):

$$(A', b') = \left[\begin{array}{c|c|c} a'_{11} & a'^T & b'_1 \\ \hline 0 & \tilde{A} & \tilde{b} \end{array}\right]$$

mit einer $(n-1)$-reihigen Matrix $\tilde{A}$. Der nächste Eliminationsschritt besteht einfach in der Ausführung des eben für (A, b) beschriebenen ersten Eliminationsschrittes (4.1.3) an der Matrix $(\tilde{A}, \tilde{b})$ usw. Man erhält so eine Kette von Matrizen

$$(A, b) =: (A^{(0)}, b^{(0)}) \to (A^{(1)}, b^{(1)}) \to \ldots \to (A^{(n-1)}, b^{(n-1)}) =: (R, c),$$

die mit der gegebenen Matrix (A, b) (4.1.1) beginnt und mit der gesuchten Matrix (R, c) endet. Dabei hat die j-te Zwischenmatrix $(A^{(j)}, b^{(j)})$ die Gestalt

$$\text{(4.1.6)} \qquad (A^{(j)}, b^{(j)}) = \left[\begin{array}{ccc|ccc|c} * & \cdots & * & * & \cdots & * & * \\ 0 & \ddots & & \vdots & & \vdots & \vdots \\ \vdots & \ddots & \ddots & \vdots & & \vdots & \vdots \\ 0 & \cdots 0 & * & * & \cdots & * & * \\ \hline 0 & \cdots & 0 & * & \cdots & * & * \\ \vdots & & \vdots & \vdots & & \vdots & \vdots \\ \vdots & & \vdots & \vdots & & \vdots & \vdots \\ 0 & \cdots & 0 & * & \cdots & * & * \end{array}\right] = \left[\begin{array}{c|c|c} A_{11}^{(j)} & A_{12}^{(j)} & b_1^{(j)} \\ \hline 0 & A_{22}^{(j)} & b_2^{(j)} \end{array}\right]$$

mit einer j-reihigen oberen Dreiecksmatrix $A_{11}^{(j)}$. Der Übergang $(A^{(j)}, b^{(j)}) \to$ $\to (A^{(j+1)}, b^{(j+1)})$ ist identisch mit der Anwendung von (4.1.3) auf die $(n-j) \times$ $\times (n-j+1)$-Matrix $(A_{22}^{(j)}, b_2^{(j)})$. Die Elemente von $A_{11}^{(j)}$, $A_{12}^{(j)}$, $b_1^{(j)}$ ändern sich dabei (und in den folgenden Schritten) nicht mehr und stimmen daher bereits mit den entsprechenden Elementen von (R, c) überein. Wie der erste Schritt (4.1.4), (4.1.5) können auch die weiteren Schritte mit Hilfe von Matrixmultiplikationen beschrieben werden. Man bestätigt sofort, daß gilt

$$\text{(4.1.7)} \qquad \begin{aligned} (A^{(j)}, b^{(j)}) &= G_j P_j (A^{(j-1)}, b^{(j-1)}) \\ (R, c) &= G_{n-1} P_{n-1} G_{n-2} P_{n-2} \ldots G_1 P_1 (A, b) \end{aligned}$$

mit Permutationsmatrizen P_j und nichtsingulären Frobeniusmatrizen G_j der Form

$$\text{(4.1.8)} \qquad G_j = \begin{bmatrix} 1 & & & & & 0 \\ & \ddots & & & & \\ & & 1 & & & \\ & & -l_{j+1,j} & 1 & & \\ & & \vdots & & \ddots & \\ 0 & & -l_{nj} & 0 & & 1 \end{bmatrix}$$

Im j-ten Eliminationschritt, $(A^{(j-1)}, b^{(j-1)}) \to (A^{(j)}, b^{(j)})$ werden in der j-ten

Spalte die Elemente unterhalb der Diagonale annulliert. Diesen freiwerdenden Platz benutzt man bei der Realisierung des Algorithmus auf einer Rechenanlage zum Abspeichern der wesentlichen Elemente $l_{ij}, i \geqq j+1$ von G_j, d. h. man arbeitet mit Matrizen der Form

$$T^{(j)} = \left[\begin{array}{cccc|ccc|c} r_{11} & r_{12} & \cdot\,\cdot & r_{1j} & r_{1,j+1} & \cdot & r_{1n} & c_1 \\ \lambda_{21} & r_{22} & \cdot\,\cdot & r_{2j} & \cdot & & \cdot & \cdot \\ \lambda_{31} & \lambda_{32} & & \cdot & \vdots & & \vdots & \vdots \\ \cdot & \cdot & & r_{jj} & r_{j,j+1} & \cdot & r_{j,n} & c_j \\ \hline \cdot & \cdot & & \lambda_{j+1,j} & a^{(j)}_{j+1,j+1} & \cdot & a^{(j)}_{j+1,n} & b^{(j)}_{j+1} \\ \cdot & \cdot & & \cdot & \cdot & & \cdot & \cdot \\ \lambda_{n1} & \lambda_{n2} & \cdot\,\cdot & \lambda_{nj} & a^{(j)}_{n,j+1} & \cdot & a^{(j)}_{n,n} & b^{(j)}_n \end{array}\right]$$

Dabei sind die Subdiagonal-Elemente $\lambda_{k+1,k}, \lambda_{k+2,k}, \ldots, \lambda_{nk}$ der k-ten Spalte eine gewisse Permutation der wesentlichen Elemente $l_{k+1,k}, \ldots, l_{n,k}$ von G_k (4.1.8).

Mit Hilfe dieser kompakten Matrizen läßt sich der j-te Schritt $T^{(j-1)} \to T^{(j)}$, $j = 1, 2, \ldots, n-1$, so beschreiben. Der Einfachheit halber werden dabei die Elemente von $T^{(j-1)}$ mit t_{ik}, die von $T^{(j)}$ mit t'_{ik}, $1 \leqq i \leqq n$, $1 \leqq k \leqq n+1$ bezeichnet:

a) *Spaltenpivotsuche: Bestimme* r, *so daß*

$$|t_{rj}| = \max_{i \geqq j} |t_{ij}|.$$

Falls $t_{rj} = 0$, *setze* $T^{(j)} := T^{(j-1)}$, *stop*, A *ist singulär, andernfalls fahre fort mit b).*

b) *Vertausche die Zeile* r *und* j *von* $T^{(j-1)}$ *und bezeichne das Ergebnis mit* $\bar{T} = (\bar{t}_{ik})$.

c) *Setze* $t'_{ij} := l_{ij} := \bar{t}_{ij}/\bar{t}_{jj}$ *für* $i = j+1, j+2, \ldots, n$

$t'_{ik} := \bar{t}_{ik} - l_{ij} \cdot \bar{t}_{jk}$ *für* $i - j+1, \ldots, n$ *und* $k = j+1, \ldots, n+1$.

$t'_{ik} = \bar{t}_{ik}$ *sonst.*

Man beachte, daß in Schritt c) die wesentlichen Elemente $l_{j+1,j}, \ldots, l_{nj}$ von G_j in ihrer natürlichen Reihenfolge als $t'_{j+1,j}, \ldots, t'_{nj}$ abgespeichert werden. Diese Reihenfolge wird jedoch in den folgende Eliminationsschritten $T^{(k)} \to T^{(k+1)}$, $k \geqq j$, eventuell verändert, weil in Schritt b) die Zeilen der *gesamten* Matrix $T^{(k)}$ vertauscht werden. Dies hat folgenden Effekt: Die untere Dreiecksmatrix L und die obere Dreiecksmatrix R

$$L = \begin{bmatrix} 1 & & & 0 \\ t_{21} & \ddots & & \\ \vdots & & \ddots & \\ t_{n1} & \cdots & t_{n,n-1} & 1 \end{bmatrix}, \qquad R = \begin{bmatrix} t_{11} & \cdots & & t_{1n} \\ & \ddots & & \vdots \\ & & \ddots & \vdots \\ 0 & & & t_{nn} \end{bmatrix},$$

die man aus der Endmatrix $T^{(n-1)} = (t_{ik})$ erhält, liefern eine *Dreieckszerlegung* der Matrix PA:

(4.1.9) $$LR = PA.$$

Dabei ist P gerade das Produkt

$$P = P_{n-1} P_{n-2} \cdots P_1$$

aller in (4.1.7) auftretenden Permutationen. Wir wollen dies nur für den Fall zeigen, daß im Laufe des Eliminationsverfahrens keine Zeilenvertauschungen nötig waren, $P_1 = \ldots = P_{n-1} = P = I$. In diesem Fall ist natürlich

$$L = \begin{bmatrix} 1 & & & 0 \\ l_{21} & \ddots & & \\ \vdots & & \ddots & \\ l_{n1} & \cdots & l_{n,n-1} & 1 \end{bmatrix},$$

da in allen Teilschritten b) nichts vertauscht wurde. Nun ist wegen (4.1.7)

$$R = G_{n-1} \cdots G_1 A,$$

also

(4.1.10) $$G_1^{-1} \cdots G_{n-1}^{-1} R = A.$$

Mit

$$G_j^{-1} = \begin{bmatrix} 1 & & & & 0 \\ & \ddots & & & \\ & & 1 & & \\ & & l_{j+1,j} & \ddots & \\ & & \vdots & & \\ & & l_{nj} & & 1 \end{bmatrix}$$

verifiziert man sofort

$$G_1^{-1} \cdots G_{n-1}^{-1} = \begin{bmatrix} 1 & & & 0 \\ l_{21} & \ddots & & \\ \vdots & & \ddots & \\ l_{n1} & \cdots & l_{n,n-1} & 1 \end{bmatrix} = L.$$

Wegen (4.1.10) folgt daraus die Behauptung.

Beispiel:

$$\begin{bmatrix} 3 & 1 & 6 \\ 2 & 1 & 3 \\ 1 & 1 & 1 \end{bmatrix} \begin{bmatrix} x_1 \\ x_2 \\ x_3 \end{bmatrix} = \begin{bmatrix} 2 \\ 7 \\ 4 \end{bmatrix}$$

$$\left[\begin{array}{ccc|c} \boxed{3} & 1 & 6 & 2 \\ 2 & 1 & 3 & 7 \\ 1 & 1 & 1 & 4 \end{array}\right] \rightarrow \left[\begin{array}{c|cc|c} 3 & 1 & 6 & 2 \\ 2/3 & 1/3 & -1 & 17/3 \\ 1/3 & \boxed{2/3} & -1 & 10/3 \end{array}\right] \rightarrow \left[\begin{array}{cc|c|c} 3 & 1 & 6 & 2 \\ 1/3 & 2/3 & -1 & 10/3 \\ 2/3 & 1/2 & -1/2 & 4 \end{array}\right]$$

Die Pivotelemente sind markiert. Das gestaffelte Gleichungssystem lautet

$$\begin{bmatrix} 3 & 1 & 6 \\ 0 & 2/3 & -1 \\ 0 & 0 & -1/2 \end{bmatrix} \begin{bmatrix} x_1 \\ x_2 \\ x_3 \end{bmatrix} = \begin{bmatrix} 2 \\ 10/3 \\ 4 \end{bmatrix}.$$

Seine Lösung ist

$$\begin{aligned} x_3 &= -8 \\ x_2 &= \tfrac{3}{2}\left(\tfrac{10}{3} + x_3\right) = -7 \\ x_1 &= \tfrac{1}{3}(2 - x_2 - 6x_3) = 19. \end{aligned}$$

Ferner ist

$$P = \begin{bmatrix} 1 & 0 & 0 \\ 0 & 0 & 1 \\ 0 & 1 & 0 \end{bmatrix}, \qquad PA = \begin{bmatrix} 3 & 1 & 6 \\ 1 & 1 & 1 \\ 2 & 1 & 3 \end{bmatrix}$$

und die Matrix PA besitzt die Dreieckszerlegung $PA = LR$ mit

$$L = \begin{bmatrix} 1 & 0 & 0 \\ 1/3 & 1 & 0 \\ 2/3 & \frac{1}{2} & 1 \end{bmatrix}, \qquad R = \begin{bmatrix} 3 & 1 & 6 \\ 0 & 2/3 & -1 \\ 0 & 0 & -\frac{1}{2} \end{bmatrix}.$$

Dreieckszerlegungen (4.1.9) sind für die Praxis der Gleichungsauflösung sehr wichtig. Kennt man für eine Matrix A die Zerlegung (4.1.9), d. h. die Matrizen L, R, P, dann kann sofort jedes Gleichungssystem

$$Ax = b$$

mit beliebiger rechter Seite b aufgelöst werden: Es folgt nämlich

$$PAx = LRx = Pb,$$

so daß x durch Auflösen der beiden gestaffelten Gleichungssysteme

$$Lu = Pb, \qquad Rx = u$$

gefunden werden kann (sofern alle $r_{ii} \neq 0$ sind).

Mit Hilfe des Gaußschen Algorithmus ist also konstruktiv gezeigt, daß jede quadratische nichtsinguläre Matrix A eine Dreieckszerlegung der Form (4.1.9) besitzt. Dagegen muß nicht jede Matrix A eine Dreieckszerlegung in engerem Sinne $A = LR$ besitzen, wie das Beispiel

$$A = \begin{bmatrix} 0 & 1 \\ 1 & 0 \end{bmatrix}$$

zeigt. Im allgemeinen hat man vorher die Zeilen von A geeignet zu permutieren.

Die Dreieckszerlegung (4.1.9) läßt sich auch direkt vornehmen, ohne die Zwischenmatrizen $T^{(j)}$ zu bilden. Wir zeigen dies der Einfachheit halber unter der zusätzlichen Annahme, daß die Zeilen von A nicht permutiert werden müssen, damit eine Dreieckszerlegung $A = LR$ existiert. Dazu fasse man die Gleichung $A = LR$ als n^2 Bestimmungsgleichungen für die n^2 unbekannten Größen

$$r_{ik},\ i \leqq k$$

$$l_{ik},\ i \geqq k \qquad (l_{ii} = 1)$$

auf:

$$a_{ik} = \sum_{j=1}^{\min(i,k)} l_{ij} r_{jk} \qquad (l_{ii} = 1). \tag{4.1.11}$$

Dabei bleibt offen, in welcher Reihenfolge die l_{ij}, r_{jk} berechnet werden. Folgende Varianten sind üblich:

Nach Crout wird die $n \times n$-Matrix $A = LR$ in folgender Weise parkettiert.

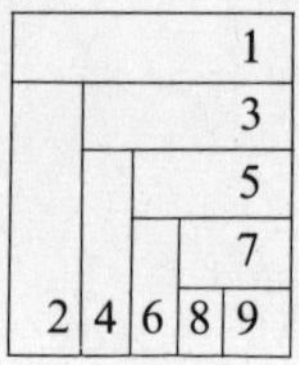

In Einzelschritten: mit $l_{ii} = 1$ $\qquad i = 1, 2, \ldots n$

1. $a_{1i} = \sum_{j=1}^{1} l_{1j} r_{ji}, \qquad r_{1i} := a_{1i}, \qquad i = 1, 2, \ldots n$

2. $a_{i1} = \sum_{j=1}^{1} l_{ij} r_{j1}, \qquad l_{i1} := a_{i1}/r_{11}, \qquad i = 2, 3, \ldots n$

3. $a_{2i} = \sum_{j=1}^{2} l_{2j} r_{ji}, \qquad r_{2i} := a_{2i} - l_{21} r_{1i}, \qquad i = 2, 3, \ldots, n,$ usw.

allgemein:

für $i = 1, 2, \ldots n$:

$$\begin{aligned} r_{ik} &:= a_{ik} - \sum_{j=1}^{i-1} l_{ij} r_{jk} && k = i, i+1, \ldots n; \\ l_{ki} &:= \left(a_{ki} - \sum_{j=1}^{i-1} l_{kj} r_{ji} \right) \Big/ r_{ii} && k = i+1, i+2, \ldots, n. \end{aligned} \tag{4.1.12}$$

Nach Banachiewicz verwendet man die Parkettierung

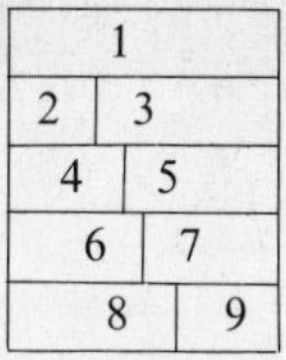

d. h. L und R werden zeilenweise berechnet.

Obige Formeln gelten nur, wenn keine Pivotsuche durchgeführt wird. Die Dreieckszerlegung nach Crout bzw. Banachiewicz mit Pivotsuche führt zu einem komplexeren Algorithmus, der bei Wilkinson [10] angegeben ist.

Gaußelimination und direkte Dreieckszerlegung unterscheiden sich nur in der Reihenfolge der Operationen. Beide Algorithmen sind theoretisch und numerisch völlig äquivalent:

Durch die j-ten Partialsummen

(4.1.13) $$a_{ik}^{(j)} := a_{ik} - \sum_{s=1}^{j} l_{is} r_{sk}$$

von (4.1.12) werden nämlich gerade die Elemente der Matrix $A^{(j)}$ (4.1.6) geliefert, wie man sich leicht überzeugen kann. Bei der Gaußelimination werden daher die Skalarprodukte (4.1.12) nur stückweise, unter zeitweiliger Abspeicherung der Zwischenresultate, bei der direkten Dreieckszerlegung dagegen in einem Zuge gebildet. Deshalb verdient die direkte Dreieckszerlegung nur in den Fällen aus organisatorischen Gründen den Vorzug, wenn zur Reduktion der Rundungsfehler diese Skalarprodukte in doppelter Genauigkeit akkumuliert werden sollen (keine Zwischenspeicherung von doppelt genauen Zahlen!). Im übrigen benötigt man bei der Dreieckszerlegung ca. $n^3/3$ Operationen (1 Operation = = 1 Multiplikation + 1 Addition). Sie bietet damit auch eine einfache Möglichkeit, die Determinante einer Matrix A zu bestimmen: Aus (4.1.9) folgt nämlich wegen $\det(P) = \pm 1$, $\det(L) = 1$

$$\det(PA) = \pm \det(A) = \det(R) = r_{11} r_{22} \ldots r_{nn}.$$

Bis auf ein Vorzeichen ist $\det(A)$ gerade das Produkt der Pivotelemente. (Man beachte, daß die direkte Auswertung der Formel

$$\det(A) = \sum_{\substack{\mu_1, \ldots, \mu_n = 1 \\ \mu_i \neq \mu_k \text{ für } i \neq k}}^{n} \operatorname{sign}(\mu_1, \ldots, \mu_n)\, a_{1\mu_1} a_{2\mu_2} \cdots a_{n\mu_n}$$

$n! \gg n^3/3$ Operationen erfordert!)

Für den Fall $P = I$ sind die Pivotelemente r_{ii} als Quotienten der Hauptabschnittsdeterminanten von A darstellbar. Partitioniert man in der Darstellung

$LR = A$ die Matrizen entsprechend

$$\begin{bmatrix} L_{11} & 0 \\ L_{21} & L_{22} \end{bmatrix} \begin{bmatrix} R_{11} & R_{12} \\ 0 & R_{22} \end{bmatrix} = \begin{bmatrix} A_{11} & A_{21} \\ A_{12} & A_{22} \end{bmatrix},$$

so findet man $L_{11}R_{11} = A_{11}$, also $\det(R_{11}) = \det(A_{11})$, d. h.

$$r_{11} \dots r_{ii} = \det(A_{11}),$$

falls A_{11} eine $i \times i$-Matrix ist. Bezeichnet man allgemein mit A_i die i-te Hauptabschnittsmatrix von A, so folgt die Formel

$$r_{ii} = \det(A_i)/\det(A_{i-1}), \qquad i \geqq 2$$

$$r_{11} = \det(A_1).$$

Eine weitere praktisch wichtige Eigenschaft der Dreieckszerlegungsmethode ist es, daß für Bandmatrizen der Bandbreite m

$A =$ 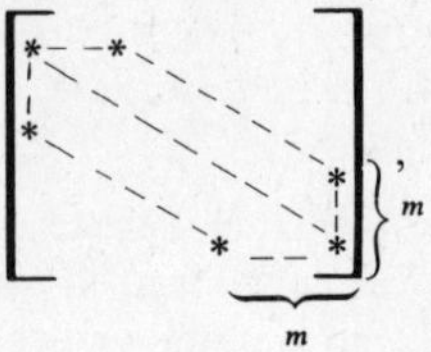 , $\quad a_{ij} = 0 \quad$ für $\quad |i - j| \geqq m,$

die Matrizen L und R der Dreieckszerlegung $LR = PA$ von A wieder „dünn" besetzt sind: R ist Bandmatrix der Breite $2m - 1$

$R =$ 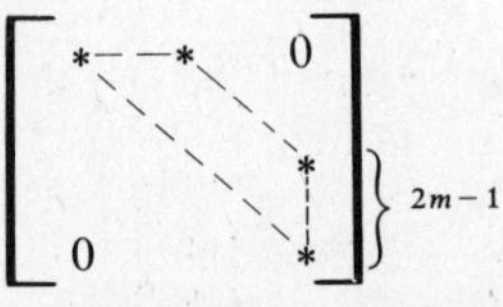

und in jeder Spalte von L sind höchstens m Elemente von 0 verschieden. Dagegen sind die Inversen A^{-1} von Bandmatrizen gewöhnlich voll besetzt.

Dies bringt natürlich für $m \ll n$ eine erhebliche Einsparung an Rechenoperationen. Zusätzliche Einsparungen sind aufgrund der Symmetrie von A möglich, wenn A eine positiv definite Matrix ist (s. Abschnitt 4.3).

4.2 Der Gauß-Jordan-Algorithmus

Mit Hilfe des Gauß-Jordan-Algorithmus kann man die Inverse A^{-1} einer nichtsingulären $n \times n$-Matrix A berechnen. Dies ist eine in der Praxis überraschend seltene Aufgabe, die man im Prinzip und mit sogar dem gleichen Aufwand auch mit dem Hilfsmittel der Dreieckszerlegung (s. 4.1) lösen kann. Hat man die Dreieckszerlegung (4.1.9), $PA = LR$, so erhält man die i-te Spalte $\bar{a}_i$ von A^{-1} leicht als Lösung des Systems

$$LR\bar{a}_i = Pe_i, \tag{4.2.1}$$

wobei e_i der i-te Achsenvektor ist. Bei Berücksichtigung der einfachen Struktur der rechten Seite Pe_i von (4.2.1) kann man die n Gleichungssysteme (4.2.1) $(i = 1, \dots, n)$ mit ca. $\frac{2}{3}n^3$ Operationen lösen und damit A^{-1} mit einem Gesamtaufwand von n^3 Operationen bestimmen. Das Gauß-Jordan-Verfahren erfordert den gleichen Aufwand und bietet im Grunde nur Vorteile organisatorischer Natur. Man erhält das Gauß-Jordan-Verfahren, wenn man versucht, die durch die Matrix A vermittelte Abbildung $x \to Ax = y$, $x \in \mathbb{R}^n$, $y \in \mathbb{R}^n$ auf systematische Weise umzukehren. Dazu betrachten wir das System $Ax = y$:

$$\begin{aligned} a_{11}x_1 + \dots + a_{1n}x_n &= y_1 \\ \cdot \quad \cdot \quad \cdot & \quad \cdot \\ a_{n1}x_1 + \dots + a_{nn}x_n &= y_n. \end{aligned} \tag{4.2.2}$$

Im ersten Schritt des Gauß-Jordan-Verfahrens tauscht man die Variable x_1 gegen eine der Variablen y_r aus. Dazu sucht man ein $a_{r1} \neq 0$, etwa (Spaltenpivotsuche!)

$$|a_{r1}| = \max_i |a_{i1}|,$$

und vertauscht die Gleichungen r und 1 von (4.2.2). Man erhält so ein System

$$\begin{aligned} \bar{a}_{11}x_1 + \dots + \bar{a}_{1n}x_n &= \bar{y}_1 \\ \cdot \quad \cdot \quad \cdot \quad \cdot & \quad \cdot \quad , \\ \bar{a}_{n1}x_1 + \dots + \bar{a}_{nn}x_n &= \bar{y}_n, \end{aligned} \tag{4.2.3}$$

wobei die Variablen $\bar{y}_1, \dots, \bar{y}_n$ eine Permutation der $y_1, \dots, y_n$ sind und $\bar{a}_{11} = a_{r1}$, $\bar{y}_1 = y_r$ gilt. Nun ist $\bar{a}_{11} \neq 0$, denn andernfalls wäre $a_{i1} = 0$ für alle i und damit A entgegen der Voraussetzung singulär. Durch Auflösen der 1. Gleichung (4.2.3) nach x_1 und Einsetzen des Resultats in die übrigen Gleichungen erhält man das System

$$\begin{aligned} a'_{11}\bar{y}_1 + a'_{12}x_2 + \dots + a'_{1n}x_n &= x_1 \\ a'_{21}\bar{y}_1 + a'_{22}x_2 + \dots + a'_{2n}x_n &= \bar{y}_2 \\ \cdot \quad \cdot \quad \cdot \quad \cdot & \quad \cdot \\ a'_{n1}\bar{y}_1 + a'_{n2}x_2 + \dots + a'_{nn}x_n &= \bar{y}_n \end{aligned} \tag{4.2.4}$$

mit

$$\begin{aligned} & a'_{11} := 1/\bar{a}_{11}, \qquad a'_{1k} := -\bar{a}_{1k}/\bar{a}_{11}, \qquad a'_{i1} := \bar{a}_{i1}/\bar{a}_{11} \\ & a'_{ik} := \bar{a}_{ik} - \bar{a}_{i1} \cdot \bar{a}_{1k}/\bar{a}_{11} \quad \text{für} \quad i, k = 2, 3, \dots, n. \end{aligned} \tag{4.2.5}$$

Im nächsten Schritt versucht man die Variable x_2 gegen eine der Variablen $\bar{y}_2, \dots, \bar{y}_n$ zu tauschen, dann x_3 gegen eine der noch nicht getauschten y-Variablen usw. Stellt man die sukzessiven Gleichungssysteme (4.2.2), (4.2.4) durch ihre

Matrizen dar, so erhält man ausgehend von der Matrix $A^{(0)} := A$ eine Sequenz von Matrizen

$$A^{(0)} \to A^{(1)} \to \ldots \to A^{(n)}.$$

Die Matrix $A^{(j)} = (a_{ik}^{(j)})$ steht für ein „gemischtes Gleichungssystem" der Form

$$\begin{aligned}
&a_{11}^{(j)}\tilde{y}_1 + \ldots + a_{1j}^{(j)}\tilde{y}_j + a_{1,j+1}^{(j)}x_{j+1} + \ldots + a_{1n}^{(j)}x_n = x_1\\
&a_{j1}^{(j)}\tilde{y}_1 + \ldots + a_{jj}^{(j)}\tilde{y}_j + a_{j,j+1}^{(j)}x_{j+1} + \ldots + a_{jn}^{(j)}x_n = x_j\\
&a_{j+1,1}^{(j)}\tilde{y}_1 + \ldots + a_{j+1,j}^{(j)}\tilde{y}_j + a_{j+1,j+1}^{(j)}x_{j+1} + \ldots + a_{j+1,n}^{(j)}x_n = \tilde{y}_{j+1}\\
&\ldots\ldots\ldots\ldots\ldots\ldots\ldots\ldots\ldots\ldots\ldots\ldots\ldots\ldots\\
&a_{n1}^{(j)}\tilde{y}_1 + \ldots + a_{nj}^{(j)}\tilde{y}_j + a_{n,j+1}^{(j)}x_{j+1} + \ldots + a_{nn}^{(j)}x_n = \tilde{y}_n.
\end{aligned} \tag{4.2.6}$$

Dabei ist $(\tilde{y}_1, \ldots, \tilde{y}_j, \tilde{y}_{j+1}, \ldots, \tilde{y}_n)$ eine gewisse Permutation der ursprünglichen Variablen $(y_1, \ldots, y_n)$. Beim Übergang $A^{(j-1)} \to A^{(j)}$ wurde die Variable x_j gegen $\tilde{y}_j$ getauscht. Man erhält deshalb $A^{(j)}$ aus $A^{(j-1)}$ nach den folgenden Regeln. Dabei werden der Einfachheit halber die Elemente von $A^{(j-1)}$ mit a_{ik}, die von $A^{(j)}$ mit a'_{ik} bezeichnet:

(4.2.7) a) *Spaltenpivotsuche: Bestimme r, so daß*

$$|a_{rj}| = \max_{i \geq j} |a_{ij}|.$$

Falls $a_{rj} = 0$, *die Matrix ist singulär, stop.*

b) *Vertausche die Zeilen r und j von* $A^{(j-1)}$ *und nenne das Resultat* $\bar{A} = (\bar{a}_{ik})$.

c) *Berechne* $A^{(j)} = (a'_{ik})$ *nach den Formeln* (*vgl.* (4.2.5))

$$\begin{aligned}
a'_{jj} &:= 1/\bar{a}_{jj},\\
a'_{jk} &= -\bar{a}_{jk}/\bar{a}_{jj}, \quad a'_{ij} = \bar{a}_{ij}/\bar{a}_{jj}\\
a'_{ik} &= \bar{a}_{ik} - \bar{a}_{ij}\bar{a}_{jk}/\bar{a}_{jj}
\end{aligned} \qquad \text{für} \quad i, k \neq j$$

Wegen (4.2.6) gilt

$$A^{(n)}\hat{y} = x, \qquad \hat{y} = (\hat{y}_1, \ldots, \hat{y}_n)^T, \tag{4.2.8}$$

wobei $\hat{y}_1, \ldots, \hat{y}_n$ eine gewisse Permutation der ursprünglichen Variablen $y_1, \ldots, y_n$ ist, $\hat{y} = Py$, die entsprechend den Vertauschungsschritten (4.2.7), b) leicht bestimmt werden kann. Aus (4.2.8) folgt sofort

$$(A^{(n)}P)\, y = x,$$

und daher wegen $Ax = y$

$$A^{-1} = A^{(n)}P.$$

Beispiel:

$$A = A^{(0)} := \begin{bmatrix} \textcircled{1} & 1 & 1\\ 1 & 2 & 3\\ 1 & 3 & 6 \end{bmatrix} \to A^{(1)} = \begin{bmatrix} 1 & -1 & -1\\ 1 & \textcircled{1} & 2\\ 1 & 2 & 5 \end{bmatrix} \to A^{(2)} = \begin{bmatrix} 2 & -1 & 1\\ -1 & 1 & -2\\ -1 & 2 & \textcircled{1} \end{bmatrix}$$

$$\rightarrow A^{(3)} = \begin{bmatrix} 3 & -3 & 1 \\ -3 & 5 & -2 \\ 1 & -2 & 1 \end{bmatrix} = A^{-1}.$$

Die Pivotelemente sind markiert.

Folgendes Algol-Programm ist eine Formulierung des Gauß-Jordan-Verfahrens mit Spaltenpivotsuche. Die Inverse der $n \times n$ Matrix A wird auf A gespeichert. Das Feld $p[i]$ dient zur Speicherung der Information über die vorgenommenen Zeilenpermutationen.

```
for j:= 1 step 1 until n do    p[j]:= j;
for j:= 1 step 1 until n do
begin
        pivotsuche:
        max:= abs (a[j, j]); r:= j;
        for i:= j + 1 step 1 until n do
                if abs (a[i, j]) greater max then
                        begin max:= abs (a[i, j]);
                                r:= i;
                        end;
        if max = 0 then goto singulär;
        zeilentausch:
        if r > j then
                begin for k:=1 step 1 until n do
                        begin
                                hr:=a[j, k]; a[j, k]:=a[r, k];
                                a[r, k]:= hr;
                        end;
                        hi:=p[j]; p[j]:= p[r]; p[r]:- hi;
                end;
        transformation:
        hr:= 1/a[j,j];
        for i:=1 step 1 until n do
                a[i, j]:= hr × a[i, j];
        a[j,j]:= hr;
        for k:= 1 step 1 until j - 1, j + 1 step 1 until n do
        begin
                for i:=1 step 1 until j - 1, j + 1 step 1 until n do
                a[i, k]:= a[i, k] - a[i, j] × a[j, k];
                a[j, k]:= - hr × a[j, k];
        end k;
end j;
spaltentausch:
for i:= 1 step 1 until n do
```

```
begin
      for k := 1 step 1 until n do hv[p[k]] := a[i, k];
      for k := 1 step 1 until n do a[i, k] := hv[k];
end;
```

4.3 Das Cholesky-Verfahren

Die bisher besprochenen Verfahren zur Gleichungsauflösung können zusammenbrechen, wenn man keine Pivotsuche durchführt und versucht, sich auf die starre Diagonalpivotreihenfolge zu beschränken. Darüber hinaus wird sich in den nächsten Abschnitten zeigen, daß auch aus Gründen der numerischen Stabilität eine Pivotsuche ratsam ist. Es gibt jedoch eine wichtige Klasse von Matrizen, von der man zeigen kann, daß keine Pivotsuche nötig ist. Die Diagonalpivotwahl führt stets zu nicht verschwindenden Pivotelementen. Darüber hinaus ist das Verfahren bei dieser Pivotwahl numerisch stabil. Es handelt sich um die Klasse der positiv definiten Matrizen:

(4.3.1) **Def:** *Eine (komplexe) $n \times n$-Matrix A heißt positiv definit, falls gilt:*

a) $A = A^H$, *d. h. A ist eine Hermitesche Matrix*

b) $x^H A x > 0$ *für alle* $x \in \mathbb{C}^n, x \neq 0$.

$A = A^H$ *heißt positiv semi-definit falls* $x^H A x \geqq 0$ *für alle* $x \in \mathbb{C}^n$.

Wir zeigen zunächst

(4.3.2) **Satz:** *Für positiv definite Matrizen A existiert A^{-1} und ist wieder positiv definit. Alle Hauptuntermatrizen einer positiv definiten Matrix sind wieder positiv definit und alle Hauptminoren einer positiv definiten Matrix sind positiv.*

Beweis: Es existiert die Inverse einer positiven definiten Matrix A: Wäre dies nicht der Fall, so existierte ein $x \neq 0$ mit $Ax = 0$ und $x^H A x = 0$, im Wiederspruch zur Definitheit von A. A^{-1} ist wieder positiv definit: Es ist $(A^{-1})^H = (A^H)^{-1} = A^{-1}$ und für $y \neq 0$ gilt $x = A^{-1} y \neq 0$. Daher gilt auch $y^H A^{-1} y = x^H A^H A^{-1} A x = x^H A x > 0$. Wir zeigen weiter, daß jede Hauptuntermatrix

$$\tilde{A} = \begin{bmatrix} a_{i_1 i_1}, & \dots & a_{i_1 i_k} \\ \vdots & & \vdots \\ a_{i_k i_1}, & \dots & a_{i_k i_k} \end{bmatrix}$$

einer positiv definiten Matrix A wieder positiv definit ist: Offensichtlich ist $\tilde{A}^H = \tilde{A}$. Außerdem läßt sich jedes

$$\tilde{x} = \begin{bmatrix} \tilde{x}_1 \\ \vdots \\ \tilde{x}_k \end{bmatrix} \in \mathbb{C}^k, \quad \tilde{x} \neq 0$$

zu einem

$$x = \begin{bmatrix} x_1 \\ \cdot \\ \cdot \\ \cdot \\ x_n \end{bmatrix} \in \mathbb{C}^n, \qquad x \neq 0, \qquad x_\mu := \begin{cases} \tilde{x}_j & \text{falls } \mu = i_j,\ j = 1, \ldots k \\ 0 & \text{sonst} \end{cases}$$

erweitern und es gilt

$$\tilde{x}^H \tilde{A} \tilde{x} = x^H A x > 0.$$

Um (4.3.2) zu beweisen, genügt es daher zu zeigen, daß $\det(A) > 0$ für positiv definite Matrizen A gilt. Dies beweisen wir durch vollständige Induktion über n.

Für $n = 1$ ist dies wegen (4.3.1), b) richtig. Nehmen wir nun an, daß der Satz für $n-1$-reihige positiv definite Matrizen richtig ist, und sei A eine n-reihige positiv definite Matrix. Nach dem bereits Bewiesenen ist

$$A^{-1} = \begin{bmatrix} \alpha_{11} & \cdot & \cdot & \alpha_{1n} \\ \cdot & & & \cdot \\ \cdot & & & \cdot \\ \alpha_{n1} & \cdot & \cdot & \alpha_{nn} \end{bmatrix}$$

wieder positiv definit und daher auch $\alpha_{11} > 0$. Nun gilt nach einer bekannten Formel

$$\alpha_{11} = \det\left(\begin{bmatrix} a_{22} & \cdot & \cdot & a_{2n} \\ \cdot & \cdot & \cdot & \cdot \\ a_{n2} & \cdot & \cdot & a_{nn} \end{bmatrix}\right) \Big/ \det(A).$$

Nach Induktionsvoraussetzung ist aber

$$\det\left(\begin{bmatrix} a_{22} & \cdot & \cdot & a_{2n} \\ \cdot & \cdot & \cdot & \cdot \\ a_{n2} & \cdot & \cdot & a_{nn} \end{bmatrix}\right) > 0,$$

und daher $\det(A) > 0$ wegen $\alpha_{11} > 0$. □

Man zeigt nun leicht

(4.3.3) **Satz:** *Zu jeder positiv definiten $n \times n$-Matrix A gibt es genau eine untere $n \times n$ Dreiecksmatrix L, $l_{ik} = 0$ für $k > i$, mit $l_{ii} > 0$, $i = 1, 2, \ldots, n$, so daß $A = LL^H$. Für reelles A ist L auch reell.*

Man beachte, daß nicht $l_{ii} = 1$ gefordert wird!

Beweis: Den Beweis führt man durch Induktion nach n. Für $n = 1$ ist der Satz trivial: Eine positive definite 1×1-Matrix $A = (\alpha)$ ist eine positive Zahl $\alpha > 0$, die eindeutig in der Form

$$\alpha = l_{11} \bar{l}_{11}, \qquad l_{11} = +\sqrt{\alpha}$$

geschrieben werden kann. Wir nehmen nun an, daß der Satz für $(n-1)$-reihige positive definite Matrizen gültig ist. Eine positiv definite $n \times n$-Matrix A kann man so partitionieren

$$A = \begin{bmatrix} A_{n-1} & b \\ b^H & a_{nn} \end{bmatrix},$$

daß $b \in \mathbb{C}^{n-1}$ gilt und A_{n-1} eine positiv definite $(n-1)$-reihige Matrix (4.3.2) ist. Nach Induktionsannahme gibt es genau eine $(n-1)$-reihige Matrix L_{n-1} mit

$$A_{n-1} = L_{n-1} L_{n-1}^H, \qquad l_{ik} = 0 \quad \text{für} \quad k > i, l_{ii} > 0.$$

Wir setzen nun die gesuchte Matrix L in der Form

$$L = \begin{bmatrix} L_{n-1} & 0 \\ c^H & \alpha \end{bmatrix}$$

an und versuchen $c \in \mathbb{C}^{n-1}, \alpha > 0$ so zu bestimmen, daß gilt

$$\begin{bmatrix} L_{n-1} & 0 \\ c^H & \alpha \end{bmatrix} \begin{bmatrix} L_{n-1}^H & c \\ 0 & \alpha \end{bmatrix} = \begin{bmatrix} A_{n-1} & b \\ b^H & a_{nn} \end{bmatrix} = A. \tag{4.3.4}$$

Dazu muß gelten

$$L_{n-1} c = b$$

$$c^H c + \alpha^2 = a_{nn}, \qquad \alpha > 0.$$

Die erste dieser Gleichungen besitzt sicher genau eine Lösung $c = L_{n-1}^{-1} b$, denn als Dreiecksmatrix mit positiven Diagonalelementen ist L_{n-1} nichtsingulär und es gilt $\det(L_{n-1}) > 0$.

Wäre nun $c^H c \geqq a_{nn}$, also $\alpha^2 \leqq 0$, so folgt aus (4.3.4) sofort $\alpha^2 > 0$ wegen

$$\det(A) = |\det(L_{n-1})|^2 \alpha^2,$$

$\det(A) > 0$ (4.3.2) und $\det(L_{n-1}) > 0$. Damit existiert wegen (4.3.4) genau ein $\alpha > 0$ mit $LL^H = A$, nämlich

$$\alpha = +\sqrt{a_{nn} - c^H c}\,. \quad \square$$

Die Zerlegung $A = LL^H$ bestimmt man ähnlich wie in Abschnitt 4.1. Nimmt man an, daß alle l_{ij} mit $j \leqq k-1$ bereits bekannt sind, so folgen aus $A = LL^H$ für l_{kk} und l_{ik}, $i \geqq k+1$ die Bestimmungsgleichungen

$$\begin{aligned} a_{kk} &= |l_{k1}|^2 + |l_{k2}|^2 + \dots + |l_{kk}|^2, \qquad l_{kk} > 0 \\ a_{ik} &= l_{i1}\bar{l}_{k1} + l_{i2}\bar{l}_{k2} + \dots + l_{ik}\bar{l}_{kk}. \end{aligned} \tag{4.3.5}$$

Für reelles A erhält man so folgenden Algorithmus:

```
for i:= 1 step 1 until n do
for j:= i step 1 until n do
begin x:= a[i, j];
      for k:= i - 1 step - 1 until 1 do
            x:= x - a[j, k] × a[i, k];
      if i = j then begin
            if x ≦ 0 then goto fail;
            p[i]:= 1/sqrt (x);
```

```
        end else
        a[j,i] := x × p[i];
    end i,j;
```

Anmerkung: Es wird nur die Information aus dem oberen Dreieck von A benutzt. Die untere Dreiecksmatrix L wird auf dem unteren Dreieck von A gespeichert mit Ausnahme der Diagonalelemente von L, deren reziproke Werte auf p gespeichert sind.

Dieses Verfahren stammt von Cholesky. In seinem Verlauf müssen n Quadratwurzeln gezogen werden. Wegen Satz (4.3.3) ist sichergestellt, daß die Radikanden stets positiv sind. Eine Abschätzung ergibt, daß man bei diesem Verfahren außer n Quadratwurzeln noch ca. $n^3/6$ wesentliche Operationen (Multiplikationen und Additionen) braucht. Zum Schluß weisen wir auf eine wichtige Folgerung aus (4.3.5) hin. Es ist

(4.3.6) $$|l_{kj}| \leqq \sqrt{a_{kk}}, \qquad j = 1, \ldots, k, \qquad k = 1, 2, \ldots, n.$$

Die Elemente der Matrix L können nicht zu groß werden.

4.4 Fehlerabschätzungen

Bestimmt man mit einer der beschriebenen Methoden eine Lösung eines linearen Gleichungssystems $Ax = b$, so erhält man in der Regel nur eine Näherungslösung $\tilde{x}$ für die wahre Lösung x und es erhebt sich die Frage, wie man die Genauigkeit von $\tilde{x}$ beurteilt. Um den Fehler

$$x - \tilde{x}$$

zu messen, muß man eine Möglichkeit haben, die „Größe" eines Vektors $x \in \mathbb{R}^n$ durch eine Zahl zu messen. Dies geschieht durch die Einführung einer

(4.4.1) $$\textit{Norm}: \|x\|$$

im $\mathbb{C}^n$. Man versteht darunter eine reellwertige Funktion

$$\|\circ\| : \mathbb{C}^n \to \mathbb{R},$$

die jedem Vektor $x \in \mathbb{C}^n$ eine reelle Zahl $\|x\|$ zuordnet, die als Maß für die „Größe" von x dienen soll. Diese Funktion soll die folgenden Eigenschaften besitzen:

(4.4.2) **Def:** *Die Abbildung* $\|\circ\| : \mathbb{C}^n \to \mathbb{R}$ *heißt eine Norm, wenn gilt*

a) $\|x\| > 0$ *für alle* $x \in \mathbb{C}^n, x \neq 0$,

b) $\|\alpha x\| = |\alpha| \, \|x\|$ *für alle* $\alpha \in \mathbb{C}, x \in \mathbb{C}^n$ (*Homogenität*)

c) $\|x + y\| \leqq \|x\| + \|y\|$ *für alle* $x, y \in \mathbb{C}^n$ (*Dreiecksungleichung*).

Wir benutzen im folgenden nur die Normen

(4.4.3)
$$\|x\|_2 := \sqrt{x^H x} = \sqrt{\sum_{i=1}^{n} |x_i|^2} \quad \text{(„euklidische Norm")}$$
$$\|x\|_\infty := \max_i |x_i| \quad \text{(„Maximumnorm")}$$

Die Normeigenschaften a), b), c) bestätigt man leicht.

Für jede Norm $\| \circ \|$ gilt

(4.4.4) $$\| x - y \| \geqq | \, \| x \| - \| y \| \, | \quad \text{für alle} \quad x, y \in \mathbb{C}^n.$$

Aus (4.4.2), c) folgt nämlich:

$$\| x \| = \| (x - y) + y \| \leqq \| x - y \| + \| y \|,$$

also $\| x - y \| \geqq \| x \| - \| y \|$.

Durch Vertauschen von x und y und wegen (4.4.2) b) folgt

$$\| x - y \| = \| y - x \| \geqq \| y \| - \| x \|,$$

also (4.4.4).

Man zeigt leicht

(4.4.5) **Satz:** *Jede Norm $\| \circ \|$ auf dem $\mathbb{R}^n (\mathbb{C}^n)$ ist eine gleichmäßig stetige Funktion bezüglich der Metrik $\varrho(x, y) := \max_i |x_i - y_i|$ des $\mathbb{R}^n (\mathbb{C}^n)$.*

Beweis: Aus (4.4.4) folgt

$$| \, \| x + h \| - \| x \| \, | \leqq \| h \|.$$

Nun ist $h = \sum_{i=1}^{n} h_i e_i$, wenn $h = (h_1, \ldots, h_n)^T$ und e_i die Achsenvektoren des $\mathbb{R}^n (\mathbb{C}^n)$ sind. Also gilt

$$\| h \| \leqq \sum_{i=1}^{n} |h_i| \, \| e_i \| \leqq \max_i |h_i| \sum_{j=1}^{n} \| e_j \| = M \max_i |h_i|$$

mit $M := \sum_{j=1}^{n} \| e_j \|$. Also gilt für jedes $\varepsilon > 0$ und alle h mit $\max_i |h_i| \leqq \varepsilon / M$ die Ungleichung

$$| \, \| x + h \| - \| x \| \, | \leqq \varepsilon,$$

d. h. $\| \circ \|$ ist gleichmäßig stetig. □

Mit Hilfe dieses Resultates beweisen wir

(4.4.6) **Satz:** *Alle Normen auf dem $\mathbb{R}^n (\mathbb{C}^n)$ sind äquivalent in folgendem Sinne: Für jedes Paar von Normen $p_1(x)$, $p_2(x)$ gibt es Konstanten $m > 0$ und M, so daß gilt*

$$m p_2(x) \leqq p_1(x) \leqq M p_2(x) \quad \textit{für alle} \quad x.$$

Wir beweisen dies nur für den Fall $p_2(x) := \| x \| := \max_i |x_i|$ und für den $\mathbb{C}^n$. Der allgemeine Fall folgt leicht aus diesem speziellen Resultat. Die Menge

$$S = \{ x \in \mathbb{C}^n \mid \max_i |x_i| = 1 \}$$

ist eine kompakte Menge des $\mathbb{C}^n$. Da $p_1(x)$ stetig ist (4.4.5), existieren deshalb $\max_{x \in S} p_1(x) = M > 0$ und $\min_{x \in S} p_1(x) = m > 0$. Es gilt daher für alle $y \neq 0$

wegen $y/\|y\| \in S$

$$m \leqq p_1\left(\frac{y}{\|y\|}\right) = \frac{1}{\|y\|} p_1(y) \leqq M,$$

und daher

$$m \|y\| \leqq p_1(y) \leqq M \|y\|. \square$$

Auch für Matrizen $A \in M(m, n)$ eines festen Typs kann man Normen $\|A\|$ einführen. Man verlangt hier analog zu (4.4.2):

$$\|A\| > 0 \quad \text{für alle} \quad A \neq 0, \qquad A \in M(m, n)$$

$$\|\alpha A\| = |\alpha| \, \|A\|$$

$$\|A + B\| \leqq \|A\| + \|B\|.$$

Die Matrixnorm $\|\circ\|$ heißt mit den Vektornormen $\|\circ\|_a$ auf dem $\mathbb{C}^n$ und $\|\circ\|_b$ auf dem $\mathbb{C}^m$ *verträglich*, falls

$$\|Ax\|_b \leqq \|A\| \, \|x\|_a \quad \text{für alle } x \in \mathbb{C}^n, \quad A \in M(m, n).$$

Eine Matrixnorm $\|\circ\|$ für quadratische Matrizen $A \in M(n, n)$ nennt man *submultiplikativ*

falls

$$\|AB\| \leqq \|A\| \, \|B\| \quad \text{für alle} \quad A, B \in M(n, n).$$

Häufig benutzte Matrixnormen sind

(4.4.7)

a) $\|A\| = \max\limits_{i} \sum\limits_{k=1}^{n} |a_{ik}|$ (Zeilensummennorm)

b) $\|A\| = \left(\sum\limits_{i,k=1}^{n} |a_{ik}|^2\right)^{1/2}$ (Schur-Norm)

c) $\|A\| = \max\limits_{i,k} |a_{ik}|$

a) und b) sind submultiplikativ, c) nicht, b) ist mit der euklidischen Vektornorm verträglich. Zu einer Vektornorm $\|x\|$ kann man eine zugehörige Matrixnorm für quadratische Matrizen, die *Grenzennorm*, definieren durch

(4.4.8) $$\operatorname{lub}(A) := \max_{x \neq 0} \frac{\|Ax\|}{\|x\|}.$$

Eine solche Matrixnorm ist verträglich mit der zugrunde liegenden Vektornorm $\|\circ\|$:

(4.4.9) $$\|Ax\| \leqq \operatorname{lub}(A) \, \|x\|$$

Offensichtlich ist $\operatorname{lub}(A)$ unter allen mit einer Vektornorm $\|x\|$ verträglichen Matrixnormen $\|A\|$ die kleinste Matrixnorm,

$$\|Ax\| \leqq \|A\| \, \|x\| \quad \text{für alle } x \succ \operatorname{lub}(A) \leqq \|A\|.$$

Jede Grenzennorm lub($\circ$) ist submultiplikativ:

$$\operatorname{lub}(AB) = \max_{x \neq 0} \frac{\|ABx\|}{\|x\|} = \max_{x \neq 0} \frac{\|A(Bx)\|}{\|Bx\|} \frac{\|Bx\|}{\|x\|} \leqq$$

$$\leqq \max_{y \neq 0} \frac{\|Ay\|}{\|y\|} \max_{x \neq 0} \frac{\|Bx\|}{\|x\|} = \operatorname{lub}(A)\operatorname{lub}(B),$$

und es gilt $\operatorname{lub}(I) = \max_{x \neq 0} \dfrac{\|Ix\|}{\|x\|} = 1.$

(4.4.9) zeigt, daß lub(A) als größte *Abbildungsdehnung* von A verstanden werden kann. Sie gibt an, um wieviel $\|Ax\|$, die Norm des Bildes, größer als die Norm $\|x\|$ des Urbildes ist.

Beispiel: a) Zur Maximumnorm $\|x\|_\infty = \max_\nu |x_\nu|$ gehört die Matrixnorm

$$\operatorname{lub}_\infty(A) = \max_{x \neq 0} \frac{\|Ax\|_\infty}{\|x\|_\infty} = \max_{x \neq 0} \left\{ \frac{\max_i \left| \sum_{k=1}^n a_{ik} x_k \right|}{\max_k |x_k|} \right\} = \max_i \sum_{k=1}^n |a_{ik}| .$$

b) Zur euklidischen Norm $\|x\|_2 = \sqrt{x^H x}$ gehört die Matrixnorm

$$\operatorname{lub}_2(A) = \max_{x \neq 0} \sqrt{\frac{x^H A^H A x}{x^H x}} = \sqrt{\lambda_{\max}(A^H A)},$$

die man mit Hilfe des größten Eigenwertes $\lambda_{\max}(A^H A)$ der Matrix $A^H A$ ausdrücken kann. Für diese Matrixnorm merken wir an, daß für unitäre Matrizen U, die durch $U^H U = I$ definiert sind, gilt

(4.4.10) $$\operatorname{lub}(U) = 1.$$

Wir nehmen für das folgende an, daß $\|x\|$ eine beliebige Vektornorm und $\|A\|$ eine damit verträgliche submultiplikative Matrixnorm ist. Speziell kann man für die Matrixnorm $\|A\|$ stets die Grenzennorm lub(A) nehmen, wenn man besonders gute Abschätzungen erhalten will. Man kann nun Normen benutzen, um bei einem linearen Gleichungssystem

$$Ax = b$$

den Einfluß von Abänderungen bei A und b auf die Lösung x abzuschätzen. Gehört zur rechten Seite $b + \Delta b$ die Lösung $x + \Delta x$,

$$A(x + \Delta x) = b + \Delta b,$$

so folgt aus $A \Delta x = \Delta b$ die Beziehung

$$\Delta x = A^{-1} \Delta b$$

und die Abschätzung:

(4.4.11) $$\|\Delta x\| \leqq \|A^{-1}\| \, \|\Delta b\|.$$

Für die relativen Änderung $\|\Delta x\|/\|x\|$ folgt wegen $\|b\| = \|Ax\| \leqq \|A\| \|x\|$ die (i. a. schlechte) Abschätzung:

$$\frac{\|\Delta x\|}{\|x\|} \leqq \|A\| \|A^{-1}\| \frac{\|\Delta b\|}{\|b\|} = \operatorname{cond}(A) \frac{\|\Delta b\|}{\|b\|}. \tag{4.4.12}$$

Dabei bezeichnet $\operatorname{cond}(A) := \|A\| \|A^{-1}\|$, im speziellen Fall $\operatorname{cond}(A) := = \operatorname{lub}(A) \operatorname{lub}(A^{-1})$, die sog. *Kondition* von A. $\operatorname{cond}(A)$ ist ein Maß für die Empfindlichkeit des relativen Fehlers der Lösung x gegenüber Änderungen der rechten Seite b. Für $\operatorname{cond}(A)$ gilt wegen $AA^{-1} = I$

$$\operatorname{lub}(I) = 1 \leqq \operatorname{lub}(A) \operatorname{lub}(A^{-1}) \leqq \|A\| \|A^{-1}\| = \operatorname{cond}(A).$$

Gleichung (4.4.11) läßt sich auch folgendermaßen interpretieren: Ist $\tilde{x}$ eine Näherungslösung von $Ax = b$ mit dem *Residuum*

$$r(\tilde{x}) = b - A\tilde{x} = A(x - \tilde{x}),$$

so ist $\tilde{x}$ exakte Lösung von

$$A\tilde{x} = b - r(\tilde{x})$$

und es gilt für den Fehler $\Delta x = x - \tilde{x}$ die Abschätzung:

$$\|\Delta x\| \leqq \|A^{-1}\| \|r(\tilde{x})\|. \tag{4.4.13}$$

Wir wollen nun den Einfluß von Änderungen der Matrix A auf die Lösung x von $Ax = b$ untersuchen. Wir zeigen zunächst den

(4.4.14) **Hilfssatz:** *Ist F eine $n \times n$-Matrix mit $\|F\| < 1$, so existiert $(I + F)^{-1}$ und es gilt*

$$\|(I + F)^{-1}\| \leqq \frac{1}{1 - \|F\|}.$$

Beweis: Wegen (4.4.4) gilt für alle x die Ungleichung

$$\|(I + F)x\| = \|x + Fx\| \geqq \|x\| - \|Fx\| \geqq (1 - \|F\|)\|x\|.$$

Wegen $1 - \|F\| > 0$ folgt $\|(I + F)x\| > 0$ für $x \neq 0$, d. h. $(I + F)x = 0$ hat nur die triviale Lösung $x = 0$ und $I + F$ ist nichtsingulär.

Mit der Abkürzung $C := (I + F)^{-1}$ folgt

$$\begin{aligned} 1 = \|I\| = \|(I + F)C\| &= \|C + FC\| \\ &\geqq \|C\| - \|C\| \|F\| \\ &= \|C\|(1 - \|F\|) > 0 \end{aligned}$$

und daher das Resultat von (4.4.14)

$$\|(I + F)^{-1}\| \leqq \frac{1}{1 - \|F\|}. \quad \square$$

Man kann nun zeigen

(4.4.15) **Satz:** *Sei A eine nichtsinguläre $n \times n$-Matrix, $B = A(I + F)$, $\|F\| < 1$ und x und Δx definiert durch $Ax = b$, $B(x + \Delta x) = b$. Dann gilt* $\dfrac{\|\Delta x\|}{\|x\|} \leqq \dfrac{\|F\|}{1 - \|F\|}$, *sowie, falls* $\operatorname{cond}(A) \cdot \|B - A\| / \|A\| < 1$,

$$\frac{\|\Delta x\|}{\|x\|} \leqq \frac{\operatorname{cond}(A)}{1 - \operatorname{cond}(A) \dfrac{\|B - A\|}{\|A\|}} \frac{\|B - A\|}{\|A\|}.$$

Beweis: Wegen (4.4.14) existiert B^{-1} und es gilt

$$\Delta x = B^{-1}b - A^{-1}b = B^{-1}(A - B)A^{-1}b, x = A^{-1}b,$$

$$\frac{\|\Delta x\|}{\|x\|} \leqq \|B^{-1}(A - B)\| = \|-(I + F)^{-1}A^{-1}AF\|$$

$$\leqq \|(I + F)^{-1}\| \|F\| \leqq \frac{\|F\|}{1 - \|F\|}.$$

Wegen $F = A^{-1}(B - A)$ und $\|F\| \leqq \|A^{-1}\| \|A\| \|B - A\| / \|A\|$ folgt sofort der Rest des Satzes. □

Nach Satz (4.4.15) mißt $\operatorname{cond}(A)$ auch die Störempfindlichkeit der Lösung x von $Ax = b$ gegenüber Änderungen der Matrix A.

Berücksichtigt man die Beziehung

$$C = (I + F)^{-1} = B^{-1}A,$$
$$F = A^{-1}B - I,$$

so folgt aus (4.4.14)

$$\|B^{-1}A\| \leqq \frac{1}{1 - \|I - A^{-1}B\|}.$$

Vertauscht man nun A und B, so folgt aus der Beziehung $A^{-1} = A^{-1}BB^{-1}$ sofort:

(4.4.16) $$\|A^{-1}\| \leqq \|A^{-1}B\| \|B^{-1}\| \leqq \frac{\|B^{-1}\|}{1 - \|I - B^{-1}A\|}.$$

Insbesondere folgt aus der Residuenabschätzung (4.4.13) die Abschätzung von Collatz:

(4.4.17) $$\|\tilde{x} - x\| \leqq \frac{\|B^{-1}\|}{1 - \|I - B^{-1}A\|} \|r(\tilde{x})\|, \qquad r(\tilde{x}) = b - A\tilde{x},$$

wobei B^{-1} eine „näherungsweise" Inverse von A ist: $\|I - B^{-1}A\| < 1$.

Die bisherigen Abschätzungen zeigen die Bedeutung der Zahl cond (A) für die Abschätzung des Einflusses von Abänderungen in den Eingangsdaten auf die Lösung. Diese Abschätzungen geben Schranken für den Fehler

$$\tilde{x} - x$$

an und für die Auswertung der Schranken muß man zumindest näherungsweise die Inverse A^{-1} von A kennen. Die nun zu besprechenden Abschätzungen von Prager und Oettli [7] beruhen auf einem anderen Prinzip und benötigen nicht die Kenntnis von A^{-1}.

Man kommt zu den Resultaten durch folgende Überlegung:

Gewöhnlich sind die Ausgangsdaten A_0, b_0 eines Gleichungssystems $A_0 x = b_0$ ungenau, z. B. mit Meßfehlern $\Delta A, \Delta b$ behaftet. Es ist daher sinnvoll, eine näherungsweise Lösung $\tilde{x}$ des Systems $A_0 x = b_0$ als „richtig" zu akzeptieren, wenn $\tilde{x}$ exakte Lösung eines „benachbarten" Gleichungssystems

(4.4.18)
$$\begin{aligned} &A\tilde{x} = b \quad \text{mit} \\ &A \in \mathfrak{A} := \{A \mid |A - A_0| \leqq \Delta A\} \\ &b \in \mathfrak{B} := \{b \mid |b - b_0| \leqq \Delta b\} \end{aligned}$$

ist. Hier bedeutet

$$\begin{aligned} |A| &= (|\alpha_{ik}|), \quad \text{falls} \quad A = (\alpha_{ik}) \\ |b| &= (|\beta_1|, \dots |\beta_n|)^T, \quad \text{falls} \quad b = (\beta_1, \dots \beta_n)^T, \end{aligned}$$

und das Zeichen $\leqq$ zwischen Vektoren, Matrizen usw. ist komponentenweise zu verstehen. Prager und Oettli bewiesen den folgenden

(4.4.19) **Satz:** *Sei* $\Delta A \geqq 0, \Delta b \geqq 0$ *und* $\mathfrak{A}, \mathfrak{B}$ *durch* (4.4.18) *definiert. Zu einer näherungsweisen Lösung* $\tilde{x}$ *des Gleichungssystems* $A_0 x = b_0$ *gibt es genau dann eine Matrix* $A \in \mathfrak{A}$ *und einen Vektor* $b \in \mathfrak{B}$ *mit*

$$A\tilde{x} = b,$$

wenn gilt

$$|r(\tilde{x})| \leqq \Delta A |\tilde{x}| + \Delta b,$$

wobei $r(\tilde{x}) := b_0 - A_0 \tilde{x}$ *das Residuum von* $\tilde{x}$ *ist.*

Beweis: 1) Wir nehmen zunächst an, daß für ein $A \in \mathfrak{A}, b \in \mathfrak{B}$ gilt

$$A\tilde{x} = b.$$

Dann folgt aus

$$\begin{aligned} A &= A_0 + \delta A \quad \text{mit} \quad |\delta A| \leqq \Delta A \\ b &= b_0 + \delta b \quad \text{mit} \quad |\delta b| \leqq \Delta b, \end{aligned}$$

sofort

$$\begin{aligned} |r(\tilde{x})| &= |b_0 - A_0\tilde{x}| = |b - \delta b - (A - \delta A)\,\tilde{x}| \\ &= |-\delta b + (\delta A)\,\tilde{x}| \leqq |\delta b| + |\delta A|\,|\tilde{x}| \\ &\leqq \Delta b + \Delta A\,|\tilde{x}|\,. \end{aligned}$$

2) Gilt umgekehrt

(4.4.20) $$|r(\tilde{x})| \leqq \Delta b + \Delta A\,|\tilde{x}|\,,$$

und bezeichnet man mit r und s die Vektoren

$$\begin{aligned} r &:= r(\tilde{x}) = (\rho_1, \ldots \rho_n)^T, \\ s &:= \Delta b + \Delta A\,|\tilde{x}| \geqq 0, \qquad s = (\sigma_1, \ldots, \sigma_n)^T, \end{aligned}$$

so setze man

$$\delta A = (\delta\alpha_{ij}), \qquad \delta b = \begin{bmatrix} \delta\beta_1 \\ \vdots \\ \delta\beta_n \end{bmatrix}, \qquad \tilde{x} = \begin{bmatrix} \xi_1 \\ \vdots \\ \xi_n \end{bmatrix}$$

$$\begin{aligned} &\delta\alpha_{ij} := \rho_i \Delta\alpha_{ij}\,\mathrm{sign}\,(\xi_j)/\sigma_i \\ &\delta\beta_i := -\rho_i \Delta\beta_i/\sigma_i, \quad \text{mit} \quad \rho_i/\sigma_i := 0, \quad \text{falls} \quad \sigma_i = 0. \end{aligned}$$

Aus (4.4.20) folgt sofort $|\rho_i/\sigma_i| \leqq 1$ und daher

$$A = A_0 + \delta A \in \mathfrak{A}, \qquad b = b_0 + \delta b \in \mathfrak{B}$$

sowie für $i = 1, 2, \ldots, n$

$$\begin{aligned} \rho_i = \beta_i - \sum_{j=1}^{n} \alpha_{ij}\xi_j &= \left(\Delta\beta_i + \sum_{j=1}^{n} \Delta\alpha_{ij}|\xi_j| \right) \cdot \rho_i/\sigma_i \\ &= -\delta\beta_i + \sum_{j=1}^{n} \delta\alpha_{ij}\xi_j \end{aligned}$$

oder

$$\sum_{j=1}^{n} (\alpha_{ij} + \delta\alpha_{ij})\,\xi_j = \beta_i + \delta\beta_i,$$

d. h.

$$A\tilde{x} = b,$$

was zu beweisen war. □

Das Kriterium von Satz (4.4.19) erlaubt aus der Kleinheit des Residuums auf die Brauchbarkeit einer Lösung zu schließen. Besitzen z. B. alle Komponenten von A_0 und b_0 dieselbe relative Genauigkeit ε

$$\Delta A = \varepsilon\,|A_0|, \qquad \Delta b = \varepsilon |b_0|,$$

so ist (4.4.19) erfüllt, falls gilt

$$|A_0\tilde{x} - b_0| \leqq \varepsilon(|b_0| + |A_0||\tilde{x}|).$$

Aus dieser Ungleichung kann man sofort ein kleinstes ε berechnen, für welches ein gegebenes $\tilde{x}$ noch als brauchbare Lösung akzeptiert werden kann.

4.5 Rundungsfehleranalyse der Gaußschen Eliminationsmethode

Bei der Diskussion der Verfahren zur Gleichungsauflösung spielte die Pivotsuche nur folgende Rolle: Sie stellt sicher, daß bei nichtsingulären Matrizen A der Algorithmus nicht vorzeitig abbricht, weil ein Pivotelement verschwindet. Wir werden nun zeigen, daß auch die Gutartigkeit der Gleichungsauflösung von der rechten Pivotwahl abhängt. Um dies zu illustrieren betrachten wir folgendes einfache Beispiel. Gegeben sei das Problem, die Lösung des Gleichungssystems

$$(4.5.1) \qquad \begin{bmatrix} 0.005 & 1 \\ 1 & 1 \end{bmatrix} \begin{bmatrix} x \\ y \end{bmatrix} = \begin{bmatrix} 0.5 \\ 1 \end{bmatrix}$$

mit Hilfe der Gauß'schen Eliminationsmethode zu berechnen. Seine exakte Lösung ist $x = 5000/9950 = 0.503\ldots$, $y = 4950/9950 = 0.497\ldots$. Nimmt man das Element $a_{11} = 0.005$ im 1. Schritt als Pivotelement, so erhält man bei *2-stelliger* Gleitpunktrechnung folgende Resultate

$$\begin{bmatrix} 0.005 & 1 \\ 0 & -200 \end{bmatrix} \begin{bmatrix} x \\ y \end{bmatrix} = \begin{bmatrix} 0.5 \\ -99 \end{bmatrix}, \qquad y = 0.5, \qquad x = 0.$$

Wählt man im 1. Schritt $a_{21} = 1$ als Pivotelement, so erhält man bei 2-stelliger Rechnung

$$\begin{bmatrix} 1 & 1 \\ 0 & 1 \end{bmatrix} \begin{bmatrix} x \\ y \end{bmatrix} = \begin{bmatrix} 1 \\ 0.5 \end{bmatrix}, \qquad y = 0.50, \qquad x = 0.50.$$

Im 2. Fall ist die Genauigkeit des Resultats erheblich größer. Dies könnte den Eindruck erwecken, daß in jedem Fall das betragsgrößte unter den in Frage kommenden Elementen einer Spalte als Pivotelement die numerisch günstigsten Ergebnisse liefert. Eine einfache Überlegung zeigt aber, daß dies nur bedingt richtig sein kann. Multipliziert man etwa die 1. Zeile des Gleichungssystems (4.5.1) mit 200, so erhält man das System

$$(4.5.2) \qquad \begin{bmatrix} 1 & 200 \\ 1 & 1 \end{bmatrix} \begin{bmatrix} x \\ y \end{bmatrix} = \begin{bmatrix} 100 \\ 1 \end{bmatrix},$$

das dieselbe Lösung wie (4.5.1) besitzt. Das Element $\tilde{a}_{11} = 1$ ist jetzt ebenso groß wie $\tilde{a}_{21} = 1$. Die Wahl von $\tilde{a}_{11}$ als Pivotelement führt jedoch zu demselben ungenauen Resultat wie vorher. Bei der betrachteten Operation hat man die Matrix A von (4.5.1) durch $\tilde{A} = DA$ ersetzt, wobei D die Diagonalmatrix

$$D = \begin{bmatrix} 200 & 0 \\ 0 & 1 \end{bmatrix}$$

ist. Offensichtlich kann man auch die Spalten von A umnormieren, d. h. A durch $\tilde{A} = AD$ (D eine Diagonalmatrix) ersetzen, ohne die Lösung x von $Ax = b$ wesentlich zu ändern: Ist x Lösung von $Ax = b$, so ist $y = D^{-1}x$ Lösung von $\tilde{A}y = (AD)(D^{-1}x) = b$. Allgemein spricht man von einer Skalierung einer Matrix A, wenn man A durch D_1AD_2, D_1, D_2 Diagonalmatrizen, ersetzt. Das Beispiel zeigt, daß es nicht sinnvoll ist, eine bestimmte Pivotsuche ohne Voraussetzungen über die Skalierung einer Matrix zu empfehlen. Leider ist es bisher noch nicht befriedigend geklärt, wie man eine Matrix A skalieren muß, damit etwa die Teilpivotsuche zu einem gutartigen Algorithmus führt. Praktische Erfahrungen legen jedoch für die Teilpivotsuche folgende Skalierung nahe: Man wähle D_1 und D_2 so, daß für $\tilde{A} = D_1AD_2$ näherungsweise

$$\sum_{k=1}^{n} |\tilde{a}_{ik}| \approx \sum_{j=1}^{n} |\tilde{a}_{jl}|$$

für alle $i, l = 1, 2, \ldots, n$ gilt. Die Summe der Beträge der Elemente in den Zeilen bzw. Spalten von $\tilde{A}$ sollten ungefähr die gleiche Größenordnung haben. Man nennt solche Matrizen $\tilde{A}$ *equilibriert*. Leider ist es i. a. recht schwierig D_1 und D_2 so zu bestimmen, daß D_1AD_2 equilibriert ist. Gewöhnlich behilft man sich auf folgende Weise: Man wählt $D_2 = I$, $D_1 = \operatorname{diag}(s_1, \ldots, s_n)$ mit

$$s_i := 1 \Big/ \sum_{k=1}^{n} |a_{ik}|.$$

Es gilt dann jedenfalls für $\tilde{A} = D_1AD_2$

$$\sum_{k=1}^{n} |\tilde{a}_{ik}| = 1 \quad \text{für} \quad i = 1, 2, \ldots, n.$$

Statt nun A durch $\tilde{A}$ zu ersetzen, d. h. die Skalierung wirklich durchzuführen, bevor man auf $\tilde{A}$ den Eliminationsalgorithmus mit Teilpivotsuche anwendet, ersetzt man, um die explizite Skalierung von A zu vermeiden, die Pivotsuche im j-ten Eliminationsschritt $A^{(j-1)} \to A^{(j)}$ durch die Regel

(4.5.3) *Bestimme $r \geqq j$ so daß*

$$|a_{rj}^{(j-1)}| \, s_r = \max_{i \geqq j} |a_{ij}^{(j-1)}| \, s_i \neq 0.$$

$a_{rj}^{(j-1)}$ wird dann als Pivotelement genommen.

Obiges Beispiel zeigt auch, daß es i. a. nicht genügt, die Matrix A vor einer Teilpivotsuche so zu skalieren, daß die betragsgrößten Elemente in jeder Zeile und Spalte von A ungefähr den gleichen Betrag haben:

$$\max_k |a_{ik}| \approx \max_j |a_{jl}| \quad \text{für alle} \quad i, l = 1, 2, \ldots, n. \tag{4.5.4}$$

Wählt man nämlich die Skalierungsmatrizen

$$D_1 = \begin{bmatrix} 200 & 0 \\ 0 & 1 \end{bmatrix}, \qquad D_2 = \begin{bmatrix} 1 & 0 \\ 0 & 0.005 \end{bmatrix}$$

so wird die Matrix A aus dem Beispiel (4.5.1) zu

$$\tilde{A} = D_1 A D_2 = \begin{bmatrix} 1 & 1 \\ 1 & 0.005 \end{bmatrix},$$

die die Normierungsbedingung (4.5.4) erfüllt und für die trotzdem $\tilde{a}_{11} = 1$ betragsgrößtes Element in der 1. Spalte ist.

Wir wollen nun den Einfluß der Rundungsfehler, die bei der Gauß-Elimination bzw. Dreieckszerlegung (s. 4.1) auftreten, im Detail studieren. Dabei setzen wir voraus, daß die Zeilen der $n \times n$-Matrix A bereits so geordnet sind, daß A eine Dreieckszerlegung der Form $A = LR$ besitzt. L und R können dann mittels der Formeln (4.1.12) berechnet werden. Dabei hat man im Grunde nur Formeln des Typs

$$b_n := \mathrm{gl}\big((c - a_1 b_1 - \ldots - a_{n-1} b_{n-1}) / a_n\big)$$

auszuwerten, wie sie in (1.4.4)–(1.4.11) analysiert wurden. Statt der exakten Dreieckszerlegung $LR = A$ erhält man bei Verwendung von Gleitpunktarithmetik aus (4.1.12) Matrizen $\bar{L} = (\bar{l}_{ik})$, $\bar{R} = (\bar{r}_{ik})$ für die das Residuum $F := (f_{ik}) = A - \bar{L}\bar{R}$ i. a. nicht verschwindet. Da nach (4.1.13) die j-ten Partialsummen

$$\bar{a}_{ik}^{(j)} = \mathrm{gl}\left(a_{ik} - \sum_{s=1}^{j} \bar{l}_{is} \bar{r}_{sk} \right),$$

gerade die Elemente der Matrix $\bar{A}^{(j)}$ sind, die man statt $A^{(j)}$ (4.1.6) bei der Durchführung der Gauß-Elimination in Gleitpunktarithmetik nach dem j-ten Eliminationsschritt erhält, ergeben die Abschätzungen (1.4.7) angewandt auf (4.1.12) sofort

$$\text{(4.5.5)} \quad \begin{aligned} |f_{ik}| &= \left| a_{ik} - \sum_{j=1}^{i} \bar{l}_{ij} \bar{r}_{jk} \right| \leqq \frac{\mathrm{eps}}{1 - \mathrm{eps}} \sum_{j=1}^{i-1} \left(|\bar{a}_{ik}^{(j)}| + |\bar{l}_{ij}|\,|\bar{r}_{jk}| \right) \quad \text{für} \quad k \geqq i \\ |f_{ki}| &= \left| a_{ki} - \sum_{j=1}^{i} \bar{l}_{kj} \bar{r}_{ji} \right| \leqq \frac{\mathrm{eps}}{1 - \mathrm{eps}} \left[|\bar{a}_{ki}^{(i-1)}| + \sum_{j=1}^{i-1} \left(|\bar{a}_{ki}^{(j)}| + |\bar{l}_{kj}|\,|\bar{r}_{ji}| \right) \right] \\ &\qquad \text{für} \quad k > i. \end{aligned}$$

Ferner ist

$$\bar{r}_{ik} = \bar{a}_{ik}^{(i-1)} \quad \text{für} \quad i \leqq k, \tag{4.5.6}$$

da sich die ersten $j + 1$ Zeilen von $\bar{A}^{(j)}$ (bzw. $A^{(j)}$) (4.1.6) in den folgenden Eliminationsschritten nicht mehr ändern und so schon mit den entsprechenden Zeilen von $\bar{R}$ übereinstimmen. Wir setzen nun zusätzlich $|\bar{l}_{ik}| \leqq 1$ für alle i, k voraus (z. B. erfüllt, falls Teil- oder Totalpivotsuche vorgenommen wurde). Mit $a_j := \max_{i,k} |\bar{a}_{ik}^{(j)}|$, $a := \max_{0 \leqq i \leqq n-1} a_i$ folgen sofort aus (4.5.5) und (4.5.6) die Abschätzungen

$$|f_{ik}| \leqq \frac{\text{eps}}{1-\text{eps}}(a_0 + 2a_1 + 2a_2 + \ldots + 2a_{i-2} + a_{i-1}) \leqq 2(i-1)\,a\,\frac{\text{eps}}{1-\text{eps}} \quad \text{für} \quad k \geqq i$$

(4.5.7)

$$|f_{ik}| \leqq \frac{\text{eps}}{1-\text{eps}}(a_0 + 2a_1 + \ldots + 2a_{k-2} + 2a_{k-1}) \leqq 2ka\frac{\text{eps}}{1-\text{eps}} \quad \text{für} \quad k < i.$$

Für die Matrix F gilt daher

(4.5.8)
$$|F| \leqq 2a\frac{\text{eps}}{1-\text{eps}}\begin{bmatrix} 0 & 0 & 0 & \ldots & & 0 \\ 1 & 1 & 1 & \ldots & & 1 \\ 1 & 2 & 2 & \ldots & & 2 \\ 1 & 2 & 3 & \ldots & & 3 \\ \vdots & \vdots & \vdots & & & \vdots \\ 1 & 2 & 3 & \ldots & n-1 & n-1 \end{bmatrix}$$

mit $|F| := (|f_{jk}|)$. Besitzt a die gleiche Größenordnung wie a_0, d. h. wachsen die Matrizen $\bar{A}^{(j)}$ nicht zu sehr an, so bilden die berechneten Matrizen $\bar{L}\bar{R}$ die exakte Dreieckszerlegung der Matrix $A - F$, die sich nur wenig von A unterscheidet: Die Gauß-Elimination ist in diesem Fall gutartig.

Die Größe a kann man noch mit Hilfe von $a_0 = \max_{r,s} |a_{rs}|$ abschätzen. Bei Teilpivotsuche kann man sofort zeigen

$$a_{k-1} \leqq 2^k a_0,$$

also $a \leqq 2^{n-1} a_0$. Diese Schranke ist jedoch in den meisten Fällen viel zu pessimistisch, sie kann jedoch erreicht werden, etwa bei der Dreieckszerlegung der Matrix

$$A = \begin{bmatrix} 1 & 0 & \cdot & \cdot & \cdot & 0 & 1 \\ -1 & 1 & \cdot & & & \cdot & 1 \\ -1 & -1 & & \cdot & \cdot & \cdot & 1 \\ \cdot & \cdot & \cdot & \cdot & \cdot & \cdot & \cdot \\ \cdot & \cdot & & \cdot & \cdot & 0 & \cdot \\ \cdot & \cdot & & & \cdot & 1 & 1 \\ -1 & -1 & \cdot & \cdot & \cdot & -1 & 1 \end{bmatrix}.$$

Für spezielle Typen von Matrizen gibt es bessere Abschätzungen, so z. B. bei *Hessenberg-Matrizen*, das sind Matrizen der Form

$$A = \begin{bmatrix} x & \cdots & \cdots & x \\ x & \ddots & & \vdots \\ & \ddots & \ddots & \vdots \\ 0 & & x & x \end{bmatrix},$$

für die man sofort $a \leqq (n-1)\,a_0$ zeigen kann. Hessenberg-Matrizen treten im Zusammenhang mit Eigenwertproblemen auf.

Für Tridiagonalmatrizen

$$A = \begin{bmatrix} \alpha_1 & \beta_2 & & 0 \\ \gamma_2 & \ddots & \ddots & \\ & \ddots & \ddots & \beta_n \\ 0 & & \gamma_n & \alpha_n \end{bmatrix}$$

kann man sogar zeigen, daß bei Teilpivotsuche folgende Abschätzung gilt

$$a = \max_k |a_k| \leqq 2a_0.$$

Der Gaußsche Algorithmus ist also in diesem Fall besonders gutartig.

Für die Totalpivotsuche hat Wilkinson [10] gezeigt, daß gilt

$$a_{k-1} \leqq f(k)a_0$$

mit der Funktion

$$f(k) := k^{\frac{1}{2}}[2^1\, 3^{\frac{1}{2}}\, 4^{1/3} \ldots k^{1/(k-1)}]^{\frac{1}{2}}.$$

Diese Funktion wächst verhältnismäßig langsam mit k:

k	10	20	50	100
$f(k)$	19	67	530	3300

Diese Abschätzung ist sehr pessimistisch: Bislang hat man noch keine reelle Matrix gefunden für die bei der Totalpivotsuche die Beziehungen

$$a_k \leqq (k+1)\,a_0, \qquad k = 1, 2, \ldots, n-1$$

nicht richtig sind. Dies zeigt, daß gewöhnlich die Gauß-Elimination mit Totalpivotsuche ein gutartiger Prozeß ist. Trotzdem zieht man in der Rechenpraxis meistens die Teilpivotsuche aus folgenden Gründen vor:

1. Die Totalpivotsuche ist aufwendiger als die Teilpivotsuche. (Zur Berechnung von $A^{(i)}$ muß das Maximum von $(n-i+1)^2$ Elementen bestimmt werden gegenüber $n-i+1$ Elementen bei der Teilpivotsuche.)

2. Spezielle Strukturen einer Matrix, z. B. die Bandstruktur einer Tridiagonalmatrix, werden bei Totalpivotsuche zerstört, bei Teilpivotsuche nicht.

Benutzt man statt (1.4.7) die schwächeren Abschätzungen (1.4.11), so erhält man statt (4.5.5) für die f_{ik} die Schranken

$$|f_{ik}| \leqq \frac{\text{eps}}{1 - n \cdot \text{eps}} \left[\sum_{j=1}^{i} j\, |\bar{l}_{ij}|\, |\bar{r}_{jk}| - |\bar{r}_{ik}| \right], \qquad k \geqq i$$

$$|f_{ki}| \leqq \frac{\text{eps}}{1 - n \cdot \text{eps}} \left[\sum_{j=1}^{i} j\, |\bar{l}_{kj}|\, |\bar{r}_{ji}| \right], \qquad k \geqq i + 1$$

oder

$$(4.5.9) \qquad |F| \leqq \frac{\text{eps}}{1 - n \cdot \text{eps}} [|\bar{L}|\, D\, |\bar{R}| - |\bar{R}|] \quad \text{mit} \quad D := \begin{bmatrix} 1 & & 0 \\ & 2 & \\ & & \ddots & \\ 0 & & & n \end{bmatrix}$$

4.6 Rundungsfehlereinfluß bei der Auflösung von gestaffelten Gleichungssystemen

Als Resultat der Gauß-Elimination einer Matrix A erhält man eine untere Dreiecksmatrix $\bar{L}$ und eine obere Dreiecksmatrix $\bar{R}$, deren Produkt $\bar{L}\bar{R}$ näherungsweise A ist. Die Lösung eines Gleichungssystems $Ax = b$ wird damit auf die Lösung der beiden gestaffelten Gleichungssysteme

$$\bar{L}y = b, \qquad \bar{R}x = y$$

zurückgeführt. Wir wollen nun den Einfluß der Rundungsfehler auf die Lösung solcher Gleichungssysteme untersuchen. Bezeichnet man mit $\bar{y}$ die Lösung, die man bei t-stelliger Dezimalrechnung erhält, so gilt nach Definition von $\bar{y}$

$$(4.6.1) \qquad \bar{y}_r = \text{gl}\left((-\bar{l}_{r1}\bar{y}_1 - \bar{l}_{r2}\bar{y}_2 - \ldots \bar{l}_{r,r-1}\bar{y}_{r-1} + b_r)/\bar{l}_{rr}\right).$$

Aus (1.4.10), (1.4.11) folgt sofort

$$\left| b_r - \sum_{j=1}^{r} l_{rj}\bar{y}_j \right| \leqq \frac{\text{eps}}{1 - n \cdot \text{eps}} \left[\sum_{j=1}^{r} j\, |\bar{l}_{rj}|\, |\bar{y}_j| - |\bar{y}_r| \right]$$

oder

$$(4.6.2) \qquad |b - \bar{L}\bar{y}| \leqq \frac{\text{eps}}{1 - n \cdot \text{eps}} (|\bar{L}|D - I)\, |\bar{y}|, \quad D := \begin{bmatrix} 1 & & 0 \\ & 2 & \\ & & \ddots & \\ 0 & & & n \end{bmatrix}$$

bzw., es gibt eine Matrix $\Delta\bar{L}$ mit

$$(4.6.3) \qquad (\bar{L} + \Delta\bar{L})\,\bar{y} = b, \qquad |\Delta\bar{L}| \leqq \frac{\text{eps}}{1 - n \cdot \text{eps}} (|\bar{L}|\, D - I).$$

Die berechnete Lösung läßt sich also als exakte Lösung eines nur leicht abgeänderten Problems interpretieren, so daß das Auflösen gestaffelter Gleichungssysteme gutartig ist. Analog findet man für die berechnete Lösung $\bar{x}$ von $\bar{R}x = \bar{y}$ die Schranken

$$|\bar{y} - \bar{R}\bar{x}| \leqq \frac{\text{eps}}{1 - n \cdot \text{eps}} |\bar{R}|\, E\, |\bar{x}|, \qquad E := \begin{bmatrix} n & & & 0 \\ & n-1 & & \\ & & \ddots & \\ 0 & & & 1 \end{bmatrix}$$

$$\text{(4.6.4)} \qquad (\bar{R} + \triangle\bar{R})\,\bar{x} = \bar{y}, \qquad |\triangle\bar{R}| \leqq \frac{\text{eps}}{1 - n \cdot \text{eps}} |\bar{R}|\, E.$$

Durch Zusammenfassung der Abschätzungen (4.5.9), (4.6.3) und (4.6.4) zeigt man nun leicht folgendes von Sautter [8] stammende Resultat für die tatsächlich mittels Gleitpunktarithmetik berechnete Näherungslösung $\bar{x}$ eines linearen Gleichungssystems $Ax = b$:

$$\text{(4.6.5)} \qquad |b - A\bar{x}) \leqq \frac{2(n+1)\text{eps}}{1 - neps} |\bar{L}||\bar{R}||\bar{x}|, \quad \text{falls} \quad n \cdot \text{eps} \leqq \tfrac{1}{2}.$$

Beweis: Mit $\varepsilon := \text{eps}/(1 - n\text{eps})$ folgt wegen (4.5.9), (4.6.3) und (4.6.4)

$$\begin{aligned} |b - A\bar{x}| &= |b - (\bar{L}\bar{R} + F)\bar{x}| = |-F\bar{x} + b - \bar{L}(\bar{y} - \triangle\bar{R}\bar{x})| \\ &= |(-F + \triangle\bar{L}(\bar{R} + \triangle\bar{R}) + \bar{L}\triangle\bar{R})\bar{x}| \\ &\leqq \varepsilon[2(|\bar{L}|D - I)|\bar{R}| + |\bar{L}||\bar{R}|E + \varepsilon(|\bar{L}|D - I)|\bar{R}|E]|\bar{x}|. \end{aligned}$$

Die (i,k)-Komponente der Matrix $[\ldots]$ hat die Form

$$\sum_{j=1}^{\min(i,k)} |\bar{l}_{ij}|(2j - 2\delta_{ij} + n + 1 - k + \varepsilon(j - \delta_{ij} + n + 1 - k))|\bar{r}_{jk}|,$$

$$\delta_{ij} := \begin{cases} 1 & \text{für} \quad i = j \\ 0 & \text{für} \quad i \neq j \end{cases}.$$

Nun bestätigt man leicht, daß für alle $j \leqq \min(i,k)$, $1 \leqq i, k \leqq n$ gilt

$$\begin{aligned} 2j - 2\delta_{ij} + n + 1 - k + \varepsilon(j - \delta_{ij} + n + 1 - k) &\leqq \begin{cases} 2n - 1 + \varepsilon \cdot n, & \text{falls} \quad j \leqq i \leqq k \\ 2n + \varepsilon(n+1), & \text{falls} \quad j \leqq k < i \end{cases} \\ &\leqq 2n + 2, \end{aligned}$$

wegen $\varepsilon \cdot n \leqq 2n\,\text{eps} \leqq 1$. Damit ist (4.6.5) bewiesen. □

Ein Vergleich von (4.6.5) mit dem Satz (4.4.19) von Prager und Oettli zeigt schließlich, daß die berechnete Lösung $\bar{x}$ als exakte Lösung eines nur leicht abgeänderten Gleichungssystems interpretiert werden kann, wenn die Matrix $n|\bar{L}|\,|\bar{R}|$ dieselbe Größenordnung wie $|A|$ besitzt. In diesen Fällen ist die Gauß-Elimination ein gutartiger Algorithmus.

4.7 Orthogonalisierungsverfahren. Die Verfahren von Householder und Schmidt

Die bisherigen Methoden, ein Gleichungssystem

$$Ax = b \tag{4.7.1}$$

zu lösen, bestanden darin, Gleichung (4.7.1) mit geeigneten Matrizen P_j, $j = 1, \ldots, n$ von links zu multiplizieren, so daß das schließlich entstehende System

$$A^{(n)}x = b^{(n)}$$

direkt gelöst werden konnte. Nun ist die Empfindlichkeit des Resultates x gegenüber Änderungen in den $A^{(j)}$, $b^{(j)}$ für das Zwischensystem

$$A^{(j)}x = b^{(j)}, \qquad (A^{(j)}, b^{(j)}) = P_j(A^{(j-1)}, b^{(j-1)})$$

gegeben durch

$$\operatorname{cond}(A^{(j)}) = \operatorname{lub}(A^{(j)}) \operatorname{lub}\left((A^{(j)})^{-1}\right).$$

Bezeichnet man mit $\varepsilon^{(j)}$ die Rundungsfehler, die man beim Übergang $(A^{(j-1)}, b^{(j-1)})$ nach $(A^{(j)}, b^{(j)})$ begeht, so wirken sich diese Rundungsfehler mit dem Faktor $\operatorname{cond}(A^{(j)})$ verstärkt auf das Endresultat x aus und es gilt

$$\frac{\|\Delta x\|}{\|x\|} \dot{\leqq} \sum_{j=0}^{n-1} \varepsilon^{(j)} \operatorname{cond}(A^{(j)}),$$

wobei $\varepsilon^{(0)}$ Fehler in den Eingangsdaten A, b bedeuten. Gibt es nun ein $A^{(j)}$ mit

$$\operatorname{cond}(A^{(j)}) \gg \operatorname{cond}(A^{(0)}),$$

so ist der Rechenprozeß nicht gutartig: Der Rundungsfehler $\varepsilon^{(j)}$ wirkt sich stärker auf das Endresultat aus als der Eingangsfehler $\varepsilon^{(0)}$.

Man wird daher bestrebt sein, die Matrizen P_j so zu wählen, daß die Konditionen $\operatorname{cond}(A^{(j)})$ nicht wachsen. Für eine beliebige Vektornorm $\|x\|$ ist dies ein schwieriges Problem. Für die euklidische Norm

$$\|x\| = \sqrt{x^H x},$$

und die damit verträgliche Grenzennorm

$$\operatorname{lub}(A) = \max_{x \neq 0} \sqrt{\frac{x^H A^H A x}{x^H x}}$$

sind die Verhältnisse jedoch übersichtlicher. Deshalb werden in diesem Abschnitt nur diese Normen benutzt. Wenn U eine unitäre Matrix ist, $U^H U = I$, so gilt für diese Norm

$$\begin{aligned} \operatorname{lub}(A) = \operatorname{lub}(U^H U A) &\leqq \operatorname{lub}(U^H)\operatorname{lub}(UA) = \operatorname{lub}(UA) \\ &\leqq \operatorname{lub}(U)\operatorname{lub}(A) \quad\;\; = \operatorname{lub}(A), \end{aligned}$$

also

$$\operatorname{lub}(UA) = \operatorname{lub}(A)$$

und ebenso $\operatorname{lub}(AU) = \operatorname{lub}(A)$.

Insbesondere folgt

$$\operatorname{cond}(A) = \operatorname{lub}(A)\operatorname{lub}(A^{-1}) = \operatorname{cond}(UA)$$

für unitäres U. Wählt man also die Transformationsmatrizen P_j unitär, so ist man sicher, daß die Kondition der Gleichungssysteme $A^{(j)}x = b^{(j)}$ sich nicht ändert, also sich nicht verschlechtern kann. Gleichzeitig sollen natürlich die P_j so gewählt werden, daß die Matrizen $A^{(j)}$ einfacher werden. Nach Householder kann man das in der folgenden Weise erreichen.

Man wählt die unitäre Matrix P

$$P = I - 2w\,w^H, \quad \text{mit} \quad w^H w = 1, \qquad w \in \mathbb{C}^n.$$

Diese Matrix ist Hermitesch,

$$P^H = I^H - (2ww^H)^H = I - 2ww^H = P,$$

unitär,

$$\begin{aligned} P^H P = PP = P^2 &= (I - 2ww^H)(I - 2ww^H) \\ &= I - 2ww^H - 2ww^H + 4ww^H ww^H \\ &= I \end{aligned}$$

und daher involutorisch

$$P^2 = I.$$

Falls für zwei Vektoren x, y gilt

$$y = Px = x - 2(w^H x)\,w$$

so folgt

(4.7.2) $$y^H y = x^H P^H P x = x^H x$$

(4.7.3) $$x^H y = x^H P x = (x^H P x)^H$$

und $x^H y$ ist eine reelle Zahl. Wir versuchen nun einen Vektor w und damit P so zu bestimmen, daß ein gegebenes

$$x = (x_1, \ldots, x_n)^T$$

in ein Vielfaches des 1. Achsenvektors e_1 transformiert wird,

$$ke_1 = Px.$$

Aus (4.7.2) folgt sofort für k

$$|k|^2 = \|x\|^2 = x^H x$$

und, weil $kx^H e_1$ nach (4.7.3) reell sein muß,

$$k = \mp e^{i\alpha}\sigma, \qquad \sigma := \sqrt{x^H x},$$

wenn $x_1 = e^{i\alpha}|x_1|$. Dabei kann das Vorzeichen in k noch beliebig gewählt werden. Ferner folgt aus

$$Px = x - 2(w^H x)\, w = ke_1$$

und der Bedingung $w^H w = 1$, daß gilt

$$w = \frac{x - ke_1}{\|x - ke_1\|}.$$

Nun ist wegen $x_1 = e^{i\alpha}|x_1|$

$$\|x - ke_1\| = \|x \pm \sigma e^{i\alpha} e_1\| = \sqrt{|x_1 \pm \sigma e^{i\alpha}|^2 + |x_2|^2 + \ldots + |x_n^2|}$$

$$= \sqrt{(|x_1| \pm \sigma)^2 + |x_2|^2 + \ldots + |x_n|^2}.$$

Damit bei der Berechnung von $|x_1| \pm \sigma$ keine Auslöschung auftritt, wählt man bei der Definition von k das obere Vorzeichen:

$$k = -\sigma e^{i\alpha}$$

und erhält

(4.7.4) $$|x_1 - k|^2 = |x_1 + \sigma e^{i\alpha}|^2 = |\sigma + |x_1||^2 = \sigma^2 + 2\sigma|x_1| + |x_1|^2.$$

Es folgt:

$$\|x - ke_1\|^2 = 2\sigma^2 + 2\sigma|x_1|, \qquad 2ww^H = 2\,\frac{(x - ke_1)(x - ke_1)^H}{\|x - ke_1\|^2}.$$

Die Matrix $P = I - 2ww^H$ läßt sich dann in der Form schreiben

$$P = I - \beta uu^H$$

mit

$$\sigma = \sqrt{\sum_{i=1}^{n} |x_i|^2}, \qquad x_1 = e^{i\alpha}|x_1|, \quad k = -\sigma e^{i\alpha}$$

(4.7.5) $$u = x - ke_1 = \begin{bmatrix} e^{i\alpha}(|x_1| + \sigma) \\ x_2 \\ \vdots \\ x_n \end{bmatrix}$$

$$\beta = (\sigma(\sigma + |x_1|))^{-1}.$$

Diese sog. Householdertransformationen kann man nun benutzen, um eine Matrix $A \equiv A^{(0)}$ schrittweise mit orthogonalen Matrizen P_j

$$A^{(j)} = P_j A^{(j-1)}$$

in eine obere Dreiecksmatrix

$$A^{(n-1)} = R = \begin{bmatrix} r_{11} & \cdots & r_{1n} \\ & \ddots & \vdots \\ 0 & & r_{nn} \end{bmatrix}$$

zu transformieren. Dazu bestimmt man nach (4.7.5) die unitäre $n \times n$-Matrix P_1 derart, daß gilt

$$P_1 a_1^{(0)} = k e_1.$$

Dabei ist $a_1^{(0)}$ die 1. Spalte von $A^{(0)}$.

Hat man nach $j-1$ Schritten eine Matrix $A^{(j-1)}$ der Gestalt:

$$\text{(4.7.6)} \qquad A^{(j-1)} = \left[\begin{array}{ccc|ccc} x & \cdots & x & x & \cdots & x \\ & \ddots & \vdots & \vdots & & \vdots \\ 0 & & x & x & \cdots & x \\ \hline & & & a_{jj}^{(j-1)} & \cdots & a_{jn}^{(j-1)} \\ & 0 & & \vdots & & \vdots \\ & & & a_{nj}^{(j-1)} & \cdots & a_{nn}^{(j-1)} \end{array}\right] \begin{array}{l} \left.\vphantom{\begin{array}{c}x\\x\\x\end{array}}\right\} j-1 \\ \left.\vphantom{\begin{array}{c}x\\x\\x\end{array}}\right\} n-j+1 \end{array} = \begin{bmatrix} D & B \\ 0 & \tilde{A}^{(j-1)} \end{bmatrix}$$

so bestimmt man nach (4.7.5) die unitäre $(n-j+1) \times (n-j+1)$-Matrix $\tilde{P}_j$ derart, daß

$$\tilde{P}_j \begin{bmatrix} a_{jj}^{(j-1)} \\ \vdots \\ a_{nj}^{(j-1)} \end{bmatrix} = k \begin{bmatrix} 1 \\ 0 \\ \vdots \\ 0 \end{bmatrix} \in \mathbb{C}^{n-j+1}$$

und konstruiert mit Hilfe von $\tilde{P}_j$ die ebenfalls unitäre $n \times n$-Matrix

$$P_j = \begin{bmatrix} I_{j-1} & 0 \\ 0 & \tilde{P}_j \end{bmatrix} \begin{array}{l} \}\, j-1 \\ \}\, n-j+1 \end{array}.$$

Bildet man nun $A^{(j)} = P_j A^{(j-1)}$, so sieht man, daß die Elemente $a_{ij}^{(j)}$ für $i > j$ verschwinden und daß die in (4.7.6) angekreuzten Elemente unverändert bleiben. Man erhält so nach $(n-1)$ Schritten eine obere Dreiecksmatrix

$$R := A^{(n-1)}.$$

Bei der praktischen Durchführung der Householdertransformation beachte man, daß die freiwerdenden Stellen unterhalb der Diagonalen von $A^{(j)}$ benutzt werden können, um die wesentliche Information u über die Transformationsmatrix P zu speichern. Da der Vektor u, der zu $\tilde{P}_j$ gehört, $n - j + 1$ wesentliche Komponenten besitzt, aber in $A^{(j)}$ nur $n - j$ Plätze frei werden, speichert man gewöhnlich die Diagonalelemente der Matrizen $A^{(j)}$ in einem besonderen Vektor d ab und benutzt den freiwerdenden Platz zur Speicherung von u.

Die Transformation mit der Matrix

$$\tilde{P}_j = I - \beta_j u_j u_j^H$$

führt man aus wie folgt

$$\tilde{P}_j \tilde{A}^{(j-1)} = \tilde{A}^{(j-1)} - u_j y_j^H \quad \text{mit} \quad y_j^H = \beta_j u_j^H \tilde{A}^{(j-1)},$$

indem man zunächst den Vektor y berechnet und dann $\tilde{A}^{j-1}$ entsprechend modifiziert.

Das folgende Algol-Programm enthält den wesentlichen Teil der Householdertransformation einer gegebenen Matrix, die auf dem Feld a gespeichert ist.

```
for j:= 1 step 1 until n do
begin
        sigma:= 0;
        for i:= j step 1 until n do sigma:= sigma + a[i, j] ↑ 2;
        if sigma = 0 then goto singular;
        s:= d[j]:= if a[j, j] < 0 then sqrt (sigma) else −sqrt (sigma);
        beta:= 1/(s × a[j, j] − sigma); a[j, j]:= a[j, j] − s;
        for k:= j + 1 step 1 until n do
        begin
                sum:= 0;
                for i:= j step 1 until n do
                        sum:= sum + a[i, j] × a[i, k];
                sum:= beta × sum;
                for i:= j step 1 until n do
                        a[i, k]:=a[i, k] + a[i, j] × sum;
        end;
end;
```

Die Householderreduktion einer Matrix auf Dreiecksgestalt benötigt einen Aufwand von etwa $2n^3/3$ Operationen.

Bei dem Verfahren von Householder wird eine unitäre $n \times n$-Matrix $P = P_{n-1} \dots P_1$ als Produkt von Householder-Matrizen P_i und eine obere $n \times n$-Dreiecksmatrix R bestimmt, so daß

$$PA = R$$

oder

(4.7.7) $$A = P^H R = QR$$

gilt.

Eine obere Dreiecksmatrix R mit der Eigenschaft (4.7.7), daß $AR^{-1} = Q$ eine Matrix mit orthonormalen Spalten ist, kann man aber auch direkt durch die Anwendung des Schmidtschen Orthonormalisierungsverfahrens auf die Spalten a_i von $A = (a_1, \ldots, a_n)$ erhalten. Die Gleichung $A = QR$ besagt ja gerade, daß die k-te Spalte a_k von A

$$a_k = \sum_{i=1}^{k} r_{ik} q_i, \qquad k = 1, \ldots, n$$

eine Linearkombination der orthonormalen Vektoren $q_1, q_2, \ldots, q_k$ ist, so daß auch umgekehrt q_k Linearkombination der ersten k Spalten $a_1, \ldots, a_k$ von A ist. Die Spalten von Q und R können somit nach E. Schmidt rekursiv folgendermaßen bestimmt werden: Zum Start hat man zu setzen

$$r_{11} := \|a_1\|, \qquad q_1 := a_1/r_{11}.$$

Kennt man bereits die orthonormalen Vektoren $q_1, \ldots, q_{k-1}$ und die Elemente r_{ij} mit $j \leqq k-1$ von R, so werden die Zahlen $r_{1k}, \ldots, r_{k-1,k}$ so bestimmt, daß der Vektor

(4.7.8) $$b_k := a_k - r_{1k} q_1 - \ldots - r_{k-1,k} q_{k-1}$$

zu allen q_i, $i = 1, \ldots, k-1$ orthogonal wird.

Wegen

$$q_i^H q_j = \begin{cases} 1 & \text{für} \quad i = j \\ 0 & \text{sonst} \end{cases}, \quad \text{für} \quad 1 \leqq i, j \leqq k-1$$

führen die Bedingungen $q_i^H b_k = 0$ sofort zu

(4.7.9) $$r_{ik} := q_i^H a_k, \qquad i = 1, \ldots, k-1.$$

Nachdem man die r_{ik}, $i \leqq k-1$ und damit b_k bestimmt hat, setzt man schließlich

(4.7.10) $$r_{kk} := \|b_k\|, \qquad q_k := b_k/r_{kk},$$

so daß (4.7.8) äquivalent ist mit

$$a_k = \sum_{i=1}^{k} r_{ik} q_i$$

und überdies nach Konstruktion gilt

$$q_i^H q_j = \begin{cases} 1 & \text{für} \quad i = j \\ 0 & \text{sonst} \end{cases},$$

für alle $1 \leqq i, j \leqq k$.

In dieser Form hat der letzte Algorithmus einen schwerwiegenden Nachteil: Er ist nicht gutartig in den Fällen, in denen die Spalten der Matrix A nahezu linear abhängig sind. In diesem Fall ist der Vektor $\bar{b}_k$, den man unter dem Einfluß von Rundungsfehlern statt des Vektors b_k aus den Formeln (4.7.8), (4.7.9) erhält, nicht mehr orthogonal zu den Vektoren $q_1, \ldots, q_{k-1}$. Kleinste Rundungsfehler bei der Bestimmung der r_{ik} aus (4.7.9) zerstören mehr oder weniger die Orthogonalität. Wir wollen dies an folgendem speziellen Fall diskutieren, der dem Fall $k = 1$ in (4.7.8) entspricht. Gegeben seien zwei reelle Vektoren a und q, die wir der Einfachheit halber als normiert voraussetzen $\|a\| = \|q\| = 1$. Für ihr Skalarprodukt $\rho_0 := q^T a$ gilt dann $|\rho_0| \leqq 1$. Wir nehmen an, daß $|\rho_0| < 1$ gilt, daß also a und q linear unabhängig sind. Der Vektor

$$b = b(\rho) := a - \rho q$$

ist dann für $\rho = \rho_0$ orthogonal zu q. Allgemein gilt jedoch für den Winkel $\alpha(\rho)$ zwischen $b(\rho)$ und q:

$$f(\rho) := \cos(\alpha(\rho)) = \frac{q^T b(\rho)}{\|b(\rho)\|} = \frac{q^T a - \rho}{\|a - \rho q\|},$$

$$\alpha(\rho_0) = \pi/2, \quad f(\rho_0) = 0.$$

Durch Differentiation nach ρ findet man

$$f'(\rho_0) = \frac{-1}{\|a - \rho_0 q\|} = \frac{-1}{\sqrt{1 - \rho_0^2}}$$

$$\alpha'(\rho_0) = \frac{1}{\sqrt{1 - \rho_0^2}}$$

wegen

$$\|a - \rho_0 q\|^2 = a^T a - 2\rho_0 a^T q + \rho_0^2 q^T q = 1 - \rho_0^2.$$

In 1. Näherung gilt also für kleines $\Delta\rho_0$

$$\alpha(\rho_0 + \Delta\rho_0) \doteq \frac{\pi}{2} + \frac{\Delta\rho_0}{\sqrt{1 - \rho_0^2}}.$$

Je näher $|\rho_0|$ bei 1 liegt, d. h. je linear abhängiger a und q sind, desto mehr zerstören selbst kleine Fehler $\Delta\rho_0$, insbesondere die Rundungsfehler, die man bei der Berechnung von $\rho_0 = q^T a$ begangen hat, die Orthogonalität von $b(\rho)$ und q.

Da gerade die Orthogonalität der Vektoren q_i für das Verfahren wesentlich ist, hilft man sich in der Rechenpraxis mit folgendem Trick. Man führt für die Vektoren $\bar{b}_k$, die man bei der Auswertung von (4.7.8), (4.7.9) statt der exakten b_k gefunden hat, eine „Nachorthogonalisierung" durch, d. h. man berechnet einen Vektor $\tilde{b}_k$ und Δr_{ik} aus

$$\tilde{b}_k = \bar{b}_k - \Delta r_{1k} q_1 - \ldots - \Delta r_{k-1,k} q_{k-1}$$

mit

$$\Delta r_{ik} := q_i^T \bar{b}_k, \qquad i = 1, \ldots, k-1,$$

so daß bei exakter Rechnung $\tilde{b}_k^T q_i = 0$, $i = 1, \ldots, k-1$. Da $\bar{b}_k$ zumindest näherungsweise orthogonal zu den q_i war, sind die Δr_{ik} kleine Zahlen und nach der eben beschriebenen Theorie haben die Rundungsfehler, die man bei der Berechnung von Δr_{ik} begeht, nur einen geringen Einfluß auf die Orthogonalität von $\tilde{b}_k$ und q_i, so daß im Rahmen der Maschinengenauigkeit der Vektor

$$q_k := \tilde{b}_k / \tilde{r}_{kk}, \qquad \tilde{r}_{kk} := \|\tilde{b}_k\|$$

orthogonal zu den bereits bekannten Vektoren $q_1, \ldots, q_{k-1}$ ist. Die Werte $\bar{r}_{ik}$, die man bei der Auswertung von (4.7.9) gefunden hat, korrigiert man entsprechend, man setzt $r_{ik} := \bar{r}_{ik} + \Delta r_{ik}$. Natürlich bedeutet die Nachorthogonalisierung eine Verdopplung des Rechenaufwands!

4.8 Ausgleichsrechnung

Bei vielen wissenschaftlichen Beobachtungen geht es darum, die Werte gewisser Konstanten

$$x_1, x_2, \ldots, x_n$$

zu bestimmen. Häufig ist es jedoch nicht oder nur schwer möglich die interessierenden Größen x_i direkt zu messen. Man geht dann auf folgende indirekte Weise vor: Statt der x_i mißt man eine andere leichter der Messung zugängliche Größe y, die auf eine bekannte gesetzmäßige Weise von den x_i und von weiteren kontrollierbaren „Versuchsbedingungen", die wir durch die Variable z symbolisieren wollen, abhängt:

$$y = f(z; x_1, \ldots, x_n).$$

Um die x_i zu bestimmen, führt man unter m verschiedenen Versuchsbedingungen $z_1, \ldots, z_m$ Experimente durch, mißt die zugehörigen Resultate

(4.8.0.1) $$y_k = f(z_k; x_1, \ldots x_n), \qquad k = 1, 2, \ldots, m$$

und versucht durch Rechnung die Größen $x_1, \ldots, x_n$ so zu bestimmen, daß die Gleichungen (4.8.0.1) erfüllt sind. Natürlich muß man i. a. mindestens m Experimente, $m \geqq n$, durchführen, damit durch (4.8.0.1) die x_i eindeutig bestimmt sind. Für $m > n$ ist (4.8.0.1) aber ein überbestimmtes Gleichungssystem für die unbekannten Parameter $x_1, \ldots, x_n$, das gewöhnlich keine Lösung besitzt, weil die y_i als Meßresultate mit unvermeidlichen Meßfehlern behaftet sind. Es stellt sich damit das Problem, (4.8.0.1) wenn schon nicht exakt so doch „möglichst gut" zu lösen. Als „möglichst gute" Lösungen von (4.8.0.1) bezeichnet man gewöhnlich entweder solche, die den Ausdruck

(4.8.0.2) $$\sum_{k=1}^{m} (y_k - f_k(x_1, \ldots, x_n))^2,$$

oder den Ausdruck

(4.8.0.3) $$\max_{1 \leqq k \leqq m} |y_k - f_k(x_1, \ldots, x_n)|$$

minimieren. Hier bedeutet

$$f_k(x_1, \ldots, x_n) := f(z_k; x_1, \ldots, x_n).$$

Im ersten Fall wird die euklidische Norm des Fehlers minimiert und man hat ein Problem der Ausgleichsrechnung im engeren Simme vor sich, das bereits von Gauß („Methode der kleinsten Quadrate") studiert wurde. In der mathematischen Statistik (s. z. B. P. G. Guest [5], Großmann [4]) wird gezeigt, daß die so erhaltene Lösung x besonders einfache statistische Eigenschaften besitzt. Neuerdings werden jedoch auch die Lösungen x betrachtet, die die Maximumnorm (4.8.0.3) des Fehlers minimieren („Diskretes Tschebyscheff-Problem"). Da die Berechnung der besten Lösung x in diesem Fall schwieriger ist als bei der Methode der kleinsten Quadrate, wollen wir im folgenden nicht näher darauf eingehen.

Wenn die Funktionen $f_k(x_1, \ldots, x_n)$ stetige partielle Ableitungen nach allen Variablen x_i besitzen, läßt sich sofort eine notwendige Bedingung dafür angeben, daß $x = (x_1, \ldots, x_n)^T$ (4.8.0.2) minimiert.

$$\frac{\partial}{\partial x_i} \sum_{k=1}^{m} (y_k - f_k(x_1, \ldots, x_n))^2 = 0, \qquad i = 1, \ldots, n. \tag{4.8.0.4}$$

Dies sind die sog. *Normalgleichungen* für x.

Ein wichtiger Spezialfall, das *lineare Ausgleichsproblem*, liegt vor, wenn die Funktionen $f_k(x_1, \ldots, x_n)$ lineare Funktionen der x_i sind: Es gibt eine $m \times n$-Matrix A mit

$$\begin{bmatrix} f_1(x_1, \ldots, x_n) \\ \vdots \\ f_m(x_1, \ldots, x_n) \end{bmatrix} = Ax.$$

In diesem Fall reduzieren sich die Normalgleichungen (4.8.0.4) auf ein lineares Gleichungssystem

$$\operatorname{grad}_x \left((y - Ax)^T (y - Ax)\right) = 2A^T Ax - 2A^T y = 0$$

oder

$$A^T Ax = A^T y. \tag{4.8.0.5}$$

Wir werden uns in den folgenden Abschnitten (4.8.1)–(4.8.3) mit Methoden zur Lösung des linearen Ausgleichsproblems befassen und insbesondere zeigen, daß es gutartigere Methoden gibt als die Lösung mittels der Normalgleichungen. Weitere Details findet man bei Lawson, Hanson [17].

4.8.1 Das lineare Ausgleichungsproblem. Die Normalgleichungen

In den folgenden Abschnitten sei $\|x\| := \sqrt{x^T x}$ stets die euklidische Norm. Gegeben sei eine $m \times n$-Matrix A, ein Vektor $y \in \mathbb{R}^m$ und es sei das Funktional

$$\|y - Ax\|^2 = (y - Ax)^T (y - Ax) \tag{4.8.1.1}$$

zu minimieren. Wir wollen zeigen, daß $x \in \mathbb{R}^n$ genau dann die Lösung der Normalgleichungen

$$A^T A x = A^T y \tag{4.8.1.2}$$

ist, wenn x auch Optimallösung von (4.8.1.1) ist. Es gilt nämlich

(4.8.1.3) **Satz:** *Das lineare Ausgleichsproblem,*

$$\min_{x \in \mathbb{R}^n} \|y - Ax\|$$

zu bestimmen, besitzt mindestens eine Lösung x_0. Ist x_1 eine weitere Lösung, so gilt $Ax_0 = Ax_1$. Das Residuum $r := y - Ax_0$ ist eindeutig bestimmt und genügt der Gleichung $A^T r = 0$. Jede Lösung x_0 ist auch Lösung der Normalgleichungen (4.8.1.2) *und umgekehrt.*

Beweis: Sei $L \subseteq \mathbb{R}^m$ der lineare Teilraum

$$L = \{Ax \mid x \in \mathbb{R}^n\},$$

der von den Spalten von A aufgespannt wird und $L^\perp$ der zugehörige Orthogonalraum

$$\begin{aligned} L^\perp &:= \{r \mid r^T z = 0 \quad \text{für alle} \quad z \in L\} \\ &= \{r \mid r^T A = 0\}. \end{aligned}$$

Wegen $\mathbb{R}^m = L \oplus L^\perp$ läßt sich der Vektor $y \in \mathbb{R}^m$ eindeutig in der Form

$$y = s + r, \qquad s \in L, \qquad r \in L^\perp \tag{4.8.1.4}$$

schreiben und es gibt mindestens ein x_0 mit $Ax_0 = s$. Wegen $A^T r = 0$ gilt für x_0

$$A^T y = A^T s = A^T A x_0,$$

d. h. x_0 ist Lösung der Normalgleichungen. Umgekehrt entspricht jeder Lösung x_1 der Normalgleichungen die Zerlegung (4.8.1.4)

$$y = s + r, \qquad s := Ax_1, \qquad r = y - Ax_1, \qquad s \in L, \qquad r \in L^\perp.$$

Wegen der Eindeutigkeit der Zerlegung (4.8.1.4) ist damit für alle Lösungen x_0, x_1 der Normalgleichungen gezeigt $Ax_0 = Ax_1$. Darüber hinaus ist jede Lösung x_0 der Normalgleichungen Optimallösung von

$$\min_{x \in \mathbb{R}^n} \|y - Ax\|.$$

Ist nämlich x beliebig und setzt man

$$z = Ax - Ax_0, \qquad r := y - Ax_0,$$

so gilt wegen $r^T z = 0$

$$\|y - Ax\|^2 = \|r - z\|^2 = \|r\|^2 + \|z\|^2 \geqq \|r\|^2 = \|y - Ax_0\|^2,$$

d. h. x_0 ist Optimallösung. Damit ist Satz (4.8.1.3) bewiesen. □

Sind die Spalten von A linear unabhängig, d. h. folgt aus $x \neq 0$ auch $Ax \neq 0$, so ist die Matrix $A^T A$ nichtsingulär (und positiv definit). Andernfalls gäbe es ein $x \neq 0$ mit $A^T Ax = 0$ und es folgte sowohl $Ax \neq 0$ als auch im Widerspruch dazu

$$0 = x^T A^T Ax = \|Ax\|^2.$$

In diesem Fall besitzen die Normalgleichungen

$$A^T Ax = A^T y$$

eine eindeutig bestimmte Lösung $x = (A^T A)^{-1} A^T y$, die man mit den Methoden von Abschnitt 4.3 (Cholesky-Zerlegung von $A^T A$) bestimmen kann. Wir werden jedoch in den folgenden Abschnitten sehen, daß es gutartigere Methoden zur Lösung des linearen Ausgleichsproblems gibt.

An dieser Stelle wollen wir noch kurz auf die statistische Bedeutung der Matrix $(A^T A)^{-1}$ eingehen. Dazu nehmen wir an, daß die Komponenten von y_i, $i = 1, \ldots, m$, unabhängige Zufallsvariable mit dem Mittelwert μ_i und gleicher Streuung σ^2 sind.

$$E[y_i] = \mu_i$$

$$E[(y_i - \mu_i)(y_k - \mu_k)] = \begin{cases} \sigma^2 & \text{für} \quad i = k \\ 0 & \text{sonst} \end{cases}.$$

Setzt man $\mu := (\mu_1, \ldots, \mu_m)^T$, so ist dies gleichbedeutend mit

$$(4.8.1.5) \qquad E[y] = \mu, \qquad E[(y - \mu)(y - \mu)^T] = \sigma^2 I.$$

Die Kovarianzmatrix des Zufallsvektors y ist also gleich $\sigma^2 I$. Mit y ist natürlich auch die Optimallösung $x = (A^T A)^{-1} A^T y$ unseres linearen Ausgleichsproblems Zufallsvektor. Sein Mittelwert ist

$$\begin{aligned} E[x] &= E[(A^T A)^{-1} A^T y] \\ &= (A^T A)^{-1} A^T E[y] \\ &= (A^T A)^{-1} A^T \mu, \end{aligned}$$

seine Kovarianzmatrix:

$$\begin{aligned} E[(x - E(x))(x - E(x))^T] &= E[(A^T A)^{-1} A^T (y - \mu)(y - \mu)^T A (A^T A)^{-1}] \\ &= (A^T A)^{-1} A^T E[(y - \mu)(y - \mu)^T] A (A^T A)^{-1} \\ &= \sigma^2 (A^T A)^{-1}. \end{aligned}$$

4.8.2 Orthogonalisierungsverfahren zur Lösung des linearen Ausgleichsproblems

Das Ausgleichsproblem, ein $x \in \mathbb{R}^n$ zu bestimmen, das

$$\|y - Ax\|, \qquad (A \in M(m, n), m \geqq n)$$

minimiert, kann man mit dem in (4.7) besprochenen Orthogonalisierungsverfahren lösen. Dazu transformiert man die Matrix $A \equiv A^{(0)}$ und den Vektor $y \equiv y^{(0)}$ durch eine Sequenz von Householdertransformationen P_i (s. 4.7), $A^{(i)} = P_i A^{(i-1)}$, $y^{(i)} = P_i y^{(i-1)}$, in eine Matrix $A^{(n)}$, die wegen $m \geqq n$ folgendes Aussehen hat

$$(4.8.2.1) \qquad A^{(n)} = \overbrace{\left[\begin{array}{c} R \\ \hline 0 \end{array}\right]}^{n} \begin{array}{l} \}\, n \\ \}\, m-n \end{array} \quad \text{mit} \quad R = \begin{bmatrix} r_{11} & \cdots & r_{1n} \\ & \ddots & \vdots \\ 0 & & r_{nn} \end{bmatrix}.$$

Den Vektor $h := y^{(n)}$ partitioniert man entsprechend

$$(4.8.2.2) \qquad h = \begin{bmatrix} h_1 \\ h_2 \end{bmatrix}, \qquad h_1 \in \mathbb{R}^n, \qquad h_2 \in \mathbb{R}^{m-n}.$$

Die Matrix $P = P_n \ldots P_1$ ist als Produkt unitärer Matrizen wieder unitär

$$P^H P = P_1^H \ldots P_n^H P_n \ldots P_1 = I$$

und es gilt

$$A^{(n)} = PA, \qquad h = Py.$$

Nun läßt eine unitäre Transformation die Länge $\|u\|$ eines Vektors u invariant, $\|Pu\| = \sqrt{u^H P^H P u} = \sqrt{u^H u} = \|u\|$, so daß

$$\|y - Ax\| = \|P(y - Ax)\| = \|y^{(n)} - A^{(n)}x\|.$$

Es besitzt aber nach (4.8.2.1) und (4.8.2.2) der Vektor $y^{(n)} - A^{(n)}x$ die Struktur

$$y^{(n)} - A^{(n)}x = \begin{bmatrix} h_1 - Rx \\ h_2 \end{bmatrix} \begin{array}{l} \}\, n \\ \}\, m-n \end{array}.$$

Die Länge $\|y - Ax\|$ wird demnach minimalisiert, wenn man x so wählt, daß gilt

$$(4.8.2.3) \qquad h_1 = Rx.$$

Die Matrix R besitzt genau dann eine Inverse R^{-1}, falls die Spalten $a_1, \ldots, a_n$ von A linear unabhängig sind. $Az = 0$ für ein $z \neq 0$ ist nämlich äquivalent mit

$$PAz = 0$$

und deshalb mit

$$Rz = 0.$$

Nehmen wir nun an, daß die Spalten von A linear unabhängig sind, so läßt sich die Gleichung

$$h_1 = Rx$$

eindeutig nach x auflösen („gestaffeltes Gleichungssystem") und die Lösung x des Ausgleichsproblems ist eindeutig bestimmt. (Sind die Spalten von A und damit die Spalten von R linear abhängig, so ist zwar $\min_z \|y - Az\|$ eindeutig bestimmt, es gibt jedoch mehrere minimierende Lösungen x).

Für den Fehler $\|y - Ax\|$ erhält man übrigens sofort

$$\|y - Ax\| = \|h_2\|. \tag{4.8.2.4}$$

Anstelle der Householdertransformationen kann hier auch das Orthogonalisierungsverfahren nach E. Schmidt mit Nachorthogonalisierung verwendet werden.

4.8.3 Die Kondition des linearen Ausgleichsproblems

Wir wollen in diesem Abschnitt zunächst untersuchen, wie sich die Lösung x eines linearen Ausgleichsproblems

$$\min_x \|y - Ax\| \tag{4.8.3.1}$$

ändert, wenn man die Matrix A und den Vektor y stört. Wir setzen voraus, daß die Spalten von A linear unabhängig sind. Ersetzt man die Matrix A durch $A + B$, und y durch $y + \Delta y$, so ändert sich die Lösung $x = (A^T A)^{-1} A^T y$ von (4.8.3.1) in

$$x + \Delta x = \big((A + B)^T (A + B)\big)^{-1} (A + B)^T (y + \Delta y).$$

Ist B genügend klein gegenüber A, so existiert $\big((A + B)^T (A + B)\big)^{-1}$ und es gilt in erster Näherung

$$\begin{aligned}\big((A + B)^T (A + B)\big)^{-1} &\doteq \big(A^T A(I + (A^T A)^{-1} [A^T B + B^T A])\big)^{-1} \\ &\doteq \big(I - (A^T A)^{-1} [A^T B + B^T A]\big) (A^T A)^{-1}.\end{aligned}$$

(Es gilt nämlich in erster Näherung $(I + F)^{-1} \doteq I - F$, sofern die Matrix F „klein" gegenüber I ist.) Es folgt daher

$$\begin{aligned}x + \Delta x \doteq{}& (A^T A)^{-1} A^T y - (A^T A)^{-1} [A^T B + B^T A] (A^T A)^{-1} A^T y \\ &+ (A^T A)^{-1} B^T y + (A^T A)^{-1} A^T \Delta y.\end{aligned} \tag{4.8.3.2}$$

Berücksichtigt man

$$x = (A^T A)^{-1} A^T y$$

und führt man das Residuum

$$r := y - Ax$$

ein, so folgt aus (4.8.3.2) sofort

$$\Delta x \doteq -(A^T A)^{-1} A^T B x + (A^T A)^{-1} B^T r + (A^T A)^{-1} A^T \Delta y$$

und daher für die euklidische Norm $\|\circ\|$ und die zugehörige Matrixnorm lub. (Man beachte, daß (4.4.8) auch für nichtquadratische Matrizen lub sinnvoll definiert.)

$$\begin{aligned} \|\Delta x\| &\dot{\leqq} \operatorname{lub}\left((A^T A)^{-1} A^T\right) \operatorname{lub}(A) \left(\operatorname{lub}(B)/\operatorname{lub}(A)\right) \|x\| \\ &+ \operatorname{lub}\left((A^T A)^{-1}\right) \operatorname{lub}(A^T)^2 \left(\operatorname{lub}(B^T)/\operatorname{lub}(A^T)\right) \left(\|r\|/\operatorname{lub}(A^T)\right) \\ &+ \operatorname{lub}\left((A^T A)^{-1} A^T\right) \operatorname{lub}(A) \left(\|y\|/\operatorname{lub}(A)\right) \left(\|\Delta y\|/\|y\|\right). \end{aligned} \tag{4.8.3.3}$$

Diese Abschätzung kann vereinfacht werden. Nach den Resultaten von Abschnitt (4.8.2) kann man eine unitäre Matrix P und eine obere Dreiecksmatrix R finden mit

$$PA = \begin{bmatrix} R \\ 0 \end{bmatrix}, \qquad A = P^T \begin{bmatrix} R \\ 0 \end{bmatrix}$$

und es folgt

$$\begin{aligned} A^T A &= R^T R \\ (A^T A)^{-1} &= R^{-1} (R^T)^{-1} \\ (A^T A)^{-1} A^T &= (R^{-1}, 0)\, P. \end{aligned} \tag{4.8.3.4}$$

Berücksichtigt man, daß für die euklidische Norm gilt

$$\begin{aligned} \operatorname{lub}(C^T) &= \operatorname{lub}(C) \\ \operatorname{lub}(PC) &= \operatorname{lub}(CP) = \operatorname{lub}(C), \end{aligned}$$

falls P unitär ist, so folgt aus (4.8.3.3) und (4.8.3.4) das Resultat

$$\begin{aligned} \frac{\|\Delta x\|}{\|x\|} &\dot{\leqq} \operatorname{cond}(R) \frac{\operatorname{lub}(B)}{\operatorname{lub}(A)} + \operatorname{cond}(R)^2 \frac{\|r\|}{\operatorname{lub}(A)\,\|x\|} \frac{\operatorname{lub}(B)}{\operatorname{lub}(A)} \\ &+ \operatorname{cond}(R) \frac{\|y\|}{\operatorname{lub}(A)\,\|x\|} \frac{\|\Delta y\|}{\|y\|}. \end{aligned} \tag{4.8.3.5}$$

Der zweite Term dieser Abschätzung überwiegt den ersten Term, wenn

$$\|x\| \leqq \operatorname{cond}(R)\, \|r\|/\operatorname{lub}(A) = \operatorname{lub}(R^{-1})\, \|r\| \tag{4.8.3.6}$$

gilt. Nun gilt aber $x = (A^T A)^{-1} A^T y$ und daher wegen (4.8.3.4) auch

$$x = (R^{-1}, 0)\, Py.$$

Partitioniert man Py entsprechend

$$Py = \begin{bmatrix} h_1 \\ h_2 \end{bmatrix},$$

so folgt

$$x = R^{-1} h_1 \tag{4.8.3.7}$$

und daher

$$\|x\| \leqq \operatorname{lub}(R^{-1}) \, \|h_1\|. \tag{4.8.3.8}$$

Nun ist aber wegen (4.8.3.7)

$$Pr = P(y - Ax) = Py - \begin{bmatrix} R \\ 0 \end{bmatrix} x = \begin{bmatrix} 0 \\ h_2 \end{bmatrix}.$$

Wegen $\|y\|^2 = \|Py\|^2 = \|h_1\|^2 + \|h_2\|^2 = \|h_1\|^2 + \|Pr\|^2 = \|h_1\|^2 + \|r\|^2$ und (4.8.3.8) ist

$$\|x\|^2 \leqq \operatorname{lub}(R^{-1})^2 \, (\|y\|^2 - \|r\|^2).$$

Bedingung (4.8.3.6) ist daher erfüllt, falls die Beziehung

$$\operatorname{lub}(R^{-1})^2 \, (\|y\|^2 - \|r\|^2) \leqq \operatorname{lub}(R^{-1})^2 \, \|r\|^2$$

gilt, die mit der einfach zu prüfenden Ungleichung

$$\tfrac{1}{2} \|y\|^2 \leqq \|r\|^2 \tag{4.8.3.9}$$

äquivalent ist.

Ist diese Bedingung erfüllt, so überwiegt der zweite Term in (4.8.3.5) den ersten und falls außerdem $\operatorname{cond}(R) \gg 1$, so ist das Problem der linearen Ausgleichsrechnung sehr schlecht konditioniert. Schließlich wird der Einfluß von $\|\Delta y\| / \|y\|$ in (4.8.3.5) den Einfluß von $\operatorname{lub}(B)/\operatorname{lub}(A)$ überwiegen, wenn gilt

$$\|y\| \geqq \operatorname{lub}(A) \, \|x\|. \tag{4.8.3.10}$$

Zusammenfassend kann man sagen, daß das lineare Ausgleichsproblem umso schlechter konditioniert ist, je größer $\operatorname{cond}(R)$ ist und je besser eine der Ungleichungen (4.8.3.6) bzw. (4.8.3.9) oder (4.8.3.10) erfüllt ist.

Berechnet man nun die Optimallösung x des linearen Ausgleichsproblems mit Hilfe des im (4.8.2) beschriebenen Orthogonalisierungsverfahrens, so erhält man bei exakter Rechnung eine unitäre Matrix P (als Produkt von Householdermatrizen), eine obere Dreiecksmatrix R, einen Vektor $h^T = (h_1^T, h_2^T)$ und die Lösung x des Problems mit

$$PA = \begin{bmatrix} R \\ 0 \end{bmatrix}, \qquad h = Py, \qquad Rx = h_1. \tag{4.8.3.11}$$

Bei Verwendung eines Computers mit der relativen Maschinengenauigkeit eps wird weder die von der Maschine erhaltene Matrix genau unitär sein, noch werden die gefundenen Werte von R, h, x die Beziehungen (4.8.3.11) genau erfüllen.

Es wurde jedoch von Wilkinson [10] gezeigt, daß es eine unitäre Matrix P', Matrizen $\Delta A, \Delta R$ und einen Vektor Δy gibt mit

$$\begin{aligned}
&\operatorname{lub}(P' - P) \leqq f(m)\,\text{eps},\\
&P'(A + \Delta A) = \begin{bmatrix} R \\ 0 \end{bmatrix}, \qquad \operatorname{lub}(\Delta A) \leqq f(m)\,\text{eps}\,\operatorname{lub}(A),\\
&P'(y + \Delta y) = h, \qquad \|\Delta y\| \leqq f(m)\,\text{eps}\,\|y\|,\\
&(R + \Delta R)\,x = h_1, \qquad \operatorname{lub}(\Delta R) \leqq f(m)\,\text{eps}\,\operatorname{lub}(R).
\end{aligned}$$

Dabei ist $f(m)$ eine langsam wachsende Funktion von m, etwa $f(m) \approx O(m)$.

Bis auf Glieder höherer Ordnung ist nun

$$\operatorname{lub}(R) = \operatorname{lub}(A),$$

und daher gilt wegen

$$F := \Delta A + P'^H \begin{bmatrix} \Delta R \\ 0 \end{bmatrix}$$

auch

$$P'(A + F) = \begin{bmatrix} R + \Delta R \\ 0 \end{bmatrix}, \qquad \operatorname{lub}(F) \leqq 2f(m)\,\text{eps}\,\operatorname{lub}(A).$$

Mit anderen Worten, die berechnete Lösung x läßt sich als exakte Lösung des folgenden linearen Ausgleichsproblems

(4.8.3.12) $$\min_z \|(y + \Delta y) - (A + F)\,z\|$$

interpretieren, bei dem die Matrix $A + F$ und die rechte Seite $y + \Delta y$ nur leicht gegenüber A bzw. y abgeändert sind. Das Orthogonalisierungsverfahren ist daher gutartig.

Berechnet man dagegen die Lösung x über die Normalgleichungen

$$A^T A x = A^T y,$$

so kann eine andere Situation vorliegen. Aufgrund der Abschätzungen (s. auch Abschnitt 4.5) von Wilkinson [10] weiß man, daß man bei Gleitpunktrechnung mit der relativen Maschinengenauigkeit eps als Lösung einen Vektor $\tilde{x}$ erhält mit

(4.8.3.13) $$(A^T A + G)\,\tilde{x} = A^T y, \qquad \operatorname{lub}(G) \leqq g(n)\,\text{eps}\,\operatorname{lub}(A^T A)$$

(selbst wenn man annimmt, daß $A^T A$ und $A^T y$ exakt berechnet werden). Ist $x = (A^T A)^{-1} A^T y$ die exakte Lösung, so gilt wegen (4.4.15) in 1. Näherung

(4.8.3.14) $$\begin{aligned}
\frac{\|\tilde{x} - x\|}{\|x\|} &\leqq \operatorname{cond}(A^T A)\,\frac{\operatorname{lub}(G)}{\operatorname{lub}(A^T A)}\\
&= \operatorname{cond}(R)^2\,\frac{\operatorname{lub}(G)}{\operatorname{lub}(A^T A)}
\end{aligned}$$

Die Rundungsfehler, durch die Matrix G repräsentiert, werden also in jedem Fall mit dem Faktor $\operatorname{cond}(R)^2$ verstärkt.

Dies bewirkt, daß die 2. Methode jedenfalls dann nicht gutartig ist, wenn in Abschätzung (4.8.3.5) der erste Term überwiegt. Eine andere Situation liegt vor, wenn der 2. Term überwiegt: Wenn etwa gilt $\|r\|/(\operatorname{lub}(A)\,\|x\|) \geqq 1$, wird auch die 2. Methode gutartig sein und mit der Orthogonalisierungsmethode vergleichbare Resultate liefern.

Beispiel: 1) (*Läuchli*) Für die 6×5-Matrix

$$A = \begin{bmatrix} 1 & 1 & 1 & 1 & 1 \\ \varepsilon & & & & 0 \\ & \varepsilon & & & \\ & & \varepsilon & & \\ & & & \varepsilon & \\ 0 & & & & \varepsilon \end{bmatrix}$$

gilt

$$A^T A = \begin{bmatrix} 1+\varepsilon^2 & 1 & 1 & 1 & 1 \\ 1 & 1+\varepsilon^2 & 1 & 1 & 1 \\ 1 & 1 & 1+\varepsilon^2 & 1 & 1 \\ 1 & 1 & 1 & 1+\varepsilon^2 & 1 \\ 1 & 1 & 1 & 1 & 1+\varepsilon^2 \end{bmatrix}.$$

Mit $\varepsilon = 0.5 \cdot 10^{-5}$ erhält man bei 10-stelliger Dezimalrechnung $\varepsilon^2 = 0.25 \cdot 10^{-10}$ und daher

$$\operatorname{gl}(A^T A) = \begin{bmatrix} 1 & 1 & 1 & 1 & 1 \\ 1 & 1 & 1 & 1 & 1 \\ 1 & 1 & 1 & 1 & 1 \\ 1 & 1 & 1 & 1 & 1 \\ 1 & 1 & 1 & 1 & 1 \end{bmatrix}.$$

Diese Matrix hat den Rang 1 und besitzt keine Inverse. Das Normalgleichungssystem kann nicht gelöst werden, während das Orthogonalisierungsverfahren nach wie vor anwendbar ist. (Für $A^T A$ gilt: $\operatorname{cond}(A^T A) = \operatorname{cond}(R)^2 = (5 + \varepsilon^2)/\varepsilon^2$.)

2) Das folgende Rechenbeispiel soll einen Vergleich zwischen den Methoden für die Ausgleichsrechnung geben.

(4.8.3.12) zeigt, daß für die Lösung eines Ausgleichsproblems mit Hilfe der Orthogonalisierung die Abschätzung (4.8.3.5) mit $B = F$ zutrifft, mit

$$\operatorname{lub}(B) \leqq 2f(m)\operatorname{eps}\operatorname{lub}(A).$$

(4.8.3.14) zeigt, daß bei direkter Lösung der Normalgleichungen eine etwas andere Abschätzung gilt,

$$(A^T A + G)(x + \Delta x) = A^T y + \Delta b$$

mit $\|\Delta b\| \leqq \text{eps}\,\text{lub}(A)\,\|y\|$, d. h. es gilt wegen (4.4.12), (4.4.15):

$$\frac{\|\Delta x\|_{\text{Normal}}}{\|x\|} \leqq \text{cond}(R)^2 \left(\frac{\text{lub}(G)}{\text{lub}(A^T A)} + \frac{\|\Delta b\|}{\|A^T y\|} \right). \tag{4.8.3.15}$$

Gegeben sei ein funktionaler Zusammenhang

$$y(s) := x_1 \frac{1}{s} + x_2 \frac{1}{s^2} + x_3 \frac{1}{s^3} \quad \text{mit} \quad x_1 = x_2 = x_3 = 1 \tag{4.8.3.16}$$

und folgende Serie von Meßwerten (aus (4.8.3.16) „exakt" berechnet)

$$\{s_i, y(s_i)\}_{i=1,\ldots 10}$$

a) Bestimme x_1, x_2, x_3 aus den Daten $\{s_i, y_i\}$.
Werden $y_i = y(s_i)$ die exakten Funktionswerte benutzt, so gilt

$$r(x) = 0.$$

Die folgende Tabelle enthält die Rechenergebnisse zu obigem Beispiel. Gezeigt wird die Größe des Fehlers $\|\Delta x\|_{\text{orth}}$ bei der Orthogonalisierungsmethode und $\|\Delta x\|_{\text{Normal}}$ bei Rechnung über die Normalgleichung, sowie eine untere Schranke für die Kondition von R. Das beispiel wurde wiederholt mit den Stützwerten $s_i = s_0 + i$, $i = 1,\ldots 10$ gerechnet ($\text{eps} = 10^{-11}$).

s_0	cond(R)	$\|\Delta x\|_{\text{orth}}$	$\|\Delta x\|_{\text{normal}}$
10	$6.6 \cdot 10^3$	$8.0 \cdot 10^{-10}$	$8.8 \cdot 10^{-7}$
50	$1.3 \cdot 10^6$	$6.4 \cdot 10^{-7}$	$8.2 \cdot 10^{-5}$
100	$1.7 \cdot 10^7$	$3.3 \cdot 10^{-6}$	$4.2 \cdot 10^{-2}$
150	$8.0 \cdot 10^7$	$1.8 \cdot 10^{-5}$	$6.9 \cdot 10^{-1}$
200	$2.5 \cdot 10^8$	$1.8 \cdot 10^{-3}$	$2.7 \cdot 10^0$

b) Es soll eine künstliche Verfälschung der y_i Werte vorgenommen werden. y wird durch $y + \lambda v$ ersetzt, wobei v mit $A^T v = 0$ so gewählt wird, daß es keinen Einfluß auf die Lösung x hat,

$$(A^T A)\, x = A^T (y + \lambda v) = A^T y.$$

Dann gilt

$$r(x) = y + \lambda v - Ax = \lambda v, \qquad \lambda \in \mathbb{R}.$$

Die folgende Tabelle enthält wiederum die Fehler Δx bezüglich der beiden Rechenverfahren, sowie die Größe des Residuums $\|r(x)\|$ in Abhängigkeit von λ.

$s_0 = 10,$

$v = (0.1331, -0.5184, 0.6591, -0.2744, 0, 0, 0, 0, 0, 0)^T,$

$\text{lub}(A) \approx 0.22, \ \text{eps} = 10^{-11}.$

λ	$\|r(x)\|$	$\|\Delta x\|_{\text{orth.}}$	$\|\Delta x\|_{\text{Normal}}$
0	0	$8 \cdot 10^{-10}$	$8.8 \cdot 10^{-7}$
10^{-6}	$9 \cdot 10^{-7}$	$9.5 \cdot 10^{-9}$	$8.8 \cdot 10^{-7}$
10^{-4}	$9 \cdot 10^{-5}$	$6.2 \cdot 10^{-10}$	$4.6 \cdot 10^{-7}$
10^{-2}	$9 \cdot 10^{-3}$	$9.1 \cdot 10^{-9}$	$1.3 \cdot 10^{-6}$
10^{0}	$9 \cdot 10^{-1}$	$6.1 \cdot 10^{-7}$	$8.8 \cdot 10^{-7}$
10^{+2}	$9 \cdot 10^{1}$	$5.7 \cdot 10^{-5}$	$9.1 \cdot 10^{-6}$

4.8.4 Nichtlineare Ausgleichsprobleme

Nichtlineare Ausgleichsprobleme, wie etwa das Problem (4.8.0.2) zu gegebenen Funktionen $f_k(x) \equiv f_k(x_1, \ldots, x_n)$ und Zahlen y_k, $k = 1, \ldots, m$,

$$y = \begin{bmatrix} y_1 \\ \vdots \\ y_m \end{bmatrix}, \quad f(x) = \begin{bmatrix} f_1(x_1, \ldots, x_n) \\ \vdots \\ f_m(x_1, \ldots, x_n) \end{bmatrix}$$

dasjenige $x^* = (x_1^*, \ldots, x_n^*)^T$ zu bestimmen, das

$$\|y - f(x)\|^2 = \sum_{k=1}^{m} (y_k - f_k(x_1, \ldots, x_n))^2,$$

minimiert, können i. a. nur iterativ gelöst werden. Beispielsweise kann man dieses Problem durch Linearisierung (vgl. Abschnitt 5.1) auf eine Folge linearer Ausgleichsprobleme zurückführen. Ist etwa jedes f_k stetig differenzierbar und bezeichnet man mit

$$Df(\xi) = \begin{bmatrix} \dfrac{\partial f_1}{\partial x_1} & \cdots & \dfrac{\partial f_1}{\partial x_n} \\ \vdots & & \vdots \\ \dfrac{\partial f_m}{\partial x_1} & \cdots & \dfrac{\partial f_m}{\partial x_n} \end{bmatrix}_{x=\xi}$$

die Funktionalmatrix an der Stelle $x = \xi$, so gilt

$$f(\bar{x}) = f(x) + Df(x)(\bar{x} - x) + h, \qquad \|h\| = o(\|\bar{x} - x\|).$$

Ist daher x eine Näherung für die gesuchte Optimallösung, so wird die Optimallösung $\bar{x}$ des folgenden linearen Ausgleichsproblems

$$\text{(4.8.4.1)} \quad \min_{z \in \mathbb{R}^n} \|y - f(x) - Df(x)(z - x)\|^2 = \|r(x) - Df(x)(\bar{x} - x)\|^2,$$
$$r(x) := y - f(x),$$

i. a. eine bessere Lösung des nichtlinearen Ausgleichsproblems sein als x, d. h.

$$\|y - f(\bar{x})\|^2 < \|y - f(x)\|.$$

Diese Beziehung ist zwar in dieser Form nicht in Strenge richtig. Jedoch kann man zeigen, daß für die Richtung

$$s = s(x) := \bar{x} - x,$$

gilt: *Es gibt ein* $\lambda > 0$, *so daß die Funktion*

$$\varphi(\tau) := \|y - f(x + \tau s)\|^2$$

für alle $0 \leqq \tau \leqq \lambda$ *streng monoton fällt. Insbesondere gilt also*

$$\varphi(\lambda) = \|y - f(x + \lambda s)\|^2 < \varphi(0) = \|y - f(x)\|^2.$$

Beweis: φ ist eine stetig differenzierbare Funktion von τ und es gilt

$$\begin{aligned}\varphi'(0) &= \frac{d}{d\tau}\left[(y - f(x + \tau s))^T (y - f(x + \tau s))\right]_{\tau=0} \\ &= -2(Df(x)\,s)^T(y - f(x)) = -2(Df(x)\,s)^T r(x).\end{aligned}$$

Nun ist nach Definition von $\bar{x}$, $s = (\bar{x} - x)$ Lösung der Normalgleichungen,

$$Df(x)^T Df(x)\,s = Df(x)^T\, r(x), \tag{4.8.4.2}$$

die zu dem linearen Ausgleichsproblem (4.8.4.1) gehören. Es folgt aus (4.8.4.2) sofort

$$\|Df(x)\,s\|^2 = s^T Df(x)^T Df(x)\,s = (Df(x)\,s)^T r(x)$$

und daher

$$\varphi'(0) = -2\,\|Df(x)\,s\|^2 < 0,$$

sofern Rang $Df(x) = n$ und $s \neq 0$ ist. Aus Stetigkeitsgründen folgt die Existenz eines $\lambda > 0$ mit $\varphi'(\tau) < 0$ für $0 \leq \tau \leqq \lambda$ und damit die Behauptung. □

Dieses Resultat legt folgenden Algorithmus zur iterativen Lösung von nichtlinearen Ausgleichsproblemen nahe. Ausgehend von einem Startvektor $x^{(0)}$ bestimme man weitere Näherungen $x^{(i)}$, $i = 1, 2, \ldots$, wie folgt:

1. Für $x^{(i)}$ berechne man die Lösung $s^{(i)}$ des linearen Ausgleichsproblems

$$\min_{s \in \mathbb{R}^n} \|r(x^{(i)}) - Df(x^{(i)})\,s\|^2.$$

2. Sei $\varphi(\tau) := \|y - f(x^{(i)} + \tau s^{(i)})\|^2$ und sei ferner k die kleinste ganze Zahl $k \geqq 0$ mit

$$\varphi(2^{-k}) < \varphi(0) = \|r(x^{(i)})\|^2.$$

Man definiere $x^{(i+1)} := x^{(i)} + 2^{-k} s^{(i)}$.

In Abschnitt 5.4 wird die Konvergenz von Algorithmen untersucht, die eng verwandt sind mit dem hier angegebenen Verfahren.

4.8.5 Die Pseudoinverse einer Matrix

Die Lösung von linearen Ausgleichsproblemen

$$\min_x \|Ax - y\|$$

läßt sich elegant mit Hilfe der sog. *Pseudoinversen* A^+ der Matrix A beschreiben:

(4.8.5.1) **Def:** *Eine* $n \times m$*-Matrix* A^+ *heißt Pseudoinverse (auch Moore-Penrose-Inverse) der* $m \times n$*-Matrix* A*, falls* A^+ *die folgenden Eigenschaften besitzt:*

a) $A^+A = (A^+A)^H$,

b) $AA^+ = (AA^+)^H$,

c) $AA^+A = A, \quad A^+AA^+ = A^+$.

Wir zeigen

(4.8.5.2) **Satz:** *Jede Matrix* A *besitzt genau eine Pseudoinverse* A^+.

Beweis: 1) *Existenz von* A^+ [vgl. den Beweis von (4.8.1.3)]: Sei A eine $m \times n$-Matrix. Wir betrachten den Bildraum $R(A)$ von A und seinen Orthogonalraum $R(A)^\perp$

$$R(A) = \{Ax \in \mathbb{C}^m | x \in \mathbb{C}^n\},$$

$$R(A)^\perp = \{r \in \mathbb{C}^m | r^H y = 0 \quad \text{für alle} \quad y \in R(A)\} = \{r | A^H r = 0\}.$$

Wegen $\mathbb{C}^m = R(A) \oplus R(A)^\perp$ läßt sich jedes $y \in \mathbb{C}^m$ eindeutig zerlegen

(4.8.5.3) $$y = r + s \quad \text{mit} \quad r \in R(A), \quad s \in R(A)^\perp,$$

r bzw. s ist die Orthogonalprojektion von y auf $R(A)$ bzw. $R(A)^\perp$. Aus der linearen Algebra weiß man, daß die Zuordnung $y \to r$ durch eine eindeutig bestimmte m-reihige Projektionsmatrix $\bar{P}$ beschrieben wird mit den Eigenschaften

$$r = \bar{P}y, s = (I - \bar{P})y, \bar{P}^2 = \bar{P}, \bar{P}^H = \bar{P}.$$

Analog gilt

$$\mathbb{C}^n = N(A) \oplus N(A)^\perp, \qquad N(A) := \{x | Ax = 0\},$$

und die entsprechende eindeutige Zerlegung $x = u + v$, $u \in N(A)$, $v \in N(A)^\perp$ wird ebenfalls durch eine (eindeutig bestimmte) n-reihige Projektionsmatrix P vermittelt mit:

$$u = (I - P)x, \quad v = Px, \quad P^2 = P, \quad P^H = P.$$

Zu jedem $y \in R(A)$ gibt es nun ein eindeutig bestimmtes $x_1 \in N(A)^\perp$ mit $Ax_1 = y$. Denn wegen $y \in R(A)$ gibt es ein x mit $y = Ax$, so daß $y = A(Px + (I - P)x) = APx = Ax_1$ mit $x_1 = Px \in N(A)^\perp$, wegen $A(I - P)x = 0$. Gäbe es ein $x_2 \in N(A)^\perp$,

$x_2 \neq x_1 = Px$ mit $y = Ax = Ax_1 = Ax_2$, so folgt $x_1 - x_2 \in N(A) \cap N(A)^{\perp}$, also $x_1 = x_2 = 0$, ein Widerspruch. Offentsichtlich wird diese Zuordnung $f: R(A) \ni y \to x_1 = f(y)$ durch eine lineare Abbildung $f: R(A) \to \mathbb{C}^n$ beschrieben. Die zusammengesetzte Abbildung

$$\mathbb{C}^m \ni y \to f(\bar{P}y) \in \mathbb{C}^n$$

ist wegen $\bar{P}y \in R(A)$ wohldefiniert und linear, wird also durch eine $n \times m$-Matrix A^+ beschrieben: $A^+y := f(\bar{P}y)$.

A^+ hat die verlangten Eigenschaften (4.8.5.1):

$$A^+Ax = f(\bar{P}Ax) = f(Ax) = Px \quad \text{für alle} \quad x,$$

nach Definition von $\bar{P}$ und f, so daß $A^+A = P$ folgt und wegen $P^H = P$ (4.8.5.1a) erfüllt ist. Ferner ist für alle $y \in \mathbb{C}^m$ nach Definition von f

$$AA^+y = A(f(\bar{P}y)) = \bar{P}y,$$

also $AA^+ = \bar{P}$, so daß wegen $\bar{P}^H = \bar{P}$ auch (4.8.5.1b) folgt. Schließlich ist für alle $x \in \mathbb{C}^n$

$$(AA^+)Ax = \bar{P}Ax = Ax,$$

nach Definition von $\bar{P}$, und für alle $y \in \mathbb{C}^m$

$$A^+(AA^+)y = A^+\bar{P}y = f(\bar{P}^2y) = A^+y$$

so daß auch (4.8.5.1c) gilt.

2) *Eindeutigkeit von* A^+: Sei A^+ eine Pseudoinverse von A. Aus (4.8.5.1) folgt für die Matrizen $P := A^+A$ und $\bar{P} := AA^+$ sofort

$$P^H = P, \qquad \bar{P}^H = \bar{P},$$
$$P^2 = (A^+AA^+)A = A^+A = P, \qquad \bar{P}^2 = A(A^+AA^+) = AA^+ = \bar{P},$$

so daß P und $\bar{P}$ Orthogonalprojektionen beschreiben. Die Menge

$$N = \{x \mid Px = 0\}$$

ist wegen $Ax = A(A^+A)x = APx = 0$ in $N(A)$ enthalten. Andererseits folgt aus $x \in N(A)$ sofort $Px = A^+Ax = 0$, so daß $N = N(A)$ und P die von A^+ unabhängige Orthogonalprojektion des $\mathbb{C}^n$ auf $N(A)^{\perp}$ ist. Analog gilt für die Menge

$$R = \{y \mid \bar{P}y = y\}$$

$R \subseteq R(A)$ wegen $\bar{P} = AA^+$. Andererseits ist für $y = Ax \in R(A)$

$$\bar{P}y = AA^+Ax = Ax = y,$$

also $R = R(A)$, so daß auch die Projektionsmatrix $\bar{P}$ von A^+ unabhängig ist. Sind also A_1^+, A_2^+ zwei Pseudoinverse von A, so gilt nach dem eben Bewiesenem

$$AA_1^+ = AA_2^+, \quad A_1^+ A = A_2^+ A,$$

so daß schließlich

$$A_1^+ = (A_1^+ A)A_1^+ = A_2^+(AA_1^+) = A_2^+ AA_2^+ = A_2^+ . \quad \square$$

Als Korollar notieren wir

(4.8.5.4) **Korollar:** *Für alle Matrizen A gilt* $A^{++} = A$, $(A^+)^H = (A^H)^+$.

Denn $A((A^+)^H)$ hat die Eigenschaften (4.8.5.1) von A^{++} $((A^H)^+)$. Für $m \times n$-Matrizen A, $m \geqq n$ von maximalem Rang $A = n$ kann A^+ sofort angegeben werden: Für die Matrix

$$A^+ := (A^H A)^{-1} A^H$$

verifiziert man die Eigenschaften (4.8.5.1). Deshalb ist die Lösung $\bar{x}$ des linearen Ausgleichsproblems

$$\min_x \|Ax - y\|$$

durch $\bar{x} = A^+ y$ gegeben. Mit Hilfe der Orthogonalzerlegung (4.7.7) $A = QR$, läßt sich der Ausdruck für A^+ umformen in

$$A^+ = (R^H Q^H Q R)^{-1} R^H Q^H = R^{-1} Q^H .$$

In der Form $A^+ = R^{-1} Q^H$ läßt sich A^+ numerisch stabiler auswerten. Falls $m < n$ und Rang $A = m$, erhält man wegen $(A^+)^H = (A^H)^+$ die Matrix A^+ in der Form

$$A^+ = Q(R^H)^{-1},$$

wenn $A^H = QR$ eine Zerlegung (4.7.7) von A^H ist.

4.9 Modifikationstechniken

Die Gaußelimination (s. (4.1.7)) liefert zu jeder $n \times n$-Matrix A eine obere $n \times n$-Dreiecksmatrix R und eine nichtsinguläre $n \times n$-Matrix $F = G_{n-1} P_{n-1} \cdots G_1 P_1$, die ein Produkt von Frobeniusmatrizen G_j (4.1.8) und Permutationsmatrizen P_j ist, mit der Eigenschaft

$$FA = R .$$

Andererseits liefern die Orthogonalisierungsalgorithmen aus (4.7) unitäre $n \times n$-Matrizen P, Q und eine obere Dreiecksmatrix R mit (vgl. (4.7.7))

$$PA = R \quad \text{bzw.} \quad A = QR .$$

Diese Algorithmen können auch auf rechteckige $m \times n$-Matrizen A, $m \geqq n$ angewandt werden. Sie geben dann nichtsinguläre $m \times m$-Matrizen F bzw. unitäre

$m \times m$-Matrizen P, $m \times n$-Matrizen Q mit orthonormalen Spalten und obere $n \times n$-Dreiecksmatrizen R mit

$$FA = \begin{pmatrix} R \\ 0 \end{pmatrix} \begin{matrix} \}n \\ \}m-n \end{matrix} \tag{4.9.1}$$

bzw.

$$PA = \begin{pmatrix} R \\ 0 \end{pmatrix}, \quad P^H P = P P^H = I_m \tag{4.9.2a}$$

$$A = QR, \quad Q^H Q = I_n. \tag{4.9.2b}$$

Wir sahen, daß im Falle $m = n$ die praktische Bedeutung dieser Zerlegungen darin liegt, daß man mit ihrer Hilfe die Lösung von Gleichungssystemen der Form

$$Ax = y \quad \text{bzw.} \quad A^T x = y \tag{4.9.3}$$

sofort auf die Lösung gestaffelter Gleichungssysteme und Matrixmultiplikationen zurückführen kann, etwa im Falle (4.9.1)

$$(FA)x = Rx = Fy \Rightarrow x$$

bzw.

$$R^T z = y \Rightarrow z \Rightarrow x = F^T z.$$

Für $m > n$ gestatten es die orthogonalen Zerlegungen (4.9.2), die Lösung $\bar{x}$ von linearen Ausgleichsproblemen leicht zu berechnen wegen

$$\min_x \|Ax - y\| = \min_x \left\| \begin{pmatrix} R \\ 0 \end{pmatrix} x - Py \right\|, \quad R\bar{x} = Q^H y. \tag{4.9.4}$$

Insbesondere kann man so lineare Gleichungssysteme (4.9.3) und Ausgleichsprobleme (4.9.4) bei fester Matrix A für verschiedene „rechte Seiten“ y sehr effektiv lösen. Nun kommt es in der Praxis ebenfalls recht häufig vor, daß man auch an der Matrix A Änderungen vornehmen will, um ihren Einfluß auf die Lösung des Problems zu studieren. Es ist deshalb wichtig, daß man für bestimmte „leichte“ Änderungen von $A \rightarrow \bar{A}$ die zu $\bar{A}$ gehörigen Zerlegungen (4.9.1), (4.9.2) verhältnismäßig einfach aus den zu A gehörigen Zerlegungen berechnen und sich so die Anwendung der aufwendigen Algorithmen (4.1), (4.7) auf $\bar{A}$ ersparen kann.

Folgende „leichten“ Änderungen einer $m \times n$-Matrix A, $m \geqq n$ werden betrachtet (s. Gill, Golub, Murray und Saunders [15], sowie Daniel, Gragg, Kaufman und Stewart [13] für eine detaillierte Beschreibung)

A) Änderung einer Zeile oder Spalte von A.
B) Streichen einer Spalte von A.
C) Erweiterung von A um eine Spalte.
D) Erweiterung von A um eine Zeile.
E) Streichen einer Zeile von A.

Als Hauptwerkzeug bei den Modifikationstechniken verwenden wir gewisse einfache Eliminationsmatrizen E_{ij}. Dies sind nichtsinguläre m-reihige Matrizen, die sich von der m-reihigen Einheitsmatrix nur in den Spalten i und j unterscheiden und folgende Gestalt haben

$$E_{ij} = \begin{bmatrix} 1 & & & & & & & & 0 \\ & \ddots & & & & & & & \\ & & 1 & & & & & & \\ & & & a & & & b & & \\ & & & & 1 & & & & \\ & & & & & \ddots & & & \\ & & & & & & 1 & & \\ & & & c & & & d & & \\ & & & & & & & 1 & \\ & & & & & & & & \ddots \\ 0 & & & & & & & & 1 \end{bmatrix} \begin{matrix} \\ \\ \\ \leftarrow i \\ \\ \\ \\ \leftarrow j. \\ \\ \\ \\ \end{matrix}$$

Eine Matrixmultiplikation $y = E_{ij}x$ ändert nur die Komponenten x_i und x_j des Vektors $x = (x_1, \ldots, x_m)^T \in \mathbb{R}^m$:

$$\begin{aligned} y_i &= a x_i + b x_j \\ y_j &= c x_i + d x_j \\ y_k &= x_k \quad \text{für} \quad k \neq i, j. \end{aligned}$$

Zu einem gegebenem Vektor x und Indizes $i \neq j$ kann man die 2×2-Matrix $\hat{E} := \begin{pmatrix} a & b \\ c & d \end{pmatrix}$ und damit E_{ij} auf verschiedene Weise so wählen, daß die *j-te* Komponente y_j des Bildes $y = E_{ij}x$ verschwindet und E_{ij} nichtsingulär ist:

$$\begin{pmatrix} y_i \\ y_j \end{pmatrix} \stackrel{!}{=} \begin{pmatrix} y_i \\ 0 \end{pmatrix} = \hat{E} \begin{pmatrix} x_i \\ x_j \end{pmatrix}.$$

Aus numerischen Gründen wird man $\hat{E}$ so wählen, daß zusätzlich die Kondition $\operatorname{cond}(E_{ij})$ nicht zu groß wird. Die einfachste Möglichkeit, die bei Zerlegungen des Typs (4.9.1) verwandt wird, sind gewisse Gaußeliminationen (s. (4.1.8)): Man wählt dazu

(4.9.5)
$$\hat{E} = \begin{cases} \begin{pmatrix} 1 & 0 \\ 0 & 1 \end{pmatrix} & \text{falls} \quad x_j = 0 \\ \begin{pmatrix} 1 & 0 \\ -x_j/x_i & 1 \end{pmatrix} & \text{falls} \quad |x_i| \geqq |x_j| > 0 \\ \begin{pmatrix} 0 & 1 \\ 1 & -x_i/x_j \end{pmatrix} & \text{falls} \quad |x_i| < |x_j|. \end{cases}$$

Im Falle der orthogonalen Zerlegungen (4.9.2) wählt man $\hat{E}$ und damit E_{ij} als unitäre Matrizen, die man in diesem Fall auch als *Givens-Matrizen* bezeichnet. Eine erste Möglichkeit bietet der folgende Ansatz für $\hat{E}$:

$$(4.9.6) \qquad \hat{E} = \begin{pmatrix} c & s \\ s & -c \end{pmatrix}, \quad c := \cos\varphi, \quad s := \sin\varphi.$$

$\hat{E}$ und E_{ij} sind hermitisch, unitär und es ist $\det(\hat{E}) = -1$. Wegen der Unitarität von $\hat{E}$ folgt aus der Forderung

$$\begin{pmatrix} c & s \\ s & -c \end{pmatrix} \cdot \begin{pmatrix} x_i \\ x_j \end{pmatrix} \overset{!}{=} \begin{pmatrix} y_i \\ 0 \end{pmatrix}$$

sofort $y_i = k = \pm\sqrt{x_i^2 + x_j^2}$; sie wird durch folgende Wahl erfüllt

$$c := 1, \quad s := 0 \quad \text{falls} \quad x_i = x_j = 0$$

bzw. falls $\mu := \max\{|x_i|, |x_j|\} > 0$ durch

$$c := x_i/k, \quad s := x_j/k,$$

wobei $|k|$ in der folgenden Form berechnet wird

$$|k| = \mu\sqrt{(x_i/\mu)^2 + (x_j/\mu)^2},$$

und das Vorzeichen von k noch beliebig ist. Diese Berechnung von $|k|$ vermeidet Probleme, die durch Exponentenüber- oder -Unterlauf bei extremen Komponenten x_i, x_j entstehen. Aus numerischen Gründen wird das Vorzeichen von k so gewählt

$$k = |k| \operatorname{sgn}(x_i), \operatorname{sgn}(x_i) := \begin{cases} 1, & x_i \geqq 0 \\ -1, & x_i < 0, \end{cases}$$

so daß bei der Berechnung der Hilfsgröße

$$v := s/(1+c)$$

keine Auslöschung auftritt: Mit Hilfe von v lassen sich die wesentlichen Komponenten z_i, z_j des Bildes $z := E_{ij}u$ eines Vektors $u \in \mathbb{R}^n$ etwas effizienter (eine Multiplikation wird durch eine Addition ersetzt) in der folgenden Form berechnen:

$$\begin{aligned} z_i &:= cu_i + su_j \\ z_j &:= v(u_i + z_i) - u_j. \end{aligned}$$

Statt der Matrizen $\hat{E}$ (4.9.6), die man zusammen mit dem zugehörigen E_{ij} auch genauer *Givens-Reflexionen* nennt, kann man im übrigen genau so gut Matrizen $\hat{E}$ der Form

$$\hat{E} = \begin{pmatrix} c & s \\ -s & c \end{pmatrix}, \quad c = \cos\varphi, \quad s = \sin\varphi,$$

benutzen, die man wie die zugehörigen E_{ij} auch *Givens-Rotationen* nennt: $\hat{E}$ und E_{ij} sind dann orthogonale Matrizen, die *eigentliche* Drehungen des $\mathbb{R}^m$ um den Winkel φ beschreiben, $\det(\hat{E})=1$. Wir werden im folgenden aber nur Givens-Reflexionen verwenden.

Da sich die Modifikationstechniken für die Zerlegung (4.9.1) von denen für (4.9.2a) nur dadurch unterscheiden, daß anstelle von Givens-Matrizen (4.9.6) entsprechende Eliminationsmatrizen $\hat{E}$ des Typs (4.9.5) genommen werden, wollen wir nur die orthogonalen Zerlegungen (4.9.2) studieren. Die Techniken für Zerlegungen des Typs (4.9.2b) sind zwar ähnlich, aber doch etwas komplizierter als die für (4.9.2a); wir betrachten deshalb der Einfachheit halber nur die Zerlegungen vom Typ (4.9.2a). Die entsprechenden Verfahren für (4.9.2b) findet man bei Daniel, Gragg, Kaufman und Stewart [13].

Im folgenden sei A eine reelle $m \times n$-Matrix mit $m \geqq n$ und $PA = \begin{pmatrix} R \\ 0 \end{pmatrix}$ eine Zerlegung vom Typ (4.9.2a).

A. Ändert man eine Zeile oder Spalte von A, oder allgemeiner, ersetzt man A durch $\bar{A} := A + vu^T$, wobei $v \in \mathbb{R}^m$, $u \in \mathbb{R}^n$ gegebene Vektoren sind, so ist wegen (4.9.2a)

(4.9.7) $$P\bar{A} = \begin{pmatrix} R \\ 0 \end{pmatrix} + wu^T, \qquad w := Pv \in \mathbb{R}^m.$$

In einem 1. Teilschritt annulliert man sukzessive die Komponenten $m, m-1, \ldots, 2$ des Vektors w mit geeigneten Givens-Matrizen des Typs $G_{m-1,m}, G_{m-2,m-1}, \ldots, G_{12}$, so daß

$$\tilde{w} = ke_1 = G_{12} G_{23} \ldots G_{m-1,m} w = (k, 0, \ldots, 0)^T \in \mathbb{R}^m,$$
$$k = \pm \|w\| = \pm \|u\|.$$

Eine Skizze für $m=4$ möge die Wirkung der sukzessiven Transformationen mit den $G_{i,i+1}$ verdeutlichen. Wir bezeichnen hier und in den weiteren Skizzen Elemente, die sich in der jeweiligen Teiltransformation geändert haben, mit einem „*“:

$$w = \begin{pmatrix} x \\ x \\ x \\ x \end{pmatrix} \xrightarrow{G_{34}} \begin{pmatrix} x \\ x \\ * \\ 0 \end{pmatrix} \xrightarrow{G_{23}} \begin{pmatrix} x \\ * \\ 0 \\ 0 \end{pmatrix} \xrightarrow{G_{12}} \begin{pmatrix} * \\ 0 \\ 0 \\ 0 \end{pmatrix} = \tilde{w}.$$

Multipliziert man (4.9.7) von links ebenfalls der Reihe nach mit $G_{m-1,m}, \ldots, G_{12}$, so erhält man

(4.9.8) $$\tilde{P}\bar{A} = R' + ke_1 u^T =: \tilde{R},$$

wobei

$$\tilde{P} := GP, \quad R' := G\begin{pmatrix} R \\ 0 \end{pmatrix}, \quad G := G_{12}G_{23}\dots G_{m-1,m}.$$

Dabei ist $\tilde{P}$ mit G und P wieder unitär; die obere Dreiecksmatrix $\begin{pmatrix} R \\ 0 \end{pmatrix}$ geht schrittweise in eine *obere Hessenberg-Matrix* $R' = G\begin{pmatrix} R \\ 0 \end{pmatrix}$ über, d. h. eine Matrix mit $(R')_{ik} = 0$ für $i > k+1$:

$$(m=4, n=3)$$

$$\begin{pmatrix} R \\ 0 \end{pmatrix} = \begin{pmatrix} x & x & x \\ 0 & x & x \\ 0 & 0 & x \\ 0 & 0 & 0 \end{pmatrix} \xrightarrow{G_{34}} \begin{pmatrix} x & x & x \\ 0 & x & x \\ 0 & 0 & * \\ 0 & 0 & * \end{pmatrix} \xrightarrow{G_{23}} \begin{pmatrix} x & x & x \\ 0 & * & * \\ 0 & * & * \\ 0 & 0 & x \end{pmatrix} \xrightarrow{G_{12}} \begin{pmatrix} * & * & * \\ * & * & * \\ 0 & x & x \\ 0 & 0 & x \end{pmatrix}$$

$$= G\begin{pmatrix} R \\ 0 \end{pmatrix} = R'.$$

Mit R' ist auch $\tilde{R} = R' + ke_1u^T$ (4.9.8) obere Hessenberg-Matrix, da sich durch diese Addition nur die 1. Zeile von R' ändert.
In einem 2. Teilschritt annulliert man nun der Reihe nach die Subdiagonalelemente $(\tilde{R})_{i+1,i}$, $i = 1, 2, \dots, \mu := \min(m-1, n-1)$ von $\tilde{R}$ mittels geeigneter Givens-Matrizen $H_{12}, H_{23}, \dots, H_{\mu,\mu+1}$, so daß (vgl. (4.9.8))

$$H\tilde{P}\bar{A} = H\tilde{R} =: \begin{pmatrix} \bar{R} \\ 0 \end{pmatrix}, \quad H := H_{\mu,\mu+1}\dots H_{23}H_{12},$$

wobei $\bar{R}$ wieder eine obere $n \times n$-Dreiecksmatrix und $\bar{P} := H\tilde{P}$ eine unitäre $m \times m$-Matrix ist, die eine Zerlegung von $\bar{A}$ im Sinne von (4.9.2a) liefern:

$$\bar{P}\bar{A} = \begin{pmatrix} \bar{R} \\ 0 \end{pmatrix}.$$

Die Transformationskette $\tilde{R} \to H_{12}\tilde{R} \to H_{23}(H_{12}\tilde{R}) \to \dots \to H\tilde{R}$ wird wieder für $m=4, n=3$ skizziert:

$$\tilde{R} = \begin{pmatrix} x & x & x \\ x & x & x \\ 0 & x & x \\ 0 & 0 & x \end{pmatrix} \xrightarrow{H_{12}} \begin{pmatrix} * & * & * \\ 0 & * & * \\ 0 & x & x \\ 0 & 0 & x \end{pmatrix} \xrightarrow{H_{23}} \begin{pmatrix} x & x & x \\ 0 & * & * \\ 0 & 0 & * \\ 0 & 0 & x \end{pmatrix} \xrightarrow{H_{34}} \begin{pmatrix} x & x & x \\ 0 & x & x \\ 0 & 0 & * \\ 0 & 0 & 0 \end{pmatrix} = \begin{pmatrix} \bar{R} \\ 0 \end{pmatrix}.$$

B. *Streichen einer Spalte von A:* Erhält man $\bar{A}$ durch Streichen der k-ten Spalte von A, so ist wegen (4.9.2a) die Matrix $\tilde{R} := P\bar{A}$ eine obere Hessenberg-Matrix der folgenden Form (skizziert für $m=4, n=4, k=2$)

$$\tilde{R} := P\bar{A} = \begin{pmatrix} x & x & x \\ & x & x \\ & x & x \\ & & x \end{pmatrix}.$$

Die Subdiagonalelemente von $\tilde{R}$ annulliert man wie eben mittels geeigneter Givens-Matrizen $H_{k,k+1}, H_{k+1,k+2} \dots H_{n-1,n}$. Die Zerlegung (4.9.2a) von $\bar{A}$ ist

$$\bar{P}\bar{A} = \begin{pmatrix} \bar{R} \\ 0 \end{pmatrix}, \quad \bar{P} := HP, \quad \begin{pmatrix} \bar{R} \\ 0 \end{pmatrix} := H \begin{pmatrix} \tilde{R} \\ 0 \end{pmatrix}, \quad H := H_{n-1,n} H_{n-2,n-1} \dots H_{k,k+1}.$$

C. *Erweiterung um eine Spalte:* Ist $\bar{A} = (A, a)$, $a \in \mathbb{R}^m$, und A eine $m \times n$-Matrix mit $m > n$, so folgt aus (4.9.2a):

$$P\bar{A} = \left(\begin{matrix} R \\ 0 \end{matrix} \middle| Pa \right) =: \tilde{R} = \begin{pmatrix} x & . & . & x & x \\ & . & & . & . \\ & & . & . & . \\ & & & x & x \\ & & & & x \\ & & & & . \\ 0 & & & & x \end{pmatrix}.$$

Die Subdiagonalelemente von $\tilde{R}$ annulliert man wie im Verfahren von Householder (4.7) mittels einer einzigen Householdertransformation H:

$$H\tilde{R} = \begin{pmatrix} x & \dots & x & x \\ & \ddots & \vdots & \vdots \\ & & x & x \\ & & & * \\ & & & 0 \\ & & & . \\ & & & . \\ 0 & & & 0 \end{pmatrix} = \begin{pmatrix} \bar{R} \\ 0 \end{pmatrix}$$

$\bar{P} := HP$ und $\bar{R}$ liefert die Zerlegung (4.9.2a) von $\bar{A}$: $\bar{P}\bar{A} = \begin{pmatrix} \bar{R} \\ 0 \end{pmatrix}$.

D. *Erweiterung um eine Zeile:* Ist $\bar{A}=\begin{pmatrix}A\\a^T\end{pmatrix}$, $a\in\mathbb{R}^n$, so gibt es eine $m+1$-reihige Permutationsmatrix Π mit $\Pi\bar{A}=\begin{pmatrix}a^T\\A\end{pmatrix}$. Für die unitäre $(m+1)$-reihige Matrix

$$\tilde{P}:=\begin{pmatrix}1 & 0\\0 & P\end{pmatrix}\Pi$$

gilt dann wegen (4.9.2a)

$$\tilde{P}\bar{A}=\begin{pmatrix}1 & 0\\ & \\0 & P\end{pmatrix}\begin{pmatrix}a^T\\ \\A\end{pmatrix}=\begin{pmatrix}a^T\\ \\PA\end{pmatrix}=\begin{pmatrix}a^T\\R\\0\end{pmatrix}=:\tilde{R}=\begin{pmatrix}x & \cdots & x\\x & & x\\ & \ddots & \vdots\\ & & x\\ & & \\0 & & 0\end{pmatrix}.$$

$\tilde{R}$ ist obere Hessenberg-Matrix, deren Subdiagonalelemente, wie oben unter A, 2. Teilschritt, beschrieben, mittels geeigneter Givens-Matrizen $H_{12},\ldots,H_{n,n+1}$ annulliert werden können: $\bar{P}=H\tilde{P}$, $\begin{pmatrix}\bar{R}\\0\end{pmatrix}=H\tilde{R}$, $H=H_{n,n+1},\ldots,H_{23}H_{12}$ liefern die Zerlegung $\bar{P}\bar{A}=\begin{pmatrix}\bar{R}\\0\end{pmatrix}$ von $\bar{A}$.

E. *Streichen einer Zeile von A:* Sei A eine $m\times n$-Matrix mit $m>n$. Wir nehmen o.B.d.A. an, daß die letzte Zeile a^T von A gestrichen werden soll: $A=\begin{pmatrix}\bar{A}\\a^T\end{pmatrix}$. Wir partitionieren die Matrix $P=(\tilde{P},p)$, $p\in\mathbb{R}^m$, entsprechend und erhalten wegen (4.9.2a)

$$(\tilde{P},p)\begin{pmatrix}\bar{A}\\a^T\end{pmatrix}=\begin{pmatrix}R\\0\end{pmatrix}. \tag{4.9.9}$$

Wir wählen nun Givens-Matrizen der Typen $H_{m,m-1},H_{m,m-2},\ldots,H_{m1}$, um sukzessive die Komponenten $m-1,m-2,\ldots,1$ von p zu annullieren: $H_{m1}\cdot H_{m2}\ldots H_{m,m-1}\,p=(0,\ldots,0,\pi)^T$ (Skizze für $m=4$)

$$p=\begin{pmatrix}x\\x\\x\\x\end{pmatrix}\xrightarrow{H_{43}}\begin{pmatrix}x\\x\\0\\ *\end{pmatrix}\xrightarrow{H_{42}}\begin{pmatrix}x\\0\\0\\ *\end{pmatrix}\xrightarrow{H_{41}}\begin{pmatrix}0\\0\\0\\ *\end{pmatrix}=\begin{pmatrix}0\\0\\0\\ \pi\end{pmatrix}. \tag{4.9.10}$$

Nun ist P unitär, also $\|p\|=|\pi|=1$. Die transformierte Matrix HP, $H:=H_{m1}\cdot H_{m2}\ldots H_{m,m-1}$, hat also die Gestalt

$$HP=\begin{pmatrix}\bar{P} & 0\\q & \pi\end{pmatrix}=\begin{pmatrix}\bar{P} & 0\\0 & \pi\end{pmatrix},\qquad \pi=\pm 1 \tag{4.9.11}$$

weil wegen der Unitarität von HP aus $|\pi|=1$ auch $q=0$ folgt. Folglich ist $\bar{P}$ eine unitäre $(m-1)$-reihige Matrix. Andererseits transformieren die H_{mi} die obere Dreiecksmatrix $\begin{pmatrix} R \\ 0 \end{pmatrix}$ mit Ausnahme der letzten Zeile wieder in eine obere Dreiecksmatrix

$$H\begin{pmatrix} R \\ 0 \end{pmatrix} = H_{m1} H_{m2} \dots H_{m,m-1} \begin{pmatrix} R \\ 0 \end{pmatrix} = \begin{pmatrix} \bar{R} \\ 0 \\ z^T \end{pmatrix} \begin{matrix} \}n \\ \}m-n-1 \\ \}1 \end{matrix}$$

Skizze für $m=4, n=3$:

$$\begin{pmatrix} R \\ 0 \end{pmatrix} = \begin{pmatrix} x & x & x \\ 0 & x & x \\ 0 & 0 & x \\ 0 & 0 & 0 \end{pmatrix} \xrightarrow{H_{43}} \begin{pmatrix} x & x & x \\ 0 & x & x \\ 0 & 0 & * \\ 0 & 0 & * \end{pmatrix} \xrightarrow{H_{42}} \begin{pmatrix} x & x & x \\ 0 & * & * \\ 0 & 0 & x \\ 0 & * & * \end{pmatrix} \xrightarrow{H_{41}} \begin{pmatrix} * & * & * \\ 0 & x & x \\ 0 & 0 & x \\ * & * & * \end{pmatrix} = \begin{pmatrix} \bar{R} \\ z^T \end{pmatrix}.$$

Es folgt also aus (4.9.9), (4.9.11):

$$HP\begin{pmatrix} \bar{A} \\ a^T \end{pmatrix} = \begin{pmatrix} \bar{P} & 0 \\ 0 & \pi \end{pmatrix} \begin{pmatrix} \bar{A} \\ a^T \end{pmatrix} = \begin{pmatrix} \bar{R} \\ 0 \\ z^T \end{pmatrix},$$

also

$$\bar{P}\bar{A} = \begin{pmatrix} \bar{R} \\ 0 \end{pmatrix}$$

für die unitäre $(m-1)$-reihige Matrix $\bar{P}$ und die n-reihige obere Dreiecksmatrix $\bar{R}$. Damit ist eine Zerlegung (4.9.2a) für $\bar{A}$ gefunden.

Man kann zeigen, daß die Techniken dieses Abschnitts numerisch stabil in folgendem Sinne sind: Seien P und R gegebene Matrizen mit der folgenden Eigenschaft: Es gibt eine exakt unitäre Matrix P' und eine Matrix A', so daß

$$P'A' = \begin{pmatrix} R \\ 0 \end{pmatrix}$$

eine exakte Zerlegung (4.9.2a) von A' ist und die Differenzen $\|P-P'\|$, $\|A-A'\|$ „klein" sind. Dann liefern die Methoden dieses Abschnitts bei Verwendung von Gleitpunktarithmetik der Genauigkeit eps aus P, R Matrizen $\bar{P}, \bar{R}$ zu denen es ebenfalls eine exakt unitäre Matrix $\bar{P}'$, und eine Matrix $\bar{A}'$ gibt, so daß wieder $\|\bar{P}-\bar{P}'\|$, $\|\bar{A}-\bar{A}'\|$ „klein" sind und

$$\bar{P}'\bar{A}' = \begin{pmatrix} \bar{R} \\ 0 \end{pmatrix}$$

exakte Zerlegung (4.9.2a) der leicht gestörten Matrix $\bar{A}'$ ist. Als „klein" gelten dabei Differenzen mit $\|\Delta P\| = 0(m^\alpha \text{ eps})$ bzw. $\|\Delta A\| = 0(m^\alpha \text{ eps} \|A\|)$ und kleinem α, etwa $\alpha = \frac{3}{2}$.

4.10 Lineare Minimierungsprobleme. Die Simplexmethode

Die Methoden der linearen Algebra lassen sich sehr schön im Rahmen der Simplexmethode zur Lösung von linearen Minimierungsproblemen anwenden. Probleme dieser Art kommen in der Praxis, insbesondere im Bereich der Wirtschaft, sehr häufig vor. Im Rahmen dieser Einführung können wir nur die wichtigsten Aspekte dieser Probleme behandeln. Für eine eingehendere Darstellung sei auf die Spezialliteratur verwiesen (s. etwa Dantzig [14], Blum und Oettli [12]).

Unter einem allgemeinen linearen Minimierungsproblem, oder einem *linearen Programm*, versteht man ein Problem der folgenden Form:

(4.10.1) $$\textit{minimiere} \quad c_1 x_1 + c_2 x_2 + \ldots + c_n x_n \equiv c^T x$$

unter allen $x \in \mathbb{R}^n$, die endlich viele Nebenbedingungen der Form

(4.10.2) $$\begin{aligned} a_{i1} x_1 + a_{i2} x_2 + \ldots + a_{in} x_n &\leqq b_i, \qquad i = 1, 2, \ldots, m_1 \\ a_{i1} x_1 + a_{i2} x_2 + \ldots + a_{in} x_n &= b_i, \qquad i = m_1 + 1, m_1 + 2, \ldots, m \end{aligned}$$

erfüllen. Die Zahlen c_k, a_{ik}, b_i sind gegebene reelle Zahlen. Die zu minimierende Funktion $c^T x$ heißt *Zielfunktion*, jedes $x \in \mathbb{R}^n$, das alle Bedingungen (4.10.2) erfüllt, heißt *zulässige Lösung* des linearen Programms. Durch Einführung von zusätzlichen Variablen und Gleichungen läßt sich das lineare Programm (4.10.1, 4.10.2) in eine Form bringen, in der als Nebenbedingungen nur Gleichungen und *elementare* Ungleichungen, d. h. Ungleichungen der Form $x_i \geqq 0$, auftteten. Ferner ist es aus bestimmten Gründen nützlich zu verlangen, daß die Zielfunktion $c^T x$ die Form $c^T x \equiv -x_p$ besitzt. Um ein lineares Programm in diese Form zu bringen, ersetze man jede nichtelementare Ungleichung (4.10.2)

$$a_{i1} x_1 + \ldots + a_{in} x_n \leqq b_i$$

mit Hilfe einer *Schlupfvariablen* x_{n+i} durch eine Gleichung und eine elementare Ungleichung

$$a_{i1} x_1 + \ldots + a_{in} x_n + x_{n+i} = b_i, \qquad x_{n+i} \geqq 0 .$$

Ist die Zielfunktion $c_1 x_1 + \ldots + c_n x_n$ nicht elementar, führe man eine zusätzliche Variable x_{n+m+1} mit Hilfe einer weiteren Gleichung

$$c_1 x_1 + \ldots + c_n x_n + x_{n+m+1} = 0$$

ein, die man zu den übrigen Nebenbedingungen (4.10.2) hinzunimmt: die Minimierung von $c^T x$ ist dann zur Maximierung von x_{n+m+1} unter den so erweiterten Nebenbedingungen äquivalent.

Wir können also o.B.d.A. annehmen, daß das lineare Programm bereits in folgender *Standardform* vorliegt:

$LP(I, p)$: $$\begin{aligned} &\textit{maximiere} \quad x_p \\ &\text{unter allen} \quad x \in \mathbb{R}^n \quad \text{mit:} \quad Ax = b, \\ &\qquad\qquad\qquad\qquad\qquad\quad x_i \geqq 0 \quad \text{für} \quad i \in I . \end{aligned}$$

Dabei sind $I \subsetneqq N := \{1, 2, \ldots, n\}$ eine evtl. leere Indexmenge, p ein fester Index mit $p \in N \setminus I$, $A = (a_1, a_2, \ldots, a_n)$ eine reelle $m \times n$-Matrix mit den Spalten a_i und $b \in \mathbb{R}^m$ ein gegebener Vektor. Die Variablen x_i mit $i \in I$ bzw. $i \notin I$ heißen vorzeichenbeschränkte bzw. freie Variable. Mit

$$P := \{x \in \mathbb{R}^n | Ax = b \,\&\, x_i \geqq 0 \quad \text{für alle} \quad i \in I\}$$

bezeichnen wir die Menge der zulässigen Lösungen von $LP(I, p)$. Ein Vektor $\bar{x} \in P$ heißt *Optimallösung* von $LP(I, p)$, wenn $\bar{x}_p = \max\{x_p | x \in P\}$.

Zur Illustration verwenden wir folgendes Beispiel:

minimiere $\quad -x_1 - 2x_2$

x: $\quad -x_1 + x_2 \leqq 2$

$\quad x_1 + x_2 \leqq 4$

$\quad x_1 \geqq 0, x_2 \geqq 0.$

Nach Einführung der Schlupfvariablen x_3, x_4 und der Zielfunktionsvariablen x_5 erhält man das Problem in der Standardform $LP(I, p)$ mit $I = \{1, 2, 3, 4\}, p = 5$:

maximiere $\quad x_5$

x:

$$\begin{aligned} -x_1 + x_2 + x_3 \quad\quad &= 2 \\ x_1 + x_2 \quad + x_4 \quad &= 4 \\ -x_1 - 2x_2 \quad\quad + x_5 &= 0 \\ x_i \geqq 0 \quad \text{für} \quad i \leqq 4. \end{aligned}$$

Es läßt sich graphisch im $\mathbb{R}^2$ darstellen. Die Menge P (in Fig. (4.10.3) schraffiert) ist ein Polyeder.

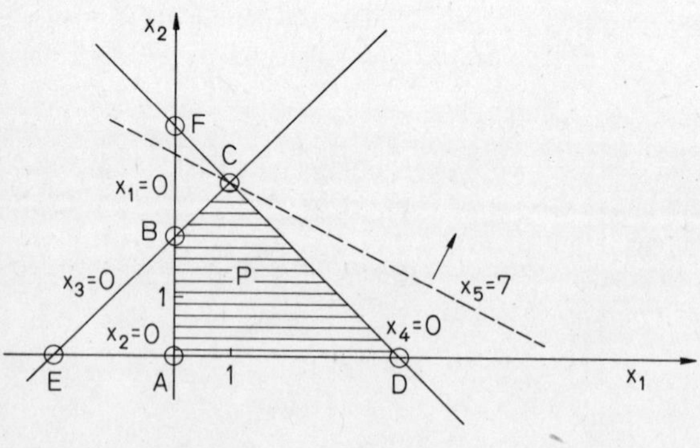

Fig. (4.10.3)

Wir betrachten zunächst das lineare Gleichungssystem $Ax=b$ von $LP(I, p)$. Für einen Indexvektor $J=(j_1, \ldots, j_r), j_i \in N$, bezeichnen wir mit $A_J := (a_{j_1}, \ldots, a_{j_r})$ die Untermatrix von A mit den Spalten a_{j_i}; x_J bezeichnet den Vektor $(x_{j_1}, \ldots, x_{j_r})^T$. Der Einfachheit halber bezeichnen wir auch die Menge $\{j_i | i=1, 2, \ldots, r\}$ der Komponenten von J wieder mit J und schreiben z. B. $p \in J$, falls es ein i gibt mit $p=j_i$. Wir definieren

(4.10.4) **Def.:** *Ein Indexvektor* $J=(j_1, \ldots, j_m)$ *von* m *verschiedenen Indizes* $j_i \in N$ *heißt Basis von* $Ax=b$ *bzw. von* $LP(I, p)$, *wenn* A_J *nichtsingulär ist.*

Mit J nennt man auch A_J Basis; die Variablen x_i mit $i \in J$ heißen *Basisvariable*, die übrigen Variablen x_k (Indizes k) mit $k \notin J$ Nichtbasisvariable (Nichtbasisindizes). Falls ein Indexvektor $K=(k_1, \ldots, k_{n-m})$ genau alle Nichtbasisindizes enthält, schreiben wir kurz $J \oplus K = N$.

Im Beispiel sind $J_A := (3, 4, 5)$, $J_B := (4, 5, 2)$ Basen.

Zu einer Basis J, $J \oplus K = N$, gehört eine eindeutig bestimmte Lösung $\bar{x} = \bar{x}(J)$ von $Ax=b$, die sog. *Basislösung*, mit der Eigenschaft $\bar{x}_K = 0$. Wegen

$$A\bar{x} = A_J \bar{x}_J + A_K \bar{x}_K = A_J \bar{x}_J = b$$

ist $\bar{x}$ gegeben durch

(4.10.5) $$\bar{x}_J := \bar{b}, \quad \bar{x}_K := 0 \quad \text{mit} \quad \bar{b} := A_J^{-1} b.$$

Ferner ist für eine Basis J jede Lösung x von $Ax=b$ durch ihren Nichtbasisanteil x_K und die Basislösung $\bar{x}$ eindeutig bestimmt: Dies folgt aus der Multiplikation von $Ax = A_J x_J + A_K x_K = b$ mit A_J^{-1} und (4.10.5):

(4.10.6) $$\begin{aligned} x_J &= \bar{b} - A_J^{-1} A_K x_K \\ &= \bar{x}_J - A_J^{-1} A_K x_K. \end{aligned}$$

Wählt man $x_K \in \mathbb{R}^{n-m}$ beliebig und definiert x_J und damit x durch (4.10.6), so ist x Lösung von $Ax=b$. (4.10.6) liefert also eine bestimmte Parametrisierung der Lösungsmenge $\{x | Ax=b\}$ mittels der Parameter $x_K \in \mathbb{R}^{n-m}$.

Ist die Basislösung $\bar{x}$ zur Basis J von $Ax=b$ eine zulässige Lösung von $LP(I, p)$, $\bar{x} \in P$, d.h.

(4.10.7) $$\bar{x}_i \geqq 0 \quad \text{für alle} \quad i \in I \Leftrightarrow \bar{x}_i \geqq 0 \quad \text{für alle} \quad i \in I \cap J,$$

so heißt J *zulässige Basis* von $LP(I, p)$ und $\bar{x}$ *zulässige Basislösung*. Schließlich nennt man eine zulässige Basis *nicht entartet*, wenn statt (4.10.7) schärfer gilt

(4.10.8) $$\bar{x}_i > 0 \quad \text{für alle} \quad i \in I \cap J.$$

Das lineare Programm $LP(I, p)$ heißt *nicht entartet*, falls alle zulässigen Basen J von $LP(I, p)$ nicht entartet sind.

Geometrisch entsprechen die zulässigen Basislösungen der verschiedenen Basen von $LP(I, p)$ den Ecken des Polyeders P der zulässigen Lösungen, falls P überhaupt Ecken besitzt. Im Beispiel (s. Fig. (4.10.3)) gehört die Ecke $A \in P$ zur zulässigen Basis $J_A = (3, 4, 5)$, weil A durch $x_1 = x_2 = 0$ bestimmt ist und $\{1, 2\}$ die Komplementärmenge von J_A ist bzgl. $N = \{1, 2, 3, 4, 5\}$; zu B gehört $J_B = (4, 5, 2)$, zu C die Basis $J_C = (1, 2, 5)$ usw. Die Basis $J_E = (1, 4, 5)$ ist nicht zulässig, weil die zugehörige Basislösung E nicht zulässig ist, $E \notin P$.

Die Simplexmethode zur Lösung von linearen Programmen, die von G. B. Dantzig stammt, ist ein Verfahren, das ausgehend von einer zulässigen Basis J_0 von $LP(I, p)$ mit $p \in J_0$ rekursiv mittels einzelner *Simplexschritte*

$$J_i \rightarrow J_{i+1}$$

eine Folge $\{J_i\}$ von benachbarten zulässigen Basen J_i mit $p \in J_i$ von $LP(I, p)$ erzeugt mit der folgenden Eigenschaft: Die Zielfunktionswerte $\bar{x}(J_i)_p$ der zu J_i gehörigen zulässigen Basislösungen $\bar{x}(J_i)$ sind nicht fallend

$$\bar{x}(J_i)_p \leqq \bar{x}(J_{i+1})_p \quad \text{für alle} \quad i \geqq 0 .$$

Falls alle Basen J_i sogar nichtentartet sind und $LP(I, p)$ überhaupt eine Optimallösung besitzt, bricht die Folge $\{J_i\}$ nach endlich vielen Schritten mit einer Basis J_M ab, dessen Basislösung $\bar{x}(J_M)$ Optimallösung von $LP(I, p)$ ist, und es gilt

$$\bar{x}(J_i)_p < \bar{x}(J_{i+1})_p \quad \text{für alle} \quad 0 \leqq i \leqq M-1 .$$

Dabei heißen zwei Basen $J = (j_1, \ldots, j_m)$ und $\tilde{J} = (\tilde{j}_1, \ldots, \tilde{j}_m)$ *benachbart*, wenn J und $\tilde{J}$ genau $m-1$ gemeinsame Komponenten haben. J und $\tilde{J}$ gehen dann durch einen Indextausch auseinander hervor: Es gibt genau zwei Indizes $q, s \in N$ mit $q \in J$, $s \notin J$ und $q \notin \tilde{J}$, $s \in \tilde{J}$: $\tilde{J} = (J \cup \{s\}) \setminus \{q\}$.

Benachbarte zulässige Basen entsprechen geometrisch benachbarten Ecken von P. Im Beispiel (s. Fig. 4.10.3)) sind $J_A = (3, 4, 5)$ und $J_B = (4, 5, 2)$ benachbarte Basen, A and B benachbarte Ecken.

Die Simplexmethode, genauer Phase II der Simplexmethode, setzt voraus, daß man bereits eine zulässige Basis J von $LP(I, p)$ mit $p \in J$ kennt. Eine solche zulässige Basis kann man mit Hilfe einer Variante der Simplexmethode, der sog. Phase I, bestimmen, sofern $LP(I, p)$ überhaupt eine Optimallösung besitzt. Phase I der Simplexmethode setzt wiederum voraus, daß man schon eine Basis J von $LP(I, p)$ mit $p \in J$ kennt. Wir beschreiben zunächst einen typischen Schritt von Phase II der Simplexmethode, der von einer zulässigen Basis J zu einer zulässigen Nachbarbasis $\tilde{J}$ von $LP(I, p)$ führt:

(4.10.9) *Simplexschritt: Voraussetzung:* $J = (j_1, \ldots, j_m)$ *sei zulässige Basis von* $LP(I, p)$ *mit* $p = j_t \in J$, $J \oplus K = N$.

1) *Berechne den Vektor*

$$\bar{b} := A_J^{-1} b$$

und die zu J gehörige Basislösung $\bar{x}$ *mit* $\bar{x}_J := \bar{b}, \bar{x}_K := 0$.

2) *Berechne den Zeilenvektor*

$$\pi := e_t^T A_J^{-1},$$

wobei $e_t = (0, \ldots, 1, \ldots, 0)^T \in \mathbb{R}^m$ *der t-te Achsenvektor des* $\mathbb{R}^m$ *ist. Bestimme mit Hilfe von* π *die Zahlen*

$$c_k := \pi a_k, \quad k \in K.$$

3) *Prüfe, ob*

(4.10.10)
$$\begin{aligned} c_k &\geqq 0 \quad \text{für alle} \quad k \in K \cap I \\ \text{und} \quad c_k &= 0 \quad \text{für alle} \quad k \in K \setminus I \end{aligned}$$

gilt.

a) *Falls ja, stop: die Basislösung* $\bar{x}$ *ist Optimallösung von* $LP(I, p)$.

b) *Falls nein, bestimme ein* $s \in K$ *mit*

$$c_s < 0, \quad s \in K \cap I \quad \text{oder} \quad |c_s| \neq 0, \quad s \in K \setminus I$$

und setze $\sigma := -\operatorname{sign} c_s$.

4) *Berechne den Vektor*

$$\bar{a} := (\bar{a}_1, \bar{a}_2, \ldots, \bar{a}_m)^T := A_J^{-1} a_s.$$

5) *Falls*

(4.10.11)
$$\sigma \bar{a}_i \leqq 0 \quad \text{für alle} \quad i \quad \text{mit} \quad j_i \in I,$$

stop: $LP(I, p)$ *besitzt keine endliche Optimallösung. Andernfalls,*

6) *bestimme einen Index r mit* $j_r \in I, \sigma \bar{a}_r > 0$ *und*

$$\frac{\bar{b}_r}{\sigma \bar{a}_r} = \min \left\{ \frac{\bar{b}_i}{\sigma \bar{a}_i} \,\middle|\, i : j_i \in I \,\&\, \sigma \bar{a}_i > 0 \right\}.$$

7) *Nimm als* $\tilde{J}$ *irgendeinen passenden Indexvektor mit*

$$\tilde{J} := (J \cup \{s\}) \setminus \{j_r\},$$

zum Beispiel

$$\tilde{J} := (j_1, \ldots, j_{r-1}, s, j_{r+1}, \ldots, j_m)$$

oder

$$\tilde{J} := (j_1, \ldots, j_{r-1}, j_{r+1}, \ldots, j_m, s).$$

Wir wollen die Eigenschaften und Regeln des Simplexschrittes (4.10.9) begründen und nehmen dazu an, daß $J=(j_1,\dots,j_m)$ eine zulässige Basis von $LP(I,p)$ mit $p=j_t\in J, J\oplus K=N$, ist. Schritt 1 von (4.10.9) liefert wegen (4.10.5) die zugehörige Basislösung $\bar{x}=\bar{x}(J)$. Da sich alle Lösungen von $Ax=b$ in der Form (4.10.6) darstellen lassen, gilt insbesondere wegen $p=j_t$ für die Zielfunktion

$$
\begin{aligned}
x_p = e_t^T x_J &= \bar{x}_p - e_t^T A_J^{-1} A_K x_K \\
&= \bar{x}_p - \pi A_K x_K \\
&= \bar{x}_p - c_K x_K ,
\end{aligned}
\tag{4.10.12}
$$

wenn man den Zeilenvektor π und die Komponenten c_K des Zeilenvektors $c_K, c_K^T\in\mathbb{R}^{n-m}$, wie in Schritt 2 von (4.10.9) definiert. c_K heißt Vektor der *reduzierten Kosten:* Wegen (4.10.12) gibt c_k für $k\in K$ den Betrag an, um den sich die Zielfunktion x_p vermindert, wenn man x_k um eine Einheit vergrößert. Ist deshalb die Bedingung (4.10.10) erfüllt (s. Schritt 3), so folgt aus (4.10.12) für jede *zulässige* Lösung x von $LP(I,p)$ wegen $x_i\geqq 0$ für $i\in I$ sofort

$$x_p = \bar{x}_p - \sum_{k\in K\cap I} c_k x_k \leqq \bar{x}_p ,$$

d.h., die Basislösung $\bar{x}$ ist Optimallösung von $LP(I,p)$. Dies motiviert den Test (4.10.10) und die Aussage a) von Schritt 3. Falls (4.10.10) nicht erfüllt ist, gibt es einen Index $s\in K$ für den entweder

$$c_s<0, \quad s\in K\cap I \tag{4.10.13}$$

oder

$$|c_s|\neq 0, \quad s\in K\setminus I \tag{4.10.14}$$

gilt. Sei s ein solcher Index. Wir setzen $\sigma := -\operatorname{sign} c_s$. Da wegen (4.10.12) eine Vergrößerung von σx_s zu einer Vergrößerung der Zielfunktion x_p führt, betrachten wir folgende Schar von Vektoren $x(\theta)\in\mathbb{R}^n$, $\theta\in\mathbb{R}$,

$$
\begin{aligned}
x(\theta)_J &:= \bar{b} - \theta\sigma A_J^{-1} a_s = \bar{b} - \theta\sigma\bar{a} \\
x(\theta)_s &:= \theta\sigma \\
x(\theta)_k &:= 0 \quad \text{für} \quad k\in K, k\neq s .
\end{aligned}
\tag{4.10.15}
$$

Hier ist $\bar{a} := A_J^{-1} a_s$ wie in Schritt 4 von (4.10.9) definiert.

In unserem Beispiel ist $I=\{1,2,3,4\}$ und $J_0=J_A=(3,4,5)$ eine zulässige Basis, $K_0=(1,2), p=5\in J_0, t_0=3$. (4.10.9) liefert zu J_0:

$$A_{J_0}=\begin{bmatrix}1 & & \\ & 1 & \\ & & 1\end{bmatrix}, \bar{b}=\begin{pmatrix}2\\4\\0\end{pmatrix}$$

$\bar{x}(J_0)=(0,0,2,4,0)^T$ ($\triangleq$ Punkt A in Fig. (4.10.3))

$\pi A_{J_0}=e_{t_0}^T \Rightarrow \pi=(0,0,1)$

reduzierte Kosten: $c_1 = \pi a_1 = -1, c_2 = \pi a_2 = -2 \succ J_0$ nicht optimal. Wählt man in (4.10.9), 3b den Index $s = 2$ aus, so wird

$$\bar{a} = A_{J_0}^{-1} a_2 = \begin{pmatrix} 1 \\ 1 \\ -2 \end{pmatrix}.$$

Die Lösungsschar $x(\theta)$ ist gegeben durch

$$x(\theta) = (0, \theta, 2-\theta, 4-\theta, 2\theta)^T .$$

Geometrisch beschreibt $x(\theta), \theta \geqq 0$ in Fig. (4.10.3) einen Strahl, der längs einer Kante des Polyeders P von der Ecke $A(\theta = 0)$ in Richtung der Nachbarecke $B(\theta = 2)$ läuft.

Wegen (4.10.6) gilt $Ax(\theta) = b$ für alle $\theta \in \mathbb{R}$. Insbesondere gilt wegen (4.10.12), $\bar{x} = x(0)$ und der Wahl von σ

(4.10.16) $$x(\theta)_p = \bar{x}_p - c_s x(\theta)_s = \bar{x}_p + \theta |c_s| ,$$

so daß die Zielfunktion auf der Lösungsschar $x(\theta)$ mit θ streng monoton wächst. Es liegt daher nahe, unter den Lösungen $x(\theta)$ von $Ax = b$ die beste *zulässige* Lösung zu suchen; d.h. wir suchen das größte $\theta \geqq 0$ mit

$$x(\theta)_l \geqq 0 \quad \text{für alle} \quad l \in I .$$

Wegen (4.10.15) ist dies äquivalent damit, das größte $\theta \geqq 0$ mit

(4.10.17) $$x(\theta)_{j_i} \equiv \bar{b}_i - \theta \sigma \bar{a}_i \geqq 0 \quad \text{für alle } i \text{ mit } \quad j_i \in I$$

zu finden, weil $x(\theta)_k \geqq 0$ für alle $k \in K \cap I$ und $\theta \geqq 0$ wegen (4.10.15) automatisch erfüllt ist. Wenn nun $\sigma \bar{a}_i \leqq 0$ für alle $j_i \in I$ gilt (vgl. Schritt 5 von (4.10.9)), ist wegen (4.10.16) $x(\theta)$ für alle $\theta \geqq 0$ eine zulässige Lösung von $LP(I, p)$ mit $\sup \{x(\theta)_p | \theta \geqq 0\} = +\infty$: $LP(I, p)$ besitzt dann keine endliche Optimallösung. Dies rechtfertigt Schritt 5 von (4.10.9). Andernfalls gibt es ein größtes $\theta = \bar{\theta}$ für das (4.10.17) gilt:

$$\bar{\theta} = \frac{\bar{b}_r}{\sigma \bar{a}_r} = \min \left\{ \frac{\bar{b}_i}{\sigma \bar{a}_i} \,\middle|\, i : j_i \in I \,\&\, \sigma \bar{a}_i > 0 \right\}.$$

Dies bestimmt einen Index r mit $j_r \in I, \sigma \bar{a}_r > 0$ und

(4.10.18) $$x(\bar{\theta})_{j_r} = \bar{b}_r - \bar{\theta} \sigma \bar{a}_r = 0, \; x(\theta) \quad \text{zulässige Lösung} .$$

Im Beispiel ist

$$\bar{\theta} = 2 = \frac{\bar{b}_1}{\bar{a}_1} = \min \left\{ \frac{\bar{b}_1}{\bar{a}_1}, \frac{\bar{b}_2}{\bar{a}_2} \right\}, \; r = 1 .$$

$x(\bar{\theta}) = (0, 2, 0, 2, 4)^T$ entspricht der Ecke B von Fig. (4.10.3).

Wegen der Zulässigkeit von J ist $\overline{\theta} \geqq 0$ und es folgt aus (4.10.16)

$$x(\overline{\theta})_p \geqq \overline{x}_p .$$

Wenn J nichtentartet (4.10.8) ist, gilt schärfer $\overline{\theta} > 0$ und damit

$$x(\overline{\theta})_p > \overline{x}_p .$$

Wegen (4.10.6), (4.10.15), (4.10.18) ist $x = x(\theta)$ die eindeutig bestimmte Lösung von $Ax = b$ mit der zusätzlichen Eigenschaft

$$\begin{aligned} x_k &= 0 \quad \text{für} \quad k \in K, \quad k \neq s \\ x_{j_r} &= 0, \end{aligned}$$

d.h. mit $x_{\tilde{K}} = 0$, $\tilde{K} := (K \cup \{j_r\}) \setminus \{s\}$. Aus der Eindeutigkeit von x folgt die Nichtsingularität von $A_{\tilde{J}}$, $\tilde{J} := (J \cup \{s\}) \setminus \{j_r\}$; $x(\theta) = \overline{x}(\tilde{J})$ ist also Basislösung zur benachbarten zulässigen Basis $\tilde{J}$ und es gilt

$$\text{(4.10.19)} \qquad \begin{aligned} \overline{x}(\tilde{J})_p &> \overline{x}(J)_p, \quad \text{falls } J \text{ nichtentartet} \\ \overline{x}(\tilde{J})_p &\geqq \overline{x}(J)_p, \quad \text{sonst}. \end{aligned}$$

Im Beispiel erhält man als neue Basis

$$J_1 = (2, 4, 5) = J_B, \; K_1 = (1, 3),$$

die der Ecke B von Fig. (4.10.3) entspricht. Im Sinne der Zielfunktion x_5 ist B besser als A: $\overline{x}(J_B)_5 = 4 > \overline{x}(J_A)_5 = 0$.

Da nach Definition von r stets $j_r \in I$ gilt, folgt

$$J \setminus I \subseteqq \tilde{J} \setminus I,$$

d.h. bei dem Übergang $J \to \tilde{J}$ verlassen höchstens vorzeichenbeschränkte Variable x_{j_r}, $j_r \in I$, die Basis; sobald eine „freie" Variable x_s, $s \notin I$, Basisvariable geworden ist, bleibt sie bei allen weiteren Simplexschritten Basisvariable. Insbesondere folgt $p \in \tilde{J}$ wegen $p \in J$ und $p \notin I$. Die neue Basis $\tilde{J}$ erfüllt also wieder die Voraussetzung von (4.10.9), so daß (4.10.9) auch auf $\tilde{J}$ angewandt werden kann. Ausgehend von einer ersten zulässigen Basis J_0 von $LP(I, p)$ mit $p \in J_0$ erhält man so eine Folge

$$J_0 \to J_1 \to J_2 \to \ldots$$

von zulässigen Basen J_i von $LP(I, p)$ mit $p \in J_i$, für die im Falle der Nichtentartung aller J_i gilt

$$\overline{x}(J_0)_p < \overline{x}(J_1)_p < \overline{x}(J_2)_p < \ldots .$$

Eine Wiederholung der J_i kann also in diesem Fall nicht eintreten. Da es nur endlich viele verschiedene Indexvektoren J gibt, muß das Verfahren nach endlich vielen

Schritten abbrechen. Wir haben damit für das eben beschriebene Verfahren, die *Simplexmethode*, folgenden Satz gezeigt:

(4.10.20) **Satz:** *Sei J_0 zulässige Basis von $LP(I, p)$ mit $p \in J_0$. Wenn $LP(I, p)$ nichtentartet ist, erzeugt die Simplexmethode ausgehend von J_0 eine endliche Folge von zulässigen Basen J_i von $LP(I, p)$ mit $p \in J_i$ und $\bar{x}(J_i)_p < \bar{x}(J_{i+1})_p$. Die letzte Basislösung ist entweder eine Optimallösung von $LP(I, p)$ oder $LP(I, p)$ besitzt keine endliche Optimallösung.*

Wir setzen das Beispiel fort: Als Resultat des ersten Simplexschritts haben wir die neue zulässige Basis $J_1 = (2, 4, 5) = J_B$ erhalten, $K_1 = (1, 3)$, $t_1 = 3$, so daß

$$A_{J_1} = \begin{pmatrix} 1 & 0 & 0 \\ 1 & 1 & 0 \\ -2 & 0 & 1 \end{pmatrix}, \bar{b} = \begin{pmatrix} 2 \\ 2 \\ 4 \end{pmatrix}, \bar{x}(J_1) = (0, 2, 0, 2, 4)^T (\triangleq \text{Punkt } B)$$

$$\pi A_{J_1} = e_{t_1}^T \Rightarrow \pi = (2, 0, 1)$$

reduzierte Kosten: $c_1 = \pi a_1 = -3, c_3 = \pi a_3 = 2 \succ J_1$ nicht optimal

$$s = 1, \bar{a} = A_{J_1}^{-1} a_1 \succ \bar{a} = \begin{pmatrix} -1 \\ 2 \\ -3 \end{pmatrix} \succ r = 2.$$

Also $\quad J_2 = (2, 1, 5) = J_C, K_2 = (3, 4), t_2 = 3$

$$A_{J_2} = \begin{pmatrix} 1 & -1 & 0 \\ 1 & 1 & 0 \\ -2 & -1 & 1 \end{pmatrix}, \bar{b} = \begin{pmatrix} 3 \\ 1 \\ 7 \end{pmatrix},$$

$$\bar{x}(J_2) = (1, 3, 0, 0, 7) (\triangleq \text{Punkt } C)$$

$$\pi A_{J_2} = e_{t_2}^T \succ \pi = (1/2, 3/2, 1)$$

reduzierte Kosten: $c_3 = \pi a_3 = \frac{1}{2} > 0, \; c_4 = \pi a_4 = \frac{3}{2} > 0.$

Das Optimalitätskriterium ist erfüllt, also $\bar{x}(J_2)$ optimal, d. h. $\bar{x}_1 = 1, \bar{x}_2 = 3, \bar{x}_3 = 0, \bar{x}_4 = 0, \bar{x}_5 = 7$. Der Optimalwert der Zielfunktion x_5 ist $\bar{x}_5 = 7$.

Bei der praktischen Durchführung der Simplexmethode hat man pro Simplexschritt $J \to \tilde{J}$ (4.10.9) drei lineare Gleichungssysteme mit der Matrix A_J zu lösen

(4.10.21)
$$\begin{aligned} A_J \bar{b} &= b \Rightarrow \bar{b} \quad &(\text{Schritt 1}), \\ \pi A_J &= e_t^T \Rightarrow \pi \quad &(\text{Schritt 2}), \\ A_J \bar{a} &= a_s \Rightarrow \bar{a} \quad &(\text{Schritt 4}). \end{aligned}$$

Die dazu erforderliche Rechenarbeit für die sukzessiven Basen $J \to \tilde{J} \to \ldots$ kann man erheblich reduzieren, wenn man berücksichtigt, daß aufeinanderfolgende Basen $J \to \tilde{J}$ benachbart sind: man erhält ja die neue Basismatrix $A_{\tilde{J}}$ aus A_J dadurch, daß man eine Spalte von A_J durch eine andere Spalte von A ersetzt. Dies kann man z.B. bei Verwendung von Zerlegungen der Basismatrix A_J des Typs (4.9.1)

$$FA_J = R\,, \quad F \text{ nichtsingulär, } R \text{ obere Dreiecksmatrix}\,,$$

ausnutzen (s. Abschnitt (4.9)). Mit Hilfe einer solchen Zerlegung von A_J kann man einerseits Gleichungssysteme (4.10.21) leicht lösen:

$$\begin{aligned} R\bar{b} &= Fb \Rightarrow \bar{b}\,, \\ R^T z &= e_t \quad \Rightarrow z \Rightarrow \pi = z^T F\,, \\ R\bar{a} &= Fa_s \Rightarrow \bar{a}\,. \end{aligned}$$

Andererseits kann man mit den Techniken von Abschnitt (4.9) aus einer Zerlegung $FA_J = R$ von A_J in jedem Simplexschritt eine analoge Zerlegung $\tilde{F}A_{\tilde{J}} = \tilde{R}$ für die Nachbarbasis $\tilde{J} = (j_1, \dots, j_{r-1}, j_{r+1}, \dots, j_m, s)$ (vgl. Schritt 7 von (4.10.9)) herrechnen: Die Matrix $FA_{\tilde{J}}$ ist eine obere Hessenberg-Matrix der Form (skizziert für $m=4$, $r=2$)

$$FA_{\tilde{J}} = \begin{pmatrix} x & x & x & x \\ & x & x & x \\ & x & x & x \\ & & x & x \end{pmatrix} =: R'$$

deren Subdiagonalelemente man leicht mit Matrizen $E_{r,r+1}, E_{r+1,r+2}, \dots, E_{m-1,m}$ des Typs (4.9.5) annullieren, und R' so in eine obere Dreiecksmatrix $\tilde{R}$ transformieren kann:

$$\tilde{F}A_{\tilde{J}} = \tilde{R}\,, \quad \tilde{F} := EF\,, \quad \tilde{R} := ER'\,, \quad E := E_{m-1,m}E_{m-2,m-1} \cdots E_{r,r+1}\,.$$

Es liegt also nahe, die Simplexmethode in der Weise praktisch zu realisieren, daß man in jedem Simplexschritt $J \to \tilde{J}$ ein 4-Tupel $\mathfrak{M} = \{J; t; F, R\}$ mit der Eigenschaft

$$p = j_t\,, \quad FA_J = R$$

in ein analoges 4-Tupel $\tilde{\mathfrak{M}} = \{\tilde{J}; \tilde{t}; \tilde{F}, \tilde{R}\}$ transformiert. Zum Start dieser Variante der Simplexmethode hat man sich neben einer zulässigen Basis J_0 mit $p \in J_0$ von $LP(I, p)$ auch eine Zerlegung $F_0 A_{J_0} = R_0$ des Typs (4.9.1) von A_{J_0} zu verschaffen. Algolprogramme für diese Realisierung der Simplexmethode findet man in Wilkinson, Reinsch [11].

Die üblicheren Realisierungen der Simplexmethode benutzen statt der Zerlegungen $FA_J = R$ (4.9.1) andere Größen, die es gestatten die Gleichungssysteme (4.10.21) effizient zu lösen. So werden bei der „Inverse-Basis-Method" 5-tupel der Form

$$\hat{\mathfrak{M}} = \{J; t; B, \bar{b}, \pi\} \quad \text{mit} \quad p = j_t\,, \quad B := A_J^{-1}\,, \quad \bar{b} := A_J^{-1}b\,, \quad \pi := e_t^T A_J^{-1}$$

benutzt, bei einer anderen Variante 5-Tupel

$$\overline{\mathfrak{M}} = \{J; t; \bar{A}, \bar{b}, \pi\}$$

mit

$$j_t = p, \quad \bar{A} := A_J^{-1} A_K, \quad \bar{b} := A_J^{-1} b, \quad \pi := e_t^T A_J^{-1}, \quad J \oplus K = N.$$

Man nutzt hier bei dem Übergang $J \to \tilde{J}$ rechensparend aus, daß man für benachbarte Basen $J, \tilde{J}$ die Inverse $A_{\tilde{J}}^{-1}$ durch Multiplikation von A_J^{-1} mit einer geeigneten Frobeniusmatrix G berechnen kann (s. Aufgabe 4 von Kapitel 4): $A_{\tilde{J}}^{-1} = G A_J^{-1}$. Bei diesen Verfahren ist sogar die Rechenarbeit etwas geringer als bei der Verwendung der Zerlegung $F A_J = R$ (4.9.1). Ihr Hauptnachteil liegt in ihrer numerischen Instabilität: Ist eine Basismatrix A_{J_i} schlecht konditioniert, so pflanzt sich die zwangsläufig große Ungenauigkeit von $A_{J_i}^{-1}, A_{J_i}^{-1} A_{K_i}$ bei $\hat{\mathfrak{M}}_i$ und $\overline{\mathfrak{M}}_i$ auf alle folgenden 5-tupel $\hat{\mathfrak{M}}_j, \overline{\mathfrak{M}}_j, j > i$ fort.

Das folgende praktische Beispiel illustriert den Gewinn an numerischer Stabilität, den man erhält, wenn man statt der üblichen "Inverse-Basis-Method" die Dreieckszerlegung (4.9.1) zur Realisierung der Simplexmethode benutzt. Gegeben sei ein lineares Programm mit Nebenbedingungen der Form

$$\begin{aligned} Ax &= b, \quad A = (A1, A2) \\ x &\geqq 0. \end{aligned} \tag{4.10.22}$$

Als Matrix A wählen wir die 5×10-Matrix, die durch die 5×5-Untermatrizen $A1, A2$

$$A1 = (a1_{ik}), \quad a1_{ik} := 1/(i+k), \quad i, k = 1, \ldots, 5$$
$$A2 = I_5 = \text{5-reihige Einheitsmatrix}$$

gegeben ist. $A1$ ist sehr schlecht, $A2$ sehr gut konditioniert. Als rechte Seite wird der Vektor $b := A1 \cdot e$, $e := (1,1,1,1,1)^T$, gewählt, $b_i := \sum_{k=1}^{5} 1/(i+k)$, so daß die Basen $J_1 := (1, 2, 3, 4, 5)$, $J_2 := (6, 7, 8, 9, 10)$ beide zulässig für (4.10.22) sind und die Basislösungen

$$\begin{aligned} \bar{x}(J_1) &:= \begin{pmatrix} \bar{b}_1 \\ 0 \end{pmatrix}, \quad \bar{b}_1 := A_{J_1}^{-1} b = A1^{-1} b = e \\ \bar{x}(J_2) &:= \begin{pmatrix} 0 \\ \bar{b}_2 \end{pmatrix}, \quad \bar{b}_2 := A_{J_2}^{-1} b = A2^{-1} b = b \end{aligned} \tag{4.10.23}$$

besitzen.

Wir wählen nun als Startbasis $J_2 = (6, 7, 8, 9, 10)$ und transformieren sie einmal mit der Inverse-Basis-Method und einmal mit der Dreieckszerlegungsmethode mittels einzelner Austauschschritte in die neue Basis J_1 und kehren anschließend mittels einer anderen Sequenz von Austauschschritten wieder zur Startbasis J_2 zurück:

$$J_2 \to \ldots \to J_1 \ldots \to J_2.$$

Für die entsprechenden Basislösungen (4.10.23) erhält man bei diesem Kreisprozeß folgende Werte (Maschinengenauigkeit eps $\approx 10^{-11}$, ungenaue Stellen sind unterstrichen)

Basis		exakte Basislösung		Inverse-Basis Method		Dreiecks-zerlegungsmethode
		$1.4500000000_{10}\;0$		$1.4500000000_{10}\;0$		$1.4500000000_{10}\;0$
		$1.0928571428_{10}\;0$		$1.0928571428_{10}\;0$		$1.0928571428_{10}\;0$
J_2	$\bar{b}_2=$	$8.8452380952_{10}-1$	$=$	$8.8452380952_{10}-1$	$=$	$8.8452380952_{10}-1$
		$7.4563492063_{10}-1$		$7.4563492063_{10}-1$		$7.4563492063_{10}-1$
		$6.4563492063_{10}-1$		$6.4563492063_{10}-1$		$6.4563492063_{10}-1$
		1		$1.0000000\underline{182}_{10}\;0$		$1.0000000\underline{786}_{10}\;0$
		1		$9.99999\underline{84079}_{10}-1$		$9.99999\underline{16035}_{10}-1$
J_1	$\bar{b}_1=$	1		$1.000000\underline{4372}_{10}\;0$		$1.00000\underline{27212}_{10}\;0$
		1		$9.99999\underline{52118}_{10}-1$		$9.99996\underline{56491}_{10}-1$
		1		$1.000000\underline{1826}_{10}\;0$		$1.00000\underline{14837}_{10}\;0$
		$1.4500000000_{10}\;0$		$1.45000\underline{10511}_{10}\;0$		$1.4500000000_{10}\;0$
		$1.0928571428_{10}\;0$		$1.092857\underline{9972}_{10}\;0$		$1.092857142\underline{7}_{10}\;0$
J_2	$\bar{b}_2=$	$8.8452380952_{10}-1$		$8.8452\underline{453057}_{10}-1$		$8.845238095\underline{0}_{10}-1$
		$7.4563492063_{10}-1$		$7.4563\underline{554473}_{10}-1$		$7.456349206\underline{0}_{10}-1$
		$6.4563492063_{10}-1$		$6.4563\underline{547103}_{10}-1$		$6.45634920\underline{59}_{10}-1$

Man findet folgendes Resultat: Wegen $A_{J_2}=I_5$ liefern beide Methoden anfangs die exakte Lösung; für die Basis J_1 liefern beide gleich ungenaue Resultate: Diese Ungenauigkeit spiegelt die schlechte Kondition von A_{J_1} wieder; sie läßt sich bei keiner Methode vermeiden, es sei denn, man führt die Rechnung mit doppelter Genauigkeit durch. Nach dem Durchgang durch die schlecht konditionierte Basismatrix A_{J_1} ändert sich die Situation drastisch zugunsten der Dreieckszerlegungsmethode: Diese Methode liefert die Basislösung zu J_2 mit praktisch der vollen Maschinengenauigkeit, während die Inverse-Basis-Method die Lösung nur mit derselben Ungenauigkeit wie bei der vorausgegangenen Basis J_1 reproduziert. Bei der Inverse-Basis-Methode vererbt sich der Einfluß der schlechten Kondition einer Basismatrix A_J auf alle weiteren Basen, nicht aber bei der Dreieckszerlegungsmethode.

4.11 Phase I der Simplexmethode

Zum Start von Phase II der Simplexmethode benötigt man eine zulässige Basis J_0 von $LP(I, p)$ mit $p=j_{t_0}\in J_0$ bzw. ein zugehöriges 4-Tupel $\mathfrak{M}_0=\{J_0;t_0;F_0,R_0\}$, in dem die nichtsinguläre Matrix F_0 und die nichtsinguläre obere Dreiecksmatrix R_0 eine Zerlegung $F_0A_{J_0}=R_0$ (4.9.1) der Basismatrix A_{J_0} angeben.

In einigen Spezialfällen kann man leicht eine zulässige Basis $J_0(\mathfrak{M}_0)$ finden, nämlich dann, wenn ein lineares Programm folgender Gestalt vorliegt:

$$\begin{aligned} &\text{bestimme} \quad \inf c_1x_1+\dots+c_nx_n \\ &\qquad x\in\mathbb{R}^n: a_{i1}x_1+\dots+a_{in}x_n\leqq b_i, \qquad i=1,2,\dots,m \\ &\qquad\qquad x_i\geqq 0 \quad \text{für} \quad i\in I_1\subset\{1,2,\dots,n\}, \end{aligned}$$

wobei $b_i \geqq 0$ für $i = 1, 2, \ldots, m$. Nach Einführung von Schlupfvariablen erhält man das äquivalente Problem

$$\begin{aligned}
&\text{bestimme} \quad \sup x_{n+m+1} \\
&x \in \mathbb{R}^{n+m+1}: a_{i1}x_1 + \ldots + a_{in}x_n + x_{n+i} = b_i, \qquad i = 1, 2, \ldots, m \\
&\qquad c_1 x_1 + \ldots + c_n x_n + x_{n+m+1} = 0, \\
&\qquad x_i \geqq 0 \quad \text{für} \quad i \in I_1 \cup \{n+1, n+2, \ldots, n+m\},
\end{aligned}$$

das die Standardform $LP(I, p)$ des letzten Abschnitts mit

$$A = \begin{pmatrix} a_{11}, \ldots, a_{1n} & 1 & & \\ \vdots \quad\quad \vdots & & \ddots & \\ a_{m1}, \ldots, a_{mn} & & & 1 \\ c_1, \quad\quad c_n & & & & 1 \end{pmatrix}, \quad b = \begin{pmatrix} b_1 \\ \vdots \\ b_m \\ 0 \end{pmatrix}$$

$$p := n + m + 1, \qquad I := I_1 \cup \{n+1, n+2, \ldots, n+m\}$$

besitzt. $J_0 := (n+1, n+2, \ldots, n+m+1)$ ist wegen $b_i \geqq 0$ eine zulässige Basis mit $p = j_t \in J_0$, $t := m+1$. Ein entsprechendes $\mathfrak{M}_0 = (J_0; t_0; F_0; R_0)$ ist gegeben durch $t_0 := m+1$, $F_0 := R_0 := I_{m+1}$, die $m+1$-reihige Einheitsmatrix.

Für allgemeine lineare Programme (P) leistet die sog. „Phase I der Simplexmethode" das Verlangte. Man versteht darunter allgemein Techniken, bei denen Phase II der Simplexmethode auf ein modifiziertes lineares Programm $(\tilde{P})$ angewandt wird. Dabei ist $(\tilde{P})$ so beschaffen, daß für $(\tilde{P})$ eine zulässige Startbasis bekannt ist (also $(\tilde{P})$ mittels Phase II der Simplexmethode gelöst werden kann) und jede Optimalbasis von $(\tilde{P})$ eine zulässige Startbasis für (P) liefert. Es soll hier nur eine dieser Techniken beschrieben werden. Bezüglich anderer Starttechniken sei auf die Spezialliteratur über lineare Programmierung verwiesen, z. B. Dantzig [14].

Wir betrachten ein allgemeines lineares Programm, das bereits auf folgende Form gebracht worden sei:

$$\begin{aligned}
&\text{bestimme} \quad \inf c_1 x_1 + \ldots + c_m x_n \\
(4.11.2)\qquad &x \in \mathbb{R}^n: a_{j1}x_1 + \ldots + a_{jn}x_n = b_j, \qquad j = 1, 2, \ldots, m \\
&\qquad x_i \geqq 0 \quad \text{für} \quad i \in I \subseteqq \{1, 2, \ldots, n\},
\end{aligned}$$

wobei wir o.B.d.A annehmen, daß $b_j \geqq 0$ für alle j gilt (multipliziere die j-te Nebenbedingung mit -1, falls $b_j < 0$). Wir führen nun sog. „künstliche Variable"

$x_{n+1}, \ldots, x_{n+m}$, sowie eine weitere Variable x_{n+m+1} ein und betrachten folgendes Hilfsproblem in Standardform

$LP(\tilde{I}, \tilde{P})$:

$$\begin{array}{lll} \text{bestimme} & \sup x_{n+m+1} & \\ & x \in \mathbb{R}^{n+m+2}: a_{11}x_1 + \ldots + a_{1n}x_n + x_{n+1} & = b_1 \\ & \ldots & \\ & a_{m1}x_1 + \ldots + a_{mn}x_n + \qquad + x_{n+m} & = b_m \\ (4.11.3) & \qquad x_{n+1} + \ldots + x_{n+m} + x_{n+m+1} & = 0 \\ & c_1x_1 + \ldots + c_nx_n + \qquad + x_{n+m+2} & = 0 \\ & x_i \geqq 0 \quad \text{für} \quad i \in \tilde{I} := I \cup \{n+1, \ldots, n+m\}, \quad \tilde{p} := n+m+1 . & \end{array}$$

Offensichtlich gilt $x_{n+m+1} = -(x_{n+1} + x_{n+2} + \ldots + x_{n+m}) \leqq 0$ für jede zulässige Lösung $x \in \mathbb{R}^{n+m+2}$ von $LP(\tilde{I}, \tilde{p})$, und für jede zulässige Lösung x von $LP(\tilde{I}, \tilde{p})$ mit $x_{n+m+1} = 0$ ist auch $x_{n+1} = \ldots x_{n+m} = 0$ und $(x_1, x_2, \ldots, x_n)$ ist zulässige Lösung von (4.11.2). Umgekehrt kann jede zulässige Lösung von (4.11.2) zu einer zulässigen Lösung x von $LP(\tilde{I}, \tilde{p})$ mit $x_{n+m+1} = 0$ erweitert werden. Die Maximierung von x_{n+m+1} in $LP(\tilde{I}, \tilde{p})$ läuft also darauf hinaus, eine zulässige Lösung von (4.11.2) zu berechnen. Eine zulässige Startbasis $\tilde{J}_0(\tilde{\mathfrak{M}}_0 = \{\tilde{J}_0;\, \tilde{t}_0;\, \tilde{F}_0,\, \tilde{R}_0\})$ für $LP(\tilde{I}, \tilde{p})$ ist

$$\tilde{J}_0 := \{n+1, n+2, \ldots, n+m+2\}, \qquad \tilde{p} = j_{\tilde{t}_0} \in \tilde{J}_0, \qquad \tilde{t}_0 := m+1$$

$$\tilde{F}_0 := \begin{pmatrix} 1 & & 0 & & \\ & \ddots & & & \\ 0 & \ldots & 1 & & \\ -1 & \ldots & -1 & 1 & \\ 0 & \ldots & 0 & & 1 \end{pmatrix} \qquad \tilde{R}_0 = \begin{pmatrix} 1 & & 0 \\ & \ddots & \\ 0 & & 1 \end{pmatrix},$$

denn zu $\tilde{J}_0$ gehört die zulässige Basislösung $\bar{x}$ mit $\bar{x}_{n+i} = b_i$, $i = 1, 2, \ldots, m$, $\bar{x}_{n+m+1} := -\sum_{i=1}^{m} b_i$, $\bar{x}_j = 0$ sonst. Phase II der Simplexmethode kann deshalb sofort auf $LP(\tilde{I}, \tilde{p})$ angewandt werden. Sie liefert schließlich eine Optimalbasis $\tilde{J}$ bzw. $\tilde{\mathfrak{M}} = \{\tilde{J}; \tilde{t}; \tilde{F}, \tilde{R}\}$ und eine Optimallösung $\tilde{x}$ für $LP(\tilde{I}, \tilde{p})$, für die entweder gilt

a) $\tilde{x}_{n+m+1} < 0$ oder b) $\tilde{x}_{n+m+1} = 0$.

Im ersten Fall besitzt (4.11.2) keine zulässige Lösung, Im zweiten Fall ist die Optimallösung $\tilde{x}$ auch zulässige Lösung für das modifizierte Problem $LP(\bar{I}, \bar{p})$

$LP(\bar{I},\bar{p})$:

$$\text{bestimme} \quad \sup x_{n+m+2}$$

$$x\in\mathbb{R}^{n+m+2}: \sum_{k=1}^{n} a_{ik}x_k + x_{n+i} = b_i, \qquad i=1,2,\ldots,m$$

$$\sum_{i=1}^{m} x_{n+i} + x_{n+m+1} = 0$$

$$\sum_{i=1}^{n} c_i x_i + x_{n+n+2} = 0$$

$$x_i \geqq 0 \quad \text{für} \quad i\in I = I\cup\{n+1,\ldots,n+m+1\}, \qquad \bar{p} := n+m+2$$

das man aus $L(\tilde{I},\tilde{p})$ dadurch erhält, indem man in (4.11.3) nur $\tilde{I},\tilde{p}$ ersetzt durch $\bar{I} := I\cup\{n+1,\ \ldots,\ n+m+1\}$, $\bar{p} := n+m+2$. $\tilde{J}(\tilde{\mathfrak{M}})$ ist also zulässige Startbasis von $LP(\bar{I},\bar{p})$ (mit $p\in J$, wie man leicht bestätigt). Offensichtlich ist aber $LP(\bar{I},\bar{p})$ zu (4.11.2) äquivalent, weil die zulässigen Lösungen x von $LP(\bar{I},\bar{p})$ wegen $x_{n+1} = \ldots = x_{n+m+1} = 0$ eindeutig den zulässigen Lösungen $(x_1,\ldots,x_n)$ von (4.11.2) entsprechen, so daß Phase II der Simplexmethode angewandt auf $L(\bar{I},\bar{p})$ schließlich zu einer Lösung von (4.11.2) führt.

Übungsaufgaben zu Kapitel 4

1. Gegeben seien folgende Vektornormen in $\mathbb{C}^n$ bzw. $\mathbb{R}^n$.

$$\|x\|_\infty := \max_{1\leqq i\leqq n} |x_i|;$$

$$\|x\|_2 := \sqrt{\sum_{i=1}^{n} |x_i|^2};$$

$$\|x\|_1 := \sum_{i=1}^{n} |x_i|.$$

Man zeige:

a) Die Normeigenschaften für die angegebenen Normen;

b) $\|x\|_\infty \leqq \|x\|_2 \leqq \|x\|_1$;

c) $\|x\|_2 \leqq \sqrt{n}\,\|x\|_\infty$, $\|x\|_1 \leqq \sqrt{n}\,\|x\|_2$

Wird in den Beziehungen b), c) die Gleichheit erreicht?

d) Man bestimme $\operatorname{lub}(A)$ bezüglich der Norm $\|\circ\|_1$.

e) Ausgehend von der Definition von

$$\operatorname{lub}(A) = \max_{x\neq 0} \frac{\|Ax\|}{\|x\|}$$

kann man zeigen, daß für die nichtsinguläre Matrix A gilt:

$$\frac{1}{\operatorname{lub}(A^{-1})} = \min_{y\neq 0} \frac{\|Ay\|}{\|y\|}.$$

2. Man betrachte die Klasse der Normen in $\mathbb{C}^n$

$$\|x\|_D := \|Dx\|,$$

wobei $\|\circ\|$ eine feste Vektornorm ist und D die Klasse der nichtsingulären Matrizen durchläuft.
Man zeige:
a) $\|\circ\|_D$ ist eine Norm,
b) es gilt:

$$m\|x\| \leqq \|x\|_D \leqq M\|x\|$$

mit

$$m = 1/\text{lub}(D^{-1}), \qquad M = \text{lub}(D),$$

wobei lub(D) bzgl. der Norm $\|\circ\|$ zu nehmen ist.
c) Man drücke $\text{lub}_D(A)$ mit Hilfe der zu $\|\circ\|$ gehörigen lub-Norm aus.
d) Für eine nichtsinguläre Matrix A ist cond(A) von der Wahl der zugrundeliegenden Vektornorm abhängig. Man zeige, daß $\text{cond}_D(A)$ zur Vektornorm $\|\circ\|_D$ bei geeigneter Wahl von D beliebig groß werden kann. Man gebe eine Abschätzung mit Hilfe von m, M.
e) Wie stark unterscheiden sich höchstens cond(A) bezüglich $\|\circ\|_\infty$ und $\|\circ\|_2$. (Man benutze die Ergebnisse von 1.b)–c)).

3. Man zeige für eine nichtsinguläre $n \times n$-Matrix A und Vektoren $u, v \in \mathbb{R}^n$:
a) Ist $v^T A^{-1} u \neq -1$, so gilt

$$(A + uv^T)^{-1} = A^{-1} - \frac{A^{-1}uv^TA^{-1}}{1 + v^TA^{-1}u}.$$

b) Ist $v^T A^{-1} u = -1$, so ist $(A + uv^T)$ singulär.
(*Hinweis:* Finden Sie einen Vektor $z \neq 0$ mit $(A + uv^T)z = 0$!)

4. A sei eine nichtsinguläre $n \times n$-Matrix mit den Spalten a_i, $A = (a_1, \ldots, a_n)$.
a) $\tilde{A} = (a_1, \ldots, a_{i-1}, b, a_{i+1}, \ldots, a_n)$, $b \in \mathbb{R}^n$ sei die Matrix in der gegenüber A die i-te Spalte a_i durch b ersetzt wurde.
Man untersuche mit Hilfe der Formel aus Aufgabe 3.a) unter welchen Bedingungen $\tilde{A}^{-1}$ existiert und zeige, daß dann $\tilde{A}^{-1} = FA^{-1}$ gilt, wobei F eine Frobeniusmatrix ist.
b) $A = (a_{ik})$ sei eine nichtsinguläre $n \times n$-Matrix, A_α entstehe aus A dadurch, daß ein einziges Element a_{ik} zu $a_{ik} + \alpha$ abgeändert wird. Für welche α existiert A_α^{-1}?

5. Für diese Aufgabe benutze man folgenden Satz [vgl. (6.4.10)]:
A sei eine reelle, nichtsinguläre $n \times n$-Matrix, dann gibt es zwei reelle, orthogonale Matrizen U, V, so daß

$$U^TAV = D$$

gilt, wobei $D = \text{diag}(\mu_1, \ldots, \mu_n)$ *und*

$$\mu_1 \geqq \mu_2 \geqq \ldots \geqq \mu_n > 0.$$

(Bei den folgenden Betrachtungen benutze man die euklidische Norm).

a) Wie lautet $\operatorname{cond}(A)$ ausgedrückt in den μ_i?

b) Man gebe mit Hilfe von U diejenigen Vektoren b bzw. Δb an, die in den Abschätzungen (4.4.11), (4.4.12) und

$$\|b\| \leqq \operatorname{lub}(A)\,\|x\|$$

Gleichheit ergeben.

c) Gibt es ein b, so daß für alle Δb in (4.4.12) gilt:

$$\frac{\|\Delta x\|}{\|x\|} \leqq \frac{\|\Delta b\|}{\|b\|}\,?$$

Man bestimme solche Vektoren b mit Hilfe von U. (Man betrachte Vektoren b mit $\operatorname{lub}(A^{-1})\,\|b\| = \|x\|$.)

6. Gegeben sei das Gleichungssystem $Ax = b$ mit

$$A = \begin{bmatrix} 0.78 & 0.563 \\ 0.913 & 0.659 \end{bmatrix} \quad \text{und} \quad b = \begin{bmatrix} 0.217 \\ 0.254 \end{bmatrix}.$$

Die exakte Lösung ist $x^T = (1, -1)$. Gegeben seien ferner 2 Näherungslösungen

$$x_1^T = (0.999, -1.001)$$
$$x_2^T = (0.341, -0.087);$$

a) Man berechne die Residuen $r(x_1), r(x_2)$! Hat die genauere Lösung x_1 das kleinere Residuum?

b) Man berechne $\operatorname{cond}(A)$ bezüglich der Maximumnorm.

$$A^{-1} = \begin{bmatrix} 659\,000 & -563\,000 \\ -913\,000 & 780\,000 \end{bmatrix}$$

c) Man drücke $\tilde{x} - x = \Delta x$ mit Hilfe von $r(\tilde{x})$, dem Residuum zu $\tilde{x}$, aus. Gibt es eine Erklärung der Diskrepanz, die in a) festgestellt wurde (vergleiche Aufgabe 5)?

7. Man zeige:

a) die betragsgrößten Elemente einer positiv definiten Matrix treten in der Diagonale auf und sind positiv.

b) Sind alle führenden Hauptminoren einer Hermiteschen $n \times n$-Matrix $A = (a_{ik})$ positiv, d. h. gilt

$$\det\left(\begin{bmatrix} a_{11} & \cdots & a_{1i} \\ \vdots & & \vdots \\ a_{i1} & \cdots & a_{ii} \end{bmatrix}\right) > 0 \quad \text{für} \quad i = 1, \ldots, n,$$

so ist A positiv definit.

(*Hinweis:* Arbeiten Sie mit dem Induktionsbeweis zu Satz (4.3.3).)

8. Gegeben sei die reelle, positiv definite $n \times n$-Matrix A'. Sie sei in folgender Weise partitioniert:

$$A' = \begin{bmatrix} A & B \\ B^T & C \end{bmatrix},$$

wobei A eine $m \times m$ Matrix ist.

Man zeige zunächst:

a) $C - B^T A^{-1} B$ ist positiv definit.

(Hinweis: Man partitioniere x in entsprechender Weise.

$$x = \begin{bmatrix} x_1 \\ x_2 \end{bmatrix}, \quad x_1 \in \mathbb{R}^m, \quad x_2 \in \mathbb{R}^{n-m}$$

und bestimme bei festem x_2 ein geeignetes x_1, so daß

$$x^T A' x = x_2^T (C - B^T A^{-1} B)\, x_2 \text{ gilt.)}$$

Nach Satz (4.3.3) gibt es für A' eine Zerlegung in

$$A' = R^T R,$$

wobei R eine obere Dreiecksmatrix ist, die zu A' entsprechend partioniert sei,

$$R = \begin{bmatrix} R_{11} & R_{12} \\ 0 & R_{22} \end{bmatrix}.$$

Man zeige weiter:

b) Jede Matrix $M = N^T N$, wobei N eine nichtsinguläre Matrix ist, ist positiv definit.

c) $R_{22}^T R_{22} = C - B^T A^{-1} B$.

d) Aus a) ergibt sich die Schlußfolgerung

$$r_{ii}^2 > 0, \qquad i = 1, \ldots, n,$$

wobei r_{ii} ein beliebiges Diagonalelement von R ist.

e) Für $\operatorname{lub}(R^{-1})$ bezüglich der euklidischen Norm gibt es folgende Abschätzung

$$r_{ii}^2 \geqq \min_{x \neq 0} \frac{x^T A' x}{x^T x} = \frac{1}{\operatorname{lub}(R^{-1})^2}$$

für $i = 1, \ldots n$.

(*Hinweis:* Aufgabe 1e).

f) Für $\operatorname{lub}(R)$ bezüglich der euklidischen Norm gilt die Abschätzung

$$\operatorname{lub}(R)^2 = \max_{x \neq 0} \frac{x^T A' x}{x^T x} \geqq r_{ii}^2 \quad \text{für} \quad i = 1, \ldots n.$$

g) Für $\operatorname{cond}(R)$ ergibt sich eine Abschätzung nach unten

$$\operatorname{cond}(R) \geqq \max_{1 \leqq i,k \leqq n} \left| \frac{r_{ii}}{r_{kk}} \right|.$$

9. Eine Folge A_n komplexer oder reeller $r \times r$-Matrizen konvergiert genau dann komponentenweise gegen eine Matrix A, wenn die A_n eine Cauchyfolge bilden, d. h., wenn für eine beliebige Vektornorm $\| \circ \|$ und beliebiges $\varepsilon > 0$ gilt: $\operatorname{lub}(A_n - A_m) < \varepsilon$ für genügend großes n und m.
Man zeige: Ist $\operatorname{lub}(A) < 1$, dann konvergieren die Folge A^n und die Reihe $\sum_{n=0}^{\infty} A^n$, $I - A$ ist nichtsingulär, und es ist

$$(I - A)^{-1} = \sum_{n=0}^{\infty} A^n.$$

Man benutze diese Beziehung, um den Hilfssatz (4.4.14) zu beweisen.

10. Die Inverse einer $n \times n$-Matrix A soll mit der Gauß-Jordan-Methode und Teilpivotsuche gefunden werden.
Man zeige, daß die Spalten von A linear abhängig sind, wenn man bei der Teilpivotsuche kein von Null verschiedenes Pivotelement findet.

11. Sei A eine positiv definite $n \times n$-Matrix. Auf A werde das Gaußsche Eliminationsverfahren angewandt (ohne Pivotsuche). Nach k Eliminationen ist A auf die Form

$$A^{(k)} = \begin{bmatrix} A_{11}^{(k)} & A_{12}^{(k)} \\ 0 & A_{22}^{(k)} \end{bmatrix}$$

mit $A_{22}^{(k)}$ eine $(n-k) \times (n-k)$ Matrix, reduziert. Man zeige durch Induktion
a) $A_{22}^{(k)}$ ist wieder positiv definit,
b) $a_{ii}^{(k)} \leqq a_{ii}^{(k-1)}$ für $k \leqq i \leqq n, k = 1, 2, \ldots n-1$.

12. Bei der Fehleranalyse des Gaußschen Eliminationsverfahrens in 4.5 wurden Abschätzungen des Wachstums der maximalen Elemente der Matrizen $A^{(i)}$ verwendet.
Sei

$$a_i := \max_{r,s} |a_{rs}^{(i)}|, \qquad A^{(i)} := (a_{rs}^{(i)}).$$

Man zeige, daß bei Teilpivotsuche gilt:
a) $a_k \leqq 2^k a_0$, $k = 1, \ldots n-1$ für beliebiges A.
b) $a_k \leqq k a_0$, $k = 1, \ldots n-1$ für Hessenberg Matrizen A,
c) $a = \max_{1 \leqq k \leqq n-1} a_k \leqq 2a_0$ für Tridiagonalmatrizen A.

13. Folgende Zerlegung einer positiv definiten Matrix A

$$A = SDS^H,$$

wobei S eine untere Dreiecksmatrix mit $s_{ii} = 1$ und D eine Diagonalmatrix $D = \operatorname{diag}(d_i)$ sind, ergibt eine Variante des Cholesky-Verfahrens.

Man zeige, daß
a) eine solche Zerlegung möglich ist (Satz 4.3.3),
b) $d_i = (l_{ii})^2$, wobei $A = LL^H$, L eine untere Dreiecksmatrix ist,
c) gegenüber dem Cholesky-Verfahren (4.3.4) die Berechnung der n Wurzeln eingespart wird.

14. Es liege folgendes mathematische Gesetz vor

$$y = x_1 z + x_2,$$

mit zwei unbekannten Parametern x_1, x_2. Ferner sei ein Satz von Meßdaten gegeben:

$$\{y_l, z_l\}_{l=1,\ldots m} \quad \text{mit} \quad z_l = l.$$

Man versuche mittels linearer Ausgleichsrechnung die Parameter x_1, x_2 aus den Meßdaten zu bestimmen.
a) Wie lautet die Normalgleichung für das lineare Ausgleichsproblem?
b) Man führe die Choleskyzerlegung der Matrix der Normalgleichung $B = A^T A = LL^T$ durch.
c) Man gebe eine Abschätzung für cond(L) bezüglich der euklidischen Norm. (*Hinweis:* Man benutze die Abschätzung für cond (L) aus Aufgabe 8g.)
d) Wie steigt die Kondition mit der Anzahl der Meßpunkte m an? (Siehe Schwarz, Rutishauser, Stiefel [9].)

15. Zu den Meßwerten

x_i	-2	-1	0	1	2
y_i	0.5	0.5	2	3.5	3.5

soll eine Gerade

$$y(x) = \alpha + \beta x$$

so bestimmt werden, daß

$$\sum_i [y(x_i) - y_i]^2$$

minimal wird. Man stelle die Normalgleichungen auf und berechne daraus die optimalen Parameter α und β.

Literatur zu Kapitel 4

[1] Bauer, F. L.: Genauigkeitsfragen bei der Lösung linearer Gleichungssysteme. In: ZAMM **46**, 409–421 (1966).
[2] Collatz, L.: Funktionalanalysis und numerische Mathematik. Die Grundlehren der mathematischen Wissenschaften in Einzeldarstellungen, Bd. 120. Berlin-Heidelberg-New York: Springer 1968.

[3] Forsythe, G. E., Moler, C. B.: Computer solution of linear algebraic systems. Series in Automatic Computation, Englewood Cliffs: Prentice-Hall 1967.
[4] Großmann, W.: Grundzüge der Ausgleichsrechnung. 3. Aufl. Berlin-Heidelberg-New York: Springer 1969.
[5] Guest, P. G.: Numerical methods of curve fitting. Cambridge: University Press 1961.
[6] Householder, A. S.: The theory of matrices in numerical analysis. New York: Blaisdell 1964.
[7] Prager, W., Oettli, W.: Compatibility of approximate solution of linear equations with given error bounds for coefficients and right hand sides. Num. Math. **6**, 405–409 (1964).
[8] Sautter, W.: Dissertation TU München 1971.
[9] Schwarz, H. R., Rutishauser, H., Stiefel, E.: Numerik symmetrischer Matrizen. Leitfäden der angewandten Mathematik, Bd. 11. Stuttgart: Teubner 1968.
[10] Wilkinson, J. H.: The algebraic eigenvalue problem. Monographs on numerical analysis. Oxford: Clarendon Press 1965.
[11] — Reinsch, Ch.: Linear algebra. Handbook for automatic computation, Vol. II. Grundlehren der mathematischen Wissenschaften in Einzeldarstellungen, Bd. 186. Berlin-Heidelberg-New York: Springer 1971.
[12] Blum, E., Oettli, W.: Mathematische Optimierung. Berlin-Heidelberg-New York: Springer 1975.
[13] Daniel, J. W., Gragg, W. B., Kaufman, L., Stewart, G. W.: Stable algorithms for updating the Gram-Schmidt QR factorization. Math. Comp. **30**, 1976.
[14] Dantzig, G. B.: Linear programming and extensions. Princeton, N. J.: Princeton University Press 1963.
[15] Gill, P. E., Golub, G. H., Murray, W., Saunders, M. A.: Methods for modifying matrix factorizations. Math. Comp. **28**, 505–535 (1974).
[16] Businger, P., Golub, G. H.: Linear least squares solutions by Householder transformations. Numer. Math. **7**, 269–276 (1965).
[17] Lawson, C. L., Hanson, R. J.: Solving least squares problems. Englewood Cliffs, N. J.: Prentice Hall 1974.
[18] Stewart, G. W.: Introduction to matrix computations. New York: Academic Press 1973.

Weitere Literaturangaben am Ende von Kapitel 1.

5 Nullstellenbestimmung durch Iterationsverfahren. Minimierungsverfahren

Ein wichtiges Problem ist die Bestimmung der Nullstellen ξ einer gegebenen Funktion $f: f(\xi) = 0$. Man denke dabei nicht nur an das Problem, die Nullstellen eines Polynoms

$$p(x) = a_0 + a_1 x + \dots + a_n x^n$$

zu finden. Je nach Definition der Funktion $f: E \to F$ und der Mengen E und F kann man sehr allgemeine Probleme als eine Aufgabe der Nullstellenbestimmung auffassen. Ist z. B. $E = F = \mathbb{R}^n$ so wird eine Abbildung $f: \mathbb{R}^n \to \mathbb{R}^n$ durch n reelle Funktionen $f_i(x^1, \dots, x^n)$ von n reellen Variablen $x^1, \dots, x^n$ beschrieben[1]:

$$f(x) = \begin{bmatrix} f_1(x^1, \dots, x^n) \\ \cdot \\ \cdot \\ \cdot \\ f_n(x^1, \dots, x^n) \end{bmatrix}, \qquad x^T = (x^1, \dots, x^n).$$

Das Problem, $f(x) = 0$ zu lösen bedeutet dann, eine Lösung des Systems von Gleichungen

(5.0.1) $$f_i(x^1, \dots, x^n) = 0, \qquad i = 1, \dots, n$$

zu finden. Noch allgemeinere Probleme erhält man, wenn als E und F unendlich dimensionale lineare Vektorräume gewählt werden, etwa Räume von Funktionen.

Da man nur in den seltensten Fällen eine Nullstelle ξ einer Funktion $f: E \to F$, $f(\xi) = 0$, in endlich vielen Schritten explizit berechnen kann, ist man in der Regel auf Näherungsmethoden angewiesen. Diese Verfahren sind gewöhnlich Iterationsmethoden folgender Form: Ausgehend von einem „Startwert" x_0 berechnet man weitere Näherungswerte $x_i, i = 1, 2, \dots$ für ξ mit Hilfe einer *Iterationsfunktion* $\Phi: E \to E$.

$$x_{i+1} := \Phi(x_i), \qquad i = 0, 1, 2, \dots .$$

---

[1] Wir bezeichnen in diesem Abschnitt die Komponenten von Vektoren $x \in \mathbb{R}^n, n > 1$, mit oberen Indizes: $x^i, i = 1, 2, \dots, n$.

Wenn ξ Fixpunkt von Φ ist, $\Phi(\xi) = \xi$, und alle Fixpunkte von Φ auch Nullstellen von f sind, sowie Φ (in einer Umgebung eines Fixpunktes ξ) stetig ist, ist ein Limes ξ der Folge der x_i, $i = 0, 1, 2, \ldots$, Fixpunkt von Φ und damit auch Nullstelle von f.

Es stellen sich in diesem Zusammenhang folgende Probleme:

1. Wie findet man passende Iterationsfunktionen Φ?
2. Unter welchen Bedingungen konvergiert die Folge der x_i?
3. Wie schnell konvergiert die Folge der x_i?

Wir werden diese Fragen nicht unter den allgemeinsten Voraussetzungen betrachten. Wir beschränken uns auf den endlich dimensionalen Fall und diskutieren Methoden, um Gleichungen der Form (5.0.1) zu lösen.

Nullstellenprobleme sind eng verwandt mit Minimierungsproblemen des Typs

$$\text{(5.0.2)} \qquad \text{Bestimme} \quad \min_{x \in \mathbb{R}^n} h(x)$$

für eine reelle Funktion $h: \mathbb{R}^n \to \mathbb{R}$ von n Variablen, $h(x) = h(x^1, x^2, \ldots, x^n)$. Ist nämlich h differenzierbar und $g(x) := \left(\frac{\partial h}{\partial x^1}, \ldots, \frac{\partial h}{\partial x^n}\right)^T$ der Gradient von h, so ist jedes Minimum $\bar{x}$ von $h(x)$ Nullstelle des Gradienten, $g(\bar{x}) = 0$. Umgekehrt ist jede Nullstelle ξ von $f(x) = 0$ (5.0.1), auch Minimum einer Funktion h, etwa $h(x) := \|f(x)\|^2$. (5.0.2) ist ein typisches Minimierungsproblem ohne Nebenbedingungen, und damit Spezialfall von Minimierungsproblemen mit Nebenbedingungen:

$$\textit{Minimiere} \quad h(x)$$

unter allen $x \in \mathbb{R}^n$ mit

$$h_i(x) \leqq 0 \quad \text{für} \quad i = 1, 2, \ldots, m_1$$
$$h_i(x) = 0 \quad \text{für} \quad i = m_1 + 1, m_1 + 2, \ldots, m.$$

Die Lösung solcher Probleme gehört zu den für die Praxis wichtigsten Aufgaben der Angewandten Mathematik. Im Rahmen dieser Einführung behandeln wir hier nur den Spezialfall (5.0.2). Der andere wichtige Spezialfall der sog. *linearen* Minimierungsprobleme, bei denen alle Funktionen $h, h_i: \mathbb{R}^n \to \mathbb{R}$ lineare, genauer affine, Funktionen sind, wurde bereits in den Abschnitten 4.10, 4.11 betrachtet. Für eine eingehendere Behandlung von Nullstellen- und Optimierungsproblemen sei auf die umfangreiche Spezialliteratur verwiesen (etwa Ortega, Rheinboldt [7], Blum, Oettli [13], Collatz, Wetterling [18]).

5.1 Entwicklung von Iterationsverfahren

Wir betrachten zunächst die Frage, wie man Iterationsfunktionen Φ gewinnen kann. Sehr häufig sind solche Funktionen bereits mit der Formulierung des Problems gegeben. Ist etwa die Gleichung $x - \cos x = 0$ zu lösen, so liegt es nahe, die Iterationsvorschrift

$$x_{i+1} = \cos x_i, \qquad i = 0, 1, 2, \dots$$

zu verwenden: $\Phi(x) := \cos x$.

Auf systematischere Weise erhält man Iterationsfunktionen Φ folgendermaßen: Ist etwa ξ die Nullstelle einer Funktion $f\colon \mathbb{R} \to \mathbb{R}$ und ist f in einer Umgebung $U(\xi)$ genügend oft differenzierbar, so erhält man durch Taylorentwicklung von f um einen Punkt $x_0 \in U(\xi)$

$$f(\xi) = 0 = f(x_0) + (\xi - x_0) f'(x_0) + \frac{(\xi - x_0)^2}{2!} f''(x_0) + \dots$$

$$+ \frac{(\xi - x_0)^k}{k!} f^{(k)}\big(x_0 + \vartheta(\xi - x_0)\big), \qquad 0 < \vartheta < 1.$$

Durch Vernachlässigung höherer Potenzen $(\xi - x_0)^\nu$ erhält man Gleichungen, denen bei gegebenem x_0 die Nullstelle ξ näherungsweise genügen muß:

(5.1.1) $$0 = f(x_0) + (\bar{\xi} - x_0) f'(x_0)$$

bzw.

(5.1.2) $$0 = f(x_0) + (\bar{\bar{\xi}} - x_0) f'(x_0) + \frac{(\bar{\bar{\xi}} - x_0)^2}{2!} f''(x_0)$$

und man erhält die Näherungswerte

$$\bar{\xi} = x_0 - \frac{f(x_0)}{f'(x_0)}, \quad \text{bzw.}$$

$$\bar{\bar{\xi}} = x_0 - \frac{f'(x_0) \pm \sqrt{(f'(x_0))^2 - 2 f(x_0) f''(x_0)}}{f''(x_0)}.$$

$\bar{\xi}(\bar{\bar{\xi}})$ ist i. a. wiederum nur ein Näherungswert für ξ, zu dem man nach demselben Schema weitere Näherungswerte bestimmen kann. Man erhält so die Iterationsverfahren

$$x_{i+1} := \Phi(x_i), \qquad \Phi(x) := x - \frac{f(x)}{f'(x)} \quad \text{bzw.}$$

(5.1.3) $$x_{i+1} := \Phi_\pm(x_i), \qquad \Phi_\pm(x) := x - \frac{f'(x) \pm \sqrt{(f'(x))^2 - 2 f(x) f''(x)}}{f''(x)},$$

die man als *Newton-Raphson-Verfahren* 1. Grades bzw. 2. Grades bezeichnet. Allgemein spricht man von einem Verfahren ν-ten Grades, wenn man die

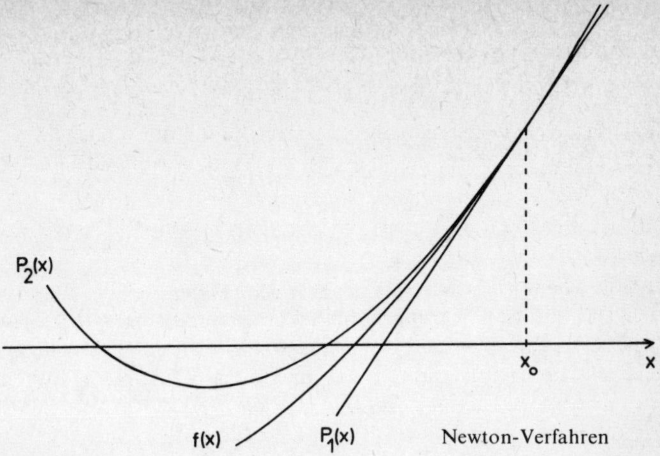

Newton-Verfahren

Taylorentwicklung von f nach dem Glied $(\xi - x_0)^\nu$ abbricht. Geometrisch laufen diese Verfahren darauf hinaus, daß man die Funktion f durch ein Polynom ν-ten Grades $P_\nu(x)$, $\nu = 1, 2, \ldots$ ersetzt, das mit f an der Stelle x_0 dieselben Ableitungen $f^{(k)}(x_0)$, $k = 0, 1, 2, \ldots, \nu$ besitzt.

Das Newton-Raphson Verfahren 1. Grades erhält man durch Linearisierung von f. Durch Linearisierung lassen sich auch Iterationsverfahren zur Lösung von Gleichungssystemen der Form

$$(5.1.4) \qquad f(x) = \begin{bmatrix} f_1(x^1, \ldots, x^n) \\ \vdots \\ f_n(x^1, \ldots, x^n) \end{bmatrix} = 0$$

gewinnen. Nimmt man an, daß $x = \xi$ Nullstelle von f, x_0 Näherungswert für ξ und f für $x = x_0$ differenzierbar ist, so gilt in erster Näherung

$$0 = f(\xi) \approx f(x_0) + Df(x_0)(\xi - x_0)$$

mit

$$(5.1.5) \qquad Df(x_0) = \begin{bmatrix} \dfrac{\partial f_1}{\partial x^1}, \ldots \dfrac{\partial f_1}{\partial x^n} \\ \vdots \\ \dfrac{\partial f_n}{\partial x^1}, \ldots \dfrac{\partial f_n}{\partial x^n} \end{bmatrix}_{x = x_0}, \qquad \xi - x_0 = \begin{bmatrix} \xi^1 - x_0^1 \\ \vdots \\ \xi^n - x_0^n \end{bmatrix}.$$

Falls die Funktionalmatrix $Df(x_0)$ nichtsingulär ist, kann man die Gleichung

$$f(x_0) + Df(x_0)(x_1 - x_0) = 0$$

nach x_1 auflösen

$$x_1 = x_0 - \left(Df(x_0)\right)^{-1} f(x_0)$$

und erhält so einen weiteren Näherungswert x_1 für die Nullstelle ξ. Das allgemeine Newton-Verfahren zur Lösung des Systems von Gleichungen (5.1.4) ist gegeben durch

$$\text{(5.1.6)} \qquad x_{i+1} = x_i - \left(Df(x_i)\right)^{-1} f(x_i), \qquad i = 0, 1, 2, \ldots.$$

Neben dem Newton-Verfahren gibt es noch weitere allgemeine Iterationsmethoden, so Verallgemeinerungen des Sekantenverfahrens (s. (5.9.7)) auf Funktionen mehrerer Variablen und der in Kapitel 8 für lineare Gleichungssysteme beschriebenen Iterationsverfahren auf nichtlineare Gleichungssysteme. Eine gute Übersicht findet man in Ortega, Rheinboldt [7].

5.2 Allgemeine Konvergenzsätze

Wir wollen in diesem Abschnitt das Konvergenzverhalten der durch eine Iterationsvorschrift Φ erzeugten Folge x_i,

$$x_{i+1} := \Phi(x_i), \qquad i = 0, 1, 2, \ldots$$

in der Nähe eines Fixpunktes ξ von Φ untersuchen. Wir werden im folgenden nicht allgemeine normierte lineare Vektorräume betrachten, sondern uns auf den Fall $E = \mathbb{R}^n$ beschränken. Mit Hilfe einer Norm $\| \circ \|$ auf dem $\mathbb{R}^n$ kann man den Abstand zweier Vektoren $x, y \in \mathbb{R}^n$ durch $\|x - y\|$ erklären. Eine Folge von Vektoren $x_i \in \mathbb{R}^n$ konvergiert gegen einen Vektor x, falls es zu jedem $\varepsilon > 0$ ein $N(\varepsilon)$ gibt mit

$$\|x_l - x\| < \varepsilon \quad \text{für alle} \quad l \geqq N(\varepsilon).$$

Man kann zeigen, daß die so definierte Konvergenz von Vektoren im $\mathbb{R}^n$ von der Wahl der Norm unabhängig ist (s. Satz (4.4.6)). Schließlich ist bekannt, daß der $\mathbb{R}^n$ in dem Sinne *vollständig* ist, daß das Cauchysche Konvergenzkriterium gilt:

Eine Folge $x_l \in \mathbb{R}^n$ ist konvergent genau dann, wenn zu jedem $\varepsilon > 0$ ein $N(\varepsilon)$ existiert, so daß für alle $l, m \geqq N(\varepsilon)$ gilt $\|x_l - x_m\| < \varepsilon$.

Es sei nun Φ eine Iterationsfunktion auf dem $\mathbb{R}^n$. ξ sei ein Fixpunkt von Φ und es gelte für alle Startvektoren x_0 aus einer gewissen Umgebung $U(\xi)$ und für die zugehörige Folge der x_i, $x_{i+1} = \Phi(x_i)$, $i = 0, 1, \ldots$ eine Ungleichung der Form

$$\|x_{i+1} - \xi\| \leqq C \, \|x_i - \xi\|^p \quad \text{für alle} \quad i \geqq 0$$

und

$$C < 1 \quad \text{für} \quad p = 1.$$

Das durch Φ erzeugte Iterationsverfahren heißt dann ein

Verfahren von mindestens p-ter Ordnung

zur Bestimmung von ξ. Man beweist leicht den

(5.2.1) **Satz:** *Jedes Verfahren p-ter Ordnung zur Bestimmung des Fixpunktes ξ ist lokal konvergent in dem Sinne, daß es eine Umgebung $U(\xi)$ von ξ gibt, so daß für alle Startpunkte $x_0 \in U(\xi)$, die durch Φ erzeugte Folge x_i gegen ξ konvergiert.*

(Kann man als diese Umgebung $U(\xi)$ den gesamten Raum $E = \mathbb{R}^n$ wählen, so heißt das Verfahren *global konvergent*.)

Im eindimensionalen Fall, $E = \mathbb{R}$, kann man die Ordnung eines durch Φ erzeugten Iterationsverfahrens häufig leicht bestimmen, wenn nämlich $\Phi(x)$ in einer Umgebung $U(\xi)$ von $x = \xi$ genügend oft differenzierbar ist. Ist etwa $x_i \in U(\xi)$ und gilt $\Phi^{(k)}(\xi) = 0$ für $k = 1, 2, \ldots, p-1$, aber $\Phi^{(p)}(\xi) \neq 0$, so folgt

$$x_{i+1} = \Phi(x_i) = \Phi(\xi) + \frac{(x_i - \xi)^p}{p!} \Phi^{(p)}(\xi) + 0(\|x_i - \xi\|^{p+1})$$

$$\lim_{i \to \infty} \frac{x_{i+1} - \xi}{(x_i - \xi)^p} = \frac{\Phi^{(p)}(\xi)}{p!}.$$

Für $p = 2, 3, \ldots$ liegt also dann ein Verfahren p-ter Ordnung vor. Ein Verfahren 1. Ordnung liegt vor, wenn zusätzlich zu $p = 1$ gilt $|\Phi'(\xi)| < 1$.

Beispiel 1: $E = \mathbb{R}$, Φ differenzierbar in Umgebung $U(\xi)$. Falls $0 < \Phi'(\xi) < 1$ so liegt lineare Konvergenz vor, die x_i konvergieren sogar monoton gegen ξ.

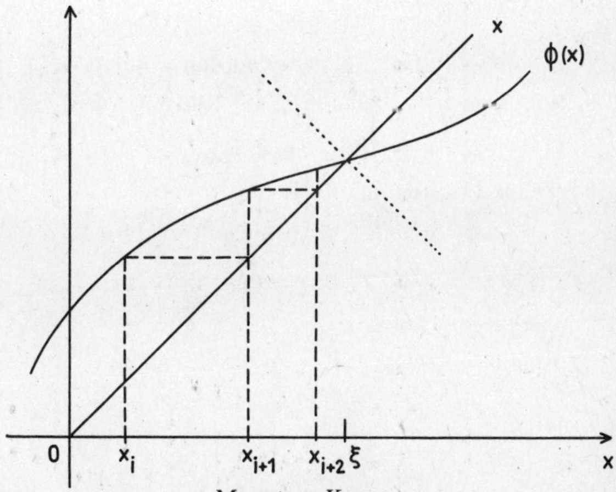

Monotone Konvergenz

Falls $-1 < \Phi'(\xi) < 0$ gilt, konvergieren die x_i alternierend gegen ξ.

Beispiel 2: $E = \mathbb{R}, \Phi(x) = x - f(x)/f'(x)$ (Newton-Verfahren). f sei genügend oft stetig differenzierbar in einer Umgebung der einfachen Nullstelle ξ von $f\,(f'(\xi) \neq 0)$.

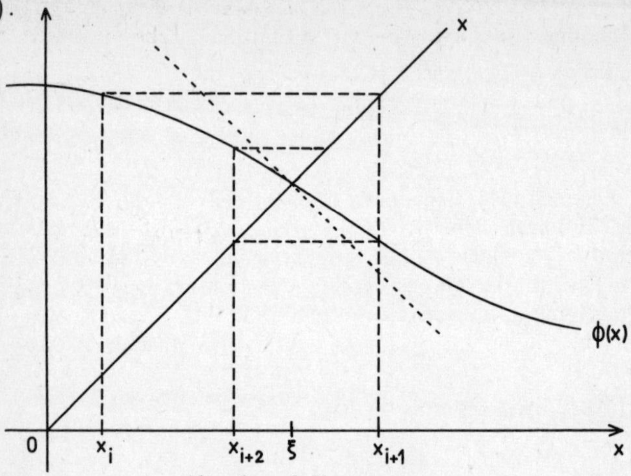

Alternierende Konvergenz

Es folgt

$$\Phi(\xi) = \xi\,,$$

$$\Phi'(\xi) = \frac{f(x)\,f''(x)}{(f'(x))^2}\bigg|_{x=\xi} = 0$$

$$\Phi''(\xi) = \frac{f''(\xi)}{f'(\xi)}\,.$$

Das Newton-Verfahren ist also (lokal) mindestens quadratisch konvergent.

Beispiel 3: Falls allgemeiner ξ eine m-fache Nullstelle von f ist, d. h.

$$f^{(\nu)}(\xi) = 0 \quad \text{für} \quad \nu = 0, 1, \dots m - 1,$$

so besitzen f und f' eine Darstellung der Form

$$f(x) = (x - \xi)^m\, g(x)\,, \qquad g(\xi) \neq 0$$

$$f'(x) = m(x - \xi)^{m-1}\, g(x) + (x - \xi)^m\, g'(x)$$

mit einer differenzierbaren Funktion g. Es folgt nun

$$\Phi(x) \equiv x - \frac{f(x)}{f'(x)} \equiv x - \frac{(x - \xi)\,g(x)}{mg(x) + (x - \xi)\,g'(x)}$$

und daher

$$\Phi'(\xi) = 1 - \frac{1}{m}\,.$$

d. h., für $m > 1$, also für mehrfache Nullstellen, ist das Newton-Verfahren nur noch linear konvergent.

Die folgenden allgemeinen Konvergenzsätze zeigen, daß eine durch die Iterationsfunktion $\Phi: E \to E$ gegebene Folge x_k jedenfalls dann gegen einen Fixpunkt ξ von Φ konvergiert, falls Φ eine kontrahierende Abbildung ist. Wir setzen voraus, daß durch $\|\circ\|$ eine Norm im $\mathbb{R}^n$ gegeben ist.

(5.2.2) **Satz:** *Die Funktion $\Phi: \mathbb{R}^n \to \mathbb{R}^n$ besitze einen Fixpunkt $\xi: \Phi(\xi) = \xi$. Sei ferner $S_r(\xi) := \{z \mid \|z - \xi\| < r\}$ eine Umgebung von ξ, so daß Φ in $S_r(\xi)$ eine kontrahierende Abbildung ist, d. h. daß*

$$\|\Phi(x) - \Phi(y)\| \leqq K\|x - y\|, \qquad K < 1,$$

für alle $x, y \in S_r(\xi)$ gilt. Dann besitzt für alle $x_0 \in S_r(\xi)$, $x_{i+1} := \Phi(x_i)$, $i = 0, 1, 2, \ldots,$ die Folge $\{x_i\}$ die Eigenschaften:

a) $x_i \in S_r(\xi)$ *für alle* $i = 0, 1, \ldots$

b) $\|x_i - \xi\| \leqq K^i \|x_0 - \xi\|$,

d. h. $\{x_i\}$ konvergiert mindestens linear gegen ξ.

Der Beweis folgt sofort aus der Kontraktionseigenschaft. Die Aussagen a) und b) sind richtig für $i = 0$. Nimmt man an, daß sie für $j = 0, 1, \ldots, i$ richtig sind, so folgt sofort

$$\|x_{i+1} - \xi\| = \|\Phi(x_i) - \Phi(\xi)\| \leqq K\|x_i - \xi\| \leqq K^{i+1}\|x_0 - \xi\| < r. \square$$

Der folgende Satz ist eine Verschärfung. Er ist bemerkenswert insofern, als die Existenz eines Fixpunktes ξ nicht mehr vorausgesetzt wird.

(5.2.3) **Satz:** *Sei $\Phi: E \to E$, $E = \mathbb{R}^n$, eine Iterationsfunktion, $x_0 \in E$ ein Startvektor und $x_{i+1} := \Phi(x_i)$, $i = 0, 1, \ldots$. Es gebe ferner eine Umgebung $S_r(x_0) := \{x \mid \|x - x_0\| < r\}$ von x_0 und eine Konstante K, $0 < K < 1$, so daß*

a) $\|\Phi(x) - \Phi(y)\| \leqq K\|x - y\|$ für alle $x, y \in \overline{S_r(x_0)} := \{x \mid \|x - x_0\| \leqq r\}$

b) $\|x_1 - x_0\| = \|\Phi(x_0) - x_0\| \leqq (1 - K)r < r$.

Dann gilt

1. $x_i \in S_r(x_0)$ *für alle* $i = 0, 1, \ldots$

2. *Φ besitzt in $\overline{S_r(x_0)}$ genau einen Fixpunkt ξ, $\Phi(\xi) = \xi$, und es gilt*

$$\lim_{i\to\infty} x_i = \xi, \qquad \|x_{i+1} - \xi\| \leqq K\|x_i - \xi\|,$$

sowie die Fehlerabschätzung

$$\|x_i - \xi\| \leqq \frac{K^i}{1 - K}\|x_1 - x_0\|.$$

Beweis: 1. Wir führen einen Induktionsbeweis. Wegen b) ist $x_1 \in S_r(x_0)$. Wenn nun für ein $i \geqq 1$ gilt $x_j \in S_r(x_0)$ für $j = 0, 1, \ldots, i$, so folgt aus a)

(5.2.4) $$\|x_{i+1} - x_i\| = \|\Phi(x_i) - \Phi(x_{i-1})\| \leqq K\|x_i - x_{i-1}\| \leqq K^i\|x_1 - x_0\|$$

und daher wegen der Dreiecksungleichung und b)

$$\begin{aligned}\|x_{i+1} - x_0\| &\leqq \|x_{i+1} - x_i\| + \|x_i - x_{i-1}\| + \ldots + \|x_1 - x_0\| \\ &\leqq (K^i + K^{i-1} + \ldots + 1)\,\|x_1 - x_0\| \\ &\leqq (1 + K + \ldots + K^i)(1 - K)\,r = (1 - K^{i+1})\,r < r\,.\end{aligned}$$

2. Wir zeigen zunächst, daß $\{x_i\}$ eine Cauchyfolge ist. Aus (5.2.4) und Voraussetzung b) folgt nämlich für $m > l$

(5.2.5) $$\begin{aligned}\|x_m - x_l\| &\leqq \|x_m - x_{m-1}\| + \|x_{m-1} - x_{m-2}\| + \ldots + \|x_{l+1} - x_l\| \\ &\leqq K^l(1 + K + \ldots + K^{m-l-1})\|x_1 - x_0\| \\ &< \frac{K^l}{1 - K}\|x_1 - x_0\| < K^l r\,.\end{aligned}$$

Wegen $0 < K < 1$ wird $K^l r < \varepsilon$ für genügend großes $l \geqq N(\varepsilon)$. Also ist $\{x_i\}$ eine Cauchyfolge. Da nun $E = \mathbb{R}^n$ vollständig ist und daher Cauchyfolgen konvergent sind, existiert

$$\lim_{i\to\infty} x_i = \xi\,.$$

Wegen $x_i \in S_r(x_0)$ muß $\xi \in \overline{S_r(x_0)}$ wenigstens in der abgeschlossenen Hülle von $S_r(x_0)$ liegen. Ferner ist ξ Fixpunkt von Φ, denn es gilt für alle $i \geqq 0$

$$\begin{aligned}\|\Phi(\xi) - \xi\| &\leqq \|\Phi(\xi) - \Phi(x_i)\| + \|\Phi(x_i) - \xi\| \\ &\leqq K\|\xi - x_i\| + \|x_{i+1} - \xi\|\,.\end{aligned}$$

Wegen $\lim_{i\to\infty}\|x_i - \xi\| = 0$ folgt sofort $\|\Phi(\xi) - \xi\| = 0$ und daher $\Phi(\xi) = \xi$. Wäre nun $\bar{\xi} \in \overline{S_r(x_0)}$ ein zweiter Fixpunkt von Φ, so folgt sofort

$$\|\xi - \bar{\xi}\| = \|\Phi(\xi) - \Phi(\bar{\xi})\| \leqq K\|\xi - \bar{\xi}\|$$

und daher $\|\xi - \bar{\xi}\| = 0$ wegen $0 < K < 1$. Schließlich ist wegen (5.2.5)

$$\|\xi - x_l\| = \lim_{m\to\infty}\|x_m - x_l\| \leqq \frac{K^l}{1 - K}\|x_1 - x_0\|$$

und

$$\|x_{i+1} - \xi\| = \|\Phi(x_i) - \Phi(\xi)\| \leqq K\|x_i - \xi\|\,.$$

Damit ist Satz (5.2.3) vollständig bewiesen. □

5.3 Die Konvergenz des allgemeinen Newton-Verfahrens

Wir wollen nun die Konvergenz des Newton-Verfahrens zur Lösung eines durch $f\colon \mathbb{R}^n \to \mathbb{R}^n$ gegebenen Gleichungssystems $f(x) = 0$ untersuchen. Bekanntlich heißt eine solche Funktion im Punkt $x_0 \in \mathbb{R}^n$ *differenzierbar*, wenn eine

$n \times n$-Matrix A existiert, so daß gilt

$$\lim_{x \to x_0} \frac{\|f(x) - f(x_0) - A(x - x_0)\|}{\|x - x_0\|} = 0 .$$

In diesem Fall stimmt A mit der Funktionalmatrix $Df(x_0)$ (S. (5.1.5)) überein.

Wir notieren noch den

(5.3.1) **Hilfssatz:** *Wenn $Df(x)$ für alle $x \in D_0$ aus einem konvexen Gebiet $D_0 \subseteq \mathbb{R}^n$ existiert und es eine Konstante γ gibt mit*

$$\|Df(x) - Df(y)\| \leqq \gamma \|x - y\| \quad \text{für alle} \quad x, y \in D_0$$

so gilt für alle $x, y \in D_0$ die Abschätzung

$$\|f(x) - f(y) - Df(y)(x - y)\| \leqq \frac{\gamma}{2} \|x - y\|^2 .$$

Dabei heißt eine Menge $M \subseteq \mathbb{R}^n$ konvex, falls mit $x, y \in M$ auch die Verbindungsstrecke $[x, y] := \{z = \lambda x + (1 - \lambda) y \mid 0 \leqq \lambda \leqq 1\} \subseteq M$ zu M gehört.

Beweis: Die Funktion $\varphi: [0, 1] \to \mathbb{R}^n$

$$\varphi(t) := f(y + t(x - y))$$

ist differenzierbar für alle $0 \leqq t \leqq 1$, wobei $x, y \in D_0$ beliebig gewählt sind, und es gilt nach der Kettenregel

$$\varphi'(t) = Df(y + t(x - y))(x - y) .$$

Es folgt daher für $0 \leqq t \leqq 1$ die Abschätzung

$$\begin{aligned} \|\varphi'(t) - \varphi'(0)\| &= \|(Df(y + t(x - y)) - Df(y))(x - y)\| \\ &\leqq \|Df(y + t(x - y)) - Df(y)\| \, \|x - y\| \\ &\leqq \gamma t \|x - y\|^2 . \end{aligned}$$

Nun ist aber

$$\begin{aligned} \Delta := f(x) - f(y) - Df(y)(x - y) &= \varphi(1) - \varphi(0) - \varphi'(0) \\ &= \int_0^1 (\varphi'(t) - \varphi'(0)) \, dt \end{aligned}$$

und daher wegen der obigen Abschätzung

$$\begin{aligned} \|\Delta\| &\leqq \int_0^1 \|\varphi'(t) - \varphi'(0)\| dt \leqq \gamma \|x - y\|^2 \int_0^1 t \, dt \\ &= \frac{\gamma}{2} \|x - y\|^2 . \end{aligned}$$

Damit ist der Hilfssatz bewiesen. □

Wir zeigen nun den folgenden Satz über die Konvergenz des Newton-Verfahrens.

(5.3.2) **Satz:** *Es sei eine offene Menge $D \subseteq \mathbb{R}^n$ gegeben, ferner eine konvexe Menge D_0 mit $\bar{D}_0 \subseteq D$ und $f: D \to \mathbb{R}^n$ sei eine für alle $x \in D_0$ differenzierbare und für alle $x \in D$ stetige Funktion.*

Für ein $x_0 \in D_0$ gebe es positive Konstanten $r, \alpha, \beta, \gamma, h$ mit den folgenden Eigenschaften:

$$S_r(x_0) := \{x \mid \|x - x_0\| < r\} \subseteq D_0$$

$$h := \alpha\beta\gamma/2 < 1$$

$$r := \alpha/(1 - h).$$

$f(x)$ habe die Eigenschaften

a) $\|Df(x) - Df(y)\| \leqq \gamma\|x - y\|$ *für alle* $x, y \in D_0$,

b) $(Df(x))^{-1}$ *existiert und es gilt* $\|(Df(x))^{-1}\| \leqq \beta$ *für alle* $x \in D_0$,

c) $\|(Df(x_0))^{-1} f(x_0)\| \leqq \alpha$.

Dann gilt

A) *Ausgehend von x_0 ist jedes*

$$x_{k+1} := x_k - Df(x_k)^{-1} f(x_k), \qquad k = 0, 1, \ldots$$

wohldefiniert und es gilt $x_k \in S_r(x_0)$ für alle $k \geqq 0$.

B) $\lim_{k \to \infty} x_k = \xi$ *existiert und es gilt*

$$\xi \in \overline{S_r(x_0)} \quad \text{und} \quad f(\xi) = 0.$$

C) *Für alle $k \geqq 0$ gilt*

$$\|x_k - \xi\| \leqq \alpha \frac{h^{2^k - 1}}{1 - h^{2^k}}.$$

Wegen $0 < h < 1$ ist also das Newton-Verfahren mindestens quadratisch konvergent.

Beweis: A) Da $Df(x)^{-1}$ für $x \in D_0$ existiert, ist x_{k+1} für alle k dann wohldefiniert, wenn $x_k \in S_r(x_0)$ für alle $k \geqq 0$. Dies ist richtig für $k = 0$ und $k = 1$ wegen Vor. c). Wenn nun $x_j \in S_r(x_0)$ für $j = 0, 1, \ldots, k$ für ein $k \geqq 1$, so gilt zunächst wegen b)

$$\begin{aligned}\|x_{k+1} - x_k\| &= \|-Df(x_k)^{-1} f(x_k)\| \leqq \beta \|f(x_k)\| \\ &= \beta \|f(x_k) - f(x_{k-1}) - Df(x_{k-1})(x_k - x_{k-1})\|,\end{aligned}$$

da nach Definition von x_k gilt,

$$f(x_{k-1}) + Df(x_{k-1})(x_k - x_{k-1}) = 0.$$

Es folgt daher aus Hilfssatz (5.3.1)

$$\|x_{k+1} - x_k\| \leqq \frac{\beta\gamma}{2} \|x_k - x_{k-1}\|^2 \tag{5.3.3}$$

und daraus

$$\|x_{k+1} - x_k\| \leqq \alpha h^{2^k - 1}. \tag{5.3.4}$$

Die letzte Abschätzung ist zumindest für $k = 0$ wegen c) richtig. Ist sie für $k \geqq 0$ richtig, so auch für $k + 1$, denn wegen (5.3.3) ist

$$\|x_{k+1} - x_k\| \leqq \frac{\beta\gamma}{2} \|x_k - x_{k-1}\|^2 \leqq \frac{\beta\gamma}{2} \alpha^2 h^{2^k - 2} = \alpha h^{2^k - 1}.$$

Nun folgt aus (5.3.4) weiter

$$\begin{aligned} \|x_{k+1} - x_0\| &\leqq \|x_{k+1} - x_k\| + \|x_k - x_{k-1}\| + \ldots + \|x_1 - x_0\| \\ &\leqq \alpha(1 + h + h^3 + h^7 + \ldots + h^{2^k - 1}) < \alpha/(1 - h) = r \end{aligned}$$

und daher auch $x_{k+1} \in S_r(x_0)$.

B) Aus (5.3.4) folgt leicht, daß $\{x_k\}$ eine Cauchyfolge ist, denn für $m \geqq n$ hat man

$$\begin{aligned} \|x_{m+1} - x_n\| &\leqq \|x_{m+1} - x_m\| + \|x_m - x_{m-1}\| + \ldots + \|x_{n+1} - x_n\| \\ &\leqq \alpha h^{2^n - 1}(1 + h^{2^n} + (h^{2^n})^2 + \ldots) \\ &< \frac{\alpha h^{2^n - 1}}{1 - h^{2^n}} < \varepsilon \end{aligned} \tag{5.3.5}$$

für genügend großes $n \geqq N(\varepsilon)$, weil $0 < h < 1$.

Also existiert

$$\lim_{k \to \infty} x_k = \xi \in \overline{S_r(x_0)},$$

da nach 1) $x_k \in S_r(x_0)$ für alle $k \geqq 0$.

Durch Grenzübergang in (5.3.5) ($m \to \infty$) erhält man als Nebenresultat die Abschätzung C):

$$\lim_{m \to \infty} \|x_m - x_n\| = \|\xi - x_n\| \leqq \frac{\alpha h^{2^n - 1}}{1 - h^{2^n}}.$$

Wir müssen noch zeigen, daß ξ Nullstelle von f in $\overline{S_r(x_0)}$ ist.

Nun gilt wegen a) und $x_k \in S_r(x_0)$ für alle $k \geqq 0$

$$\|Df(x_k) - Df(x_0)\| \leqq \gamma \|x_k - x_0\| < \gamma r$$

und daher

$$\|Df(x_k)\| \leqq \gamma r + \|Df(x_0)\| =: K.$$

Es folgt aus der Gleichung

$$f(x_k) = -Df(x_k)(x_{k+1} - x_k)$$

die Abschätzung

$$\|f(x_k)\| \leqq K \|x_{k+1} - x_k\| .$$

Also gilt

$$\lim_{k\to\infty} \|f(x_k)\| = 0$$

und, da f an der Stelle $\xi \in D$ noch stetig ist, $\lim_{k\to\infty} \|f(x_k)\| = \|f(\xi)\| = 0$, d. h. ξ ist Nullstelle von f. □

Unter etwas strengeren Voraussetzungen kann noch gezeigt werden, daß ξ die einzige Nullstelle in $S_r(x_0)$ ist (Newton-Kantorovich-Satz).

(5.3.6) **Satz:** *Vorgegeben sei die Funktion $f: D \subset \mathbb{R}^n \to \mathbb{R}^n$ und die konvexe Menge $D_0 \subset D$. f sei auf D_0 stetig differenzierbar. f erfülle für ein $x_0 \in D_0$ noch die Bedingungen*

a) $\|Df(x) - Df(y)\| \leqq \gamma \|x - y\|$ *für alle* $x, y \in D_0$,

b) $\|Df(x_0)^{-1}\| \leqq \beta$,

c) $\|Df(x_0)^{-1} f(x_0)\| \leqq \alpha$,

Es seien die Konstanten

$$h := \alpha\beta\gamma$$

und r_1, r_2

$$r_{1,2} := \frac{1 \mp \sqrt{1 - 2h}}{h} \alpha$$

definiert.

Falls

$$h \leqq \tfrac{1}{2} \quad \text{und} \quad \overline{S_{r_1}(x_0)} \subset D_0$$

dann gilt:

Die Folge $\{x_k\}$ *definiert durch*

$$x_{k+1} := x_k - Df(x_k)^{-1} f(x_k) \quad \text{für} \quad k = 0, 1, \ldots$$

bleibt in $S_{r_1}(x_0)$ *und konvergiert gegen die einzige Nullstelle von* $f(x)$ *in* $D_0 \cap S_{r_2}(x_0)$.

Bezüglich eines Beweises wird auf Ortega, Rheinboldt [7] bzw. auf Collatz [2] verwiesen.

5.4 Ein modifiziertes Newton-Verfahren

Satz (5.3.2) zeigt, daß das Newton-Verfahren nur dann konvergiert, wenn der Startwert x_0 der Iterationsfolge „hinreichend" nahe der gesuchten Lösung ξ von

$$f(x) = 0, \qquad f: \mathbb{R}^n \to \mathbb{R}^n,$$

gewählt wurde.

Beispiel: Sei $f: \mathbb{R} \to \mathbb{R}$ gegeben durch $f(x) := \arctan(x)$. Die Lösung von $f(x) = 0$ lautet $\xi = 0$.

Die Newton-Iterationsfolge ist definiert durch

$$x_{k+1} := x_k - (1 + x_k^2) \arctan(x_k) .$$

Wählt man x_0 so, daß

$$\arctan(|x_0|) \geqq \frac{2|x_0|}{1 + x_0^2}$$

gilt, so divergiert die Folge der $|x_k|$: $\lim_{k \to \infty} |x_k| \to \infty$.

In diesem Abschnitt wird ein Iterationsverfahren beschrieben, mit dem man für eine große Klasse von Funktionen f globale Konvergenz erreicht. Das Newton-Verfahren wird durch Einführung eines Parameters λ modifiziert:

(5.4.0.1) $$x_{k+1} := x_k - \lambda_k d_k, \qquad d_k := Df(x_k)^{-1} f(x_k).$$

Die λ_k werden dabei so gewählt, daß die Folge $\{h(x_k)\}$, $h(x) := f(x)^T f(x)$, streng monoton fällt und die x_k gegen ein Minimum von $h(x)$ konvergieren. (Man vergleiche auch die Aufgabenstellung bei der nichtlinearen Ausgleichsrechnung nach der Methode der kleinsten Quadrate in Abschnitt 4.8.)

Wegen

$$h(x) \geqq 0 \quad \text{für alle} \quad x,$$

$$h(\bar{x}) = 0 \Leftrightarrow f(\bar{x}) = 0,$$

ist jedes lokale Minimum $\bar{x}$ von h mit $h(\bar{x}) = 0$ auch globales Minimum von h und außerdem eine Nullstelle von f.

Im folgenden Abschnitt werden zunächst einige allgemeine Resultate über die Konvergenz von Verfahren zur Minimierung eines beliebigen Funktionals $h(x)$ hergeleitet, die dann in Abschnitt (5.4.2) benutzt werden, um die Konvergenz des modifizierten Newton-Verfahrens zu untersuchen.

5.4.1 Über die Konvergenz von Minimierungsverfahren

Wir definieren:

(5.4.1.1) $$D(\gamma, x) := \{s \in \mathbb{R}^n \mid \|s\| = 1 \quad \text{und} \quad Dh(x)\, s \geqq \gamma \|Dh(x)\|\}, \qquad \gamma > 0.$$

Dabei ist $\|\circ\|$ die euklidische Vektornorm und

$$Dh(x) = \left(\frac{\partial h(x)}{\partial x^1}, \ldots, \frac{\partial h(x)}{\partial x^n} \right), \quad \text{mit} \quad x = (x^1, \ldots, x^n)^T,$$

der Gradient von $h(x)$. Folgendes Lemma zeigt unter welchen Bedingungen man an der Stelle x bei geeigneter Wahl von λ und s ein $y = x - \lambda s$ gewinnen kann, das die Forderung $h(y) < h(x)$ erfüllt.

(5.4.1.2) **Lemma:** *Sei h: $\mathbb{R}^n \to \mathbb{R}$ eine Funktion, deren Gradient $Dh(x)$ für alle $x \in V(\bar{x})$ aus einer Umgebung $V(\bar{x})$ von $\bar{x}$ definiert und stetig ist. Sei ferner $Dh(\bar{x}) \neq 0$ und $\gamma > 0$. Dann gibt es eine Umgebung $U(\bar{x}) \subseteq V(\bar{x})$ von $\bar{x}$ und eine Zahl $\lambda > 0$,* *so daß*

$$h(x-\mu s) \leqq h(x) - \frac{\mu\gamma}{4}\|Dh(\bar{x})\|$$

für alle $x \in U(\bar{x})$, $s \in D(\gamma, x)$ *und* $0 \leqq \mu \leqq \lambda$.

Beweis: Die Menge

$$U^1(\bar{x}) := \{x \in V(\bar{x}) \mid \|Dh(x) - Dh(\bar{x})\| \leqq \frac{\gamma}{4}\|Dh(\bar{x})\|\}$$

ist wegen $Dh(\bar{x}) \neq 0$ und der Stetigkeit von $Dh(x)$ auf $V(\bar{x})$ nicht leer und wieder eine Umgebung von $\bar{x}$. Aus demselben Grund ist auch

$$U^2(\bar{x}) := \left\{x \in V(\bar{x}) \mid D(\gamma, x) \subseteq D\left(\frac{\gamma}{2}, \bar{x}\right)\right\}$$

eine Umgebung von $\bar{x}$. Schließlich wählen wir eine Zahl $\lambda > 0$, so daß

$$\overline{S_{2\lambda}(\bar{x})} = \{x \mid \|x - \bar{x}\| \leqq 2\lambda\} \subseteq U^1(\bar{x}) \cap U^2(\bar{x})$$

und setzen

$$U(\bar{x}) := \overline{S_\lambda(\bar{x})} = \{x \mid \|x - \bar{x}\| \leqq \lambda\}.$$

Dann gilt für $x \in U(\bar{x})$, $0 \leqq \mu \leqq \lambda$, $s \in D(\gamma, x)$

$$\begin{aligned} h(x) - h(x-\mu s) &= \mu Dh(x - \theta\mu s)s, \quad \text{für ein} \quad 0 < \theta < 1 \\ &= \mu\left[(Dh(x-\theta\mu s) - Dh(\bar{x}))\, s + Dh(\bar{x})\, s\right]. \end{aligned}$$

Da für $x \in U(\bar{x})$ auch gilt $x, x - \mu s, x - \theta\mu s \in U^1 \cap U^2$ folgt

$$\begin{aligned} h(x) - h(x-\mu s) &\geqq -\frac{\mu\gamma}{4}\|Dh(\bar{x})\| + \mu Dh(\bar{x})\, s \\ &\geqq -\frac{\mu\gamma}{4}\|Dh(\bar{x})\| + \mu\frac{\gamma}{2}\|Dh(\bar{x})\| \\ &= \frac{\mu\gamma}{4}\|Dh(\bar{x})\|, \end{aligned}$$

was zu zeigen war. □

Wir betrachten nun folgendes Verfahren zur Minimierung einer differenzierbaren Funktion $h: \mathbb{R}^n \to \mathbb{R}$.

(5.4.1.3) a) *Man wähle Zahlen* γ_k, σ_k, $k = 0, 1, \ldots$, *mit*

$$\inf_k \gamma_k > 0, \qquad \inf_k \sigma_k > 0$$

sowie einen Startwert $x_0 \in \mathbb{R}^n$.

b) *Für alle* $k = 0, 1, \ldots$, *berechne man* x_{k+1} *aus* x_k *wie folgt: Man wähle einen Vektor* $s_k \in D(\gamma_k, x_k)$ *und setze*

$$x_{k+1} := x_k - \lambda_k s_k$$

wobei $\lambda_k \in [0, \sigma_k \|Dh(x_k)\|]$ *so gewählt wird, daß gilt*

$$h(x_{k+1}) = \min_{\mu} \{h(x_k - \mu s_k) \mid 0 \leqq \mu \leqq \sigma_k \|Dh(x_k)\|\}.$$

Für die Konvergenz dieses Verfahrens gilt:

(5.4.1.4) **Satz:** *Sei* $h\colon \mathbb{R}^n \to \mathbb{R}$ *eine Funktion und sei* $x_0 \in \mathbb{R}^n$ *derart gewählt, daß*

a) $K := \{x \mid h(x) \leqq h(x_0)\}$ *kompakt ist und*

b) h *auf einer Umgebung von* K *stetig differenzierbar ist.*

Dann gilt für jede Folge $\{x_k\}$, *die durch ein Verfahren des Typs* (5.4.1.3) *geliefert wird:*

1. $x_k \in K$ *für alle* $k = 0, 1, \ldots$. $\{x_k\}$ *besitzt mindestens einen Häufungspunkt* $\bar{x}$ *in* K.

2. *Jeder Häufungspunkt* $\bar{x}$ *von* $\{x_k\}$ *ist stationärer Punkt von* h:

$$Dh(\bar{x}) = 0.$$

Beweis: 1. Aus der Definition der Folge $\{x_k\}$ folgt sofort, daß $h(x_k)$ monoton fällt $h(x_0) \geqq h(x_1) \geqq \ldots$. Es folgt daher $x_k \in K$ für alle k. K ist kompakt, also besitzt $\{x_k\}$ mindestens einen Häufungspunkt $\bar{x} \in K$.

2. Wir nehmen an, daß $\bar{x}$ Häufungspunkt der x_k aber kein stationärer Punkt ist,

$$Dh(\bar{x}) \neq 0. \tag{5.4.1.5}$$

Sei o. B. d. A. $\lim_{k\to\infty} x_k = \bar{x}$. Wir setzen $\gamma := \inf_k \gamma_k > 0$, $\sigma := \inf_k \sigma_k > 0$.

Nach Lemma (5.4.1.2) gibt es dann eine Umgebung $U(\bar{x})$ und eine Zahl $\lambda > 0$, so daß

$$h(x - \mu s) \leqq h(x) - \mu \frac{\gamma}{4} \|Dh(\bar{x})\| \tag{5.4.1.6}$$

für alle $x \in U(\bar{x})$, $s \in D(\gamma, x)$ und $0 \leqq \mu \leqq \lambda$ gilt.

Wegen $\lim_{k\to\infty} x_k = \bar{x}$, der Stetigkeit von $Dh(x)$ und (5.4.1.5) gibt es ein k_0, so daß für alle $k \geqq k_0$ gilt

a) $x_k \in U(\bar{x})$

b) $\|Dh(x_k)\| \geqq \frac{1}{2} \|Dh(\bar{x})\|$.

Sei nun $\Lambda := \min \{\lambda, \frac{1}{2}\sigma \|Dh(\bar{x})\|\}$, $\varepsilon := \Lambda \frac{\gamma}{4} \|Dh(\bar{x})\| > 0$. Wegen $\sigma_k \geqq \sigma$ folgt $[0, \Lambda] \subseteq [0, \sigma_k \|Dh(x_k)\|]$ für alle $k \geqq k_0$ und daher nach Definition von x_{k+1},

$$h(x_{k+1}) \leqq \min_{\mu} \{h(x_k - \mu s_k) \mid 0 \leqq \mu \leqq \Lambda\}.$$

Also folgt aus (5.4.1.6) wegen $\Lambda \leqq \lambda$, $x_k \in U(\bar{x})$, $s_k \in D(\gamma_k, x_k) \subseteq D(\gamma, x_k)$ die Ungleichung

$$h(x_{k+1}) \leqq h(x_k) - \frac{\Lambda\gamma}{4} \|Dh(\bar{x})\| = h(x_k) - \varepsilon$$

für alle $k \geqq k_0$. Daraus folgt aber sofort $\lim_{k\to\infty} h(x_k) = -\infty$ im Widerspruch zu $h(x_k) \geqq h(x_{k+1}) \geqq \ldots \geqq h(\bar{x})$. Also ist $\bar{x}$ stationärer Punkt von h. □

So allgemein die durch (5.4.1.3) gegebene Methode auch ist, ihre praktische Brauchbarkeit ist noch wesentlich dadurch eingeschränkt, daß man zur Berechnung von x_{k+1} das Minimum der Funktion

$$\varphi(\mu) := h(x_k - \mu s_k)$$

auf $[0, \sigma_k \|Dh(x_k)\|]$ bestimmen muß. Dies ist i. a. nur näherungsweise und nur mit einem großen Rechenaufwand möglich. Die Bedeutung der folgenden Variante von (5.4.1.3) liegt darin, daß diese Minimumsuche durch einen finiten Suchprozeß ersetzt wird:

(5.4.1.7) a) *Man wähle Zahlen* $\gamma_k, \sigma_k, k = 0, 1, \ldots,$ *mit*

$$\inf_k \gamma_k > 0\,, \qquad \inf_k \sigma_k > 0$$

und einen Startwert $x_0 \in \mathbb{R}^n$.

b) *Für alle* $k = 0, 1, \ldots,$ *berechne man* x_{k+1} *aus* x_k *folgendermaßen:*

α) *Man wähle ein* $s_k \in D(\gamma_k, x_k)$, *definiere*

$$\rho_k := \sigma_k \|Dh(x_k)\|\,, \qquad h_k(\mu) := h(x_k - \mu s_k)\,,$$

und bestimme die kleinste ganze Zahl $j \geqq 0$ *mit*

$$h_k(\rho_k 2^{-j}) \leqq h_k(0) - \rho_k 2^{-j} \frac{\gamma_k}{4} \|Dh(x_k)\|\,.$$

β) *Man bestimme* λ_k *und damit*

$$x_{k+1} := x_k - \lambda_k s_k\,,$$

so daß gilt

$$h(x_{k+1}) = \min_{0 \leqq i \leqq j} h_k(\rho_k 2^{-i})\,.$$

Man überzeugt sich leicht, daß ein $j \geqq 0$ mit den in (5.4.1.7) b) α), angegebenen Eigenschaften existiert: Ist x_k stationärer Punkt, so ist $j = 0$. Ist x_k nicht stationär, so folgt die Existenz von j sofort aus Lemma (5.4.1.2) angewandt auf $\bar{x} := x_k$. In jedem Fall kann j (notfalls durch Ausprobieren) und damit auch λ_k in einem endlichen Suchprozeß bestimmt werden.

Für das modifizierte Verfahren (5.4.1.7) gilt analog zu Satz (5.4.1.4):

(5.4.1.8) **Satz:** *Unter den Voraussetzungen von Satz* (5.4.1.4) *gelten auch für jede Folge* $\{x_k\}$, *die von Verfahren des Typs* (5.4.1.7) *geliefert werden die Schlußfolgerungen von Satz* (5.4.1.4).

Beweis: Wir nehmen wieder an, daß $\bar{x}$ Häufungspunkt einer durch (5.4.1.7) gelieferten Folge $\{x_k\}$ ist, aber kein stationärer Punkt

$$Dh(\bar{x}) \neq 0 .$$

Sei wieder o. B. d. A. $\lim x_k = \bar{x}$, $\sigma := \inf_k \sigma_k > 0$, $\gamma := \inf_k \gamma_k > 0$. Nach Lemma (5.4.1.2) gibt es eine Umgebung $U(\bar{x})$ und eine Zahl $\lambda > 0$, so daß

$$\text{(5.4.1.9)} \qquad h(x - \mu s) \leqq h(x) - \mu \frac{\gamma}{4} \|Dh(\bar{x})\|$$

für alle $x \in U(\bar{x})$, $s \in D(\gamma, x)$, $0 \leqq \mu \leqq \lambda$. Wieder folgt wegen $\lim_k x_k = \bar{x}$, der Stetigkeit von $Dh(x)$ und $Dh(\bar{x}) \neq 0$ die Existenz eines k_0, so daß für alle $k \geqq k_0$ gilt

$$\text{(5.4.1.10)} \qquad \begin{aligned} &\text{a)} \quad x_k \in U(\bar{x}) \\ &\text{b)} \quad \|Dh(x_k)\| \geqq \tfrac{1}{2} \|Dh(\bar{x})\| . \end{aligned}$$

Wir wollen wieder zeigen, daß es ein $\varepsilon > 0$ gibt, so daß

$$h(x_{k+1}) \leqq h(x_k) - \varepsilon , \quad \text{für alle} \quad k \geqq k_0 .$$

Wir bemerken zunächst, daß wegen (5.4.1.10) und $\gamma_k \geqq \gamma$ gilt

$$\gamma_k \|Dh(x_k)\| \geqq \frac{\gamma}{2} \|Dh(\bar{x})\| \quad \text{für alle} \quad k \geqq k_0 .$$

Es folgt daher nach Definition von x_{k+1} und j

$$\text{(5.4.1.11)} \qquad \begin{aligned} h(x_{k+1}) \leqq h_k(\rho_k 2^{-j}) &\leqq h(x_k) - \rho_k 2^{-j} \frac{\gamma_k}{4} \|Dh(x_k)\| \\ &\leqq h(x_k) - \rho_k 2^{-j} \frac{\gamma}{8} \|Dh(\bar{x})\| . \end{aligned}$$

Sei nun $\bar{j} \geqq 0$ die kleinste ganze Zahl mit

$$\text{(5.4.1.12)} \qquad h_k(\rho_k 2^{-\bar{j}}) \leqq h(x_k) - \rho_k 2^{-\bar{j}} \frac{\gamma}{8} \|Dh(\bar{x})\| .$$

Wegen (5.4.1.11) ist $\bar{j} \leqq j$ und nach Definition von x_{k+1} auch

$$\text{(5.4.1.13)} \qquad h(x_{k+1}) \leqq h_k(\rho_k 2^{-\bar{j}}).$$

Wir unterscheiden zwei Fälle:

1. Fall: $\bar{j} = 0$. Es ist dann wegen (5.4.1.12), (5.4.1.13) und wegen $\rho_k =$

$$= \sigma_k \|Dh(x_k)\| \geqq \frac{\sigma}{2} \|Dh(\bar{x})\|$$

$$h(x_{k+1}) \leqq h(x_k) - \rho_k \frac{\gamma}{8} \|Dh(\bar{x})\|$$

$$\leqq h(x_k) - \frac{\sigma\gamma}{16} \|Dh(\bar{x})\|^2 = h(x_k) - \varepsilon_1$$

mit einem von x_k unabhängigen $\varepsilon_1 > 0$.

2. Fall: $\bar{j} > 0$. Wegen der Minimalitätseigenschaft von $\bar{j}$ hat man

$$h_k(\rho_k 2^{-(\bar{j}-1)}) > h(x_k) - \rho_k 2^{-(\bar{j}-1)} \frac{\gamma}{8} \|Dh(\bar{x})\|$$

$$\geqq h(x_k) - \rho_k 2^{-(\bar{j}-1)} \frac{\gamma}{4} \|Dh(\bar{x})\| .$$

Wegen $x_k \in U(\bar{x})$, $s_k \in D(\gamma_k, x_k) \subseteq D(\gamma, x_k)$ folgt daher aus (5.4.1.9) sofort

$$\rho_k 2^{-(\bar{j}-1)} > \lambda .$$

Zusammen mit (5.4.1.12), (5.4.1.13) ergibt dies

$$h(x_{k+1}) \leqq h_k(\rho_k 2^{-\bar{j}}) \leqq h(x_k) - \frac{\lambda\gamma}{16} \|Dh(\bar{x})\| = h(x_k) - \varepsilon_2$$

mit einem von x_k unabhängigen $\varepsilon_2 > 0$.

Für $\varepsilon = \min(\varepsilon_1, \varepsilon_2)$ gilt daher für alle $k \geqq k_0$

$$h(x_{k+1}) \leqq h(x_k) - \varepsilon ,$$

im Widerspruch zu $h(x_k) \geqq h(\bar{x})$ für alle k. Deshalb muß $\bar{x}$ stationärer Punkt von h sein. □

5.4.2 Anwendung auf das modifizierte Newton-Verfahren

Um die Gleichung $f(x) = 0$ zu lösen, setzen wir nun $h(x) := f(x)^T f(x)$ und wenden eines der Verfahren (5.4.1.3) oder (5.4.1.7) an, um $h(x)$ zu minimieren. Als Suchrichtung s_k im Punkt x_k wählen wir gerade die Newtonrichtung

$$s_k = \frac{d_k}{\|d_k\|}, \qquad d_k := Df(x_k)^{-1} f(x_k),$$

die jedenfalls dann definiert ist, wenn $Df(x_k)^{-1}$ existiert. Hier ist $\| \circ \|$ die euklidische Norm. Um die Anwendung der Sätze des letzten Abschnitts vorzubereiten, zeigen wir zunächst, daß für jedes x, für das

$$d = d(x) := Df(x)^{-1} f(x), \qquad s = s(x) = \frac{d}{\|d\|}$$

existiert und d nicht verschwindet, gilt

(5.4.2.1) $$s \in D(\gamma, x), \quad \textit{für alle} \quad 0 < \gamma \leqq \bar{\gamma}(x), \quad \bar{\gamma}(x) := \frac{1}{\operatorname{cond}(Df(x))}.$$

Dabei ist $\|Df(x)\| := \operatorname{lub}(Df(x))$ und $\operatorname{cond}(Df(x)) := \|Df(x)^{-1}\| \, \|Df(x)\|$ (s. 4.4) bzgl. der euklidischen Norm zu nehmen.

Beweis: Wegen $h(x) = f(x)^T f(x)$ erhält man

(5.4.2.2) $$Dh(x) = 2f^T(x)\, Df(x).$$

Nun gelten die Abschätzungen

$$\|f^T(x)\, Df(x)\| \leqq \|Df(x)\| \, \|f(x)\|,$$

$$\|Df(x)^{-1} f(x)\| \leqq \|Df(x)^{-1}\| \, \|f(x)\|$$

und daher

$$\frac{Dh(x)\, s}{\|Dh(x)\|} = \frac{f(x)^T\, Df(x)\, Df(x)^{-1} f(x)}{\|Df(x)^{-1} f(x)\| \, \|f^T(x)\, Df(x)\|} \geqq \frac{1}{\operatorname{cond}(Df(x))} > 0.$$

Für alle γ mit $0 < \gamma \leqq \dfrac{1}{\operatorname{cond}(Df(x))}$ gilt also

$$s \in D(\gamma, x)$$

nach Definition (5.4.1.1) von $D(\gamma, x)$. □

Als Konsequenz von (5.4.2.2) halten wir fest:
Falls $Df(x)^{-1}$ existiert, gilt

(5.4.2.3) $$Dh(x) = 0 \Leftrightarrow f(x) = 0,$$

x ist stationärer Punkt von h, genau dann, wenn x Nullstelle von f ist. Wir betrachten nun das folgende modifizierte Newton-Verfahren (vgl. (5.4.1.7)):

(5.4.2.4) a) *Man wähle einen Startwert* $x_0 \in \mathbb{R}^n$.

b) *Für alle* $k = 0, 1, \ldots$ *berechne man* x_{k+1} *aus* x_k *folgendermaßen:*

α) *Man berechne*

$$d_k := Df(x_k)^{-1} f(x_k)$$

$$\gamma_k := \frac{1}{\operatorname{cond}(Df(x_k))}$$

und setze $h_k(\tau) := h(x_k - \tau d_k)$, $h(x) := f(x)^T f(x)$. *Man bestimme die kleinste ganze Zahl* $j \geqq 0$ *mit*

$$h_k(2^{-j}) \leqq h_k(0) - 2^{-j} \frac{\gamma_k}{4} \|d_k\| \, \|Dh(x_k)\|.$$

β) *Man bestimme* λ_k *und damit*

$$x_{k+1} := x_k - \lambda_k d_k,$$

so daß gilt

$$h(x_{k+1}) = \min_{0 \leqq i \leqq j} h_k(2^{-i}).$$

Analog zu Satz (5.4.1.8) hat man nun

(5.4.2.5) **Satz:** *Gegeben sei eine Funktion* $f\colon \mathbb{R}^n \to \mathbb{R}^n$ *und ein Punkt* $x_0 \in \mathbb{R}^n$ *mit den folgenden Eigenschaften:*

a) *Die Menge* $K := \{x \mid h(x) \leqq h(x_0)\},\ h(x) = f(x)^T f(x)$, *sei kompakt.*

b) f *sei auf einer Umgebung von* K *stetig differenzierbar.*

c) *Für alle* $x \in K$ *existiere* $Df(x)^{-1}$.

Dann ist durch (5.4.2.4) *die Folge* $\{x_k\}$ *wohldefiniert und es gilt*

1. $x_k \in K$ *für alle* $k = 0, 1, \ldots$. $\{x_k\}$ *besitzt mindestens einen Häufungspunkt* $\bar{x} \in K$.
2. *Jeder Häufungspunkt* $\bar{x}$ *von* $\{x_k\}$ *ist Nullstelle von* $f : f(\bar{x}) = 0$.

Beweis: Nach Konstruktion ist $h(x_k)$ monoton fallend

$$h(x_0) \geqq h(x_1) \geqq \ldots,$$

also gilt $x_k \in K$. Wegen Voraussetzung c) ist damit d_k und γ_k wohldefiniert, wenn x_k definiert ist. Wegen (5.4.2.1) gilt für $s_k := d_k/\|d_k\|$

$$s_k \in D(\gamma_k, x_k).$$

Wie im Anschluß an (5.4.1.7) folgt dann, daß es ein $j \geqq 0$ mit den in (5.4.2.4) angegebenen Eigenschaften gibt, d. h. x_{k+1} ist mit x_k definiert.

Nun wird Verfahren (5.4.2.4) formal mit dem Verfahren (5.4.1.7) identisch, wenn man σ_k durch

$$\sigma_k := \frac{\|d_k\|}{\|Dh(x_k)\|}$$

definiert. Der Rest des Satzes folgt daher aus Satz (5.4.1.8), sobald gezeigt ist, daß

$$\inf_k \gamma_k > 0, \qquad \inf_k \sigma_k > 0.$$

Nun ist nach Voraussetzung b), c), $Df(x)^{-1}$ auf der kompakten Menge K stetig, also auch $\operatorname{cond}(Df(x))$. Damit existiert

$$\gamma := \frac{1}{\max_{x \in K} \operatorname{cond}(Df(x))} > 0.$$

Wir nehmen o. B. d. A. an, daß kein x_k stationärer Punkt von h und damit wegen Vor. c) und (5.4.2.3) Nullstelle von f ist. (Aus $f(x_k) = 0$ folgt nämlich sofort $x_k = x_{k+1} = x_{k+2} = \ldots$ und es ist nichts mehr zu zeigen.) Es ist dann wegen $x_k \in K$, $k = 0, 1, \ldots$

$$\inf \gamma_k \geqq \gamma > 0.$$

Andererseits folgt wegen $f(x_k) \neq 0$ und (5.4.2.2) aus den Abschätzungen

$$\|d_k\| = \|Df(x_k)^{-1} f(x_k)\| \geqq \frac{1}{\|Df(x_k)\|} \|f(x_k)\|,$$

$$\|Dh(x_k)\| \leqq 2 \cdot \|Df(x_k)\| \, \|f(x_k)\|$$

sofort

$$\sigma_k \geqq \frac{1}{2 \cdot \|Df(x_k)\|^2} \geqq \sigma > 0,$$

da $Df(x)$ für $x \in K$ wegen der Kompaktheit von K, nach oben beschränkt ist. Damit treffen alle Resultate von Satz (5.4.1.8) bzw. (5.4.1.4) auf die Folge $\{x_k\}$ zu. Da wegen Vor. c) und (5.4.2.3) jeder stationäre Punkt $\bar{x}$ von h auch Nullstelle von f ist, ist Satz (5.4.2.5) vollständig bewiesen. □

Das Verfahren (5.4.2.4) erfordert in jedem Iterationsschritt die Berechnung von γ_k, d. h. von cond $(Df(x_k))$, und von $\|Dh(x_k)\|$.

Nachdem, wie der Beweis zu (5.4.1.8) zeigt, es genügen würde, die γ_k durch eine beliebig kleine untere Schranke $\gamma > 0$, $\gamma_k \geqq \gamma > 0$, zu ersetzen, wird die λ_k Festlegung in der Praxis so getroffen, daß gilt:

$$h_k(2^{-j}) < h_k(0).$$

Da hierbei nur $\gamma_k > 0$ verlangt wird, läßt sich für diese Variante kein Konvergenzbeweis mit obigen Methoden erbringen.

Eine weitere Bemerkung gilt dem Verhalten des Verfahrens (5.4.2.4) in einer hinreichend kleinen Umgebung einer Nullstelle. Das Verfahren hat dort die angenehme Eigenschaft, automatisch $\lambda_k = 1$ zu wählen und damit, wie das gewöhnliche Newton-Verfahren, lokal quadratisch zu konvergieren:

Wegen $\lim_{k \to \infty} x_k = \bar{x}$ und $f(\bar{x}) = 0$ gibt es eine Umgebung $V_1(\bar{x})$ von $\bar{x}$, in der für jeden Iterationsschritt $z_k \to z_{k+1}$ des gewöhnlichen Newton-Verfahrens die Bedingungen

(5.4.2.6) $$\|z_{k+1} - \bar{x}\| \leqq a\|z_k - \bar{x}\|^2$$

und

(5.4.2.7) $$32a^2c^2 \|z_k - \bar{x}\|^2 \leqq 1, \qquad c := \operatorname{cond}(Df(\bar{x})),$$

gilt.

Wegen

$$\|x - \bar{x}\| / \|Df(\bar{x})^{-1}\| \leqq \|Df(\bar{x})(x - \bar{x})\| \leqq \|Df(\bar{x})\| \, \|x - \bar{x}\|$$

und der Taylorentwicklung von f um $\bar{x}$

$$f(x) = Df(\bar{x})(x - \bar{x}) + o(\|x - \bar{x}\|)$$

gibt es eine Umgebung $V_2(\bar{x})$ mit

$$\tfrac{1}{4}\|Df(\bar{x})^{-1}\|^{-2} \|x - \bar{x}\|^2 \leqq h(x) \leqq 4\|Df(\bar{x})\|^2 \|x - \bar{x}\|^2$$

für alle $x \in V_2(\bar{x})$.

Man wähle ein k_0, so daß für $k \geqq k_0$

$$x_k \in U(\bar{x}) := \{x \mid \|x - \bar{x}\| < r\} \subset V_1(\bar{x}) \cap V_2(\bar{x})$$

gilt. Dies ist möglich wegen $\lim\limits_{k\to\infty} x_k = \bar{x}$.
Mit

$$x_{k+1} := x_k - Df(x_k)^{-1} f(x_k), \quad \text{d. h.} \quad \lambda_k = 1 \quad \text{in} \quad (5.4.2.4),$$

und unter Verwendung von (5.4.2.6), (5.4.2.7) erhält man folgende Ungleichungen

$$h(x_{k+1}) \leqq 4\|Df(\bar{x})\|^2 \|x_{k+1} - \bar{x}\|^2 \leqq 16a^2c^2 \|x_k - \bar{x}\|^2 h(x_k) \leqq h(x_k)(1 - \tfrac{1}{2}).$$

Wegen (5.4.2.4) b) α) gilt:

$$\gamma_k \|d_k\| \, \|Dh(x_k)\| \leqq 2\gamma_k \|Df(x_k)^{-1}\| \, \|Df(x_k)\| \, h(x_k) = 2h(x_k).$$

Damit erhält man die Abschätzung

$$h(x_{k+1}) \leqq h(x_k)(1 - \tfrac{1}{2}) \leqq h(x_k) - \frac{\gamma_k}{4} \|d_k\| \, \|Dh(x_k)\|,$$

d. h. es gibt ein k_0, so daß für alle $k \geqq k_0$ im Algorithmus (5.4.2.4) bei der Wahl von λ_k jeweils $j = 0$, $\lambda_k = 1$, gewählt wird. Das Verfahren (5.4.2.4) ist somit in hinreichend kleiner Umgebung von $\bar{x}$ mit dem gewönlichen Newton-Verfahren identisch und konvergiert lokal quadratisch.

Die Voraussetzungen a)–c) in Satz (5.4.2.5) geben die Funktionenklasse an, für die das Verfahren (5.4.2.4) anwendbar ist. In einer der Übungsaufgaben werden zwei Beispiele von Funktionenklassen angegeben, die die Vor. a)–c) von (5.4.2.5) erfüllen.

5.4.3. Hinweise zur praktischen Realisierung des modifizierten Newton-Verfahrens. Ein Rang-1-Verfahren von Broyden

Das Newton-Verfahren zur Lösung des Gleichungssystems $f(x) = 0$, $f: \mathbb{R}^n \to \mathbb{R}^n$, ist auch in seiner modifizierten Form (5.4.2.4) noch recht aufwendig, da man in jedem Iterationsschritt $x_k \to x_{k+1} = x_k - \lambda_k d_k$, $d_k := Df(x_k)^{-1} f(x_k)$, die Funktionalmatrix $Df(x_k)$ berechnen muß. Meistens ist die Auswertung von expliziten Formeln für $Df(x)$ viel zu kompliziert, ja, man hat häufig nicht einmal explizite Ausdrücke für $Df(x)$ zur Verfügung. In diesen Fällen liegt es nahe, die Matrix $Df(x) = \left(\frac{\partial f(x)}{\partial x^1}, \ldots, \frac{\partial f(x)}{\partial x^n}\right)$ für ein gegebenes $x = x_k$ durch eine Matrix

(5.4.3.1) $$\Delta f(x) = (\Delta_1 f, \ldots, \Delta_n f)$$

mit

$$\Delta_i f(x) := \frac{f(x^1, \ldots, x^i + h_i, \ldots, x^n) - f(x^1, \ldots, x^i, \ldots, x^n)}{h_i}$$

$$= \frac{f(x + h_i e_i) - f(x)}{h_i}$$

zu ersetzen, die man dadurch erhält, daß man die partiellen Ableitungen $\frac{\partial f}{\partial x^i}$ durch geeignete Differenzenquotienten $\Delta_i f$ ersetzt. Nach Wahl der Schrittweiten h_i kann man $\Delta f(x)$ mittels n weiterer Funktionsauswertungen von f berechnen. Bei der Wahl der h_i ergeben sich aber folgende Schwierigkeiten: Wenn h_i zu groß ist, ist $\Delta f(x)$ nur eine schlechte Approximation an $Df(x)$, so daß die Iteration

(5.4.3.2) $$x_{k+1} = x_k - \lambda_k \Delta f(x_k)^{-1} f(x_k)$$

wesentlich schlechter konvergiert als (5.4.2.4), wenn sie überhaupt konvergiert. Wählt man h_i zu klein, so wird $f(x+h_i e_i) \approx f(x)$ und bei der Bildung von $\Delta_i f(x)$ tritt Auslöschung auf, so daß selbst kleine Fehler bei der Berechnung von $f(x+h_i e_i)$, $f(x)$ das Resultat stark verfälschen.

Nimmt man an, daß man $f(x)$ mit einem relativen Fehler der Größenordnung der Maschinengenauigkeit eps berechnen kann, genügt es h_i so zu bemessen, daß $f(x)$ und $f(x+h_i e_i)$ bei t-stelliger Rechnung etwa die ersten $\frac{t}{2}$ Stellen gemeinsam haben,

$$|h_i| \, \|\Delta_i f(x)\| \approx \sqrt{\text{eps}} \, \|f(x)\| .$$

In diesem Fall ist der Einfluß der Auslöschung noch erträglich.

Bei komplizierteren Funktionen $f(x)$ ist aber selbst die Berechnung von $\Delta f(x_k)$ in jedem Iterationsschritt $x_k \to x_{k+1}$ zu aufwendig, weil sie n zusätzliche Funktionsauswertungen erfordert. Man versucht deshalb, die Matrix $\Delta f(x_k)$ durch andere noch einfacher zu berechnende Matrizen B_k zu ersetzen. Geeignete Matrizen B_k erhält man mit Hilfe eines Resultates von Broyden [14]:

(5.4.3.3) **Satz:** *A und B seien beliebige $n \times n$-Matrizen, $b \in \mathbb{R}^n$, $F: \mathbb{R}^n \to \mathbb{R}^n$ die affine Abbildung $F(u) := Au + b$, $x, x' \in \mathbb{R}^n$ zwei verschiedene Vektoren und p, q erklärt durch*

$$p := x' - x, \qquad q := F(x') - F(x) = Ap .$$

Dann gilt für die $n \times n$-Matrix B'

$$B' := B + \frac{1}{p^T p}(q - Bp)p^T$$

bezüglich der euklidischen Norm die Abschätzung

$$\text{lub}_2(B' - A) \leqq \text{lub}_2(B - A)$$

sowie die Gleichung $B'p = Ap = q$.

Beweis: Aus der Definition von B' folgt sofort $(B' - A)p = 0$. Jeder Vektor $u \in \mathbb{R}^n$ mit $\|u\|_2 = 1$ besitzt eine Orthogonalzerlegung der Form

$$u = \alpha p + v, v^T p = 0, \quad \|v\|_2 \leqq 1, \quad \alpha \in \mathbb{R}.$$

Es folgt daher nach Definition von B' für $\|u\|_2 = 1$:

$$\begin{aligned}\|(B' - A)u\|_2 &= \|(B' - A)v\|_2 = \|(B - A)v\|_2 \\ &\leqq \text{lub}_2(B - A)\|v\|_2 \leqq \text{lub}_2(B - A),\end{aligned}$$

und daher

$$\text{lub}_2(B' - A) = \sup_{\|u\|_2 = 1} \|(B' - A)u\|_2 \leqq \text{lub}_2(B - A). \quad \square$$

Dieses Resultat besagt, daß die Funktionalmatrix $DF(x) \equiv A$ einer affinen Funktion F durch B' mindestens ebenso gut approximiert wird wie durch B, und daß darüber hinaus B' und $DF(x) \equiv A$ darin übereinstimmen, daß sie den Vektor p in denselben Vektor transformieren. Da differenzierbare nichtlineare Funktionen $f: \mathbb{R}^n \to \mathbb{R}^n$ in erster Näherung in der Umgebung einer 0-Stelle $\bar{x}$ von $f(x) = 0$ durch affine Funktionen approximiert werden können, liegt es nahe, die Konstruktion von B' aus B auch im nichtlinearen Fall zu versuchen. Man erhält so statt (5.4.3.2), (5.4.2.4) eine Rekursionsvorschrift der Form

(5.4.3.4)
$$\begin{aligned} d_k &:= B_k^{-1} f(x_k) \\ x_{k+1} &= x_k - \lambda_k d_k \\ p_k &:= x_{k+1} - x_k, \quad q_k := f(x_{k+1}) - f(x_k) \\ B_{k+1} &:= B_k + \frac{1}{p_k^T p_k}(q_k - B_k p_k) p_k^T. \end{aligned}$$

Die Rekursionsformel für B_{k+1} stammt von Broyden; wegen Rang $(B_{k+1} - B_k) \leqq 1$ heißt das Verfahren *Rang-1-Verfahren.* Die Schrittweiten λ_k bestimmt man durch näherungsweise Minimierung von $\|f(x)\|^2$

$$\|f(x_{k+1})\|^2 \approx \min_{\lambda \geqq 0} \|f(x_k - \lambda d_k)\|^2,$$

etwa mit Hilfe eines Bisektionsalgorithmus wie in (5.4.2.4)

(5.4.3.5) $\lambda_k := 2^{-j}, \quad j := \min\{i \geqq 0 \mid \|f(x_k - 2^{-i} d_k)\| < \|f(x_k)\|\}$.

Eine gute Startmatrix B_0 kann man sich durch Differenzenbildung verschaffen, $B_0 = \Delta f(x_0)$. Es ist aber nicht sinnvoll, ausgehend von B_0 *alle* weiteren Matrizen B_k mit Hilfe von (5.4.3.4) rekursiv zu berechnen: Erfahrungsgemäß ist es besser, die Rekursionsformel (5.4.3.4) nur für die Schritte $x_k \to x_{k+1}$ anzuwenden, für die

$0.5 \leqq \lambda_k \leqq 1$ gilt; andernfalls setzt man besser $B_{k+1} := \Delta f(x_{k+1})$. Die Richtung $d_k = B_k^{-1} f(x_k)$ (5.4.3.4) berechnet man zweckmäßigerweise durch Lösen des linearen Gleichungssystems $B_k d_k = f(x_k)$, etwa mit Hilfe einer Zerlegung $F_k B_k = R_k$ (F_k eine nichtsinguläre $n \times n$-Matrix, R_k eine obere $n \times n$-Dreiecksmatrix) des Typs (4.9.1) von B_k. Dies ist vorteilhaft, weil man eine Zerlegung $F_k B_k = R_k$ von B_k leicht mit Hilfe der Techniken von Abschnitt (4.9) (Teilaufgabe A) zu einer entsprechenden Zerlegung $F_{k+1} B_{k+1} = R_{k+1}$ der nächsten Matrix B_{k+1} modifizieren kann, da man B_{k+1} aus B_k durch Addition einer Matrix von Rang 1 erhält.

Weitere Hinweise für die praktische Realisierung des modifizierten Newton-Verfahrens findet man in der Arbeit von Deuflhard [21]. Das Bisektionsverfahren (5.4.3.5) hat den Vorteil, automatisch $\lambda_k = 1$ zu wählen in allen Fällen, in denen $\|f(x_{k+1})\| < \|f(x_k - d_k)\|$ gilt. In diesem Zusammenhang ist ein Resultat von Broyden, Dennis und Moré [17] über das lokale Konvergenzverhalten des Verfahrens (5.4.3.4) mit $\lambda_k = 1$ für alle $k \geqq 0$ in der Umgebung $U(\bar{x})$ einer 0-Stelle $\bar{x}$ von $f(x) = 0$ bemerkenswert:

Unter den Voraussetzungen

a) $Df(x)$ *existiert für* $x \in U(\bar{x})$ *und ist stetig,*

b) $\|Df(x) - Df(\bar{x})\| \leqq \Lambda \|x - \bar{x}\|$ *für* $x \in U(\bar{x})$,

c) $Df(\bar{x})^{-1}$ *existiert,*

kann man folgendes zeigen: Das Verfahren (5.4.3.4) mit der Schrittweitenwahl $\lambda_k = 1$ für alle $k \geqq 0$ existiert (d.h. alle B_k sind invertierbar) für alle Startwerte x_0, B_0, für die $\|x_0 - \bar{x}\|$ und $\|B_0 - Df(\bar{x})\|$ genügend klein sind, und liefert eine Folge $\{x_k\}$, die superlinear gegen $\bar{x}$ konvergiert,

$$\lim_{k \to \infty} \|x_{k+1} - \bar{x}\| / \|x_k - \bar{x}\| = 0,$$

wenn $x_k \neq \bar{x}$ für alle $k \geqq 0$.

5.5 Nullstellenbestimmung für Polynome. Das Newtonsche Verfahren

In den folgenden Abschnitten (5.5)–(5.8) beschäftigen wir uns mit Fragen der Nullstellenbestimmung bei Polynomen und einigen einschlägigen Verfahren. Es sei darauf hingewiesen, daß es neben den besprochenen Methoden noch eine Fülle weiterer Verfahren zur Berechnung von Polynomnullstellen gibt, s. z. B. Bauer [1], Jenkins, Traub [4], Nickel [5], Henrici [30].

Die praktische Bedeutung von Verfahren zur Nullstellenbestimmung von Polynomen wird häufig überschätzt. Bei den in der Praxis vorkommenden Polynomen handelt es sich in der Regel um charakteristische Polynome von Matrizen. Die gesuchten Nullstellen sind also Eigenwerte von Matrizen, die man besser mit den in Kapitel 6 beschriebenen Methoden direkt berechnet.

Wir wollen besprechen, wie das Newton-Verfahren zur Bestimmung der Nullstellen eines Polynoms $p(x)$ verwandt werden kann. Um die Iterationsvorschrift des Newton-Verfahrens

$$x_{k+1} := x_k - \frac{p(x_k)}{p'(x_k)}$$

auszuwerten, muß man den Wert des Polynoms p und seiner ersten Ableitung an der Stelle $x = x_k$ berechnen. Ist das Polynom p in der Form

$$p(x) = a_0 x^n + a_1 x^{n-1} + \ldots + a_n$$

gegeben, so kann $p(x_k)$ und $p'(x_k)$ auf folgende Weise berechnet werden: Es ist für $x = \xi$

$$p(\xi) = (\ldots((a_0\xi + a_1)\xi + a_2)\xi + \ldots)\xi + a_n .$$

Für die Faktoren von ξ ergeben sich die Formeln

(5.5.1)
$$\begin{aligned} b_0 &:= a_0 \\ b_i &:= b_{i-1}\xi + a_i \quad \text{für} \quad i = 1, 2, \ldots, n . \end{aligned}$$

Der Wert des Polynoms p an der Stelle ξ ist dann

$$p(\xi) = b_n .$$

Der Algorithmus (5.5.1) heißt *Hornerschema.* Die Koeffizienten b_i erhält man auch, wenn man versucht, das Polynom $p(x)$ durch $(x - \xi)$ zu dividieren. Für das Polynom

$$p_1(x) := b_0 x^{n-1} + b_1 x^{n-2} + \ldots + b_{n-1}$$

gilt nämlich

(5.5.2)
$$p(x) = (x - \xi)\, p_1(x) + b_n ,$$

wie man durch Koeffizientenvergleich sofort feststellt. Darüber hinaus folgt aus (5.5.2) durch Differentiation nach x für $x = \xi$

$$p'(\xi) = p_1(\xi) ,$$

d. h., die erste Ableitung $p'(\xi)$ kann ebenfalls mit Hilfe des Hornerschemas als Wert des Polynoms $p_1(x)$ für $x = \xi$ berechnet werden:

$$p'(\xi) = (\ldots(b_0\xi + b_1)\xi + \ldots)\xi + b_{n-1} .$$

Häufig ist jedoch das Polynom $p(x)$ nicht in der Form

$$p(x) = a_0 x^n + \ldots + a_n$$

gegeben, sondern auf andere Weise. Besonders wichtig ist der Fall, daß $p(x)$

charakteristisches Polynom einer symmetrischen Tridiagonalmatrix

$$J = \begin{bmatrix} \alpha_1 & \beta_2 & & & 0 \\ \beta_2 & \ddots & \ddots & & \\ & \ddots & \ddots & \ddots & \\ & & \ddots & \ddots & \beta_n \\ 0 & & & \beta_n & \alpha_n \end{bmatrix}, \qquad \alpha_i, \beta_i \text{ reell}$$

ist. Bezeichnet man mit $p_i(x)$ das char. Polynom

$$p_i(x) := \det \left(\begin{bmatrix} \alpha_1 - x & \beta_2 & & & 0 \\ \beta_2 & \ddots & \ddots & & \\ & \ddots & \ddots & \ddots & \\ & & \ddots & \ddots & \beta_i \\ 0 & & & \beta_i & \alpha_i - x \end{bmatrix} \right)$$

der i-ten Hauptabschnittsmatrix von J, so gilt die Rekursionsformel

$$\text{(5.5.3)} \quad \begin{aligned} p_0(x) &:= 1 \\ p_1(x) &:= (\alpha_1 - x) \cdot 1 \\ p_i(x) &:= (\alpha_i - x) p_{i-1}(x) - \beta_i^2 p_{i-2}(x), \qquad i = 2, 3, \ldots, n \\ p(x) &:= \det(J - xI) := p_n(x). \end{aligned}$$

Für jedes gegebene $x = \xi$ kann $p(\xi)$ mit (5.5.3) bei bekannten α_i, β_i berechnet werden. Für die Berechnung von $p'(x)$ erhält man durch Differentiation von (5.5.3) eine ähnliche Rekursionsformel

$$\text{(5.5.4)} \quad \begin{aligned} p'_0(x) &:= 0 \\ p'_1(x) &:= -1 \\ p'_i(x) &:= -p_{i-1}(x) + (\alpha_i - x) p'_{i-1}(x) - \beta_i^2 p'_{i-2}(x), \qquad i = 2, 3, \ldots, n \\ p'(x) &:= p'_n(x), \end{aligned}$$

die zusammen mit (5.5.3) ausgewertet werden kann.

Wie sich bei der allgemeinen Diskussion des Newton-Verfahrens in (5.3) herausstellte, kann man i. a. nur dann die Konvergenz der Folge x_k gegen eine Nullstelle ξ von f garantieren, wenn der Startwert x_0 genügend nahe bei ξ liegt. Bei unglücklicher Wahl von x_0 kann auch bei Polynomen $p(x)$ die Folge x_k divergieren. Ist z. B. $p(x)$ ein reelles Polynom ohne reelle Nullstellen (z. B. $p(x) = x^2 + 1$), so kann das Newton-Verfahren für keinen reellen Startwert x_0 konvergieren. Obwohl man bisher keine befriedigende Antwort auf die Frage kennt, wie man bei einem *beliebigen* Polynom einen Startwert x_0 finden kann, der die Konvergenz des Newton-Verfahrens garantiert, kann eine solche Antwort in einem wichtigen Spezialfall gegeben werden. Dieser Fall liegt vor, wenn $p(x)$ ein reelles Polynom ist, dessen Nullstellen ξ_i, $i = 1, 2, \ldots, n$ alle reell sind:

$$\xi_1 \geqq \xi_2 \geqq \ldots \geqq \xi_n.$$

In Abschnitt (6.6.1.4) wird gezeigt, daß z. B. die durch (5.5.3) gegebenen Polynome für reelle α_i, β_i diese Eigenschaft besitzen. In diesem Fall gilt der

(5.5.5) **Satz:** *Ist $p(x)$ ein reelles Polynom n-ten Grades, $n \geqq 1$, das nur reelle Nullstellen ξ_i mit*

$$\xi_1 \geqq \xi_2 \geqq \ldots \geqq \xi_n$$

besitzt, so liefert das Newton-Verfahren für alle reellen Startwerte $x_0 > \xi_1$ eine gegen ξ_1 konvergente, monoton fallende Folge x_k von Näherungswerten. Für $n \geqq 2$ ist die Folge der x_k sogar streng monoton fallend.

Beweis: Für $n = 1$ ist der Satz trivial. Sei daher $n \geqq 2$ und sei ferner o. B. d. A. $p(x_0) > 0$.

Da $p(x)$ sein Vorzeichen für $x > \xi_1$ nicht ändert, gilt $p(x) > 0$ für $x > \xi_1$ und

$$p(x) = a_0 x^n + \ldots + a_n \quad \text{mit} \quad a_0 > 0.$$

Nach dem Satz von Rolle besitzt p' mindestens $n - 1$ reelle Nullstellen α_i mit

$$\xi_1 \geqq \alpha_1 \geqq \xi_2 \geqq \alpha_2 \geqq \ldots \geqq \alpha_{n-1} \geqq \xi_n.$$

Wegen Grad $p' = n - 1 \geqq 1$ sind dies sämtliche Nullstellen von p' und es folgt wegen $a_0 > 0$ auch $p'(x) > 0$ für $x > \alpha_1$. Durch nochmalige Anwendung des Satzes von Rolle folgt ebenso wegen $n \geqq 2$

$$\text{(5.5.6)} \qquad \begin{aligned} p''(x) &> 0 \quad \text{für} \quad x > \alpha_1 \\ p'''(x) &\geqq 0 \quad \text{für} \quad x \geqq \alpha_1. \end{aligned}$$

Für $x \geqq \alpha_1$ sind also p und p' konvexe Funktionen.

Ist nun $x_k > \xi_1$ so folgt sofort wegen $p'(x_k) > 0$, $p(x_k) > 0$

$$x_{k+1} = x_k - \frac{p(x_k)}{p'(x_k)} < x_k.$$

Wegen (5.5.6) und $x_k > \xi_1 \geqq \alpha_1$ folgt durch Taylorentwicklung

$$\begin{aligned} 0 = p(\xi_1) &= p(x_k) + (\xi_1 - x_k)\, p'(x_k) + \tfrac{1}{2}(\xi_1 - x_k)^2\, p''(\delta) \qquad \xi_1 < \delta < x_k, \\ &> p(x_k) + (\xi_1 - x_k)\, p'(x_k), \end{aligned}$$

also wegen $p(x_k) = p'(x_k)\,(x_k - x_{k+1})$,

$$0 > p'(x_k)(x_k - x_{k+1} + \xi_1 - x_k) = p'(x_k)(\xi_1 - x_{k+1}).$$

Aus $p'(x_k) > 0$ folgt schließlich $x_{k+1} > \xi_1$ und damit ist die Behauptung des Satzes bewiesen. □

Für später halten wir als Konsequenz von (5.5.6) fest:

(5.5.7) **Lemma:** *Ist* $p(x) = a_0x^n + \ldots + a_n$ *ein reelles Polynom n-ten Grades mit* $a_0 > 0$, $n \geqq 1$, *dessen Nullstellen sämtlich reell sind, so ist* $p'''(x) \geqq 0$ *für* $x \geqq \alpha_1$, *also* p' *für* $x \geqq \alpha_1$ *eine konvexe Funktion. Hier ist* α_1 *die größte Nullstelle von* p'.

Es stellt sich nun das Problem, eine Zahl $x_0 > \xi_1$ zu finden. Zu diesem Zweck kann man folgende Abschätzungen für die Nullstellen eines Polynoms benutzen, die erst später (6.9) teilweise bewiesen werden sollen (siehe auch Householder [3]. Weitere Abschätzungen findet man bei Marden [6]).

(5.5.8) **Satz:** *Für alle Nullstellen* ξ_i *eines Polynoms*

$$p(x) = a_0x^n + a_1x^{n-1} + \ldots + a_n$$

gilt

$$|\xi_i| \leqq \max\left\{\left|\frac{a_n}{a_0}\right|, 1 + \left|\frac{a_{n-1}}{a_0}\right|, \ldots, 1 + \left|\frac{a_1}{a_0}\right|\right\}$$

$$|\xi_i| \leqq \max\left\{1, \sum_{i=1}^{n} \left|\frac{a_i}{a_0}\right|\right\}$$

$$|\xi_i| \leqq \max\left\{\left|\frac{a_n}{a_{n-1}}\right|, 2\left|\frac{a_{n-1}}{a_{n-2}}\right|, \ldots, 2\left|\frac{a_1}{a_0}\right|\right\}$$

$$|\xi_i| \leqq \sum_{i=0}^{n-1} \left|\frac{a_{i+1}}{a_i}\right|$$

$$|\xi_i| \leqq 2\max\left\{\left|\frac{a_1}{a_0}\right|, \sqrt{\left|\frac{a_2}{a_0}\right|}, \sqrt[3]{\left|\frac{a_3}{a_0}\right|}, \ldots, \sqrt[n]{\left|\frac{a_n}{a_0}\right|}\right\}.$$

Es sei darauf hingewiesen, daß trotz der quadratischen Konvergenz des Newton-Verfahrens, sofern x_k nicht genügend nahe bei einer einfachen Nullstelle ξ liegt, die Folge der x_k für kleines k sehr langsam gegen ξ streben kann, wenn etwa x_0 zu groß gewählt wurde. Für sehr großes x_k gilt nämlich

$$x_{k+1} = x_k - \frac{x_k^n + \ldots}{nx_k^{n-1} + \ldots} \approx x_k\left(1 - \frac{1}{n}\right).$$

Diese Bemerkung führt zu der Idee, jedenfalls für große Werte von $x_k - \xi_1$, das einfache Newton-Verfahren durch ein *Doppelschritt-Verfahren* zu ersetzen:

$$x_{k+1} = x_k - 2\frac{p(x_k)}{p'(x_k)}, \qquad k = 0, 1, 2, \ldots$$

Natürlich besteht bei dieser Methode die Gefahr, daß man mit x_{k+1} über ξ_1 hinausschießt, falls x_k nahe bei ξ_1 liegt. Infolge einiger merkwürdiger Eigenschaften von Polynomen kann man jedoch dieses Überschießen benutzen, um eine Zahl y mit $\xi_1 > y > \xi_2$ zu finden. Es gilt nämlich

(5.5.9) **Satz:** *Sei $p(x)$ ein reelles Polynom n-ten Grades, $n \geqq 2$, mit nur reellen Nullstellen $\xi_1 \geqq \xi_2 \geqq \ldots \geqq \xi_n$. α_1 sei die größte Nullstelle von $p'(x)$: $\xi_1 \geqq \alpha_1 \geqq \xi_2$. Für $n = 2$ sei zusätzlich $\xi_1 > \xi_2$ vorausgesetzt.*

Dann sind für alle $z > \xi_1$ die Zahlen

$$z' := z - \frac{p(z)}{p'(z)}$$

$$y := z - 2\frac{p(z)}{p'(z)}$$

$$y' := y - \frac{p(y)}{p'(y)}$$

(s. Fig. 5.5.10) *wohldefiniert und es gilt*

a) $\alpha_1 < y$

b) $\xi_1 \leqq y' \leqq z'$.

(Im Fall $n = 2$, $\xi_1 = \xi_2$ gilt $y = \xi_1$ für alle $z > \xi_1$, wie man sofort verifiziert.)

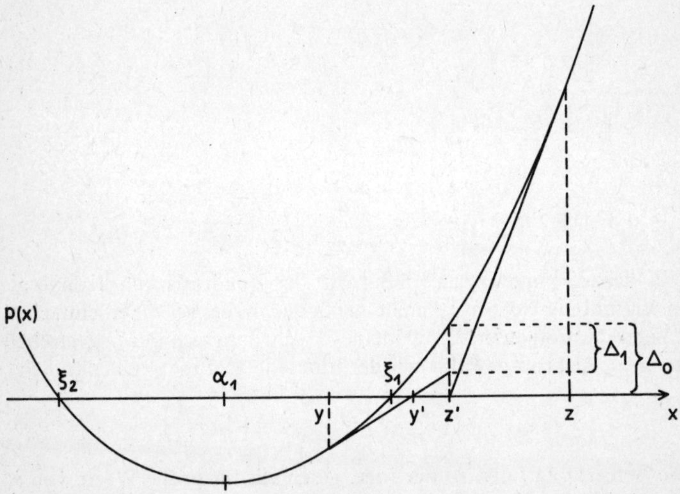

Fig. 5.5.10

Beweis: Sei $z > \xi_1$ und sei o. B. d. A. $p(z) > 0$. Man betrachte die Größen Δ_0, Δ_1 (s. Fig. 5.5.10) mit

$$\Delta_0 := p(z') = p(z') - p(z) - (z' - z)\,p'(z) = \int_z^{z'} [p'(t) - p'(z)]\,dt$$

$$\Delta_1 := p(z') - p(y) - (z' - y)\,p'(y) = \int_y^{z'} [p'(t) - p'(y)]\,dt\,.$$

Δ_0 und Δ_1 lassen sich als Flächen über bzw. unter der Kurve $p'(t)$ deuten:

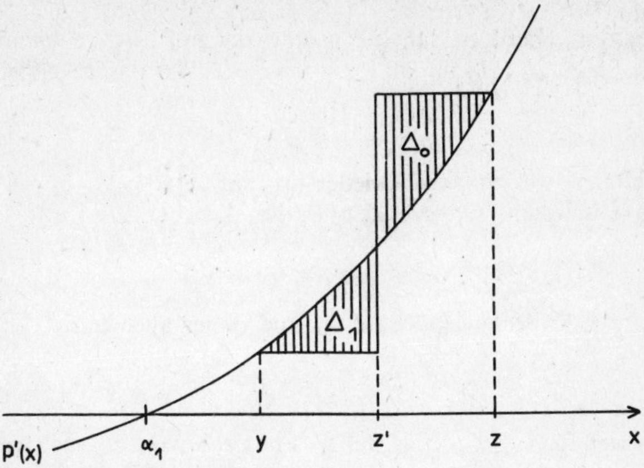

Nun ist nach (5.5.7) unter den Voraussetzungen des Satzes $p'(x)$ für $x \geqq \alpha_1$ eine konvexe Funktion. Es gilt daher wegen $z' - y = z - z'$ (> 0 wegen Satz (5.5.5))

$$\Delta_1 \leqq \Delta_0, \quad \text{falls} \quad y \geqq \alpha_1, \tag{5.5.11}$$

wobei Gleichheit $\Delta_1 = \Delta_0$ genau dann vorliegt, wenn $p'(t)$ eine lineare Funktion ist, also p ein Polynom höchstens 2. Grades ist. Um nun den Satz zu zeigen, unterscheiden wir 3 Fälle, $y > \xi_1$, $y = \xi_1$, $y < \xi_1$. Für $y > \xi_1$ folgt die Aussage des Satzes sofort aus Satz (5.5.5). Für $y = \xi_1$ ist y' nur dann definiert, falls $p'(y) = p'(\xi_1) \neq 0$, d. h. falls $\xi_2 < \alpha_1 < \xi_1$ ist (ξ_1 ist einfache Nullstelle). In diesem Fall ist $\alpha_1 < \xi_1 = y' = y < z'$ und damit der Satz richtig. Der Fall $y = \xi_1 = \xi_2 = \alpha_1$ eine Doppelnullstelle von p, kann nicht auftreten, denn dann müßte nach Voraussetzung des Satzes $n \geqq 3$ sein, und daher wegen (5.5.11) $\Delta_1 < \Delta_0$, also

$$\Delta_1 = p(z') - p(\xi_1) - (z' - \xi_1)\, p'(\xi_1) = p(z') < \Delta_0 = p(z'),$$

ein Widerspruch.

Es bleibt somit der Fall $y < \xi_1$ zu betrachten. Falls zusätzlich $\alpha_1 < y$, so ist $p'(y) \neq 0$, also y' wohldefiniert und es gilt wegen $p(z) > 0$, $\xi_2 < \alpha_1 < y < \xi_1$, auch $p(y) < 0$, $p'(y) > 0$.

Deshalb und wegen $p(y) = (y - y')\, p'(y)$, $\Delta_1 \leqq \Delta_0$ hat man

$$\Delta_0 - \Delta_1 = p(y) + (z' - y)\, p'(y) = p'(y)\,(z' - y') \geqq 0$$

also $z' \geqq y'$. Schließlich folgt durch Taylorentwicklung

$$p(\xi_1) = 0 = p(y) + (\xi_1 - y)\, p'(y) + \tfrac{1}{2}(\xi_1 - y)^2\, p''(\delta), \qquad y < \delta < \xi_1$$

also wegen $p''(x) \geqq 0$ für $x \geqq \alpha_1$, $p(y) = (y - y')\,p'(y)$, $p'(y) > 0$,

$$0 \geqq p(y) + (\xi_1 - y)\,p'(y) = p'(y)(\xi_1 - y')$$

und damit $\xi_1 \leqq y'$. Damit ist Satz (5.5.9) unter der zusätzlichen Annahme $\alpha_1 < y$ bewiesen. Es bleibt zu zeigen, daß für jedes $z > \xi_1$ für das zugehörige $y = y(z)$ gilt

$$y = y(z) > \alpha_1 \,. \tag{5.5.12}$$

Dazu nehmen wir zunächst wieder an, daß $\xi_1 > \alpha_1 > \xi_2$ ist. In diesem Fall gibt es mindestens ein $z = z_0 > \xi_1$ für das (5.5.12) richtig ist, nämlich alle z_0 mit

$$\xi_1 < z_0 < \xi_1 + (\xi_1 - \alpha_1)\,,$$

denn aus Satz (5.5.5) folgt $z_0 > z_0' \geqq \xi_1$ und daher auch nach Definition von $y_0 = y(z_0)$

$$y_0 - \alpha_1 = z_0' - (z_0 - z_0') - \alpha_1 > \xi_1 - (\xi_1 - \alpha_1) - \alpha_1 = 0\,.$$

Nun ist $y(z)$ für $z > \xi_1$ eine stetige Funktion von z. Aus der Annahme, daß es ein $z_1 > \xi_1$ mit $y(z_1) \leqq \alpha_1$ gibt, folgt nach dem Mittelwertsatz für stetige Funktionen, daß auch ein $\bar{z} \in [z_0, z_1]$ existiert mit $\bar{y} = y(\bar{z}) = \alpha_1$. Aus (5.5.11) folgt dann für $z = \bar{z}$

$$\Delta_1 = p(\bar{z}') - p(\bar{y}) - (\bar{z}' - \bar{y})\,p'(\bar{y}) = p(\bar{z}') - p(\bar{y}) \leqq \Delta_0 = p(\bar{z}')\,,$$

also $p(\bar{y}) = p(\alpha_1) \geqq 0$ im Widerspruch zu $p(\alpha_1) < 0$ ($p(x)$ wechselt bei $x = \xi_1$ das Vorzeichen). Damit bleibt (5.5.12) nur noch für den Fall $\xi_1 = \alpha_1 = \xi_2$ zu zeigen. In diesem Fall ist aber nach Voraussetzung $n \geqq 3$. Sei o. B. d. A.

$$p(x) = x^n + a_1 x^{n-1} + \ldots + a_n\,.$$

Dann gilt für $z \to \infty$ asymptotisch

$$z' = z - \frac{p(z)}{p'(z)} = z - \frac{z}{n}\,\frac{1 + \dfrac{a_1}{z} + \ldots + \dfrac{a_n}{z^n}}{1 + \dfrac{n-1}{n}\dfrac{a_1}{z} + \ldots + \dfrac{a_{n-1}}{nz^{n-1}}}$$

$$= z - \frac{z}{n}\left(1 + 0\left(\frac{1}{z}\right)\right),$$

also

$$y = y(z) = z + 2(z' - z) = z - \frac{2z}{n}\left(1 + 0\left(\frac{1}{z}\right)\right)$$

$$= z\left(1 - \frac{2}{n}\right) + 0(1)\,.$$

Wegen $n \geqq 3$ wächst $y(z)$ mit $z \to \infty$ über alle Grenzen und es gibt sicher ein $z_0 > \xi_1$ mit $y_0 = y(z_0) > \alpha_1$. Wenn (5.5.12) nicht für alle $z > \xi_1$ zutrifft, kann man wie eben ein $\bar{z} > \xi_1$ finden, so daß $\bar{y} = y(\bar{z}) = \alpha_1$ gilt. Der Fall $\bar{y} = \alpha_1 = \xi_1 = \xi_2$ wurde aber bereits oben zum Widerspruch geführt. Damit ist Satz (5.5.9) vollständig bewiesen. □

Die praktische Bedeutung dieses Satzes liegt im folgenden. Ist $x_0 > \xi_1$ so gilt für die Näherungswerte x_k des "Doppelschrittverfahrens"

$$x_{k+1} = x_k - 2\,\frac{p(x_k)}{p'(x_k)}$$

entweder $x_0 \geqq x_1 \geqq \ldots \geqq x_k \geqq x_{k+1} \geqq \ldots \geqq \xi_1$ und $\lim_{k \to \infty} x_k = \xi_1$. In diesem Fall ändern die $p(x_k)$ ihr Vorzeichen nicht

$$p(x_0)\,p(x_k) \geqq 0, \quad \text{für alle} \quad k,$$

und die x_k konvergieren schneller als bei dem ursprünglichen Newton-Verfahren gegen ξ_1. Oder es gibt ein erstes $x_{k_0} := y$ mit

$$p(x_0)\,p(x_k) > 0 \quad \text{für} \quad 0 \leqq k < k_0$$

$$p(x_0)\,p(x_{k_0}) < 0\,.$$

Dann gilt nach dem letzten Satz

$$x_0 > x_1 > \ldots > x_{k_0-1} > \xi_1 > y = x_{k_0} > \alpha_1 > \xi_2\,.$$

In diesem Falle setze man die Iteration mit dem einfachen Newton-Verfahren und dem Startwert $y_0 := y$ fort

$$y_{k+1} = y_k - \frac{p(y_k)}{p'(y_k)}, \qquad k = 0, 1, \ldots,$$

für das dann gilt

$$y_1 \geqq y_2 \geqq \ldots \geqq \xi_1\,, \qquad \lim_{k \to \infty} y_k = \xi_1\,.$$

Nachdem man die größte Nullstelle ξ_1 von p bestimmt hat, hat man das Problem, die weiteren Nullstellen $\xi_2, \xi_3, \ldots, \xi_n$ zu bestimmen. Naheliegend ist folgende Methode: Man „dividiere ξ_1 ab", d. h. man bilde das Polynom $(n-1)$-ten Grades

$$p_1(x) := \frac{p(x)}{x - \xi_1}\,,$$

dessen größte Nullstelle gerade ξ_2 ist und bestimme ξ_2 wieder mit Hilfe des Newton-Verfahrens. Dabei kann entweder ξ_1 oder besser die beim Überschießen gefundene Zahl $y = x_{k_0}$ als Startwert benutzt werden und man kann die Iteration wieder mit Hilfe des Doppelschrittverfahrens beschleunigen.

So kann man schließlich alle Nullstellen bestimmen. Dieses Abdividieren ist aber nicht ganz ungefährlich, weil man infolge von Rundungsfehlern weder ξ_1 noch $p_1(x)$ exakt bestimmen kann. Das tatsächlich berechnete Polynom p_1

besitzt deshalb nicht $\xi_2, \xi_3, \dots \xi_n$, sondern etwas davon verschiedene Zahlen als Nullstellen, die wiederum nur näherungsweise gefunden werden können, so daß die zuletzt bestimmten Nullstellen recht ungenau sein können. Durch einen Trick, der von Maehly stammt, läßt sich jedoch das Abdividieren vermeiden. Für das Polynom $p_1(x)$ gilt nämlich

$$p_1'(x) = \frac{p'(x)}{x - \xi_1} - \frac{p(x)}{(x - \xi_1)^2}$$

und als Newtonsche Iterationsvorschrift für p_1 zur Bestimmung von ξ_2 findet man

$$x_{k+1} = x_k - \frac{p_1(x_k)}{p_1'(x_k)} = x_k - \frac{p(x_k)}{p'(x_k) - \dfrac{p(x_k)}{x_k - \xi_1}}.$$

Allgemein gilt für das Polynom

$$p_j(x) := \frac{p(x)}{(x - \xi_1) \dots (x - \xi_j)}$$

$$p_j'(x) = \frac{p'(x)}{(x - \xi_1) \dots (x - \xi_j)} - \frac{p(x)}{(x - \xi_1) \dots (x - \xi_j)} \cdot \sum_{i=1}^{j} \frac{1}{x - \xi_i}.$$

Das (einfache) Newton-Verfahren zur Berechnung von ξ_{j+1} lautet daher in der Maehly-Form

$$(5.5.13) \qquad x_{k+1} = \Phi_j(x_k) \quad \text{mit} \quad \Phi_j(x) := x - \frac{p(x)}{p'(x) - \sum\limits_{i=1}^{j} \dfrac{p(x)}{x - \xi_i}}.$$

Der Vorteil dieser Formel liegt darin, daß die durch Φ_j gegebene Iteration selbst dann *lokal* quadratisch gegen ξ_{j+1} konvergiert, wenn die Zahlen $\xi_1, \dots \xi_j$, die in Φ_j eingehen, nicht als Nullstellen von p gewählt werden. (Man beachte, daß man nur noch lokale Konvergenz hat.)

Als Startwert x_0 zur Bestimmung von z. B. ξ_2, mittels $\Phi_1(x)$ kann man leider nicht mehr die zuletzt gefundene Nullstelle $x_0 = \xi_1$ wählen, da in $\Phi_1(x)$ für $x = \xi_1$ Zähler und Nenner verschwinden. Man muß stattdessen irgendeinen Wert x_0 mit $\xi_2 < x_0 < \xi_1$ wählen, beispielsweise den Wert $x_0 := y$, den man bei der Bestimmung von ξ_1 und Verwendung von Doppelschritten durch „Überschießen" gefunden hat. Folgendes Algolprogramm beschreibt dieses Verfahren. (Die Funktionsprozeduren $p(z)$ bzw. $ps(z)$ liefern den Wert des Polynoms p bzw. dessen erste Ableitung, die Nullstellen sind $\xi_i = xi[i], i = 1, 2, \dots, n$.)

```
zo := Startwert;
for j := 1 step 1 until n do
```

```
begin m:= 2; zs:= zo;
Iteration: z:= zs; s:= 0;
        for i:= 1 step 1 until j - 1 do
        s:= s + 1/(z - xi[i]);
        zs:= p(z); zs:= z - m × zs/(ps(z) - zs × s);
        if zs < z then goto Iteration;
        if m = 2 then
                begin zs := z; m:= 1; goto Iteration; end;
        xi[j] := z;
end;
```

Beispiel: Der Vorteil des Tricks von Maehly zur Bestimmung sämtlicher Nullstellen eines reellen Polynoms, das nur reelle Nullstellen besitzt, gegenüber der expliziten Abdivision der bereits bekannten Nullstellen wird an folgendem Beispiel demonstriert:

Die Koeffizienten a_i des Polynoms

$$p(x) := \prod_{j=0}^{13} (x - 2^{-j}) = \sum_{i=0}^{14} a_i x^{14-i}$$

werden bei Gleitpunktrechnung i. a. mit einem relativen Fehler der Größenordung ε berechnet. Nach (5.8) sind die Nullstellen von $p(x)$ gut konditioniert. Die Tabelle zeigt, daß das Newton-Maehly-Verfahren die Nullstellen bis auf absolute Fehler der Größenordnung 40 ε ($\varepsilon = 10^{-12}$, Maschinengenauigkeit) liefert. Bei expliziter Abdivision ist bereits die fünfte Nullstelle völlig falsch. (Die absoluten Fehler werden als Vielfache von ε angegeben.)

$\xi_j = 2^{-j}$	Newton-Maehly (absoluter Fehler × 10^{12})	Abdivision
1.0	0	0
0.5	6.8	$3.7 \cdot 10^2$
0.25	1.1	$1.0 \cdot 10^6$
0.125	0.2	$1.4 \cdot 10^9$
0.0625	4.5	
0.03125	4.0	
0.015625	3.3	
0.0078125	39.8	$> 10^{12}$
0.00390625	10.0	
0.001953125	5.3	
0.0009765625	0	
0.00048828125	0	
0.000244140625	0.4	
0.0001220703125	0	

Das Polynom $p_1(x)$,

$$p_1(x) = \prod_{j=1}^{13} (x - 2^{-j}) = \frac{p(x)}{(x-1)}$$

hat die Nullstellen $2^{-j}, j = 1, 2, \ldots, 13$. Wird $\tilde{p}_1$ durch numerisches Abdividieren von $(x - 1)$ aus $p(x)$ gewonnen

$$\tilde{p}_1(x) := \mathrm{gl}\left(\frac{p(x)}{(x-1)}\right)$$

so ist festzustellen, daß bereits nach einer Abdivision die meisten Nullstellen von $\tilde{p}_1(x)$ in keiner Weise mehr mit den exakten Nullstellen von $p_1(x)$ übereinstimmen.

j	Mit Newton-Maehly berechnete Nullstellen von $\tilde{p}_1(x)$
1	0.49999 9996 335
2	0.25000 100...
3	0.12369 7...
4	0.0924...
5	−0.0984...
6	−0.056...
7	−0.64...
8	+1.83...
⋮	⋮

Führt man die Abdivision der Nullstellen in aufsteigender Folge durch, beginnend mit der betragskleinsten Nullstelle, so erhält man auch bei expliziter Abdivision die Nullstellen von $p(x)$ bis auf Maschinengenauigkeit (Wilkinson [10], Peters, Wilkinson [12]).

Reihenfolge der Abdivision der Nullstellen von $p(x)$.

j	13	12	11	...										
Betrag des absoluten Fehlers ($\times 10^{12}$)	0.2	0.4	2	5	3	1	14	6	12	6	2	2	12	1

5.6 Sturmsche Ketten und Bisektionsverfahren

Sei $p(x)$ ein reelles Polynom n-ten Grades

$$p(x) = a_0 x^n + a_1 x^{n-1} + \ldots + a_n, \qquad a_0 \neq 0 .$$

Über die Anzahl und Lage der *reellen* Nullstellen von $p(x)$ gibt es einige Sätze, die mit der Anzahl $w(a)$ der Vorzeichenwechsel einer mit $p_0(x) := p(x)$ beginnenden Kette von Polynomen $p_i(x)$, $i = 0, 1, \ldots, m$ absteigenden Grades an der Stelle $x = a$ zu tun haben. Dabei soll verabredet werden, daß man aus dieser Kette zunächst alle $p_i(a)$ mit $p_i(a) = 0$ streicht und erst dann die Anzahl der Vorzeichenwechsel $w(a)$ der Folge $\{p_i(a)\}_{i=0,1,\ldots,m}$ abzählt. Die genaue Auskunft wird von einer sog. *Sturmschen Kette* geliefert.

(5.6.1) **Def:** *Die Folge*

$$p(x) = p_0(x), p_1(x), \ldots, p_m(x)$$

reeller Polynome, heißt eine Sturmsche Kette, falls gilt:

1. $p_0(x)$ *besitzt nur einfache Nullstellen.*
2. $\operatorname{sign} p_1(\xi) = -\operatorname{sign} p_0'(\xi)$ *für alle reellen Nullstellen* ξ *von* $p_0(x)$.
3. *Für* $i = 1, 2, \ldots, m-1$ *gilt*

$$p_{i+1}(\xi)\, p_{i-1}(\xi) < 0 ,$$

falls ξ reelle Nullstelle von $p_i(x)$ ist.

4. *Das letzte Polynom $p_m(x)$ ändert sein Vorzeichen nicht.*

Es gilt dann der

(5.6.2) **Satz:** *Die Anzahl der reellen Nullstellen von $p(x) \equiv p_0(x)$ im Intervall $a \leqq x < b$ ist gleich $w(b) - w(a)$, wobei $w(x)$ die Anzahl der Vorzeichenwechsel der Kette*

$$p_0(x), \ldots, p_m(x)$$

an der Stelle x ist, vorausgesetzt, daß diese Kette eine Sturmsche Kette ist.

Bevor wir diesen Satz beweisen, soll kurz gezeigt werden, wie man mit Hilfe des euklidischen Algorithmus zu einem Polynom $p_0(x)$ eine Sturmsche Kette konstruieren kann. Dazu setze man

$$p_1(x) := -p_0'(x) = -p'(x)$$

und bilde die restlichen $p_i(x)$ durch den Teileralgorithmus:

(5.6.3)
$$p_{i-1}(x) = q_i(x)\, p_i(x) - c_i p_{i+1}(x), \qquad i = 1, 2, \ldots,$$

wobei $c_i > 0$ beliebige positive Konstanten sein können und stets

$$\text{Grad}\, p_i(x) > \text{Grad}\, p_{i+1}(x)$$

gelte. Da der Grad der Polynome $p_i(x)$ mit i echt abnimmt, bricht die Kette nach m Schritten, $m \leqq \text{Grad}\, p_0(x)$, ab

$$p_{m-1}(x) = q_m(x)\, p_m(x), \qquad p_m(x) \not\equiv 0.$$

$p_m(x)$ ist dann bekanntlich der größte gemeinsame Teiler von $p(x)$ und $p'(x)$. Besitzt insbesondere $p(x)$ nur einfache Nullstellen, so muß $p_m(x)$ eine Konstante $\neq 0$ sein, also ist (5.6.1) 4) erfüllt. Ist schließlich $p_i(\xi) = 0$, so folgt aus (5.6.3) $p_{i-1}(\xi) = -c_i p_{i+1}(\xi)$. Wäre nun $p_{i+1}(\xi) = 0$, so folgte aus (5.6.3), $p_{i+1}(\xi) = \ldots = p_m(\xi) = 0$, im Widerspruch zu $p_m(\xi) \neq 0$. Also ist auch (5.6.1) 3) erfüllt.

Beweis von Satz (5.6.2): Wir wollen untersuchen, wie sich die Zahl der Vorzeichenwechsel $w(a)$ in der Folge

$$p_0(a), p_1(a), \ldots, p_m(a)$$

mit wachsendem a ändert. Solange a keine Nullstelle eines der $p_i(x)$, $i = 0, 1, \ldots, m$ passiert, kann sich $w(a)$ nicht ändern. Wir untersuchen nun das Verhalten von $w(a)$ an einer Nullstelle eines der Polynome $p_i(x)$ und unterscheiden zwei Fälle:

1) $p_i(a) = 0$ für $i \neq 0$,
2) $p_0(a) = 0$.

Im ersten Fall ist wegen (5.6.1) 3) und 4) $p_{i+1}(a) \neq 0$, $p_{i-1}(a) \neq 0$ und $i \neq m$. Die Vorzeichen der $p_j(a)$, $j = i-1, i, i+1$, zeigen daher für genügend kleines $h > 0$ ein Verhalten, das durch eines der 4 folgenden Tableaus skizziert werden kann:

	$a-h$	a	$a+h$
$i-1$	$-$	$-$	$-$
i	$-$	0	$+$
$i+1$	$+$	$+$	$+$

	$a-h$	a	$a+h$
$i-1$	$+$	$+$	$+$
i	$-$	0	$+$
$i+1$	$-$	$-$	$-$

	$a-h$	a	$a+h$
$i-1$	$-$	$-$	$-$
i	$+$	0	$-$
$i+1$	$+$	$+$	$+$

	$a-h$	a	$a+h$
$i-1$	$+$	$+$	$+$
i	$+$	0	$-$
$i+1$	$-$	$-$	$-$

In jedem Fall ist $w(a-h) = w(a) = w(a+h)$ und die Zahl der Vorzeichenwechsel ändert sich nicht.

Im zweiten Fall, $p_0(a) = 0$, kann das Verhalten wegen (5.6.1) 1) 2) durch eines der folgenden Tableaus beschrieben werden:

i	$a-h$	a	$a+h$
0	$-$	0	$+$
1	$-$	$-$	$-$

i	$a-h$	a	$a+h$
0	$+$	0	$-$
1	$+$	$+$	$+$

Jedenfalls ist

$$w(a-h) = w(a) = w(a+h) - 1$$

und beim Passieren einer Nullstelle a von $p_0(x) \equiv p(x)$ wird genau ein Zeichenwechsel gewonnen. Für $a < b$ gibt daher

$$w(b) - w(a) = w(b-h) - w(a-h), \qquad h > 0 \text{ genügend klein,}$$

die Anzahl der Nullstellen von $p(x)$ im Intervall $a - h < x < b - h$ an, d. h. der Nullstellen im Intervall $a \leqq x < b$, da $h > 0$ beliebig klein gewählt werden kann. Damit ist der Beweis von Satz (5.6.2) erbracht. □

Die Resultate des letzten Satzes werden hauptsächlich dazu verwandt, um durch ein *Bisektionsverfahren* die Eigenwerte von (reellen) symmetrischen Tridiagonalmatrizen

$$J = \begin{bmatrix} \alpha_1 & \beta_2 & & 0 \\ \beta_2 & \ddots & \ddots & \\ & \ddots & \ddots & \beta_n \\ 0 & & \beta_n & \alpha_n \end{bmatrix}$$

zu bestimmen. Ist $p_i(x)$ das char. Polynom der i-ten Hauptabschnittsmatrix von $(J - xI)$ so gilt (s. (5.5.3)) die Rekursionsformel

$$p_0(x) := 1$$

$$p_1(x) := \alpha_1 - x$$

$$p_i(x) = (\alpha_i - x)\, p_{i-1}(x) - \beta_i^2 p_{i-2}(x), \qquad i = 2, 3, \ldots, n,$$

und es ist $p_n(x) = \det(J - xI)$ das char. Polynom von J, dessen Nullstellen gerade die Eigenwerte (s. 61) von J sind. Man kann zeigen (s. Aufgabe 16), daß für $\beta_i \neq 0$, $i = 2, \ldots, n$, die Polynome

$$p_n(x), p_{n-1}(x), \ldots, p_0(x) \tag{5.6.4}$$

eine Sturmsche Kette für $p_n(x)$ bilden und daß $p_n(x)$ nur reelle einfache Nullstellen

$$\xi_1 > \xi_2 > \ldots > \xi_n$$

besitzt. (Man beachte, daß sich die Numerierung der $p_i(x)$ sich von der im letzten Satz unterscheidet.) Für $x = -\infty$ besitzt nun die Kette (5.6.4) die Vorzeichenverteilung

$$+, +, \ldots, +,$$

also $w(-\infty) = 0$. Aus Satz (5.6.2) folgt daher, daß $w(\mu)$ gerade die Anzahl der Nullstellen ξ von $p_n(x)$ mit $\xi < \mu$ angibt:

$$w(\mu) \geqq n + 1 - i \quad \text{gilt genau dann, wenn } \xi_i < \mu.$$

Das führt zu folgendem Bisektionsverfahren, um die i-te Nullstelle ξ_i von $p_n(x)$ zu bestimmen ($\xi_1 > \xi_2 > \ldots > \xi_n$). Man startet mit einem Intervall

$$[a_0, b_0]$$

das ξ_i sicher enthält; z. B. wähle man $b_0 > \xi_1$, $a_0 < \xi_n$. Dann halbiert man sukzessiv dieses Intervall und testet mit Hilfe der Sturmschen Kette, in welchem der beiden neuen Teilintervalle ξ_i liegt. D. h. man bildet:

für $j = 0, 1, 2, \ldots$

$$\mu_j := (a_j + b_j)/2,$$

$$a_{j+1} := \begin{cases} a_j, & \text{falls } w(\mu_j) \geqq n + 1 - i \\ \mu_j, & \text{falls } w(\mu_j) < n + 1 - i \end{cases}$$

$$b_{j+1} := \begin{cases} \mu_j, & \text{falls } w(\mu_j) \geqq n + 1 - i \\ b_j, & \text{falls } w(\mu_j) < n + 1 - i. \end{cases}$$

Es gilt dann stets

$$[a_{j+1}, b_{j+1}] \subseteq [a_j, b_j],$$
$$|a_{j+1} - b_{j+1}| = |a_j - b_j|/2,$$
$$\xi_i \in [a_{j+1}, b_{j+1}]$$

und die a_j konvergieren monoton wachsend, die b_j monoton fallend gegen ξ_i. Die Konvergenz ist linear mit dem Konvergenzfaktor 0.5. Dieses Verfahren zur Bestimmung der Nullstellen eines reellen Polynoms mit lauter reellen Nullstellen ist zwar langsam aber auch sehr genau. Es hat außerdem den Vorteil, daß man jede beliebige Nullstelle unabhängig von den übrigen bestimmen kann.

5.7 Das Verfahren von Bairstow

Besitzt ein reelles Polynom konjugiert komplexe Nullstellen, so können diese mit Hilfe des gewöhnlichen Newton-Verfahrens nicht gefunden werden, solange man mit *reellen* Näherungswerten startet. Will man auch die komplexen Nullstellen bekommen, so muß man von komplexen Näherungswerten ausgehen. Beim Verfahren von Bairstow wird die komplexe Rechnung vermieden. Das Verfahren von Bairstow geht von folgender Beobachtung aus. Die Nullstellen des reellen quadratischen Polynoms

$$x^2 - rx - q$$

sind genau auch Nullstellen des gegebenen reellen Polynoms

$$p(x) = a_0 x^n + \dots + a_n, \qquad a_0 \neq 0,$$

wenn $p(x)$ durch $x^2 - rx - q$ ohne Rest teilbar ist. Nun ist allgemein

(5.7.1) $$p(x) = p_1(x)(x^2 - rx - q) + Ax + B, \qquad \text{Grad } p_1 = n - 2,$$

wobei $Ax + B$ der Rest ist, der bei Division von $p(x)$ durch $x^2 - rx - q$ auftritt. Die Koeffizienten A und B hängen natürlich von r und q ab

$$A = A(r, q), \qquad B = B(r, q).$$

und der Rest verschwindet genau dann, wenn (r, q) Lösung des Gleichungssystems

(5.7.2) $$A(r, q) = 0 \qquad B(r, q) = 0$$

ist. Das Verfahren von Bairstow ist nun nichts anderes, als das gewöhnliche Newton-Verfahren (5.3) zur iterativen Lösung von (5.7.2)

(5.7.3) $$\begin{bmatrix} r_{i+1} \\ q_{i+1} \end{bmatrix} = \begin{bmatrix} r_i \\ q_i \end{bmatrix} - \begin{bmatrix} \dfrac{\partial A}{\partial r} & \dfrac{\partial A}{\partial q} \\ \dfrac{\partial B}{\partial r} & \dfrac{\partial B}{\partial q} \end{bmatrix}^{-1}_{\substack{r=r_i \\ q=q_i}} \begin{bmatrix} A(r_i, q_i) \\ B(r_i, q_i) \end{bmatrix}.$$

Um (5.7.3) auszuführen, müssen natürlich zunächst die partiellen Ableitungen $A_r, \ldots, B_q$ berechnet werden. Nun gilt (5.7.1) identisch in r, q und x. Also folgt durch Differentiation nach r und q

$$\text{(5.7.4)} \quad \begin{aligned} \frac{\partial}{\partial r} p(x) &\equiv 0 = (x^2 - rx - q)\frac{\partial p_1(x)}{\partial r} - xp_1(x) + A_r x + B_r \\ \frac{\partial}{\partial q} p(x) &\equiv 0 = (x^2 - rx - q)\frac{\partial p_1(x)}{\partial q} - p_1(x) + A_q x + B_q . \end{aligned}$$

Durch nochmalige Division von $p_1(x)$ durch $(x^2 - rx - q)$ erhält man die Darstellung

$$\text{(5.7.5)} \qquad p_1(x) = p_2(x)(x^2 - rx - q) + A_1 x + B_1 .$$

Setzt man nun voraus, daß $x^2 - rx - q = 0$ zwei verschiedene Nullstellen x_0, x_1 besitzt, so folgt für $x = x_i$, $i = 0, 1$

$$p_1(x_i) = A_1 x_i + B_1$$

und deshalb aus (5.7.4) für $x = x_i$ die Gleichungen

$$\begin{aligned} -x_i(A_1 x_i + B_1) + A_r x_i + B_r &= 0 \\ -(A_1 x_i + B_1) + A_q x_i + B_q &= 0 , \end{aligned} \qquad i = 0, 1 .$$

Aus der zweiten dieser Gleichungen folgt wegen $x_0 \neq x_1$ sofort

$$\text{(5.7.6)} \qquad A_q = A_1 , \qquad B_q = B_1$$

und deshalb aus der ersten dieser Gleichungen

$$-x_i^2 A_q + x_i(A_r - B_q) + B_r = 0 , \qquad i = 0, 1 .$$

Wegen $x_i^2 = rx_i + q$ folgt

$$x_i(A_r - B_q - A_q \cdot r) + B_r - A_q \cdot q = 0 , \qquad i = 0, 1$$

und daher wegen $x_0 \neq x_1$,

$$\begin{aligned} A_r - B_q - A_q \cdot r &= 0 \\ B_r - A_q \cdot q &= 0 . \end{aligned}$$

Zusammen mit (5.7.6) ergibt dies schließlich

$$\begin{aligned} A_q &= A_1 , & B_q &= B_1 , \\ A_r &= rA_1 + B_1 , & B_r &= q \cdot A_1 . \end{aligned}$$

Die Größen A, B bzw. A_1, B_1 können schließlich mit Hilfe eines hornerartigen Schemas gefunden werden. Mit $p(x) = a_0 x^n + \ldots + a_n$, $p_1(x) = b_0 x^{n-2} + \ldots + b_{n-2}$ findet man wegen (5.7.1) durch Koeffizientenvergleich folgende Rekursionsformeln für die b_i und A, B:

$$b_0 = a_0$$
$$b_1 = b_0 r + a_1$$
$$b_i = b_{i-2} q + b_{i-1} r + a_i, \quad \text{für} \quad i = 2, 3, \ldots, n-2.$$
$$A = b_{n-3} q + b_{n-2} r + a_{n-1}$$
$$B = b_{n-2} q + a_n.$$

Auf ähnliche Weise kann aus den b_i vermöge (5.7.5) auch A_1 und B_1 berechnet werden.

5.8 Genauigkeitsfragen bei der Nullstellenbestimmung von Polynomen

Wir wollen zunächst die Kondition der Nullstellen eines Polynoms $p(x)$ untersuchen. Ist ξ eine einfache Nullstelle von p, so gibt es (s. Satz (6.9.8)) eine für genügend kleines $|\varepsilon|$ analytische Funktion $\xi(\varepsilon)$ mit $\xi(0) = \xi$, derart daß $\xi(\varepsilon)$ (einfache) Nullstelle des Polynoms $p_\varepsilon(x) = p(x) + \varepsilon\, g(x)$ ist. Hier ist $g(x)$ irgendein Polymon. Wegen

$$p(\xi(\varepsilon)) + \varepsilon\, g(\xi(\varepsilon)) \equiv 0$$

folgt durch Differentiation nach ε für $k := \left.\dfrac{d\xi(\varepsilon)}{d\varepsilon}\right|_{\varepsilon=0}$ die Beziehung

$$k\, p'(\xi(0)) + g(\xi(0)) = 0,$$
$$k = \frac{-g(\xi)}{p'(\xi)},$$

also in 1. Näherung

$$\xi(\varepsilon) \doteq \xi - \varepsilon \frac{g(\xi)}{p'(\xi)}. \tag{5.8.1}$$

Für eine m-fache Nullstelle ξ von p kann man zeigen, daß $p(x) + \varepsilon\, g(x)$ eine Nullstelle der Form

$$\xi(\varepsilon) = \xi + h(\varepsilon^{1/m})$$

besitzt, wobei $h(t)$ eine für kleines $|t|$ analytische Funktion ist mit $h(0) = 0$. Wegen $p(\xi) = p'(\xi) = \ldots = p^{(m-1)}(\xi) = 0$, $p^{(m)}(\xi) \neq 0$ findet man nach m-facher Differentiation von

$$0 \equiv p_\varepsilon(\xi(\varepsilon)) = p(\xi + h(t)) + t^m g(\xi + h(t)), \qquad t^m = \varepsilon,$$

nach t sofort für $k := \left.\frac{dh(t)}{dt}\right|_{t=0}$

$$p^{(m)}(\xi)\,k^m + m!\,g(\xi) = 0$$

$$k = \left[-\frac{m!g(\xi)}{p^{(m)}(\xi)} \right]^{1/m},$$

also in 1. Näherung

$$\xi(\varepsilon) \doteq \xi + \varepsilon^{1/m} \left[-\frac{m!g(\xi)}{p^{(m)}(\xi)} \right]^{1/m}. \tag{5.8.2}$$

Wir wollen nun annehmen, daß das Polynom $p(x)$ in der normalen Form

$$p(x) = a_0 x^n + \ldots + a_n,$$

durch seine Koeffizienten a_i gegeben ist. Für

$$g_i(x) := a_i x^{n-i}$$

ist $p_\varepsilon(x)$ jenes Polynom, das man bei Ersetzung von a_i in $p(x)$ durch $a_i(1+\varepsilon)$ erhält. Nach (5.8.1), (5.8.2) bewirkt ein relativer Fehler ε von a_i eine Änderung der Nullstelle ξ in der Größe

$$\xi(\varepsilon) - \xi \doteq \varepsilon^{1/m} \left[-\frac{m!a_i\xi^{n-i}}{p^{(m)}(\xi)} \right]^{1/m}. \tag{5.8.3}$$

Man sieht, daß für mehrfache Nullstellen die Änderungen $\xi(\varepsilon) - \xi$ proportional zu $\varepsilon^{1/m}$, $m > 1$, für einfache Nullstellen nur proportional ε sind. Mehrfache Nullstellen sind also stets schlecht konditioniert. Trotzdem können auch einfache Nullstellen schlecht konditioniert sein, nämlich dann, wenn der Faktor von ε in (5.8.3),

$$k(i, \xi) := \left| \frac{a_i \xi^{n-i}}{p'(\xi)} \right|,$$

groß gegenüber ξ ist. Dies kann selbst bei „harmlos" aussehenden Polynomen der Fall sein.

Beispiel: (Wilkinson, Num. Math. *1*, 150–180 (1959)).

1) Die Nullstellen $\xi_k = k$, $k = 1, 2, \ldots, 20$ des Polynoms

$$p(x) = (x-1)(x-2)\ldots(x-20) = \sum_{i=0}^{20} a_i x^{20-i}$$

sind gut separiert. Ändert man a_1 in $a_1(1+\varepsilon)$ ab, so hat man für $\xi_{20} = 20$ wegen

$$p'(20) = 19!, \qquad -a_1 = 1 + 2 + \ldots + 20 = 210$$

die Abschätzung

$$\xi_{20}(\varepsilon) - \xi_{20} \doteq \varepsilon \frac{210 \cdot 20^{19}}{19!} \approx \varepsilon \cdot 0.9 \cdot 10^{10}.$$

Die größten Änderungen erhält man bei Änderungen von $a_5 \approx -10^{10}$ in $\xi_{16}=16$:

$$\xi_{16}(\varepsilon)-\xi_{16} \doteq -\varepsilon a_5 \frac{16^{15}}{4!\,15!} \approx \varepsilon \cdot 3.7 \cdot 10^{14}.$$

Die Nullstellen von p sind extrem schlecht konditioniert. Selbst bei 14-stelliger Rechnung muß man erwarten, daß bereits die 1. Stelle von ξ_{16} nicht richtig bestimmt wird!

2) Dagegen gilt für das Polynom

$$p(x) = \sum_{i=0}^{20} a_i x^{20-i} := \prod_{j=1}^{20} (x - 2^{-j}), \qquad \xi_j = 2^{-j},$$

dessen Nullstellen sich bei Null „häufen" für $\xi_{20}(\varepsilon)$ bei Änderungen von $a_{20} = 2^{-1}2^{-2} \ldots 2^{-20}$ in $a_{20}(1+\varepsilon)$

$$\left|\frac{\xi_{20}(\varepsilon) - \xi_{20}}{\xi_{20}}\right| \doteq \left|\varepsilon \frac{1}{(2^{-1}-1)(2^{-2}-1)\ldots(2^{-19}-1)}\right| \leqq 4|\varepsilon|.$$

Darüber hinaus kann man allgemein für alle ξ_j und Änderungen $a_i \to a_i(1+\varepsilon)$ zeigen

$$\left|\frac{\xi_j(\varepsilon) - \xi_j}{\xi_j}\right| \overset{\cdot}{\leqq} 64|\varepsilon|.$$

Also sind alle Nullstellen gut konditioniert, wenn nur kleine relative Änderungen der a_i betrachtet werden. Dies gilt nicht für kleine absolute Änderungen! Ersetzt man etwa $a_{20} = 2^{-210}$ durch $\bar{a}_{20} = a_{20} + \Delta a_{20}$, $\Delta a_{20} = 2^{-48}$ $(\approx 10^{-14})$—man kann dies als kleine absolute Änderung betrachten—so besitzt das geänderte Polynom Nullstellen $\bar{\xi}_i$ mit

$$\bar{\xi}_1 \ldots \bar{\xi}_{20} = \bar{a}_{20} = 2^{-210} + 2^{-48} = (2^{162}+1)(\xi_1 \ldots \xi_{20}).$$

D. h. es gibt mindestens ein r mit $|\bar{\xi}_r/\xi_r| \geqq (2^{162}+1)^{1/20} > 2^8 = 256$.

Es sei darauf hingewiesen, daß die Konditionsaussagen von Formel (5.8.3) nur etwas über die Änderungen der Nullstellen bei Änderung der Koeffizienten a_i der Standarddarstellung

$$p(x) := \sum_{i=0}^{n} a_i x^{n-i}$$

eines Polynoms aussagen. Polynome können jedoch auch in anderer Form dargestellt werden, beispielsweise als charakteristische Polynome einer Tridiagonalmatrix durch die Koeffizienten dieser Matrix (s. (5.5.3)). Der Einfluß von Änderungen der Koeffizienten der neuen Darstellung auf die Nullstellen kann von einer völlig anderen Größenordung sein, als der durch (5.8.3) beschriebene. Die Kondition von Nullstellen kann nur relativ zu einer bestimmten Darstellung des Polynoms definiert werden.

Beispiel: In Satz (6.9.7) wird gezeigt, daß für jede reelle Tridiagonalmatrix

$$J = \begin{bmatrix} \alpha_1 & \beta_2 & & \\ \beta_2 & \ddots & \ddots & \\ & \ddots & \ddots & \beta_{20} \\ & & \beta_{20} & \alpha_{20} \end{bmatrix},$$

deren charakteristisches Polynom das Polynom $p(x) \equiv (x-1)(x-2)\ldots(x-20)$ ist, kleine relative Änderungen der Koeffizienten α_i oder β_i nur kleine relative Änderungen der Nullstellen $\xi_j = j$ bewirken. Bezüglich dieser Darstellung sind also alle Nullstellen sehr gut konditioniert, bezüglich der Standarddarstellung (s. o.) aber sehr schlecht. (Siehe auch [10], [12] für eine detaillierte Behandlung diese Problemkreises.)

5.9 Interpolationsmethoden zur Bestimmung von Nullstellen

Die in diesem und dem folgenden Abschnitt zu besprechenden Interpolationsmethoden sind für die Nullstellenbestimmung von beliebigen Funktionen $f(x)$ einer Variablen sehr nützlich. Gegenüber dem Newton-Verfahren haben sie den für die Praxis wichtigen Vorteil, daß Ableitungen von f nicht berechnet werden müssen, obwohl sie in einem noch zu präzisierenden Sinne sogar schneller als das Newton-Verfahren konvergieren.

Die einfachste Methode ist die sog. *regula falsi*, die Ähnlichkeiten mit dem Bisektionsverfahren besitzt und bei der in jedem Schritt zwei Zahlen x_i und a_i mit

(5.9.1)
$$f(x_i)\, f(a_i) < 0$$

konstruiert werden, derart, daß die x_i gegen eine Nullstelle von f konvergieren. Ist (5.9.1) erfüllt, enthält das Intervall $[x_i, a_i]$ mindestens eine Nullstelle von f. x_{i+1}, a_{i+1} werden auf folgende Weise konstruiert: Sei μ_i die Nullstelle der interpolierenden linearen Funktion

$$p(x) := f(x_i) + (x - x_i)\frac{f(x_i) - f(a_i)}{x_i - a_i},$$

mit $p(x_i) = f(x_i)$, $p(a_i) = f(a_i)$, d. h. sei

(5.9.2)
$$\mu_i = x_i - f(x_i)\frac{x_i - a_i}{f(x_i) - f(a_i)} = \frac{a_i f(x_i) - x_i f(a_i)}{f(x_i) - f(a_i)}.$$

Wegen $f(x_i)f(a_i) < 0$ ist μ wohldefiniert und es gilt entweder $x_i < \mu_i < a_i$ oder $a_i < \mu_i < x_i$.
x_{i+1} und a_{i+1} sind dann folgendermaßen definiert:

(5.9.3)
$$\left.\begin{aligned} x_{i+1} &:= \mu_i \\ a_{i+1} &:= a_i \end{aligned}\right\} \quad \text{falls} \quad f(\mu_i)f(x_i) > 0$$
$$\left.\begin{aligned} x_{i+1} &:= \mu_i \\ a_{i+1} &:= x_i \end{aligned}\right\} \quad \text{falls} \quad f(\mu_i)f(x_i) < 0.$$

(Falls $f(\mu_i) = 0$ wird das Verfahren abgebrochen, μ_i ist Nullstelle.) Besser als (5.9.3) ist eine Variante dieses Verfahrens, die von Dekker stammt und von Peters, Wilkinson [9] detailliert beschrieben wurde.

Um die Konvergenz der regula falsi zu diskutieren, nehmen wir der Einfachheit halber an, daß f'' existiere und für ein i gelte

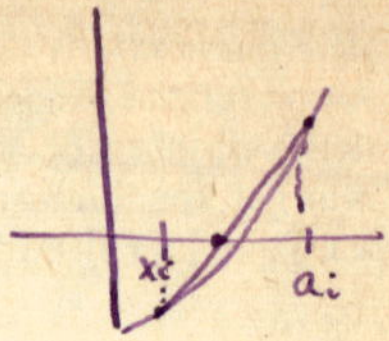

$$(5.9.4)\qquad \begin{array}{ll} \text{a)} & x_i < a_i \\ \text{b)} & f(x_i) < 0\,, \qquad f(a_i) > 0 \\ \text{c)} & f''(x) \geqq 0 \quad \text{für alle} \quad x \in [x_i, a_i]\,. \end{array}$$

Dann gilt (*entweder* $f(\mu_i) = 0$ *oder*)

$$f(\mu_i)\, f(x_i) > 0$$

und damit auch

$$x_i < x_{i+1} = \mu_i < a_{i+1} = a_i\,.$$

Beweis: Natürlich folgt aus (5.9.4) und der Definition von μ_i sofort

$$x_i < \mu_i < a_i\,.$$

Die Restgliedformel (2.1.4.1) der Polynominterpolation ergibt für den Interpolationsfehler für $x \in [x_i, a_i]$ die Darstellung

$$f(x) - p(x) = (x - x_i)(x - a_i)\, f''(\xi)/2\,, \qquad \xi \in [x_i, a_i]\,,$$

also wegen (5.9.4) c)

$$f(x) - p(x) \leqq 0 \quad \text{für} \quad x \in [x_i, a_i]\,.$$

Daraus folgt $f(\mu_i) \leqq 0$ wegen $p(\mu_i) = 0$ und damit die Behauptung. □

Also sind die Voraussetzungen (5.9.4) für alle $i \geqq i_0$ erfüllt, wenn sie für ein i_0 gelten. Es folgt, daß $a_i = a$ für alle $i \geqq i_0$ gilt und daß die x_i eine monoton wachsende beschränkte Folge bilden, also $\lim_{i\to\infty} x_i = \xi$ existiert. Aus der Stetigkeit von f, (5.9.4) und (5.9.2) folgt sofort

$$f(\xi) \leqq 0\,, \qquad f(a) > 0\,,$$

$$\xi = \frac{a f(\xi) - \xi f(a)}{f(\xi) - f(a)}\,,$$

also $(\xi - a) f(\xi) = 0$. Wegen $f(a) > 0$, $f(\xi) \leqq 0$ ist aber $\xi \neq a$ und daher $f(\xi) = 0$. Die x_i konvergieren monoton gegen eine Nullstelle von f. Unter der Voraussetzung (5.9.4) läßt sich das Verfahren der regula falsi auch in der Form

$$(5.9.5)\qquad x_{i+1} = \Phi(x_i)\,, \qquad \Phi(x) := \frac{a\, f(x) - x\, f(a)}{f(x) - f(a)}$$

schreiben. Wegen $f(\xi) = 0$ gilt

$$\Phi'(\xi) = \frac{-(a f'(\xi) - f(a)) f(a) + \xi\, f(a)\, f'(\xi)}{f(a)^2}$$

$$= 1 - f'(\xi) \frac{\xi - a}{f(\xi) - f(a)}\,.$$

Nun ist nach dem Mittelwertsatz

(5.9.6)
$$\frac{f(\xi)-f(a)}{\xi-a}=f'(\eta_1), \qquad \xi<\eta_1<a$$
$$\frac{f(x_i)-f(\xi)}{x_i-\xi}=f'(\eta_2), \qquad x_i<\eta_2<\xi.$$

Wegen $f''(x) \geqq 0$ für $x \in [x_i, a]$ ist $f'(x)$ monoton wachsend. Also folgt aus (5.9.6) und aus $x_i < \xi$, $f(x_i) < 0$, sofort

$$0<f'(\eta_2) \leqq f'(\xi) \leqq f'(\eta_1),$$

und daher

$$0 \leqq \Phi'(\xi) < 1,$$

d. h. die regula falsi ist mindestens linear konvergent unter den Voraussetzungen (5.9.4).

Die vorstehende Konvergenzuntersuchung betraf im Grunde die Variante der regula falsi, die man erhält, wenn man nur die ersten beiden Rekursionsformeln (5.9.3) benutzt. Als *Sekantenmethode* bezeichnet man jene, die nur die letzten zwei Formeln von (5.9.3) benutzt:

(5.9.7)
$$x_{i+1}=\frac{x_{i-1}f(x_i)-x_if(x_{i-1})}{f(x_i)-f(x_{i-1})}, \qquad i=0,1,\ldots$$

Während das ursprüngliche Verfahren (5.9.3), wegen der Forderung $f(x_i)f(a_i) < < 0$, numerisch stabil ist, ist dies bei der Sekantenmethode i. a. nicht der Fall: Wenn $f(x_i) \approx f(x_{i-1})$ gilt, tritt in (5.9.7) Auslöschung auf. Außerdem liegt x_{i+1} nicht mehr unbedingt in $[x_i, x_{i-1}]$ und das Sekantenverfahren konvergiert i. a. nur in einer hinreichend kleinen Umgebung von ξ. Wir wollen hier nur die lokale Konvergenz von (5.9.7) in der Umgebung einer Nullstelle ξ von $f(x)=0$ untersuchen. Es wird sich herausstellen, daß das Verfahren (5.9.7) eine gebrochene Konvergenzordnung besitzt. Um dies zu zeigen, ziehen wir auf beiden Seiten von (5.9.7) ξ ab und erhalten unter Benutzung von dividierten Differenzen (2.1.3.5)

(5.9.8)
$$\begin{aligned}x_{i+1}-\xi &= (x_i-\xi)-f(x_i)\frac{x_i-x_{i-1}}{f(x_i)-f(x_{i-1})}\\ &= (x_i-\xi)-\frac{f(x_i)}{f[x_{i-1},x_i]}=(x_i-\xi)\left(1-\frac{f[x_i,\xi]}{f[x_{i-1},x_i]}\right)\\ &= (x_i-\xi)(x_{i-1}-\xi)\frac{f[x_{i-1},x_i,\xi]}{f[x_{i-1},x_i]}.\end{aligned}$$

Wenn f 2-mal stetig differenzierbar ist, gilt nun wegen (2.1.4.3)

$$\text{(5.9.9)} \quad \begin{aligned} f[x_{i-1}, x_i] &= f'(\eta_1), \qquad \eta_1 \in I[x_{i-1}, x_i], \\ f[x_{i-1}, x_i, \xi] &= \tfrac{1}{2} f''(\eta_2), \qquad \eta_2 \in I[x_{i-1}, x_i, \xi]. \end{aligned}$$

Ist daher ξ eine einfache Nullstelle von f, $f'(\xi) \neq 0$, so gibt es ein Intervall $J = \{x \mid |x - \xi| \leqq \varepsilon\}$ und eine Schranke M mit

$$\text{(5.9.10)} \qquad \left| \frac{1}{2} \frac{f''(\eta_2)}{f'(\eta_1)} \right| \leqq M, \quad \text{für alle} \quad \eta_1, \eta_2 \in J.$$

Sei nun $e_i := M|x_i - \xi|$ und $e_0, e_1 < \min\{1, \varepsilon M\}$. Dann folgt wegen (5.9.8), (5.9.10) die Ungleichung

$$\text{(5.9.11)} \qquad e_{i+1} \leqq e_i e_{i-1}, \quad \text{für alle} \quad i = 1, 2, \ldots.$$

Dann gilt aber

$$\text{(5.9.12)} \qquad e_i \leqq K^{(q^i)} \quad \text{für alle} \quad i = 0, 1, 2, \ldots.$$

Hier ist $q = (1 + \sqrt{5})/2 = 1.618\ldots$ die positive Wurzel der Gleichung $\mu^2 - \mu - 1 = 0$ und $K := \max\{e_0, \sqrt[q]{e_1}\} < 1$. Wegen der Wahl von K ist (5.9.12) für $i = 0$ und $i = 1$ trivial richtig. Ist (5.9.12) für i und $i - 1$ richtig, so folgt aus (5.9.11) wegen $q^2 = q + 1$ sofort

$$e_{i+1} \leqq K^{q^i} K^{q^{i-1}} = K^{q^{i+1}}.$$

(5.9.12) zeigt, daß die Sekantenmethode mindestens wie ein Verfahren der Ordnung $q = 1.618\ldots$ konvergiert. Da das Sekantenverfahren nur eine neue Funktionsauswertung pro Iteration erfordert, sind zwei Schritte des Sekantenverfahrens höchstens so aufwendig wie 1 Schritt des Newton-Verfahrens. Wegen $K^{q^{i+2}} = (K^{q^i})^{q^2} = (K^{q^i})^{q+1}$ entsprechen aber 2 Schritte des Sekantenverfahrens einem Verfahren der Ordnung $q + 1 = 2.618\ldots$. Bei gleichem Arbeitsaufwand konvergiert also das Sekantenverfahren lokal schneller als das Newton-Verfahren (Ordnung 2).

Die Sekantenmethode legt folgende Verallgemeinerung nahe. Sind für die zu berechnende Nullstelle ξ von $f(x)$ $r + 1$ verschiedene Näherungswerte x_i, $x_{i-1}, \ldots, x_{i-r}$ gegeben, so bestimme man ein interpolierendes Polynom $p(x)$ r-ten Grades mit

$$p(x_{i-j}) = f(x_{i-j}), \qquad j = 0, 1, \ldots, r$$

und wähle x_{i+1} als diejenige Nullstelle von $p(x) = 0$, die x_i am nächsten liegt. Für $r = 1$ ist dies die Sekantenmethode, für $r = 2$ erhält man das Verfahren von Muller. (Die Verfahren mit $r \geqq 3$ sind ungebräuchlich, weil es keine oder nur komplizierte Formeln zur Bestimmung von Nullstellen von Polynomen r-ten Grades, $r \geqq 3$, gibt). Nach Muller kann man die Nullstelle x_{i+1} von p so bestimmen: Man setze

$$\lambda_k := \frac{x_k - x_{k-1}}{x_{k-1} - x_{k-2}}, \qquad \delta_k := 1 + \lambda_k, \qquad k = i, i + 1.$$

Dann genügt λ_{i+1} der quadratischen Gleichung

$$\lambda_{i+1}^2 \frac{\lambda_i}{\delta_i}(f_{i-2}\lambda_i - f_{i-1}\delta_i + f_i) + \lambda_{i+1}\frac{g_i}{\delta_i} + f_i = 0$$

mit

$$g_i := f_{i-2}\lambda_i^2 - f_{i-1}\delta_i^2 + f_i(\lambda_i + \delta_i), \qquad f_k = f(x_k).$$

Man erhält so

$$\lambda_{i+1} = \frac{-2f_i\delta_i}{g_i \pm \sqrt{g_i^2 - 4f_i\delta_i\lambda_i(f_{i-2}\lambda_i - f_{i-1}\delta_i + f_i)}}. \tag{5.9.13}$$

Dabei hat man das Vorzeichen so zu wählen, daß der Nenner betragsmäßig möglichst groß wird.

Diese Formeln bestätigt man so: Das quadratische Polynom

$$Q(\lambda) = \lambda^2 \frac{\lambda_i}{\delta_i}(f_{i-2}\lambda_i - f_{i-1}\delta_i + f_i) + \lambda\frac{g_i}{\delta_i} + f_i,$$

$$\lambda := \frac{x - x_i}{x_i - x_{i-1}}$$

genügt folgenden Interpolationsbedingungen:

1. Für $x = x_i$ gilt $\lambda = 0$ und

$$Q(0) = f(x_i).$$

2. Für $x = x_{i-1}$ gilt $\lambda = -1$ und

$$Q(-1) = f_{i-2}\left(\frac{\lambda_i^2}{\delta_i} - \frac{\lambda_i^2}{\delta_i}\right) + f_{i-1}(-\lambda_i + \delta_i) +$$

$$f_i\left(\frac{\lambda_i}{\delta_i} - \frac{\lambda_i}{\delta_i} + 1 - 1\right) = f_{i-1}.$$

3. Für $x = x_{i-2}$ gilt

$$\lambda = \frac{x_{i-2} - x_{i-1} + x_{i-1} - x_i}{x_i - x_{i-1}} = -\frac{\delta_i}{\lambda_i}$$

und daher

$$Q\left(-\frac{\delta_i}{\lambda_i}\right) = f_{i-2}.$$

Bezüglich der Konvergenz des Verfahrens von Muller kann man zeigen, daß in der Nähe einer einfachen Nullstelle ξ von $f(x) = 0$ für den Fehler $\varepsilon_i = (x_i - \xi)$ gilt

$$\varepsilon_{i+1} = \varepsilon_i\varepsilon_{i-1}\varepsilon_{i-2}\left(-\frac{f^{(3)}(\xi)}{6f'(\xi)} + 0(\varepsilon)\right), \qquad \varepsilon = \max(|\varepsilon_i|, |\varepsilon_{i-1}|, |\varepsilon_{i-2}|). \tag{5.9.14}$$

(vgl. (5.9.8)). Ähnlich wie bei der Sekantenmethode kann man dann zeigen, daß das Verfahren von Muller ein Verfahren von mindestens der Ordnung $q = 1.84\ldots$ ist, wo q die größte Nullstelle der Gleichung

$$\mu^3 - \mu^2 - \mu - 1 = 0$$

ist.

Die Sekantenmethode kann man auch in einer anderen Richtung verallgemeinern. Dazu seien wieder $x_i, x_{i-1}, \ldots, x_{i-r}$, $r + 1$ Näherungswerte für die einfache Nullstelle ξ von $f(x) = 0$. Wenn f in einer Umgebung von ξ die Umkehrfunktion g besitzt:

$$f(g(y)) = y, \qquad g(f(x)) = x, \qquad g(0) = \xi$$

läuft eine Bestimmung von ξ auf die Berechnung von $g(0)$ hinaus. Nun gilt

$$g(f(x_j)) = x_j, \qquad j = i, i-1, \ldots, i-r.$$

Es liegt daher nahe, ein interpolierendes Polynom $p(y)$ vom Grad r mit $p(f(x_j)) = x_j$, $j = i, i-1, \ldots, i-r$ zu bestimmen und $g(0)$ durch $p(0)$ zu approximieren. Diesen Näherungswert nimmt man als weiteren Näherungswert $x_{i+1} = p(0)$. Dies ist das Verfahren der Nullstellenbestimmung mittels *inverser Interpolation*. Für $r = 1$ erhält man wieder die Sekantenmethode. Bei der praktischen Durchführung der inversen Interpolation benutzt man vorteilhaft die Interpolationsformeln von Aitken und Neville (s. 2.1.2). Auch diese Verfahren sind lokal konvergent und besitzen eine gebrochene Konvergenzordung. (Näheres hierzu siehe Ostrowski [8]).

5.10 Die Δ^2-Methode von Aitken

Die Methode von Aitken gehört zu den Methoden zur Konvergenzbeschleunigung einer gegebenen konvergenten Folge x_n, $\lim_{i\to\infty} x_n = \xi$. Durch sie wird die Folge $\{x_n\}$ in eine andere Folge $\{x'_n\}$ transformiert, die i. a. schneller gegen ξ konvergiert als die ursprüngliche Folge der x_n. Man kann diese Methode auch zur Nullstellenbestimmung von Funktionen benutzen, wenn man als $\{x_n\}$ eine Folge nimmt, die von irgendeinem anderen Verfahren zur Nullstellenbestimmung geliefert wird.

Um die Δ^2-Methode herzuleiten, nehmen wir an, daß $\{x_i\}$ eine Folge ist, die wie eine geometrische Reihe mit dem Faktor k, $|k| < 1$, gegen ξ konvergiert. Es ist dann

$$x_{i+1} - \xi = k(x_i - \xi), \qquad i = 0, 1, \ldots.$$

Aus x_i, x_{i+1}, x_{i+2} kann dann mit Hilfe der Gleichungen

$$\text{(5.10.1)} \qquad x_{i+1} - \xi = k(x_i - \xi), \qquad x_{i+2} - \xi = k(x_{i+1} - \xi)$$

k und ξ berechnet werden. Man findet zunächst durch Subtraktion der Gleichungen (5.10.1)

$$k = \frac{x_{i+2} - x_{i+1}}{x_{i+1} - x_i}$$

und daraus durch Einsetzen in die erste der beiden Gleichungen wegen $k \neq 1$

$$\xi = (x_i x_{i+2} - x_{i+1}^2)/(x_{i+2} - 2x_{i+1} + x_i).$$

Mit Hilfe des Differenzenoperators $\Delta x_i := x_{i+1} - x_i$ kann dies wegen $\Delta^2 x_i = \Delta x_{i+1} - \Delta x_i = x_{i+2} - 2x_{i+1} + x_i$ auch in der Form

$$\text{(5.10.2)} \qquad \xi = x_i - \frac{(\Delta x_i)^2}{\Delta^2 x_i}$$

geschrieben werden. Diese Formel gibt der Methode den Namen. Es liegt die Vermutung nahe, daß (5.10.2) zumindest einen guten Näherungswert für den gesuchten Grenzwert ξ einer Folge x_i liefert, auch wenn die Voraussetzung, daß x_i eine geometrisch konvergente Folge ist, nicht zutrifft.

Die Δ^2-Methode von Aitken besteht somit darin, zu einer gegebenen Folge $\{x_i\}$ die transformierte Folge

$$\text{(5.10.3)} \qquad x_i' := x_i - \frac{(x_{i+1} - x_i)^2}{x_{i+2} - 2x_{i+1} + x_i}$$

zu berechnen. Der folgende Satz zeigt, daß x_i' für $i \to \infty$ schneller gegen ξ konvergiert als x_i, wenn x_i sich für $i \to \infty$ asymptotisch wie eine geometrische Reihe verhält:

(5.10.4) **Satz:** *Gilt für die Folge* $\{x_i\}$, $x_i \neq \xi$ *und*

$$x_{i+1} - \xi = (k + \delta_i)(x_i - \xi), \qquad |k| < 1, \qquad \lim_{i \to \infty} \delta_i = 0,$$

so existiert für genügende großes i die Folge x_i' (5.10.3) *und es gilt*

$$\lim_{i \to \infty} \frac{x_i' - \xi}{x_i - \xi} = 0.$$

Beweis: Für den Fehler $e_i := x_i - \xi$ gilt nach Voraussetzung $e_{i+1} = (k + \delta_i)e_i$. Es folgt

$$\text{(5.10.5)} \qquad \begin{aligned} x_{i+2} - 2x_{i+1} + x_i &= e_{i+2} - 2e_{i+1} + e_i \\ &= e_i\big((k + \delta_{i+1})(k + \delta_i) - 2(k + \delta_i) + 1\big) \\ &= e_i\big((k-1)^2 + \mu_i\big), \quad \text{wobei} \quad \mu_i \to 0, \\ x_{i+1} - x_i &= e_{i+1} - e_i = e_i\big((k-1) + \delta_i\big). \end{aligned}$$

Also ist wegen $e_i \neq 0$, $k \neq 1$ und $\mu_i \to 0$ für genügend großes i auch

$$x_{i+2} - 2x_{i+1} + x_i \neq 0$$

und daher x_i' durch (5.10.3) wohldefiniert. Weiter folgt aus (5.10.3) und (5.10.5) für genügend großes i

$$x_i' - \xi = e_i - e_i \frac{((k-1)+\delta_i)^2}{((k-1)^2+\mu_i)},$$

also

$$\lim_{i\to\infty} \frac{x_i'-\xi}{x_i-\xi} = \lim_{i\to\infty} \left\{1 - \frac{((k-1)+\delta_i)^2}{((k-1)^2+\mu_i)}\right\} = 0. \quad \square$$

Sei nun durch die Iterationsfunktion $\Phi(x)$ ein Iterationsverfahren

(5.10.6) $$x_{i+1} = \Phi(x_i), \qquad i = 0, 1, 2, \ldots$$

zur Bestimmung einer Nullstelle ξ einer Funktion $f(x) = 0$ gegeben. Zwar kann man dann mittels (5.10.3) aus je drei Gliedern x_i, x_{i+1}, x_{i+2} der durch Φ (5.10.6) erzeugten Folge $\{x_i\}$ eine Folge $\{x_i'\}$ berechnen, doch ist es naheliegender, jeweils die neueste Information zu benutzen und folgendermaßen vorzugehen: Ausgehend von dem Startwert x_0 berechne man

(5.10.7)
$$y_n := \Phi(x_n), \qquad z_n = \Phi(y_n)$$
$$x_{n+1} := x_n - \frac{(y_n - x_n)^2}{z_n - 2y_n + x_n} \quad \text{für} \quad n = 0, 1, 2, \ldots .$$

Diese Methode stammt von Steffensen. Man erhält aus (5.10.7) eine neue Iterationsfunktion Ψ.

(5.10.8)
$$x_{n+1} = \Psi(x_n)$$
$$\Psi(x) := \frac{x\Phi(\Phi(x)) - \Phi(x)^2}{\Phi(\Phi(x)) - 2\Phi(x) + x}.$$

Wir wollen untersuchen, wie die Fixpunkte von Φ und Ψ zusammenhängen:

(5.10.9) **Satz:** *Aus $\Psi(\xi) = \xi$ folgt $\Phi(\xi) = \xi$. Umgekehrt, falls $\Phi(\xi) = \xi$ und $\Phi'(\xi) \neq 1$ existiert, so gilt auch $\Psi(\xi) = \xi$.*

Beweis: Sei $\Psi(\xi) = \xi$. Dann ist entweder $G(\xi) := \Phi(\Phi(\xi)) - 2\Phi(\xi) + \xi$ gleich 0 oder nicht. Wenn nicht, folgt aus $G(\xi)\cdot\xi = \xi\Phi(\Phi(\xi)) - \Phi(\xi)^2$ sofort

$$(\Phi(\xi) - \xi)^2 = 0,$$

also $\Phi(\xi) = \xi$ und daher $G(\xi) = 0$ im Widerspruch zur Annahme. Ist dagegen $G(\xi) = 0$, muß wegen $\Psi(\xi) = \xi$ auch der Zähler $\xi\Phi(\Phi(\xi)) - \Phi(\xi)^2$ von Ψ verschwinden.

Wegen $G(\xi) = 0$ ist aber $\Phi(\Phi(\xi)) = 2\Phi(\xi) - \xi$,

$$0 = \xi\Phi(\Phi(\xi)) - \Phi(\xi)^2 = 2\xi\Phi(\xi) - \xi^2 - \Phi(\xi)^2 = -(\Phi(\xi) - \xi)^2$$

und damit $\Phi(\xi) = \xi$. Sei nun umgekehrt $\Phi(\xi) = \xi$, Φ für $x = \xi$ differenzierbar, sowie $\Phi'(\xi) \neq 1$. Dann gilt nach der L'Hospital'schen Regel

$$\Psi(\xi) = \frac{\Phi(\Phi(\xi)) + \xi\Phi'(\Phi(\xi))\,\Phi'(\xi) - 2\Phi(\xi)\,\Phi'(\xi)}{\Phi'(\Phi(\xi))\,\Phi'(\xi) - 2\Phi'(\xi) + 1}$$

$$= \frac{\xi + \xi\Phi'(\xi)^2 - 2\xi\Phi'(\xi)}{1 + \Phi'(\xi)^2 - 2\Phi'(\xi)} = \xi\,. \square$$

Wir wollen nun das Konvergenzverhalten von Ψ in der Nähe eines Fixpunktes ξ von Ψ (und Φ) untersuchen und setzen dazu voraus, daß Φ in einer Umgebung von $x = \xi$ $p + 1$-mal stetig differenzierbar ist und sich dort wie ein Verfahren p-ter Ordnung verhält, d. h. (s. 5.2)

(5.10.10) $$\Phi'(\xi) = \ldots = \Phi^{(p-1)}(\xi) = 0, \qquad \Phi^{(p)}(\xi) = p!A \neq 0\,.$$

Für $p = 1$ sei wieder zusätzlich gefordert

(5.10.11) $$A = \Phi'(\xi) \neq 1\,.$$

Sei nun o. B. d. A. $\xi = 0$. Dann gilt für kleine x

$$\Phi(x) = Ax^p + \frac{x^{p+1}}{(p+1)!}\Phi^{(p+1)}(\vartheta x), \qquad 0 < \vartheta < 1$$

also

$$\Phi(x) = Ax^p + 0(x^{p+1}),$$

$$\Phi(\Phi(x)) = A(Ax^p + 0(x^{p+1}))^p + 0((Ax^p + 0(x^{p+1}))^{p+1})$$

$$= \begin{cases} 0(x^{p^2}), & \text{falls} \quad p > 1 \\ A^2x + 0(x^2), & \text{falls} \quad p = 1 \end{cases}$$

$$\Phi(x)^2 = (Ax^p + 0(x^{p+1}))^2 = A^2x^{2p} + 0(x^{2p+1})\,.$$

Somit ist für $p > 1$ wegen (5.10.8)

(5.10.12) $$\Psi(x) = \frac{0(x^{p^2+1}) - A^2x^{2p} + 0(x^{2p+1})}{0(x^{p^2}) - 2Ax^p + 0(x^{p+1}) + x} = -A^2x^{2p-1} + 0(x^{2p})\,.$$

Für $p = 1$ hat man dagegen, wegen $A \neq 1$

$$\Psi(x) = \frac{A^2x^2 + 0(x^3) - A^2x^2 + 0(x^3)}{A^2x + 0(x^2) - 2Ax + 0(x^2) + x} = 0(x^2)\,.$$

Damit ist folgender Satz gezeigt:

(5.10.13) **Satz:** *Durch die Iterationsfunktion Φ sei ein Verfahren p-ter Ordnung zur Bestimmung des Fixpunktes ξ von Φ gegeben. Dann ist für $p > 1$ das durch Ψ* (5.10.8) *bestimmte Iterationsverfahren ein Verfahren der Ordnung $2p - 1$ zur Bestimmung von ξ und falls $p = 1$, $\Phi'(\xi) \neq 1$, ein Verfahren von mindestens 2. Ordnung.*

Man beachte, daß durch Ψ selbst dann ein Verfahren zweiter Ordnung und damit ein lokal quadratisch konvergentes Verfahren gegeben ist, falls $|\Phi'(\xi)| > 1$, d. h. falls das durch Φ gegebene Iterationsverfahren divergiert (s. 5.2). Der Satz ist im übrigen nur für genau diesen Fall $p = 1$ interessant. Für $p > 1$ ist es besser, das ursprüngliche durch Φ gegebene Verfahren zu benutzen. Das Verfahren (5.10.8) bringt im Grunde nur eine Konvergenzverschlechterung, wie man sofort auf folgende Weise sieht: Ist etwa $x_i - \xi = \varepsilon$, ε genügend klein, so ist bis auf Glieder höherer Ordnung

$$\Phi(x_i) - \xi \doteq A\varepsilon^p$$

$$\Phi(\Phi(x_i)) - \xi \doteq A^{p+1}\,\varepsilon^{p^2},$$

während für $x_{i+1} - \xi$, $x_{i+1} = \Psi(x_i)$ wegen (5.10.12) gilt

$$x_{i+1} - \xi = -A^2\varepsilon^{2p-1}.$$

Nun ist für $p > 1$ und genügend kleines ε sicherlich

$$|A^{p+1}\varepsilon^{p^2}| \ll |A^2\varepsilon^{2p-1}|,$$

so daß $\Phi(\Phi(x_i))$ ein sehr viel besserer Näherungswert für ξ ist als $x_{i+1} = \Psi(x_i)$. Aus diesem Grunde sollte man die Methode (5.10.8) nur für den Fall $p = 1$ anwenden.

Beispiel: Es sei die Iterationsfunktion $\Phi(x) = x^2$ gegeben. Sie hat die Fixpunkte $\xi_1 = 0$, $\xi_2 = 1$, ferner die Eigenschaften

$$\Phi'(\xi_1) = 0, \qquad \Phi''(\xi_1) = 2,$$

$$\Phi'(\xi_2) = 2.$$

Für die Iteration $x_{i+1} = \Phi(x_i)$ erhält man für $|x_0| < 1$ quadratische Konvergenz gegen ξ_1 und für $|x_0| > 1$ eine divergente Folge $\{x_i\}$.

Führt man die Transformation auf $\Psi(x)$ nach (5.10.8) aus, so erhält man

$$\Psi(x) = \frac{x^3}{x^2 + x - 1} = \frac{x^3}{(x - r_1)(x - r_2)} \quad \text{mit} \quad r_{1,2} = \frac{-1 \pm \sqrt{5}}{2}.$$

Mit der Iteration $x_{i+1} = \Psi(x_i)$ erreicht man bei geeigneter Wahl des Startwerts x_0 beide Fixpunkte.

Fall 1: Für $|x| \leqq 0.5$ ist $\Psi(x)$ kontrahierend. Mit einer Wahl $|x_0| \leqq 0.5$ konvergiert $x_{i+1} = \Psi(x_i)$ gegen $\xi_1 = 0$. In hinreichender Nähe von ξ_1 verhält sich dabei die Iteration wie

$$x_{i+1} = \Psi(x_i) \approx x_i^3,$$

während die Iteration $x_{i+1} = \Phi(\Phi(x_i))$, die für $|x_0| < 1$ konvergiert (siehe oben), die Konvergenzordnung 4 hat:

$$x_{i+1} = \Phi(\Phi(x_i)) = x_i^4.$$

Fall 2: Für $|x_0| > r_1$ konvergiert $x_{i+1} = \Psi(x_i)$ gegen $\xi_2 = 1$. Man zeigt leicht

$$\Psi'(1) = 0, \qquad \Psi''(1) \neq 0.$$

und damit die quadratische Konvergenz, obwohl mit $\Phi(x)$ keine Konvergenz gegen $\xi_2 = 1$ erreichbar war.

5.11 Minimierungsprobleme ohne Nebenbedingungen.

Wir betrachten folgendes Minimierungsproblem für eine reelle Funktion $h:\mathbb{R}^n \to \mathbb{R}$ von n Variablen:

(5.11.1) $$\text{Bestimme } \min_{x \in \mathbb{R}^n} h(x).$$

Wir setzen voraus, daß h mindestens 2 mal nach allen Variablen stetig differenzierbar ist, $h \in C^2(\mathbb{R}^n)$, und bezeichnen mit $g(x)^T = Dh(x) = \left(\frac{\partial h}{\partial x^1}, \ldots, \frac{\partial h}{\partial x^n}\right)$ den Gradienten und mit

$$H(x) = \left(\frac{\partial^2 h}{\partial x^i \partial x^k}\right) i, k = 1, \ldots, n$$

die Matrix der zweiten Ableitungen von h.

Fast alle Minimierungsverfahren erzeugen ausgehend von einem Startvektor $x_0 \in \mathbb{R}^n$ iterativ eine Folge von Punkten x_k, $k \geqq 0$, die das gesuchte Minimum $\bar{x}$ approximieren sollen. In jedem Iterationsschritt $x_k \to x_{k+1}$, für den $g_k = g(x_k) \neq 0$ gilt (vgl. (5.4.1.3)), bestimmt man mittels einer verfahrenstypischen Rechenvorschrift eine Suchrichtung s_k und den nächsten Punkt

$$x_{k+1} = x_k - \lambda_k s_k$$

mittels einer „linearen Minimierung": d.h. die Schrittweite λ_k wird so bestimmt, daß für x_{k+1} zumindest näherungsweise

$$h(x_{k+1}) \approx \min_{\lambda} \varphi_k(\lambda), \qquad \varphi_k(\lambda) := h(x_k - \lambda s_k)$$

gilt. Gewöhnlich wird die Richtung s_k als eine *Abstiegsrichtung* von h gewählt, d.h. es gilt

(5.11.2) $$\varphi_k'(0) = -g_k^T s_k < 0,$$

so daß man sich bei der Minimierung von $\varphi_k(\lambda)$ auf positive λ beschränken kann.

In Abschnitt (5.4.1) wurden allgemeine Konvergenzsätze aufgestellt (Sätze (5.4.1.4), (5.4.1.8)), die mit nur geringen Einschränkungen auf alle Verfahren dieses Typs angewandt werden können. In diesem Abschnitt wollen wir einige spezielle Verfahren, d.h. im wesentlichen Vorschriften zur Bestimmung von s_k, kennenlernen, die heute mit großem Erfolg in der Praxis zur Lösung von Minimierungsproblemen eingesetzt werden. Ein (lokales) Minimum $\bar{x}$ von h ist Nullstelle von $g(x)$, $g(\bar{x}) = 0$, so daß man zur Bestimmung von Minima alle Nullstellenverfahren, angewandt auf das System $g(x) = 0$, verwenden kann. So wird bei dem Newton-Verfahren (5.1.6) in jedem Schritt $x_k \to x_{k+1} = x_k - \lambda_k s_k$ als Suchrichtung s_k die Newton-Richtung $s_k := H(x_k)^{-1} g_k$ genommen. Dieses Verfahren, kombiniert mit der konstanten Schrittweitenwahl $\lambda_k = 1$, hat den Vorteil der lokal quadratischen Konvergenz (Satz (5.3.2)), aber den großen Nachteil, daß man in jedem Iterationsschritt die Matrix $H(x_k)$ aller zweiten Ableitungen von h bestimmen muß, was in der Regel für größeres n und kompliziertere Funktionen h sehr viel Rechenaufwand erfordert. Man versucht deshalb, die Matrizen $H(x_k)^{-1}$ durch geeignete einfacher zu berechnende Matrizen H_k zu ersetzen,

$$s_k := H_k g_k .$$

Man spricht von einem Quasi-Newton-Verfahren, wenn für alle $k \geqq 0$ die Matrix H_{k+1} die sog. *Quasi-Newton-Gleichung*

(5.11.3) $$H_{k+1}(g_{k+1} - g_k) = x_{k+1} - x_k$$

erfüllt. Diese Forderung soll eine gewisse Verwandtschaft von H_{k+1} mit der Newton-Matrix $H(x_{k+1})^{-1}$ garantieren: Für quadratische Funktionen $h(x) = \frac{1}{2}x^T A x + b^T x + c$, A eine positiv definite $n \times n$-Matrix, erfüllt nämlich die Newton-Matrix $H(x_{k+1})^{-1} \equiv A^{-1}$ die Beziehung (5.11.3) wegen $g(x) \equiv Ax + b$. Ferner erscheint es sinnvoll, als H_k nur positiv definite Matrizen zu wählen: Dies garantiert, daß für $g_k \neq 0$ die Richtung $s_k = H_k g_k$ eine Abstiegsrichtung für h wird (s. 5.11.2):

$$g_k^T s_k = g_k^T H_k g_k > 0 .$$

Diese Forderungen lassen sich erfüllen: In Verallgemeinerung früherer Ansätze von Davidon [19], Fletcher und Powell [23] und Broyden [15] haben Oren und Luenberger [24] eine 2-parametrige Rekursionsformel für die Berechnung von H_{k+1} aus H_k mit den verlangten Eigenschaften gefunden: Mit den Abkürzungen

$$p_k := x_{k+1} - x_k,\ q_k := g_{k+1} - g_k$$

und frei wählbaren Parametern

(5.11.4) $$\gamma_k > 0, \qquad \theta_k \geqq 0$$

hat sie die Gestalt

(5.11.5) $$H_{k+1} := \Psi(\gamma_k, \theta_k, H_k, p_k, q_k)$$

$$\Psi(\gamma, \theta, H, p, q) := \gamma H + \left(1 + \gamma\theta \frac{q^T H q}{p^T q}\right) \cdot \frac{pp^T}{p^T q} - \gamma \frac{(1-\theta)}{q^T H q} Hq \cdot q^T H$$
$$- \frac{\gamma\theta}{p^T q}(pq^T H + Hqp^T) .$$

Die „Update-Funktion“ Ψ ist nur für $p^T q \neq 0, q^T H q \neq 0$ erklärt. Man beachte, daß man H_{k+1} aus H_k dadurch erhält, daß man zur Matrix $\gamma_k H_k$ eine Korrekturmatrix vom Rang $\leqq 2$ addiert:

$$\text{Rang}\,(H_{k+1} - \gamma_k H_k) \leqq 2 .$$

Man nennt (5.11.5) deshalb auch ein *Rang-2-Verfahren*.

Folgende Spezialfälle sind in (5.11.5) enthalten:

a) $\gamma_k \equiv 1, \theta_k \equiv 0$: Verfahren von Davidon [19], Fletcher und Powell [23] („DFP-Verfahren").

b) $\gamma_k \equiv 1, \theta_k \equiv 1$: Rang-2-Verfahren von Broyden, Fletcher, Goldfarb und Shanno („BFGS-Verfahren") (s. etwa [16]).

c) $\gamma_k \equiv 1, \theta_k = p_k^T q_k / (p_k^T q_k - q_k^T H_k q_k)$: Symmetrisches Rang-1-Verfahren von Broyden.

Letzteres Verfahren ist nur für $p_k^T q_k \neq q_k^T H_k q_k$ definiert; $\theta_k < 0$ ist möglich: in diesem Fall kann H_{k+1} indefinit werden, auch wenn H_k positiv definit ist (vgl. Satz (5.11.9)). Setzt man den gewählten Wert von θ_k in (5.11.5) ein, erhält man für H_k eine Rekursionsformel, die den Namen Rang-1-Verfahren erklärt:

$$H_{k+1} = h_k + \frac{z_k z_k^T}{\alpha_k}, \qquad z_k := p_k - H_k q_k, \qquad \alpha_k := p_k^T q_k - q_k^T H_k q_k.$$

Ein Minimierungsverfahren der Oren-Luenberger-Klasse hat daher folgende Form:

(5.11.6) 0) *Start: Wähle als Startwerte einen Vektor* $x_0 \in \mathbb{R}^n$ *und eine positiv definite* $n \times n$*-Matrix* H_0, *etwa* $H_0 := I$, *und setze* $g_0 := g(x_0)$.

Für $k = 0, 1, \ldots$ *berechne* x_{k+1}, H_{k+1} *aus* x_k *und* H_k *folgendermaßen:*

1) *Falls* $g_k = 0$ *stop:* x_k *ist zumindest stationärer Punkt von h. Andernfalls,*

2) *berechne* $s_k := H_k g_k$.

3) *Bestimme* $x_{k+1} = x_k - \lambda_k s_k$ *durch (näherungsweise) lineare Minimierung,*

$$h(x_{k+1}) \approx \min\{h(x_k - \lambda s_k) \mid \lambda \geqq 0\},$$

und setze $g_{k+1} := g(x_{k+1}), p_k := x_{k+1} - x_k, q_k := g_{k+1} - g_k$.

4) *Wähle passende Konstanten* $\gamma_k > 0, \theta_k \geqq 0$, *berechne* H_{k+1} *mittels* (5.11.5), $H_{k+1} = \Psi(\gamma_k, \theta_k, H_k, p_k, q_k)$.

Das Verfahren ist eindeutig durch die Wahl der Folgen $\{\gamma_k\}$, $\{\theta_k\}$ und durch die lineare Minimierung in Schritt 3) fixiert. Die lineare Minimierung $x_k \to x_{k+1}$ und ihre Qualität kann man mit Hilfe eines Parameters μ_k beschreiben, der durch

(5.11.7)
$$g_{k+1}^T s_k = \mu_k g_k^T s_k = \mu_k g_k^T H_k g_k$$

definiert ist. Falls s_k Abstiegsrichtung ist, $g_k^T s_k > 0$, ist μ_k eindeutig durch x_{k+1} bestimmt. Falls exakt minimiert wird, ist $\mu_k = 0$, wegen $g_{k+1}^T s_k = -\varphi_k'(\lambda_k) = 0$, $\varphi_k(\lambda) := h(x_k - \lambda s_k)$. Wir setzen für das folgende

(5.11.8)
$$\mu_k < 1$$

voraus: Falls $g_k \neq 0$ und H_k positiv definit ist, folgt aus (5.11.8) $\lambda_k > 0$ und deshalb

$$q_k^T p_k = -\lambda_k (g_{k+1} - g_k) s_k = \lambda_k (1 - \mu_k) g_k^T s_k = \lambda_k (1 - \mu_k) g_k^T H_k g_k > 0,$$

also auch $q_k \neq 0$, $q_k^T H_k q_k > 0$: Die Matrix H_{k+1} ist damit durch (5.11.5) wohldefiniert. Die Forderung (5.11.8) an die lineare Minimierung kann nur dann nicht erfüllt werden, wenn

$$\varphi_k'(\lambda) = -g(x_k - \lambda s_k)^T s_k \leqq \varphi_k'(0) = -g_k^T s_k < 0 \quad \text{für alle} \quad \lambda \geqq 0$$

gilt: dann ist aber

$$h(x_k - \lambda s_k) - h(x_k) = \int_0^\lambda \varphi_k'(\tau) d\tau \leqq -\lambda g_k^T s_k < 0 \quad \text{für alle} \quad \lambda > 0,$$

so daß $h(x_k - \lambda s_k)$ für $\lambda \to +\infty$ nicht nach unten beschränkt ist. Die Forderung (5.11.8) bedeutet also keine wesentliche Einschränkung. Damit ist bereits der erste Teil des folgenden Satzes gezeigt, der besagt, daß das Verfahren (5.11.6) unsere oben aufgestellten Forderungen erfüllt:

(5.11.9) **Satz:** *Falls für ein* $k \geqq 0$ *in* (5.11.6) H_k *positiv definit ist,* $g_k \neq 0$ *und für die lineare Minimierung in* (5.11.6) $\mu_k < 1$ *gilt, dann ist für alle* $\gamma_k > 0$, $\theta_k \geqq 0$ *die Matrix* $H_{k+1} = \Psi(\gamma_k, \theta_k, H_k, p_k, q_k)$ *wohldefiniert und wieder positiv definit. Die Matrix* H_{k+1} *erfüllt die Quasi-Newton-Gleichung* $H_{k+1} q_k = p_k$.

Beweis: Es bleibt nur folgende Eigenschaft der Funktion Ψ (5.11.5) zu zeigen: Unter den Voraussetzungen

$$H \text{ positiv definit}, \quad p^T q > 0, q^T H q > 0, \gamma > 0, \theta \geqq 0$$

ist auch $\bar{H} := \Psi(\gamma, \theta, H, p, q)$ positiv definit.

Sei $y \in \mathbb{R}^n$, $y \neq 0$ ein beliebiger Vektor und $H = LL^T$ die Cholesky-Zerlegung von H (Satz 4.3.3). Mit Hilfe der Vektoren

$$u := L^T y, \qquad v := L^T q$$

läßt sich $y^T \bar{H} y$ wegen (5.11.5) so schreiben:

$$\begin{aligned} y^T \bar{H} y &= \gamma u^T u + \left(1 + \gamma\theta \frac{v^T v}{p^T q}\right) \frac{(p^T y)^2}{p^T q} - \gamma \frac{(1-\theta)}{v^T v} (v^T u)^2 - \frac{2\gamma\theta}{p^T q} p^T y \cdot u^T v \\ &= \gamma \left(u^T u - \frac{(u^T v)^2}{v^T v}\right) + \frac{(p^T y)^2}{p^T q} + \theta\gamma \left[\sqrt{v^T v} \frac{p^T y}{p^T q} - \frac{v^T u}{\sqrt{v^T v}}\right]^2 \\ &\geqq \gamma \left(u^T u - \frac{(u^T v)^2}{v^T v}\right) + \frac{(p^T y)^2}{p^T q}. \end{aligned}$$

Wegen der Schwarzschen Ungleichung ist $u^T u - \dfrac{(u^T v)^2}{v^T v} \geqq 0$, mit Gleichheit genau dann, wenn $u = \alpha v$ für ein $\alpha \neq 0$ (wegen $y \neq 0$). Für $u \neq \alpha v$ ist also $y^T \bar{H} y > 0$. Für $u = \alpha v$ folgt aus der Nichtsingularität von H und L auch $0 \neq y = \alpha q$, so daß

$$y^T \bar{H} y \geqq \frac{(p^T y)^2}{p^T q} = \alpha^2 p^T q > 0.$$

Da $0 \neq y \in \mathbb{R}^n$ beliebig war, muß $\bar{H}$ positiv definit sein. Die Quasi-Newton-Gleichung $\bar{H}q = p$ verifiziert man sofort mittels (5.11.5). □

Der folgende Satz besagt, daß das Verfahren (5.11.6) das Minimum von quadratischen Funktionen $h: \mathbb{R}^n \to \mathbb{R}$ nach höchstens n Schritten liefert, wenn die linearen Minimierungen in (5.11.6) exakt sind. Da sich jede genügend oft differenzierbare Funktion h in der Nähe eines lokalen Minimums beliebig genau durch eine quadratische Funktion approximieren läßt, läßt diese Eigenschaft erwarten, daß das Verfahren auch bei Anwendung auf nichtquadratische Funktionen rasch konvergiert.

(5.11.10) **Satz:** *Sei $h(x) = \frac{1}{2}x^T Ax + b^T x + c$ eine quadratische Funktion, A eine positiv definite $n \times n$-Matrix. Sei ferner $x_0 \in \mathbb{R}^n$ und H_0 eine positiv definite $n \times n$-Matrix. Wendet man das Verfahren* (5.11.6) *zur Minimierung von h mit den Startwerten x_0, H_0 an, wobei man die linearen Minimierungen exakt durchführt, $\mu_i = 0$ für alle $i \geqq 0$, so liefert das Verfahren Folgen $x_i, H_i, g_i, p_i := x_{i+1} - x_i, q_i := g_{i+1} - g_i$ mit den Eigenschaften:*

a) *Es gibt ein kleinstes $m \leqq n$ mit $x_m = \bar{x} = -A^{-1}b$: $x_m = \bar{x}$ ist das Minimum von h, $g_m = 0$.*

b) $p_i^T q_k = p_i^T A p_k = 0$ *für* $0 \leqq i \neq k \leqq m-1$
$p_i^T q_i > 0$ *für* $0 \leqq i \leqq m-1$.
Die Vektoren p_i sind also A-konjugiert.

c) $p_i^T g_k = 0$ *für alle* $0 \leqq i < k \leqq m$.

d) $H_k q_i = \gamma_{i,k} p_i$ *für* $0 \leqq i < k \leqq m$

mit $\gamma_{i,k} := \begin{cases} \gamma_{i+1}\gamma_{i+2}\cdots\gamma_{k-1} & \text{für } i < k-1 \\ 1 & \text{für } i = k-1 \end{cases}$.

e) *Falls $m = n$, so gilt zusätzlich*

$$H_m = H_n = PDP^{-1}A^{-1}$$

wobei $D := diag(\gamma_{0,n}, \gamma_{1,n}, \ldots, \gamma_{n-1,n})$, $P := (p_0, p_1, \ldots, p_{n-1})$. *Für* $\gamma_i \equiv 1$ *folgt* $H_n = A^{-1}$.

Beweis: *b*) – *d*): Wir nehmen induktiv an, daß es ein $l \geqq 0$ gibt, mit $g_l = g(x_l) \neq 0$ und

$$(A_l) \quad \begin{array}{lll} \alpha) & p_i^T q_k = p_i^T A p_k = 0 & \text{für } 0 \leqq i \neq k \leqq l-1 \\ & p_i^T q_i > 0 & \text{für } 0 \leqq i \leqq l-1 \\ & H_l \text{ positiv definit} & \\ \beta) & p_i^T g_k = 0 & \text{für alle } 0 \leqq i < k \leqq l. \\ \gamma) & H_k q_i = \gamma_{i,k} p_i & \text{für } 0 \leqq i < k \leqq l. \end{array}$$

Wir zeigen, daß aus $g_l \neq 0$ und (A_l) die Aussage (A_{l+1}) folgt:

Zu α): Da H_l positiv definit ist, folgt aus $g_l \neq 0$ sofort $s_l := H_l g_l \neq 0$ und

$$g_l^T H_l g_l > 0.$$

Da exakt minimiert wird, ist λ_l 0-Stelle von

$$0 = g_{l+1}^T s_l = (g_l - \lambda_l A s_l)^T s_l$$

$$\lambda_l = g_l^T H_l g_l / (s_l^T A s_l) > 0\,,$$

also $p_l = -\lambda_l s_l \neq 0$ und

(5.11.11)
$$p_l^T g_{l+1} = -\lambda_l s_l^T g_{l+1} = 0$$

$$p_l^T q_l = -\lambda_l s_l^T (g_{l+1} - g_l) = \lambda_l s_l^T g_l = \lambda_l g_l^T H_l g_l > 0\,.$$

Also ist nach Satz (5.11.9) H_{l+1} positiv definit. Weiter ist für $i<l$ wegen $Ap_k = q_k$ und $(A_l)\beta), \gamma)$:

$$p_i^T q_l = p_i^T A p_l = q_i^T p_l = -\lambda_l q_i^T H_l g_l = -\lambda_l \gamma_{i,l} p_i^T g_l = 0\,.$$

Dies zeigt (A_{l+1}) α).

Zu β): Für $i < l+1$ gilt

$$p_i^T g_{l+1} = p_i^T \left(g_{i+1} + \sum_{j=i+1}^{l} q_j \right) = 0$$

nach dem eben Bewiesenen, (A_l) β) und (5.11.11).

Zu γ): Anhand von (5.11.5) verifiziert man sofort

$$H_{l+1} q_l = p_l\,.$$

Wegen (A_{l+1}) α), (A_l) γ) hat man ferner für $i<l$

$$p_l^T q_i = 0\,, \qquad q_l^T H_l q_i = \gamma_{i,l} q_l^T p_i = 0\,,$$

so daß für $i<l$ aus (5.11.5) folgt

$$H_{l+1} q_i = \gamma_l H_l q_i = \gamma_l \gamma_{i,l} p_i = \gamma_{i,l+1} p_i\,.$$

Damit ist (A_{l+1}) bewiesen.

Der restliche Beweis ist nun einfach. (A_0) gilt trivialerweise. Die Aussage (A_l) kann nur für $l \leqq n$ richtig sein, da nach (A_l) die l Vektoren $p_0, \dots, p_{l-1}$ linear unabhängig sind: Aus $\sum_{i \leqq l-1} \alpha_i p_i = 0$ folgt nämlich durch Multiplikation mit $p_k^T A$, $k = 0, \dots, l-1$, wegen (A_l)

$$\alpha_k p_k^T A p_k = 0 \Rightarrow \alpha_k = 0\,.$$

Da es im $\mathbb{R}^n$ höchstens n linear unabhängige Vektoren gibt, muß $l \leqq n$ gelten. Also muß es ein kleinstes $m \leqq n$ geben mit

$$g_m = 0\,, \qquad x_m = -A^{-1} b\,.$$

Für den Fall $m=n$ gilt wegen d) zusätzlich für die Matrizen

$$P=(p_0,\dots,p_{n-1}), \qquad Q=(q_0,\dots,q_{n-1})$$
$$H_n Q = PD.$$

Wegen $AP=Q$ folgt so schließlich aus der Nichtsingularität der Matrix P die Beziehung

$$H_n = PDP^{-1}A^{-1}.$$

Damit ist der Satz bewiesen. □

Es stellt sich nun die Frage, wie man die Parameter γ_k, θ_k wählen soll, um ein möglichst gutes Verfahren zu erhalten: Satz (5.11.10), e) legt die Wahl $\gamma_k \equiv 1$ nahe, weil dies $\lim_i H_i = A^{-1}$ vermuten läßt (i.a. ist diese Vermutung für nichtquadratische Funktionen nur unter zusätzlichen Voraussetzungen richtig) und deshalb das Verfahren voraussichtlich „wie das Newton-Verfahren" konvergiert. Nach praktischen Erfahrungen (s. Dixon [22]) zu urteilen, scheint sich die Wahl

$$\gamma_k \equiv 1, \theta_k \equiv 1 \quad \text{(BFGS-Verfahren)}$$

zu bewähren. Oren und Spedicato [25] konnten eine obere Schranke $\Phi(\gamma_k, \theta_k)$ für den Quotienten $\operatorname{cond}(H_{k+1})/\operatorname{cond}(H_k)$ der Konditionen (bezüglich der euklidischen Norm) von H_{k+1} und H_k angeben. Die Minimierung von Φ bezüglich γ_k und θ_k führt zu dem Rezept

$$\begin{aligned}
&\text{falls} \quad \varepsilon/\sigma \leqq 1 \quad \text{wähle} \quad \gamma_k := \varepsilon/\sigma, \quad \theta_k = 0,\\
&\text{falls} \quad \sigma/\tau \geqq 1 \quad \text{wähle} \quad \gamma_k = \sigma/\tau, \quad \theta_k = 1,\\
&\text{falls} \quad \sigma/\tau \leqq 1 \leqq \varepsilon/\sigma \quad \text{wähle} \quad \gamma_k = 1, \quad \theta_k = \sigma(\varepsilon-\sigma)/(\varepsilon\tau-\sigma^2).
\end{aligned}$$

Hier bedeuten

$$\varepsilon := p_k^T H_k^{-1} p_k, \qquad \sigma := p_k^T q_k, \qquad \tau := q_k^T H_k q_k.$$

Ein anderer erfolgversprechender Vorschlag wurde von Davidon [20] gemacht: Für das Verfahren (5.11.5) mit $\gamma_k \equiv 1$ konnte er zeigen, daß die Wahl

$$\theta_k := \begin{cases} \sigma(\varepsilon-\sigma)/(\varepsilon\tau-\sigma^2), & \text{falls} \quad \sigma \leqq 2\varepsilon\tau/(\varepsilon+\tau) \\ \sigma/(\sigma-\tau) & \text{sonst} \end{cases}$$

gerade den Quotienten $\lambda_{\max}/\lambda_{\min}$ des größten und kleinsten Eigenwertes des folgenden allgemeinen Eigenwertproblems minimiert: Bestimme $\lambda \in C, y \neq 0$ mit $H_{k+1} y = \lambda H_k y$, $\det(H_k^{-1} H_{k+1} - \lambda I) = 0$.

Satz (5.11.10) läßt erwarten, daß die Verfahren des Typs (5.11.5) auch bei Anwendung auf nichtquadratische Funktionen h schnell konvergieren. Für einzelne Verfahren der Oren-Luenberger-Klasse konnte man dies auch formell beweisen. Diese Resultate beziehen sich meistens auf das lokale Konvergenzverhalten in genügend kleinen Umgebungen $U(\bar{x})$ eines lokalen Minimums $\bar{x}$ von h

unter den folgenden Voraussetzungen:

(5.11.12)
a) $H(\bar{x})$ *ist positiv definit*

b) $H(x)$ *ist für* $x=\bar{x}$ *Lipschitz-stetig: es gibt ein* Λ *mit* $\|H(x)-H(\bar{x})\| \leqq \Lambda \|x-\bar{x}\|$ *für alle* $x \in U(\bar{x})$.

Ferner müssen einige einfache Bedingungen für die „lineare Minimierung" gestellt werden wie:

(5.11.13) *Zu gegebenen Konstanten* $0<c_1<c_2<1$, $c_1 \leqq \frac{1}{2}$, *wird* $x_{k+1}=x_k-\lambda_k s_k$ *so gewählt, daß gilt*

$$h(x_{k+1}) \leqq h(x_k)-c_1\lambda_k g_k^T s_k$$
$$g_{k+1}^T s_k \leqq c_2 g_k^T s_k$$

oder

(5.11.14) $$\lambda_k=\min\{\lambda \geqq 0 \mid g(x_k-\lambda s_k)^T s_k=\mu_k g_k^T s_k\}, \quad |\mu_k|<1\,.$$

So konnte Powell [26] unter den Voraussetzungen (5.11.12), (5.11.13) für das BFGS-Verfahren ($\gamma_k \equiv 1, \theta_k \equiv 1$ in (5.11.5)) folgendes zeigen: Es gibt eine Umgebung $V(\bar{x}) \subseteq U(\bar{x})$, so daß das Verfahren für alle positiv definiten Startmatrizen H_0 und alle $x_0 \in V(\bar{x})$ folgende Eigenschaft hat: Für alle genügend großen $k \geqq 0$ erfüllt die konstante Schrittweite $\lambda_k=1$ die Bedingung (5.11.13) und die Folge x_k konvergiert bei dieser Wahl der λ_k *superlinear* gegen $\bar{x}$:

$$\lim_{i\to\infty}\frac{\|x_{i+1}-\bar{x}\|}{\|x_i-\bar{x}\|}=0\,,$$

sofern $x_i \neq \bar{x}$ für alle $i \geqq 0$.

Ein anderes Konvergenzresultat bezieht sich auf die Teilklasse der Oren-Luenberger-Verfahren (5.11.5) mit

(5.11.15) $$0 \leqq \theta_k \leqq 1, \frac{p_k^T q_k}{q_k^T H_k q_k} \leqq \gamma_k \leqq \frac{p_k^T H_k^{-1} p_k}{p_k^T q_k}\,.$$

Man kann hier unter den Voraussetzungen (5.11.12), (5.11.14) und der zusätzlichen Forderung, daß die lineare Minimierung asymptotisch exakt wird, d.h.

$$|\mu_k| \leqq c\,\|g_k\| \quad \text{für genügend großes } k\,,$$

folgendes zeigen (vgl. [27, 28]): Alle Verfahren mit (5.11.15) liefern für alle positiv definiten Startmatrizen H_0 und alle $x_0 \in \mathbb{R}^n$ mit $\|x_0-\bar{x}\|$ genügend klein eine Folge $\{x_k\}$ mit

$$\lim_k x_k=\bar{x}\,, \quad \|x_{k+n}-\bar{x}\| \leqq \gamma \|x_k-\bar{x}\|^2 \quad \text{für alle} \quad k \geqq 0\,.$$

Die Beweise dieser Resultate sind schwierig.

Das folgende einfache Beispiel möge das unterschiedliche Verhalten des BFGS-Verfahrens, des DFP-Verfahrens und des einfachen Gradienten-Verfahrens ($s_k := g(x_k)$ in jedem Iterationsschritt) illustrieren.

Wir wählen als zu minimierende Funktion

$$h(x, y) := 100(y^2(3-x) - x^2(3+x))^2 + (2+x)^2/(1+(2+x)^2)$$

mit dem exakten Minimum

$$\bar{x} := -2, \quad \bar{y} := 0.8942719099\ldots, \quad h(\bar{x}, \bar{y}) = 0,$$

und als Startwerte für jedes der Verfahren

$$x_0 := 0.1, y_0 := 4.2$$

bzw. $H_0 := \begin{pmatrix} 1 & 0 \\ 0 & 1 \end{pmatrix}$ für das BFGS- und DFP-Verfahren.

Bei Verwendung der gleichen Methode zur „linearen Minimierung" in den einzelnen Iterationsschritten, die hier nicht näher beschrieben werden soll, erhielt man auf einer Rechenanlage mit der Maschinengenauigkeit eps $= 10^{-11}$ folgende Ergebnisse:

	BFGS-Verfahren	DFP-Verfahren	Gradientenverfahren
N	54	47	201
FKT	374	568	1248
ε	$\leqq 10^{-11}$	$\leqq 10^{-11}$	0.7

Hier bedeuten N die Anzahl der Iterationsschritte (= Anzahl der Gradientenauswertungen) $(x_i, y_i) \to (x_{i+1}, y_{i+1})$, FKT die Anzahl der Funktionsauswertungen von h, $\varepsilon := \|g(x_N, y_N)\|$ die erreichte Endgenauigkeit. Das Gradientenverfahren ist völlig unterlegen, das BFGS-Verfahren dem DFP-Verfahren leicht überlegen. Die Methode zur „linearen Minimierung" war im übrigen nicht sonderlich effizient, da sie pro Iterationsschritt mehr als 6 Funktionsauswertungen erforderte.

Übungsaufgaben zu Kapitel 5

1. Es sei die stetig differenzierbare Iterationsfunktion $\Phi : \mathbb{R}^n \to \mathbb{R}^n$ gegeben. Wenn gilt:

$$\operatorname{lub}(D\Phi(x)) \leqq K < 1 \quad \text{für alle} \quad x \in \mathbb{R}^n,$$

dann sind die Voraussetzungen von Satz (5.2.2) für alle $x, y \in \mathbb{R}^n$ erfüllt.

2. Man zeige, daß die Iteration

$$x_{k+1} = \cos(x_k)$$

für alle $x_0 \in \mathbb{R}$ gegen den einzigen Fixpunkt ξ, $\xi = \cos(\xi)$ konvergiert.

3. Man gebe ein lokal konvergentes Verfahren zur Bestimmung des Fixpunktes $\xi = \sqrt[3]{2}$ von $\Phi(x) := x^3 + x - 2$ an. (Man benutze nicht die Aitkensche Transformation).
4. Die Funktion $f(x) = x^3 - x^2 - x - 1$ besitzt bei $\xi = 1.839 \ldots$ die einzige positive Nullstelle. Ohne Benutzung von $f'(x)$ konstruiere man eine Iterationsfunktion $\Phi(x)$, mit dem Fixpunkt ξ: $\xi = \Phi(\xi)$, so daß die Iteration für Startwerte $x_0 > 0$ konvergiert.
5. Man zeige $\lim x_i = 2$ für

$$x_0 := 0, \qquad x_{i+1} := \sqrt{2 + x_i}.$$

6. Gegeben ist die Abbildung f: $\mathbb{R}^2 \to \mathbb{R}^2$ mit

$$f(z) = \begin{bmatrix} \exp(x^2 + y^2) - 3 \\ x + y - \sin(3(x + y)) \end{bmatrix}, \qquad z = \begin{bmatrix} x \\ y \end{bmatrix}.$$

Man berechne die erste Ableitung $Df(z)$. Für welche z ist $Df(z)$ singulär.
7. Das Polynom $p_0(x) = x^4 - 8x^3 + 24x^2 - 32x + a_4$ hat für $a_4 = 16$ eine vierfache Nullstelle $x = 2$. Wo liegen in erster Näherung die Nullstellen für $a_4 = 16 \pm 10^{-4}$.
8. Man betrachte die Folge $\{z_i\}$ mit $z_{i+1} = \Phi(z_i)$, $\Phi: \mathbb{R} \to \mathbb{R}$. Der Fixpunkt ξ von $\Phi(z)$, $\xi = \Phi(\xi)$, ist Nullstelle von

$$F(z) = z - \Phi(z).$$

Man zeige: Wendet man auf $F(z)$ *einen* Iterationsschritt der regula falsi, mit

$$a_i = z_i, \qquad x_i = z_{i+1}$$

an, so erhält man die Methode von Steffensen bzw. Aitken zur Transformation von $\{z_i\}$ in die Folge $\{\mu_i\}$.
9. $f: \mathbb{R} \to \mathbb{R}$ habe eine einzige einfache Nullstelle x. Man zeige: Benutzt man $\Phi(x) = x - f(x)$ und die Rekursion (5.10.7) so erhält man ein sog. Quasi Newton-Verfahren

$$x_{n+1} := x_n - \frac{f(x_n)^2}{f(x_n) - f(x_n - f(x_n))}, \qquad n = 0, 1, \ldots .$$

Man zeige, daß die so gefundene Iteration für einfache Nullstellen mindestens quadratisch und für mehrfache Nullstellen linear konvergiert. (*Hinweis*: Satz (5.10.13)).
10. Man berechne iterativ $x = \dfrac{1}{a}$ für ein gegebenes $a \neq 0$ ohne Benutzung der Division. Für welche Startwerte x_0 konvergiert das Verfahren?
11. Man gebe ein Iterationsverfahren zur Berechnung von $\sqrt[n]{a}$, $a > 0$ an, das lokal von 2. Ordnung konvergiert. (Man verwende nur die arithmetischen Grundoperationen.)

12. Gegeben sei die nichtsinguläre Matrix A und eine Folge von Matrizen $\{X_k\}_{k=0,1,\ldots}$, mit

$$X_{k+1} := X_k + X_k(I - AX_k)$$

(Verfahren von Schulz).

a) Man zeige, daß $\operatorname{lub}(I - AX_0) < 1$ hinreichend für die Konvergenz von $\{X_k\}$ gegen A^{-1} ist. Für $E_k := I - AX_k$ gilt

$$E_{k+1} = E_k E_k .$$

b) Man zeige, daß das Verfahren von Schulz lokal quadratisch konvergent ist.

c) Es gelte zusätzlich $AX_0 = X_0 A$, dann gilt auch

$$AX_k = X_k A \quad \text{für alle} \quad k \geqq 0.$$

13. Die Funktion $f: \mathbb{R} \to \mathbb{R}$ sei für alle $x \in U(\xi) := \{x \mid |x - \xi| \leqq r\}$ aus einer Umgebung der einfachen Nullstelle ξ, $f(\xi) = 0$, zweimal stetig differenzierbar. Man zeige, daß das Iterationsverfahren

$$y := x_n - f'(x_n)^{-1} f(x_n)$$
$$x_{n+1} := y - f'(x_n)^{-1} f(y), \qquad n = 0, 1, \ldots$$

von mindestens 3. Ordnung lokal gegen ξ konvergiert.

14. Die Funktion f: $\mathbb{R} \to \mathbb{R}$ habe die Nullstelle ξ, sei zweimal stetig differenzierbar und es sei $f'(x) \neq 0$ für alle $x \in I := \{x \mid |x - \xi| \leqq r\}$.
Das Verfahren

$$x_{n+1} := x_n - \frac{f(x_n)^2}{f(x_n) - f(x_n + f(x_n))}, \qquad n = 0, 1, \ldots$$

ist ein Quasi-Newton-Verfahren.
Zu zeigen ist:

a) Man hat es mit einem Verfahren der Art

$$x_{n+1} := x_n - q(x_n)\, f(x_n)$$

zu tun. Man gebe $q(x_n)$ an und zeige: Es gibt eine Konstante c, so daß

$$|q(x) - f'(x)^{-1}| \leqq c\,|f(x)|.$$

b) Man konstruiere eine, in hinreichender Nähe von ξ, $|x_n - \xi|$ majorisierende Folge y_n, d. h.

$$|x_n - \xi| \leqq y_n, \quad \text{für alle} \quad n \geqq 0,$$

und gebe Bedingungen dafür an, daß y_n, $n \geqq 0$, eine Nullfolge bildet. Man bestimme mit Hilfe von y_n die lokale Konvergenzordnung.

15. Die Funktion $f\colon \mathbb{R}^n \to \mathbb{R}^n$ genüge folgenden Voraussetzungen:
1) $f(x)$ sei für alle $x \in \mathbb{R}^n$ stetig differenzierbar,
2) für alle $x \in \mathbb{R}^n$ existiere $Df(x)^{-1}$,
3) $x^T f(x) \geqq \gamma(\|x\|)\,\|x\|$ sei für alle $x \in \mathbb{R}^n$ erfüllt, wobei $\gamma(\rho)$ eine für $\rho \geqq 0$ stetige Funktion mit $\gamma(\rho) \to +\infty$ für $\rho \to \infty$ ist.
4) für alle $x, h \in \mathbb{R}^n$ gelte

$$h^T Df(x)\,h \geqq \mu(\|x\|)\,\|h\|^2$$

mit $\mu(\rho)$ monoton wachsend in $\rho > 0$. $\mu(0) = 0$ und $\int_0^\infty \mu(\rho)\,d\rho = +\infty$.

Dann sind unter den Voraussetzungen 1) 2) 3) oder 1) 2) 4) die Voraussetzungen a)–c) von Satz (5.4.2.5) erfüllt. (Für 4) benutze man die Taylorentwicklung

$$f(x+h) - f(x) = \int_0^1 Df(x+th)h\ dt).$$

16. Für reelle Zahlen α_i, $i = 1, \dots n$, β_i, $i = 2, \dots n$ mit $\beta_i \neq 0$ seien die Polynome $p_i(x)$ definiert durch

$$p_0(x) := 1; \qquad p_1(x) := \alpha_1 - x,$$
$$p_i(x) := (\alpha_i - x)p_{i-1}(x) - \beta_i^2 p_{i-2}(x) \quad \text{für} \quad i = 2, \dots n.$$

a) Man zeige durch vollständige Induktion nach i:
Für $i \geqq 1$ hat p_i nur reelle verschiedene Nullstellen. Die Nullstellen von p_i trennen diejenigen von p_{i+1}, d. h. zwischen benachbarten Nullstellen von p_{i+1} liegt genau eine von p_i.
b) Man zeige mit Hilfe von a), daß die Folge $p_n(x), p_{n-1}(x), \dots p_0(x)$ eine Sturmsche Kette bildet.

17. Man gebe die Rekursionsformeln zur Berechnung der Größen A_1, B_1 des Bairstow-Verfahrens an.

18. (L. Tornheim, Journal ACM 11, 210–220 (1964))
Man betrachte folgende skalare Mehrschrittiterationsfunktion von $r+1$ Variablen $x_0, x_1, \dots x_r \in \mathbb{R}$

$$\varphi(x_0, x_1, \dots x_r)$$

und die Iteration

$$y_{i+1} := \varphi(y_i, y_{i-1}, y_{i-2}, \dots, y_{i-r}), \qquad i = 0, 1, \dots,$$

wobei $y_0, y_{-1}, \dots, y_{-r}$ vorgegeben seien. φ habe stetige partielle Ableitungen von mindestens $r+1$-ter Ordnung. y^* heißt Fixpunkt von φ, wenn für alle $k = 1, \dots, r$ und beliebige x_i, $i \neq k$ gilt:

$$(*) \qquad y^* = \varphi(x_0, \dots, x_{k-1}, y^*, x_{k+1}, \dots, x_r).$$

Man zeige:

a) Für die partiellen Ableitungen von φ

$$D^s\varphi(x_0, \ldots, x_r) := \frac{\partial^{|s|}\varphi(x_0, \ldots, x_r)}{\partial x_0^{s_0}\partial x_s^{s_1} \ldots \partial x_r^{s_r}}, \quad s = (s_0, \ldots, s_n), \quad |s| = \sum_{j=0}^{r} s_j$$

gilt: $D^s\varphi(y^*, \ldots, y^*) = 0$, falls für ein j, $0 \leqq j \leqq r$, $s_j = 0$ ist. (Man beachte, daß (*) für alle k identisch in $x_0, \ldots, x_{k-1}, x_{k+1}, \ldots, x_r$ gilt.)

b) In einer hinreichend kleinen Umgebung von y^* gilt für $\varepsilon_i := |y_i - y^*|$, die Rekursion

(**) $$\varepsilon_{i+1} \leqq c\, \varepsilon_i \varepsilon_{i-1} \ldots \varepsilon_{i-r}$$

mit einer geeigneten Konstante c.

c) Man gebe die Lösung der Rekursion (**) an und die lokale Konvergenzordnung der y_i.

19. Man zeige (5.9.14).

Literatur zu Kapitel 5

[1] Bauer, F. L.: Beiträge zur Entwicklung numerischer Verfahren für programmgesteuerte Rechenanlagen. II. Direkte Faktorisierung eines Polynoms. Bayer Akad. Wiss. Math. Nat. Kl. S.B. 163–203 (1956).

[2] Collatz, L.: Funktionalanalysis und numerische Mathematik. Die Grundlehren der mathematischen Wissenschaften in Einzeldarstellungen. Bd. 120. Berlin-Heidelberg-New York: Springer 1968.

[3] Householder, A. S.: The Numerical treatment of a single non-linear equation. New York: McGraw-Hill 1970.

[4] Jenkins, M. A., Traub, J. F.: A three-stage variable-shift iteration for polynomial zeros and its relation to generalized Rayleigh iteration. Num. Math. **14**, 252–263 (1970).

[5] Nickel, K.: Die numerische Berechnung der Wurzeln eines Polynoms. Num Math. **9**, 80–98 (1966).

[6] Marden, M.: Geometry of polynomials. Providence, Rhode Island: Amer. Math. Soc. 1966.

[7] Ortega, J. M., Rheinboldt, W. C.: Iterative solution of non-linear equations in several variables. Computer science and applied mathematics. New York-London: Academic Press 1970.

[8] Ostrowski, A. M.: Solution of equations in Euclidean and Banach spaces. New York-London: Academic Press 1973.

[9] Peters, G., Wilkinson, J. H.: Eigenvalues of $Ax = \lambda Bx$ with band symmetric A and B. Comput. J. **12**, 398–404 (1969).

[10] — —: Practical problems arising in the solution of polynomial equations. J. Inst. Math. Appl. **8**, 16–35 (1971).

[11] Traub, J. F.: Iterative methods for the solution of equations. Englewood Cliffs, N.J.: Prentice Hall 1964.

[12] Wilkinson, J. H.: Rundungsfehler, Deutsche Übersetzung: Heidelberger Taschenbücher, Bd. 44. Berlin-Heidelberg-New York: Springer 1969.
[13] Blum, E., Oettli, W.: Mathematische Optimierung. Berlin-Heidelberg-New York: Springer 1975.
[14] Broyden, C. G.: A class of methods for solving nonlinear simultaneous equations. Math. Comp. **19**, 577–593 (1965).
[15] —: Quasi-Newton-methods and their application to function minimization. Math. Comp. **21**, 368–381 (1967).
[16] —: The convergence of a class of double rank minimization algorithms 2. The new algorithm. J. Inst. Maths. Applics. **6**, 222–231 (1970).
[17] —, Dennis, J. E., Moré, J. J.: On the local and superlinear convergence of quasi-Newton methods. J. Inst. Maths. Applics. **12**, 223–245 (1973).
[18] Collatz, L., Wetterling, W.: Optimierungsaufgaben. Berlin-Heidelberg-New York: Springer 1971.
[19] Davidon, W. C.: Variable metric methods for minimization. Argonne National Laboratory Report ANL-5990 (1959).
[20] —: Optimally conditioned optimization algorithms without line searches. Math. Programming **9**, 1–30 (1975).
[21] Deuflhard, P.: A modified Newton method for the solution of ill-conditioned systems of nonlinear equations with application to multiple shooting. Numer. Math. **22**, 289–315 (1974).
[22] Dixon, L. C. W.: The choice of step length, a crucial factor in the performance of variable metric algorithms. In: Numerical methods for nonlinear optimization (F. A. Lootsma, ed.), 149–170. New York: Academic Press 1971.
[23] Fletcher, R., Powell, M. J. D.: A rapidly convergent descent method for minimization. Comp. J. **6**, 163–168 (1963).
[24] Oren, S. S., Luenberger, D. G.: Self-scaling variable metric (SSVM) algorithms I: Criteria and sufficient conditions for scaling a class of algorithms. Man. Sci. **20**, 845–862 (1974).
[25] —, Spedicato, E.: Optimal conditioning of self-scaling variable metric algorithms. Dept. of Engineering Economic Systems Report ARG-MR 74–5, Stanford University 1974.
[26] Powell, M. J. D.: Some global convergence properties of a variable metric algorithm for minimization without exact line searches. Proc. AMS Symposium on Nonlinear Programming, New York 1975.
[27] Stoer, J.: On the convergence rate of imperfect minimization algorithms in Broyden's β-class. Math. Programming **9**, 313–335 (1975).
[28] —: On the relation between quadratic termination and convergence properties of minimization algorithms. Computer Sci. Dept. Report Stan-CS-75-516, Stanford, 1975.
[29] Brent, R. P.: Algorithms for minimization without derivatives. Englewood Cliffs, N.J.: Prentice Hall 1973.
[30] Henrici, P.: Applied and computational complex analysis, Vol. 1. New York: Wiley 1974.

Weitere Literaturangaben am Ende von Kapitel 1.

Namen- und Sachverzeichnis

Abbrechfehler 1
Abdivision eines Polynoms 257
Abminderungsfaktoren 76ff.
absolutstetig 76, 78, 82
Achieser 104
Ahlberg 104
Aitken 33, 37, 138, 274
–, Algorithmus von- 37
–, Δ^2-Algorithmus 138, 274
Algorithmus 8
–, Aitkens Δ^2- 138
– von Cooley and Tukey 71ff.
– von Goertzel 67ff.
Analogrechner 1
arithmetische Operationen 6ff.
asymptotische Entwicklung 117, 122
Ausgleichsrechnung
–, lineare 179
–, nichtlineare 190
–, Normalgleichungen 180
–, Orthogonalisierungsmethode 183
–, Rundungsfehler 184ff.
Auslöschung 7, 13, 20

backward-analysis 18
Bairstow, Methode von- 264
Banachiewicz, Dreieckszerlegung nach- 149
Bandmatrix, Dreieckszerlegung einer- 150
Basis 205
– -lösung 205
– -variable 205
–, entartete 205
–, zulässige 205
Bauer 18, 30, 118, 140, 222, 249, 291
Bernoulli
– -Polynome 115
Bernoulli-Zahlen 115
BFGS-Verfahren 281, 285
Bisektionsverfahren 262
Björck 30
Bloomfield 76, 105
Blum 203, 223, 225, 292
Böhmer 105
de Boor 30, 91, 104, 105
Brent 292
Brigham 76, 105
Broyden 246, 247, 280f., 292
B-Splines 104
Bulirsch 62, 105, 119, 121, 137, 140
Businger 223

charakteristisches Polynom 22, 262f.
Cholesky, Dreieckszerlegung nach- 154
Ciarlet 49, 105
Collatz 162, 222, 225, 236, 291f.
Conte 30
Cooley 71ff., 76, 104
Crout, Dreieckszerlegung nach- 147

Dahlquist 30
Daniel 195, 198, 223
Dantzig 203, 206, 215, 223
Davidon 280, 281, 285, 292
Davis 105, 140
de Doncker 140
Dekker 269
Dennis 249, 292
Determinante, Berechnung der- 149
Deuflhard 249, 292
DFP-Verfahren 281, 287
Differentiation
–, numerische 122
differentielle Fehleranalyse 10ff.

Differenzen,
–, dividierte 38, 46f.
–, inverse 53
–, reziproke 56
Differenzenschema 38
Digitalrechner 2
Diskretisierungsverfahren 122, 123
dividierte Differenzen 38, 46f.
Dixon 285, 292
Dreieckszerlegung 141, 146, 147
– nach Banachiewicz 149
– nach Cholesky 149
– nach Crout 148
– von Bandmatrizen 150
Dualdarstellung 2
Dualsystem 2

elementare Abbildung 8, 9
Elimination
– s-Verfahren 141ff.
–, Gauß- 141, 145
Entwicklung
–, asymptotische 117, 122
Equilibrierung 166
Euler-Maclaurinsche Summenformel 114
Exponentenüberlauf 5
Exponentialspline 104
Extrapolation 43
Extrapolationsverfahren 62
–, Allgemeines über 122
– mit Polynominterpolation 119, 121, 123ff.
– mit rationaler Interpolation 120
–, Integration über 117ff., 135

Faber 43
Fehler
–, absoluter 11
– von Extrapolationsverfahren 123ff.
– -dämpfung 13
– -fortpflanzung 8ff.
– der Newton-Cotes-Formeln 108
– der Gaußschen Integrationsmethode 134
–, unvermeidbarer 17
–, relativer 5, 10
Fehleranalyse
–, differentielle 10ff.

Festpunktdarstellung 3
Fixpunkt 225, 228ff.
–, Existenz eines- 231
Fletcher 280f., 292
Forsythe 223
Fourier
– -Analyse 71
– -koeffizienten 76ff.
– -reihe 76, 77
Frobeniusmatrix 143

Gauß 127, 131
Gauß-Elimination 141, 145
–, Rundungsfehler der 165ff., 170ff.
Gaußsche Integrationsmethode 127, 132, 135
–, Fehler der 134
Gautschi 79, 105, 140
Gentleman 71, 76, 105
Gewichte 107f.
Gewichtsfunktion 127, 131
Gill 195, 223
Givens 197f.
– -matrizen 197ff.
– -reflexion 197
– -rotation 198
Gleichungssysteme
–, lineare 140ff.
–, gestaffelte 141, 169
–, nichtlineare 224ff.
Gleitpunktdarstellung 3
Gleitpunktoperationen 6ff.
Gleitpunktrechnung 4ff.
Goertzel 67, 76, 105
Goldfarb 281
Golub 133f., 140, 195, 223
Gragg 195, 198, 223
Grenzennorm 159
Greville 91, 105
Großmann 223
Guest 223

Haar-Bedingung 130
halblogarithmische Schreibweise 3
Hall 91, 105
Hämmerlin 30
Hanson 180, 223
harmloser Rundungsfehler 17
Heinhold 30

Henrici 30, 249, 292
Hermite
– -Interpolation 44ff., 108, 134
– -Polynome 132
Herriot 91, 105
Hessenberg-Matrix 169, 199
Holladay 83
Householder 30, 173, 223, 253, 291
– -reduktion 173

Integrale 106ff.
– mit Singularitäten 136
–, uneigentliche 138
Integration(s) 106ff.
– -formeln von Newton-Cotes 106ff., 127, 135
– -methode von Gauß 108, 127
– über Extrapolationsverfahren 117ff.
Interpolation 31ff.
– durch Polynome 32ff.
– durch rationale Funktionen 44ff.
–, Formel von Lagrange 33, 45, 106
–, Formel von Newton 37ff.
–, Hermite- 44ff., 108, 134
–, Spline- 81ff.
–, trigonometrische 63ff.
inverse Differenzen 53
Inverse einer Matrix 141
–, Berechnung der 150ff.
Inverse Interpolation 274
Isaacson 30
Iterationsfunktion 224

Jenkins 249, 291

Kahaner 140
Kantorovich 236
Kaufman 195, 198, 223
Keller 30
Kettenbruch, der Thielesche 55, 57
Kondition 12, 161, 163
– des Ausgleichsproblems 185f.
– der Nullstellen eines Polynoms 286ff.
– eines linearen Gleichungssystems 143, 161ff., 165ff., 170ff.
– szahl 12
kontrahierende Abbildung 231
Konvergenz 228f.
–, -beschleunigung 274
–, globale 229
–, lokale 229
–, monotone 229
– -Ordnung 229f.
konvexe Menge 233
Kovarianzmatrix 182
Kronrod 135, 140
Krümmung 85
Kuntzmann 105

Lagrangesche Interpolationsformel 33
Laguerre-Polynome 132
Lawson 180, 223
Legendre-Polynome 132
lineares Interpolationsproblem 31
– Programm 203ff.
Luenberger 280f., 285f., 292

Maclaurin 114
Maehly 258f.
Mantisse 3
Marden 253, 291
Maschinengenauigkeit 5, 7
Mayer 91, 105
Messung, Meßfehler 179
Methode der kleinsten Quadrate 180
Milne-Regel 108, 119
Milne-Thompson 56, 105
Minimaleigenschaft trigonometrischer Polynome 65
Minimierungsprobleme 225, 279ff.
–, lineare 203ff., 225
– ohne Nebenbedingungen 279ff.
Minimierungsverfahren 203ff., 224, 237ff., 279ff.
Minimum-Norm-Eigenschaft 84
Moler 223
Momente 85
Moore-Penrose-Inverse 192ff.
Moré 249, 292
Muller 272ff.
Murray 195, 223

Nachorthogonalisierung 178
Neville 33, 34, 35, 274
–, Algorithmus von 33ff.
– schema 118

Neville-artige Algorithmen 57ff.
Newtonsche Interpolationsformel 37ff., 46
Newton-Cotes-Formeln 106ff.
– – –, Fehler der 108
Newton-Raphson-Verfahren 227
Newton-Verfahren 228, 232ff.
– –, modifiziertes 236f., 242ff.
Nickel 249, 291
Nilson 104
Norm
–, Grenzen 159
–, Matrix- 160
–, Vektor- 157
–, verträgliche 159
–, submultiplikative 160
Normalgleichungen 180
normalisierte Gleitpunktdarstellung 4
numerische Differentiation 122ff.
numerisch stabil 16

Oettli 163, 171, 203, 223, 225, 292
Oren 280f., 285f., 292
– -Luenberger-Verfahren 280ff.
Ortega 228, 236, 291
Orthogonalisierungsverfahren 172ff., 183
– nach Householder 172ff.
– nach Schmidt 128, 175
Orthogonalpolynom 128, 132
Ostrowski 274, 291

Parkettierung eine Matrix 148
Peano 111f.
Peters 260, 269, 291
Piessens 135, 140
Pivot 143, 165
– -suche 143, 165, 169f.
–, –, Teil- 143, 165, 168ff.
–, –, Total- 143, 169
Polynom(e) 249ff.
–, Abdivision von 257
–, Bernoulli- 115
–, charakteristisches 249, 262f.
–, Hermite- 132
–, Laguerre- 132
–, Legendre- 132
–, Nullstellenbestimmung 249ff.
–, Orthogonal- 128, 132
–, Tschebyscheff 132

Powell 280f., 286, 292
Pseudoinverse 192ff.
Prager 163, 171, 223
Pulcherrima-Regel 108, 119

Quasi-Newton-Gleichung 280, 283
Quasi-Newton-Verfahren 280, 289
QR Verfahren 134

Rabinowitz 140
Ralston 30
Rang 1-Verfahren 246ff., 281
Rang 2-Verfahren 281ff.
rationale Interpolation 49, 121
reduzierte Kosten 208
Regel
–, Simpson- 107f., 110, 119
–, Trapez 108f.
regula falsi 269f.
Reinsch 79, 91, 105, 212, 223
–, Algorithmus von 69, 76
Residuum 161
Restabbildung 13ff.
Restglied, bei der Polynominterpolation 41ff., 48
– für Integrationsformeln 108ff.
reziproke Differenzen 56
Rheinboldt 228, 236, 291
Romberg 118f., 126, 140
– -Folge 119f., 126
– -Integration 118ff.
Rundung(s) 4ff.
– -abbildung 6
– -fehler 4ff.
Rutishauser 3, 30, 62, 105, 118, 121, 140, 223

Samelson 30
Sande 71ff., 105
Sauer 30, 105
Saunders 195, 223
Sautter 171, 223
Schaback 30
Schmidt, Orthogonalisierung nach 177
Schlupfvariable 203, 215
Schrittweitenfolge 118f., 120
– von Romberg 110ff., 118, 119f., 126
– von Bulirsch 119f.
Schultz 49, 105

Schulz, Verfahren von 289
Schwarz 223
Secrest 140
Sekantenverfahren 271
Shanno 284
Simplexmethode 203ff.
–, Dreieckszerlegungsmethode 212ff.
–, Inverse basis method 212ff.
–, Phase I 214ff.
–, Phase II 206ff.
Simplexschritt 206ff.
Simpsonsche Regel 107f., 110, 119
Singleton 76, 105
Singularitäten
–, Integrale mit 136
Skalierung 166
Spedicato 285, 292
Splinefunktion 83
–, Berechnung von 85
–, Konvergenzeigenschaften von 91
stabil, numerisch 16
Steffensen 108, 140, 276
Stewart 195, 198, 223
Stiefel 30, 118, 121, 140, 223
Stoer 105, 120, 137, 140, 292
Stroud 140
Stummel 30
Sturmsche Kette 260ff.
Szabó 105

Thielescher Kettenbruch 55, 57
Todd 30
Tornheim 290
Trapez
– -regel 108f.
– -summe 109ff., 114ff.
Traub 249, 291, 292
Tridiagonalmatrizen 169, 251, 262
trigonometrische Interpolation 63ff.
trigonometrisches Polynom 63
Tschebyscheff
– -Polynome 132
– -Systeme 130
Tschebyscheff-Problem
–, diskretes 180
Tukey 71ff., 76, 105

Überhuber 140
uneigentliches Integral 138
unerreichbarer Punkt 52

Varga 49, 105
Verstärkungsfaktoren 12, 19
Vorzeichenwechsel 260

Walsh 104
Weddle Regel 108
Welsch 133f., 140
Werner 30
Wetterling 225, 292
Wilkinson 18, 30, 212, 223, 260, 267, 269, 291f.

Zahldarstellung 1ff.
Zielfunktion 203